101 Geschäftsvorfälle abgebildet in

Microsoft® Dynamics™ NAV 5.0
Microsoft® Dynamics™ NAV 2009 Classic Client

Am Borsigturm 52

D-13507 BERLIN

Tel.: +49 (0)30 885985-0

Fax: +49 (0)30 885985-99

E-Mail: management@kindermann-tcv.de

Internet: www.kindermann-tcv.de

Herausgeber: Kindermann TCV GmbH

Autoren: Kindermann TCV GmbH
Anke Mohrholz, Dr. Andrea Kindermann
Jörg Bongé, Ulf Kindermann, Bernd Papendick
Silke Gießler, Marion Seiler, Thomas Fischer

Verlag: TEIA AG - Internet Akademie und Lehrbuch Verlag

Titel: Steenbrink Vormgeving

Druck: druckhaus köthen GmbH

ISBN: 978-3-942151-00-9

101 Geschäftsvorfälle
abgebildet in

Microsoft Dynamics NAV

- Microsoft® Dynamics™ NAV 5.0
- Microsoft® Dynamics™ NAV 2009 Classic Client

TEIA AG - Internet Akademie und Lehrbuch Verlag

Vorwort

Der Erfolg des Einsatzes eines so leistungsfähigen Systems wie Microsoft Dynamics NAV wird wesentlich durch die sichere Beherrschung der Geschäftsabläufe bestimmt.

Zu diesem Zweck haben sich Ablaufschemata bewährt, die ergänzend zu einer fundierten Ausbildung den Anwender Schritt für Schritt sicher an sein Ziel geleiten. Dabei stellen weniger die stets wiederkehrenden Vorgänge eine Herausforderung dar als vielmehr die selten durchzuführenden Abläufe und Sonderfälle.

Das vorliegende Buch ist als Schulungsergänzung und als praktisches Nachschlagewerk in der täglichen Arbeit konzipiert. Ergänzend empfehlen wir unbedingt das Studium unseres „Expertenwissen zu Microsoft Dynamics NAV 5.0 und 2009 Classic Client". Dort ist das Hintergrundwissen der Schwerpunkt, während im vorliegenden Buch die Ablaufschemata im Vordergrund stehen.

Insgesamt werden 139 Geschäftsvorfälle beschrieben, also mehr als der Titel vermuten lässt. Den geneigten Leser wird das sicher freuen. Wir möchten jedoch an dem bewährten Titel „101 Geschäftsvorfälle..." festhalten, der für viele Tausend Navision Anwender in Deutschland, Österreich und der Schweiz inzwischen ein Begriff ist.

Die drei aktuellen Versionen NAV 5.0, 5.0 SP1 und 2009 Classic Client sind in Funktionsumfang und Bedienung de facto identisch und unterscheiden sich im Wesentlichen nur in der Namensgebung. Deshalb werden sie in diesem Buch einheitlich unter der Bezeichnung Microsoft Dynamics NAV behandelt.

Die hier verfassten Geschäftsvorfälle empfehlen sich auch als Vorlage und Anregung für die Erstellung eigener Ablaufschemata für individuelle Systemerweiterungen und eigene Module.

Seit 25 Jahren vertreiben und betreuen wir kaufmännische Software der verschiedensten Hersteller. Unser Wissen um die Anforderungen und deren Umsetzungsmöglichkeiten fassen wir seit 1999 nunmehr auch als Autor und Herausgeber von inzwischen zehn Fachbüchern zusammen.

Wir sind überzeugt, dass die durch uns begleiteten Projekte deshalb so erfolgreich verlaufen, weil wir es gemeinsam mit unseren Kunden schaffen, die hohe Flexibilität und leichte Erweiterbarkeit der kaufmännischen Datenbankapplikation Microsoft Dynamics NAV als Chance und gleichzeitig auch als Verantwortung zu sehen.

An der Entstehung dieses Buches waren wieder viele Personen aus unserem Hause beteiligt, für deren Engagement wir uns recht herzlich bedanken möchten. Unser spezieller Dank geht dabei auch an die Familien der Autoren, die in den letzten Wochen der Entstehungsphase dieses Buches ihre Partner eher weniger zu Gesicht bekommen haben.

Dipl.-Wirtschaftsinformatikerin (FH) Anke Mohrholz zeichnet verantwortlich für die Aufbereitung der Vorgänge und die unzähligen Tests, die für den hohen Qualitätsanspruch notwendig waren. Sie schlägt die Brücke zwischen der Systemapplikation und ihrer Anwendung in der Praxis.

Dr. oec. Andrea Kindermann hat ihre praktischen Erfahrungen in der Beratung, der Schulung und der Projektbegleitung in dieses Buch einfließen lassen. Sie betreut seit vielen Jahren intensiv Projekte in der Microsoft Dynamics NAV Finanzbuchhaltung und im Controlling.

Frühjahr 2010

Viel Spaß beim Lesen dieses Buches und viel Erfolg und Freude bei Ihrer täglichen Arbeit mit Microsoft Dynamics NAV wünschen Ihnen

Ulf Kindermann Geschäftsführer	Jörg Bongé Geschäftsführer

Inhaltsverzeichnis

Zeichen- und Syntax-Erläuterung

BEISPIEL AUS DEM TEXT	ERLÄUTERUNG
„Verantwortlich“ oder „Name“	Bezeichnet das Feld eines Kartenformulars oder die Spalte eines Tabellenformulars.
Register Allgemein	Bezeichnet den Kartei-Reiter eines Kartenformulars.
<Immer> oder <Nie>	Bezeichnet die Option eines Optionsfeldes.
Ansicht / Spalte anzeigen…	Bezeichnet einen Menüpunkt / Untermenüpunkt, entweder aus der Menüleiste von Microsoft Dynamics NAV oder aus dem Hauptmenü.
F3 oder **Alt** + **D**	Bezeichnet eine Taste oder Tastenkombination, die auf der Tastatur gedrückt werden kann, um eine bestimmte Aktion auszuführen.
Abbrechen	Bezeichnet den Button eines Formulars, der betätigt werden soll.
Funktion ▼ / *Debitor erstellen...*	Bezeichnet den Menübutton eines Formulars und das entsprechende Untermenü.

Schritt	Aktion	Bemerkung
2a	…	…
2b	…	…

Bezeichnet alternative Vorgehensweisen für den beschriebenen Schritt.

Kapitel 1 - Stammdaten

In diesem Kapitel werden die Arbeitsschritte zum Anlegen von Debitoren- und Kreditorenkonten beschrieben. Es wird der Zusammenhang zum Modul Marketing gezeigt. Darüber hinaus werden Sachkonten und Artikelkonten angelegt. Weiterhin wird mit Textbausteinen gearbeitet und es wird das Anlegen von Nummernserien beschrieben.

1.1 Einrichten von Kunden und Lieferanten

Im Folgenden wird der Zusammenhang zwischen Kontakt, Debitor und Kreditor dargestellt. Es werden Debitoren sowohl direkt als auch aus Kontakten heraus erzeugt. Für das Anlegen eines Kreditors werden diese Arbeitsschritte ebenfalls beschrieben.

1.1.1 Anlegen eines neuen Kunden

Hier werden alle Felder beschrieben, die unbedingt ausgefüllt werden müssen, bevor dem Kunden Angebote, Aufträge oder Rechnungen zugeordnet werden können.

Schritt	Aktion	Bemerkung
1	*Verkauf & Marketing / Verkauf / Debitoren*	Öffnen der Debitorenkarte im Modul Debitoren & Verkauf.
2	Mit **F3** einen neuen Debitor anlegen.	Der Cursor wird im Feld „Nr." positioniert.
3	Beim Verlassen des Feldes „Nr." wird eine neue Nummer vergeben.	Vergeben einer Debitorennummer aus der in der Einrichtung hinterlegten Nummernserie.
4	Register Allgemein	
4-1	Felder „Name", „Adresse", „PLZ Code", „Ort" und „Telefonnummer"	Diese Felder sind mit den entsprechenden Daten des Debitors zu füllen.
4-2	Feld „Ländercode"	Hier kann mit **F6** und OK aus der Länderübersicht das entsprechende Land ausgewählt werden.
4-3	Feld „Kontakt"	Wird in dieses Feld eine Kontaktperson eingetragen, so legt das System einen Kontakt an und vergibt eine Kontaktnummer, die im Feld „Primäre Kontaktnr." angezeigt wird.

4-4	Feld „Kreditlimit (MW)“	In dieses Feld kann die Obergrenze des Kreditrahmens für diesen Debitor eingegeben werden. Ist der Wert Null, besteht kein Limit.
4-5	Feld „Verkäufercode“	Mit **F6** und OK kann hier der verantwortliche Verkäufer aus der Verkäuferübersicht eingetragen werden.
4-6	Felder „Suchbegriff“, „Saldo (MW)“ und „Korrigiert am“	Diese Felder werden vom System gefüllt.
4-7	Feld „Gesperrt“	Debitoren können in mehreren Stufen gesperrt werden.

Sperrstufe	neue Belege anlegen	Belege <Liefern>	Belege <Fakturieren>	Zahlungen buchen
<leer>	ja	ja	ja	ja
<Liefern>	nein	nein	ja	ja
<Fakturieren>	nein	nein	nein	ja
<Alle>	nein	nein	nein	nein

4-8	Feld „Servicegebietscode“	Hier kann der Debitor einem Servicegebiet zugeordnet werden.
4-9	Debitor ▼ / *Bemerkungen* oder neben dem Feld „Nr.“	Hier können beliebig viele Bemerkungszeilen zum Kunden hinterlegt werden. Sind Zeilen angelegt, ändert sich das Bild auf dem Button:
4-10	**ESC**	Zurück zur Debitorenkarte.

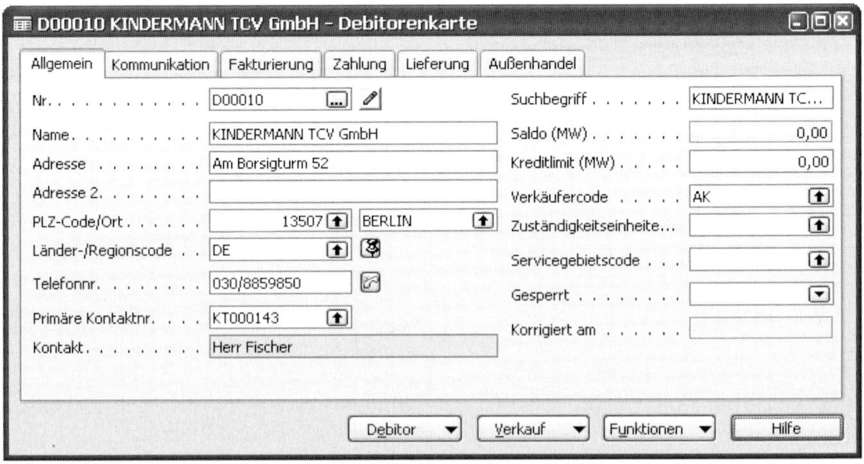

5	Register Kommunikation	
5-1	Feld „Telefonnr."	Die Eintragungen aus dem Register Allgemein, Feld „Telefonnummer" werden hier automatisch übernommen.
5-2	Feld „Faxnr."	Hier kann die Faxnummer hinterlegt werden.
5-3	Feld „E-Mail"	In dieses Feld wird die E-Mail-Adresse eingetragen.
H	**HINWEIS:** Neben den Feldern „Telefonnr." und „E-Mail" befinden sich Schaltflächen, mit deren Hilfe Assistenten aufgerufen werden. Ist eine E-Mail-Adresse bzw. eine Telefonnummer eingetragen und sind die notwendigen Systemeinrichtungen vorgenommen worden, kann jetzt eine E-Mai erzeugt bzw. der Debitor angerufen werden. Parallel dazu wird am zugehörenden Kontakt für die entsprechende Aktivität in der Tabelle Aktivitätenprotokollposten ein Eintrag angelegt. Beim Button neben dem Feld „Homepage" wird eine Verbindung mit dem installierten Browser zu der eingegebenen Adresse aufgebaut.	
6	Register Fakturierung	
6-1	Feld „Rech. an Deb.-Nr."	Soll für diesen Debitor eine andere Rechnungsanschrift eingetragen werden, ist hier mit **F6** und OK der entsprechende Debitor einzutragen.
6-2	Den Cursor auf dem Feld „Geschäftsbuchungsgruppe" positionieren, mit **F6** den Code auswählen und mit OK bestätigen.	Beim Verlassen des Feldes „Geschäftsbuchungsgruppe" wird das Feld „MwSt.-Geschäftsbuchungsgruppe" automatisch gefüllt, wenn eine direkte Verbindung zwischen beiden Buchungsgruppen besteht.
6-3	Cursor auf dem Feld „Debitorenbuchungsgruppe" positionieren, mit **F6** Code auswählen und mit OK bestätigen.	Durch die Debitorenbuchungsgruppe wird dem Debitor das Forderungskonto in der Finanzbuchhaltung zugewiesen.
6-4	Feld „Anzahl Rechnungskopien"	Hier kann die Anzahl der Kopien einer Rechnung für den Debitor eingetragen werden.
6-5	Feld „Rechnungsrabattcode"	Das Feld wird standardmäßig mit der Debitornummer vorbelegt. Soll für mehrere Debitoren der gleiche

		Rechnungsrabattcode gelten, ist der Eintrag in diesem Feld zu ändern.
6-6	Feld „Debitorenpreisgruppe“	Wird hier mit **F6** und OK eine Preisgruppe hinterlegt, werden die Artikelpreise für diesen Debitor aus dieser Preisgruppe verwendet.
6-7	Feld „Debitorenrabattgruppe“	Hier wird dem Debitor eine Debitorenrabattgruppe zugeordnet.
6-8	Feld „Zeilenrabatt zulassen“	Ist hier der Haken gesetzt, kann für diesen Debitor der Zeilenrabatt angewendet werden.
6-9	Feld „Preise inkl. MwSt.“	Hier ist ein Haken zu setzen, wenn der Preis im Feld „VK-Preis“ in den Verkaufszeilen und in den Verkaufsberichten MwSt. enthalten soll.

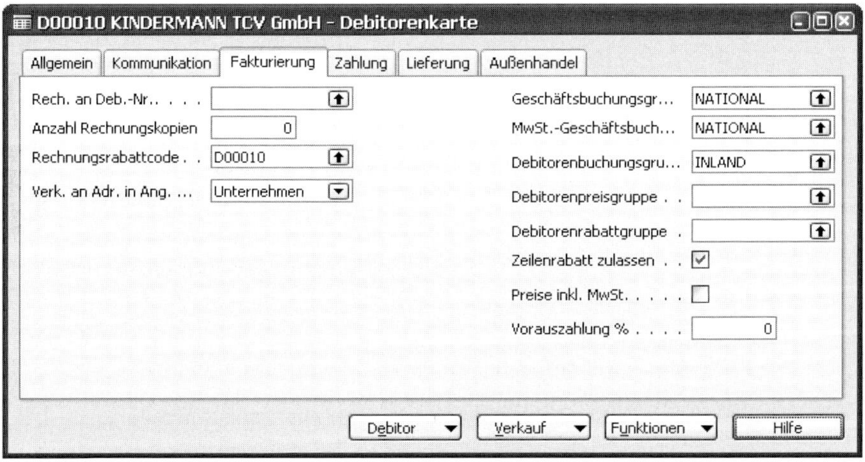

7	Register Zahlung	
7-1	Feld „Ausgleichsmethode“	Dieses Feld wird automatisch mit <Offener Posten> vorbelegt.
7-2	Feld „Zlg.-Bedingungscode“	Der entsprechende Zahlungsbedingungscode ist mit **F6** und OK in dieses Feld einzutragen.
7-3	Feld „Zahlungsformcode“	Der Zahlungsformcode ist aus der Übersicht mit **F6** und OK auszuwählen.

7-4	Feld „Mahnmethodencode“	Hier muss der zutreffende Code mit **F6** und OK in das Feld eingetragen werden.
7-5	Feld „Zinskonditionencode“	Ebenso muss der Zinskonditionen-code durch **F6** und OK hier eingefügt werden.
8	Register Lieferung	
8-1	Feld „Lagerortcode“	Wenn hier ein Lagerort hinterlegt wird, so wird im System bei diesem Debitor der Artikel aus diesem Lagerort vorgeschlagen.
8-2	Feld „Sammelrechnung“	Wird hier ein Haken gesetzt, können für diesen Debitor mit einer Rechnung mehrere Lieferungen zusammenge-fasst werden.
8-3	Feld „Reservieren“	Mit der Auswahl einer Option über **F6** und **Enter** kann festgelegt werden, ob für den Debitor Reservierungen zugelassen werden.
8-4	Feld „Versandanweisung“	In diesem Feld kann hinterlegt werden, ob der Debitor Teillieferungen zulässt.
8-5	Feld „Lieferbedingungscode“	Mit **F6** und OK kann hier eine Liefer-bedingung ausgewählt werden.
8-6	Felder „Zustellercode“, „Zusteller Transportart“, „Transportzeit“	Mit den Eintragungen in diese Felder kann die Zustellungsart an den Debitor genauer spezifiziert werden.
9	Register Außenhandel	

9-1	Feld „Währungscode“	In diesem Feld ist die jeweilige Lan-deswährung des Debitors zu hinterlegen (**F6**, Code auswählen und mit OK bestätigen). Der Währungs-code für Debitoren in Deutschland bleibt leer.

9-2	Den Cursor im Feld „USt-IdNr." positionieren.	Für Debitoren aus der EU und dem Gemeinschaftsgebiet ist hier die Umsatzsteuer-Identifikationsnummer einzutragen.
9-3	Feld „Sprachcode"	Mit **F6** und OK ist der Sprachcode auszuwählen. Für deutsche Debitoren bleibt der Sprachcode leer.
H	**HINWEIS:** Wurde die Debitorensynchronisation im Modul Verkauf & Marketing eingestellt (*Verkauf & Marketing / Einrichtung / Marketing & Vertrieb Einrichtung* Register Synchronisation), wird mit dem Anlegen eines neuen Debitors gleichzeitig vom System ein neuer Kontakt erzeugt (*Verkauf & Marketing / Verkauf / Kontakte*), in den die Daten der Debitorenkarte übernommen werden.	
EINRICHTEN DER DIMENSIONEN		
10	Debitor ▼ / *Dimensionen*	
10-1	Spalten „Dimensionscode", „Dimensionswertcode" und „Dimensionswertbuchung"	Hier können Vorgabedimensionswerte, z.B. Kostenstelle PROD, festgelegt werden. Diese Einstellungen werden dann herangezogen, sobald der Debitor aufgerufen wird. In den meisten Belegen sind diese Vorgabewerte noch zu ändern.

10-2	Feld verlassen und 2 x **ESC**.	Schließen der Debitorenkarte.

1.1.2 Anlegen eines neuen Lieferanten

Stammdaten für Lieferanten können im Modul Einkauf angelegt werden. Besteht eine Integration zum Modul Verkauf & Marketing, wird gleichzeitig zum Kreditor ein Kontakt angelegt.

Schritt	Aktion	Bemerkung
1	*Einkauf / Planung / Kreditoren*	Öffnen der Kreditorenkarte im Modul Einkauf.
2	Eine Kreditorenkarte ist analog den Schritten zum Anlegen eines Debitors anzulegen. (Punkt 1.1.1 Schritte 1 bis 10). Im Folgenden werden die Unterschiede beschrieben:	
3	Register Allgemein	
3-1	Feld „Einkäufercode"	In diesem Feld kann mit **F6** und OK der verantwortliche Einkäufer aus der Übersicht eingetragen werden.

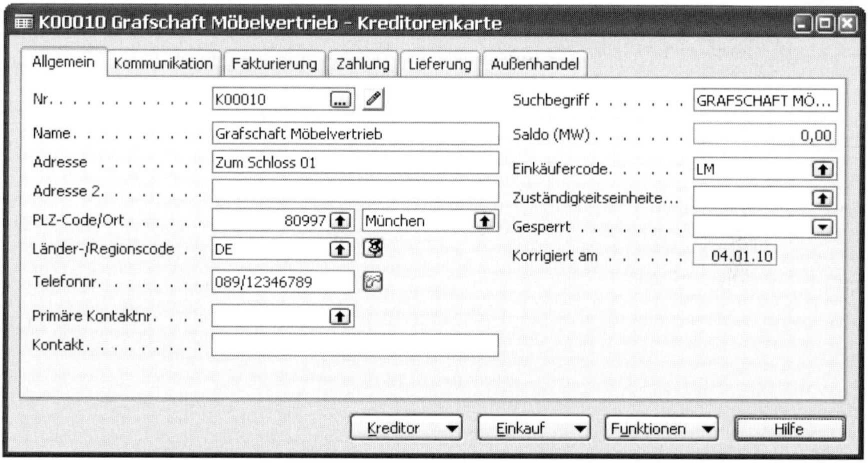

Schritt	Aktion	Bemerkung
4	Register Fakturierung	
4-1	Feld „Zahlung an Kred.-Nr."	Analog dem Feld „Rech. an Deb.-Nr." in Ablaufschema 1.1.1.
4-2	Feld „Kreditorenbuchungs-gruppe"	Mit **F6** und OK ist die entsprechende Buchungsgruppe auszuwählen. Durch die Kreditorenbuchungsgruppe wird dem Kreditor das Verbindlichkeits-konto in der Finanzbuchhaltung zugewiesen.

4-3	Feld „Preise inkl. MwSt.“	Analog dem Feld „Preise inkl. MwSt.“ in Ablaufschema 1.1.1.
5	Register Zahlung	
5-1	Im Feld „Priorität“ kann hinterlegt werden, wie wichtig der Lieferant ist. Bei der Erstellung von Zahlungsvorschlagslisten wird diese Priorität berücksichtigt.	0 – keine Priorität 1 – die wichtigsten Kreditoren 2 – die zweitwichtigsten Kreditoren
5-2	Feld „Unsere Kontonr.“	Hier ist die eigene Kundennummer beim Lieferanten einzugeben.
6	Register Lieferung	
6-1	Feld „Beschaffungszeit“	Die Eintragung in diesem Feld wird verwendet, um die Wareneingangsdaten zu berechnen, wenn auf der Artikel- und Lagerhaltungsdatenkarte keine Eintragungen erfolgten.

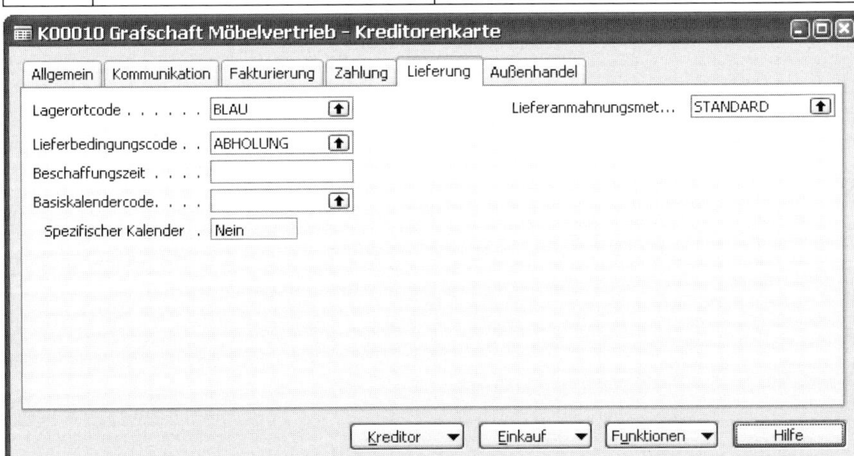

6-2	Das Feld verlassen und **ESC**.	Schließen der Kreditorenkarte und zurück zum Hauptmenü.
H	**HINWEIS:** Wurde die Kreditorensynchronisation im Modul Verkauf & Marketing aktiviert (*Verkauf & Marketing / Einrichtung / Marketing & Vertrieb Einrichtung* Register Synchronisation), wird mit dem Anlegen eines Kreditors gleichzeitig vom System ein Kontakt erzeugt (*Verkauf & Marketing / Verkauf / Kontakte*), in den die Daten von der Kreditorenkarte übernommen werden.	

1.1.3 Erfassen von Kontaktunternehmen

Über das Modul Verkauf & Marketing können Kontakte (Kontaktunternehmen und Kontaktpersonen) verwaltet werden. Aus den Kontaktunternehmen können Debitoren und Kreditoren entstehen.

Schritt	Aktion	Bemerkung
1	*Verkauf & Marketing / Marketing / Kontakte*	Öffnen der Kontaktkarte im Modul Verkauf & Marketing.
1-1	Den Cursor im Feld „Nr." positionieren.	Mit F3 ist ein neuer Kontakt anzulegen.
1-2	Feld „Nr."	Beim Verlassen des Feldes wird eine neue Nummer vergeben, wenn eine Nummernserie hinterlegt wurde. Sonst ist eine Nummer manuell einzutragen.
1-3	Feld „Art"	Hier ist <Unternehmen> voreingestellt. Die Felder „Unternehmensnr." und „Unternehmensname" sind deshalb deaktiviert.
2	Register Allgemein	
2-1	Felder „Name", „Adresse", „PLZ Code", „Ort" und „Telefonnummer"	Diese Felder sind mit den entsprechenden Daten des Unternehmens zu füllen.
2-2	Feld „Ländercode"	Hier kann mit F6 und OK aus der Länderübersicht das entsprechende Land ausgewählt werden.
H	**HINWEIS:** Soll die Integration mit Online Map realisiert werden, so ist in diesem Feld auch für inländische Kontakte der entsprechende Ländercode, z.B. DE, anzugeben.	
2-3	Feld „Verkäufercode"	In diesem Feld kann mit F6 und OK der Verantwortliche für dieses Unternehmen eingetragen werden.
2-4	Felder „Korrigiert am", „Letzte Aktivität am", „Letzte Kontaktaufnahme am" und „Nächste Aufgabe am"	Diese Felder werden vom System gefüllt, z.B. beim Benutzen des -Buttons im Register Kommunikation, und können nicht editiert werden.
2-5	Kontakt ▼ / *Bemerkungen* oder neben dem Feld „Nr."	Hier können beliebig viele Bemerkungszeilen zum Unternehmen hinterlegt werden. Wurden Bemerkungen angelegt, ändert sich das Bild auf dem Button.

2-6	ESC	Zurück zur Kontaktkarte.
3	Register Kommunikation	
3-1	Feld „Telefonnr.“	Eintragungen in diesem Feld werden automatisch auf den Register Allgemein in das Feld „Telefonnr.“ übertragen.
3-2	Feld „Mobiltelefonnr.“	Hier kann eine weitere Telefonnummer, z.B. die Handynummer, eingetragen werden.
3-3	Felder „Faxnr.“, „Telexnr.“, „Pager“ und „Telex Namengeber“	Hier können dementsprechende Eintragungen vorgenommen werden.
3-4	Felder „E-Mail“ und „Homepage“	Hier können die entsprechenden E-Mail- bzw. Internet-Adressen eingetragen werden.
H	**HINWEIS:** Bei einigen Feldern ist ein Button , und neben dem Feld. Wird das Telefon oder der Brief angeklickt, erscheint ein Assistent, der die Daten zu der Aktion (Anruf, E-Mail) zum Unternehmen als Aktivitätenprotokollposten speichert und ebenso die Verbindung aufbaut, wenn das entsprechende OLE Control oder der Automation Server installiert sind. Wird das Internetsymbol angeklickt, öffnet sich der installierte Internetbrowser und stellt die Verbindung her.	
4	Register Segmentierung	
4-1	Feld „Anzahl Verteiler“	In diesem Feld wird angezeigt in wie vielen Verteilern das Unternehmen vorhanden ist.
4-1-1	Mit **F6** kann das Formular Kontakt Verteiler geöffnet werden.	Hier werden die entsprechenden Verteiler angezeigt.
4-1-2	Spalte „Verteilercode“	In dieser Spalte kann ebenfalls mit **F6** das Formular Verteiler aufgerufen werden. Hier ist der Cursor auf dem erforderlichen Wert zu positionieren und mit OK der Verteiler dem Kontakt zuzuordnen.
4-1-3	Soll ein neuer Verteiler angelegt werden, ist in der Spalte „Code“ mit **F3** ein neuer Datensatz anzulegen.	Für den Verteiler ist ebenfalls die Beschreibung einzutragen. Der neue Verteiler ist mit OK dem Kontakt zuzuordnen.

4-1-4	ESC	Zurück zur Kontaktkarte.
4-2	Feld „Anzahl Verteiler“	Ist dem Kontakt ein weiterer Verteiler zugeordnet worden, ändert sich die Anzeige in der Kontaktkarte.
4-3	Felder „Anzahl Geschäftsbeziehungen“, „Anzahl Branchen“	Mit diesen Feldern ist analog zum Feld Verteiler zu verfahren. (Schritt 4-1 bis 4-2)
4-4	Feld „Nicht segmentieren“	Wird in diesem Feld ein Haken gesetzt, wird der Kontakt bei der Erstellung von Segmenten (Kampagnen) nicht berücksichtigt.
5	Register Außenhandel	
5-1	Feld „Währungscode“	In diesem Feld ist die jeweilige Landeswährung des Unternehmens zu hinterlegen (F6, Code auswählen und mit OK bestätigen). Der Währungscode für Unternehmen in Deutschland bleibt leer, wenn mit der Mandantenwährung gearbeitet werden soll.
5-2	Den Cursor im Feld „USt-IdNr.“ positionieren	Hier ist die Umsatzsteuer-Identifikationsnummer einzutragen.

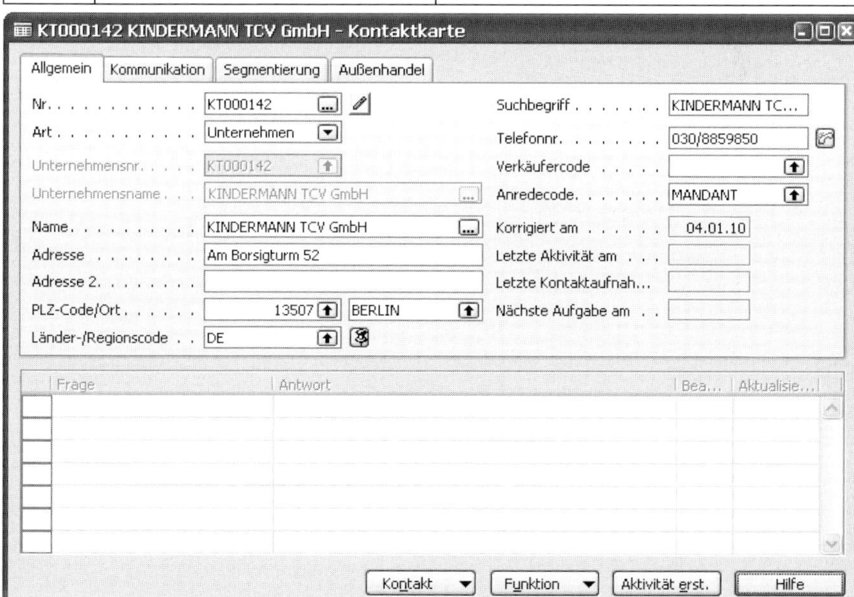

6	Einrichten der Profile (Formularzeilen)	
6-1	**Kontakt ▼** / *Profile*	Hier kann die Klassifizierung (Einordnung) des Unternehmens erfolgen.
6-2	Feld „Profilbefragungscode“	Hier ist mit **F6** und **OK** die erforderliche Profilbefragung auszuwählen. Je nach Wahl werden unterschiedliche Profilfragen und -antworten zur Verfügung gestellt.
6-3	Spalte „Art“	Mit **F3** kann hier eine neue Frage oder Antwort erstellt werden. Mit **F6** ist anschließend die gewünschte Option auszuwählen.
6-4	Spalte „Beschreibung“	Hier ist die Frage bzw. Antwort zu formulieren.
6-5	Spalte „Ausgewählt“	Ist ein Profil zu übernehmen, ist hier ein Haken zu setzen, wenn für die „Art“ Antwort gewählt wurde. Je nach Einstellung sind auch Mehrfachantworten möglich.

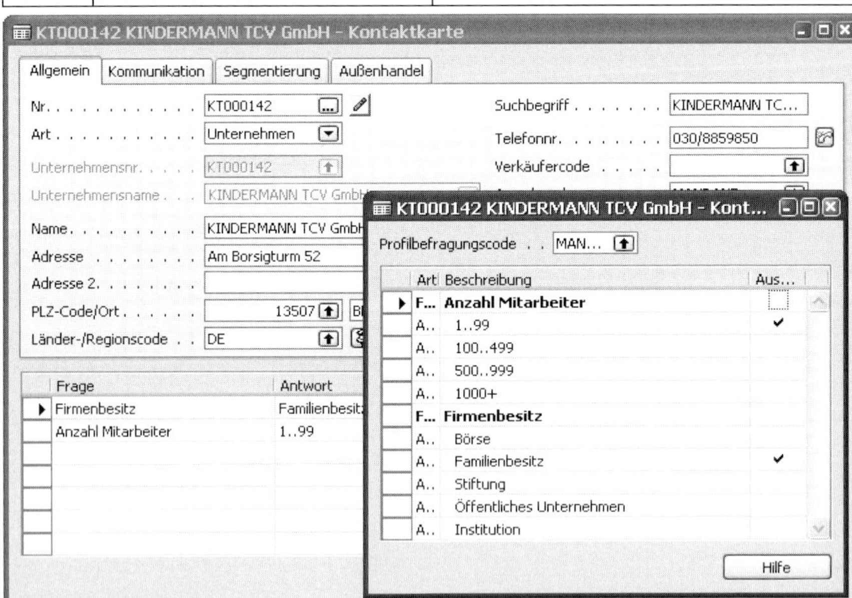

7	Zeile verlassen und 2 x **ESC**	Schließen der Kontaktkarte.

1.1.4 Erfassen von Kontaktpersonen

Für jedes Unternehmen sollte mindestens eine Kontaktperson eingerichtet werden. Sie ist immer in Verbindung mit einem Unternehmen zu sehen. Personen, die keinem Kontaktunternehmen zugeordnet werden können, sind als diese anzulegen.

Schritt	Aktion	Bemerkung
1	*Verkauf & Marketing / Verkauf / Kontakte*	Öffnen der Kontaktkarte im Modul Verkauf & Marketing.
	Register Allgemein	
1-1	Den Cursor im Feld „Nr." positionieren.	Mit **F3** ist ein neuer Kontakt anzulegen.
1-2	Feld „Nr."	Beim Verlassen des Feldes wird eine neue Nummer vergeben, wenn eine Nummernserie hinterlegt wurde. Sonst ist eine Nummer manuell einzutragen.
1-3	Feld „Art"	Hier ist mit **F6** und **Enter** <Person> auszuwählen.
1-4	Feld „Unternehmensnr."	Hier kann mit **F6** und OK das Kontaktunternehmen aufgerufen werden, z.B. KT000105, zu dem die Kontaktperson angelegt werden soll. Ist die Person keinem Unternehmen zugeordnet, bleibt dieses Feld leer.
1-5	Feld „Unternehmensname"	Der Wert wird vom System in dieses Feld eingetragen. Mit **F6** können die Unternehmensdetails aufgerufen werden. **ESC** zurück zur Karte.
1-6	Feld „Name"	Hier wird mit **F6** in die Namensdetails verzweigt, in denen die personenspezifischen Details erfasst werden können. Der Eintrag aus den Feldern „Vorname", „Vorname 2" und „Nachname" werden in das Feld „Name" der Kontaktkarte übernommen. **ESC** zurück zur Kontaktkarte.
1-7	Felder „Adresse", „Adresse 2" und „PLZ Code / Ort"	Hier wurden die Werte aus dem Kontaktunternehmen voreingetragen und können angepasst werden.

1-8	Alle übrigen Felder	Siehe Ablaufschema 1.1.3 - Erfassen von Kontaktunternehmen Schritt 2-2 bis 2-6.

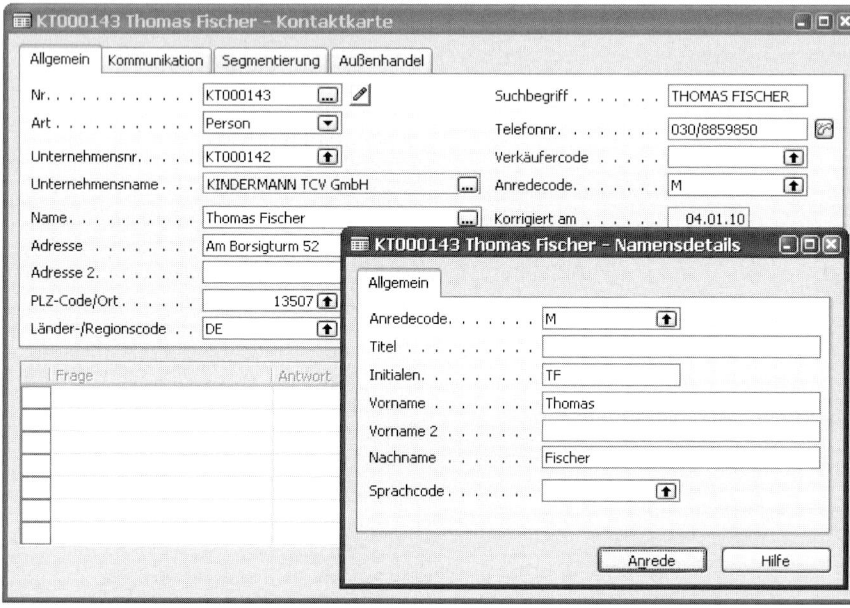

2	Register Kommunikation	
2-1	Alle Felder	Siehe Ablaufschema 1.1.3 Erfassen von Kontaktunternehmen Schritt 3-1 bis 3-4.
2-2	Feld „Sprachcode“	Wurde in der Marketing & Vertrieb Einrichtung ein Standardsprachcode festgelegt, wird beim Erstellen eines neuen Kontakts dieser Vorgabewert eingetragen. Dieser kann mit **F6** und OK entsprechend geändert werden.
3	Register Segmentierung	
3-1	Felder „Anzahl Verteiler“, „Anzahl Geschäftsbeziehungen“, „Anzahl Branchen“ und „Nicht segmentieren“	Siehe Ablaufschema 1.1.3 Erfassen von Kontaktunternehmen Schritt 4-1 bis 4-4.
3-2	Feld „Anzahl Verantwortlichkeiten“	Bei diesem Feld ist analog dem Feld „Verteiler“ im Ablaufschema 1.1.3 Erfassen von Kontaktunternehmen Schritt 4-1 bis 4-2 zu verfahren.

3-3	Feld „Positionscode“	Mit F6 wird das Formular Positionen geöffnet. Hier kann die gewünschte Position ausgewählt und mit OK übernommen werden.
3-3-1	Spalte „Code“	Hier kann mit F3 ein neuer Code für eine Position angelegt werden. Dazu sind die Spalten „Code“ bzw. „Beschreibung“ auszufüllen.
3-3-2	ESC oder OK	Soll kein Code übernommen werden ist ESC ansonsten OK zu benutzen.
4	Register Außenhandel	
4-1	Feld „Gebietscode“	Hier ist mit F6 und OK der entsprechende Eintrag in die Kontaktpersonkarte zu übernehmen.
5	Einrichten der Profile (Formularzeilen)	
5-1	Kontakt ▼ / *Profile*	Hier kann die Klassifizierung (Einordnung) des Unternehmens erfolgen.
5-2	Feld „Profilbefragungscode“	Hier ist mit F6 und OK die erforderliche Profilbefragung auszuwählen. Je nach Wahl werden unterschiedliche Profilfragen und –antworten zur Verfügung gestellt.
5-3	Spalte „Art“	Mit F3 kann hier eine neue Frage oder Antwort erstellt werden. Mit F6 ist anschließend die gewünschte Option auszuwählen.
5-4	Spalte „Beschreibung“	Hier ist die Frage bzw. Antwort zu formulieren.
5-5	Spalte „Ausgewählt“	Ist ein Profil zu übernehmen, ist hier ein Haken zu setzen, wenn für die „Art“ Antwort gewählt wurde. Je nach Einstellung sind auch Mehrfachantworten möglich.
6	Zeile verlassen und 2 x ESC	Zurück zum Hauptmenü.

1.1.5 Erstellen eines Kunden aus einem Kontakt

Wird ein Kontaktunternehmen als Kunde gewonnen, kann ein Debitor aus dem Kontakt erzeugt werden.

Schritt	Aktion	Bemerkung
1	*Verkauf & Marketing / Marketing / Kontakte*	Öffnen der Kontaktkarte im Modul Verkauf & Marketing.
2	Register Allgemein Feld „Nr.“	Hier kann mit den Such- bzw. Filterfunktionen der Kontakt ausgewählt werden, aus dem ein Debitor erstellt werden soll, z.B. KT000142.
3	Funktion ▼ / *Erstellen als / Debitor*	Der Debitor wird erstellt. Die Meldung ist mit OK zu bestätigen.

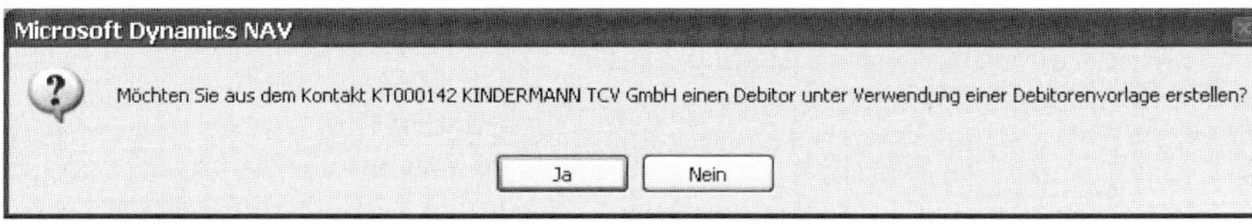

3a	Ja	Die Erstellung des Debitors basiert auf einer Debitorenvorlage.
3a-1		Die entsprechende Debitorenvorlage ist aus der Übersicht auszuwählen, auf dessen Basis der neue Debitor erstellt werden soll.
3a-2	OK	Der neue Debitor wird angelegt, wobei die Einstellungen aus der Debitorenvorlage in den Debitor übernommen werden.
3b	Nein	Der Debitor wird nur mit den Kontaktdaten erstellt.
3-1	Register Segmentierung Feld „Anzahl Geschäftsbeziehungen“	Hier wurde die Anzahl um 1 erhöht. Mit **F6** kann kontrolliert werden, dass eine Geschäftsbeziehung DEB hinzugefügt wurde.
3-2	Kontakt ▼ / *Debitor/Kreditor/Bankkonto*	Über diese Funktion kann der erstellte Debitor mit der Debitorenkarte angezeigt werden.

3-3	Die Daten aus der Kontaktkarte wurden in die Debitorenkarte übertragen. Diese Daten sind zu überprüfen und zu ergänzen, siehe Punkt 1.1.1 Anlegen eines neuen Kunden.	

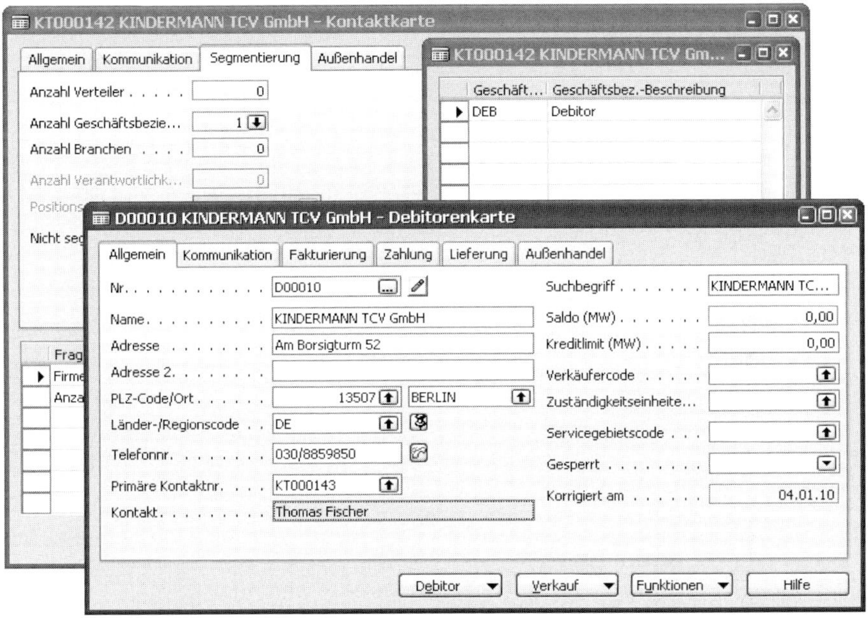

3-4	2 x **ESC**	Zurück zum Hauptmenü.

1.1.6 Erstellen eines Lieferanten aus einem Kontakt

Soll aus einem Kontakt ein Lieferant entstehen, so werden die in der Kontaktkarte erfassten Stammdaten dafür verwendet. Über eine Funktion können die Daten aus dem Kontakt in den Kreditorenstamm übernommen werden.

Schritt	Aktion	Bemerkung
1	*Verkauf & Marketing / Marketing / Kontakte*	Öffnen der Kontaktkarte im Modul Verkauf & Marketing.
2	Register Allgemein Feld „Nr.“	Hier kann mit den Such- bzw. Filterfunktionen der Kontakt aufgerufen werden, aus dem ein Kreditor erstellt werden soll, z.B. KT000144.
3	Funktion ▼ / *Erstellen als / Kreditor*	Der Kreditor wird erstellt. Die Meldung ist mit OK zu bestätigen.
3-1	Register Segmentierung Feld „Anzahl Geschäftsbeziehungen“	Hier wurde die Anzahl um 1 erhöht. Mit **F6** kann kontrolliert werden, dass eine Geschäftsbeziehung KRED hinzugefügt wurde.
3-2	Kontakt ▼ / *Debitor/Kreditor/Bankkonto*	Über diese Funktion kann der erstellte Kreditor mit der Kreditorenkarte angezeigt werden.
3-3	Die Daten aus der Kontaktkarte wurden in die Kreditorenkarte übertragen. Diese Daten sind zu überprüfen und zu ergänzen, siehe Punkt 1.1.2 Anlegen eines neuen Lieferanten.	

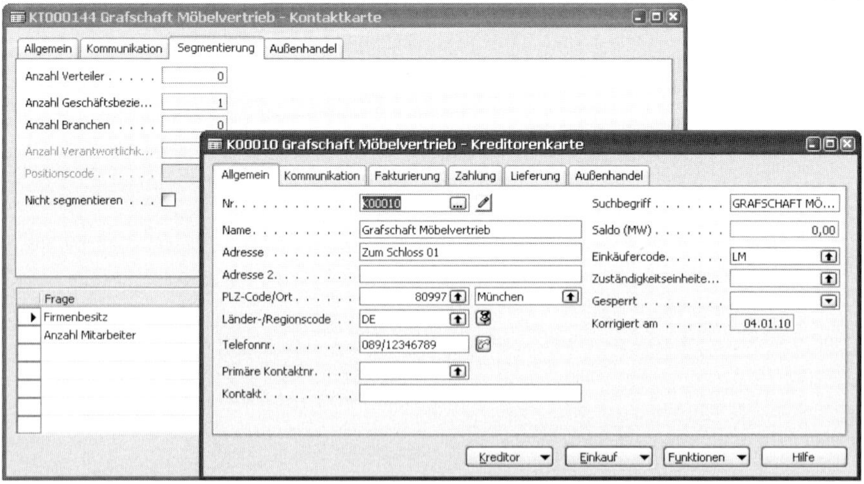

Schritt	Aktion	Bemerkung
3-4	2 x **ESC**	Zurück zum Hauptmenü.

1.2 Einrichten von Konten und Artikeln

Hier werden die Arbeitsschritte beschrieben, die notwendig sind, um Sach-, Artikel- und Bankkonten anzulegen.

1.2.1 Anlegen eines Sachkontos

Sachkonten werden im Kontenplan angelegt. Mit ihrer Einrichtung wird festgelegt, ob es sich um ein Bilanz- oder ein GuV-Konto handelt. Es werden die Voraussetzungen für die Steuerbuchungen eingestellt.

Schritt	Aktion	Bemerkung
1	*Finanzmanagement / Finanzbuchhaltung / Kontenplan*	Das Anlegen eines Sachkontos erfolgt im Kontenplan.
1-1	Mit **F3** ist das neue Konto einzufügen.	Der Cursor ist in der Kontenzeile zu positionieren, vor der das neue Konto eingefügt werden soll, z.B. in die Zeile 4930 - Bürobedarf.
1-2	Spalte „Nr."	In diese Spalte ist die Nummer des neuen Sachkontos einzutragen, z.B. 4928.
2	Konto ▼ / *Karte*	
2-1	Register Allgemein	
2-1-1	Feld „Name"	Hier wird der Name des Kontos eingetragen.
2-1-2	Feld „GuV/Bilanz"	In diesem Feld ist mit **F6** und **Enter** zu entscheiden, ob es sich um ein GuV- oder ein Bilanzkonto handelt. Das Feld ist mit dem Inhalt des vorhergehenden Kontos vorbelegt.
2-1-3	Feld „Soll/Haben"	Hier kann mit **F6** und **Enter** festgelegt werden, welche Art von Posten in der Regel auf dieses Konto gebucht werden. Standardmäßig ist <Beides> eingestellt.
2-1-4	Feld „Kontoart"	In diesem Feld wird die Art des Kontos festgelegt. Neu erstellten Konten wird automatisch <Konto> zugewiesen. Handelt es sich nicht um ein Konto, kann mit **F6** und **Enter** eine der anderen Optionen ausgewählt werden.

2-1-5	Feld „Zusammenzählung“	Wurde als Kontoart <Konto>, <Von-Summe> oder <Überschrift> ausgewählt, bleibt dieses Feld leer. Bei <Bis-Summe> wird dieses Feld über eine Funktion automatisch gefüllt. Bei der Kontoart <Summe> muss hier manuell angegeben werden, welche Posten welcher Konten zu einer Summe zusammengefasst werden.
2-1-6	Feld „Abstimmbar“	Bei Sachkonten, die den Geldverkehr abbilden, ist in dieses Feld ein Haken zu setzen, damit in Fibu Buch.-Blättern vor dem Buchen der Saldo abgestimmt werden kann.
2-1-7	Feld „Automatischer Textbaustein“	Wird hier ein Haken gesetzt, wird für dieses Sachkonto automatisch ein Textbaustein in Verkaufs- bzw. Einkaufsbelegen eingefügt.
2-1-8	Feld „Direkt“	Hier kann ausgewählt werden, ob Buchungen auf dieses Sachkonto direkt (Haken gesetzt) oder nur durch das System (kein Haken gesetzt) vorgenommen werden können.

2-1-9	Feld „Gesperrt“	Ist in diesem Feld der Haken gesetzt, ist das Konto für Buchungsvorgänge gesperrt.

2-2	Register Buchung	
2-2-1	Feld „Buchungsart“ Standardmäßig ist <leer> eingestellt.	Die hier mit **F6** und **Enter** ausgewählte Buchungsart gibt an, ob es sich um Vorsteuer- oder Mehrwertsteuerbuchungen bzw. um Buchungen ohne Steuer handelt.
2-2-2	Feld „Geschäftsbuchungsgruppe“	Mit **F6** ist in diesem Feld in die Geschäftsbuchungsgruppen zu verzweigen, die entsprechende Geschäftsbuchungsgruppe auszuwählen und mit OK zu bestätigen.
2-2-3	Feld „Produktbuchungsgruppe“	Mit **F6** ist in diesem Feld in die Produktbuchungsgruppen zu verzweigen, die entsprechende Produktbuchungsgruppe auszuwählen und mit OK zu übernehmen.
2-2-4	Feld „MwSt.-Geschäftsbuchungsgruppe“	Beim Verlassen des Feldes „Geschäftsbuchungsgruppe“ wird in dieses Feld die für die Geschäftsbuchungsgruppe hinterlegte MwSt.-Geschäftsbuchungsgruppe eingetragen.
2-2-5	Feld „MwSt.-Produktbuchungsgruppe“	Beim Verlassen des Feldes „Produktbuchungsgruppe“ wird in dieses Feld die für die Produktbuchungsgruppe hinterlegte MwSt.-Produktbuchungsgruppe eingetragen.
2-3	Register Konsolidierung	
H	**HINWEIS:** Die Felder in diesem Register sind auszufüllen, wenn später mit *Finanzmanagement / Finanzbuchhaltung / Periodische Aktivitäten / Konsolidierung* gearbeitet wird, wenn also eine Konsolidierung zwischen Konzernmandanten stattfinden soll.	
2-3-1	Felder „Konsol. Sollkonto“ und „Konsol. Habenkonto“	In diese Felder ist jeweils die Kontonummer des Kontos der Mutterfirma einzugeben. Sie darf maximal 20 Zeichen lang sein.
2-3-2	Feld „Konsol. Umrechnungsmethode“	Hier ist mit **F6** der entsprechende Umrechnungskurs für Währungen auszuwählen. Standardmäßig ist die Option <Durchschnittskurs (manuell)> eingetragen.

2-4	Register Berichtswesen	
2-4-1	Feld „Kursregulierung“	Mit den Optionen in diesem Feld wird festgelegt, welche Buchungen bei Wechselkursregulierungen für Sachkonten durchgeführt werden.
	<Keine Regulierung> Es werden keine Sachkonten bebucht. <Betrag regulieren> Die Mandantenwährung wird an alle Kursgewinne und -verluste angepasst. Das Feld „Betrag“ wird gefüllt. <Betrag (BW) regulieren> Die Berichtswährung wird an alle Kursgewinne und -verluste angepasst. Das Feld „Betrag (BW)“ wird gefüllt.	
3	Konto ▼ / *Dimensionen*	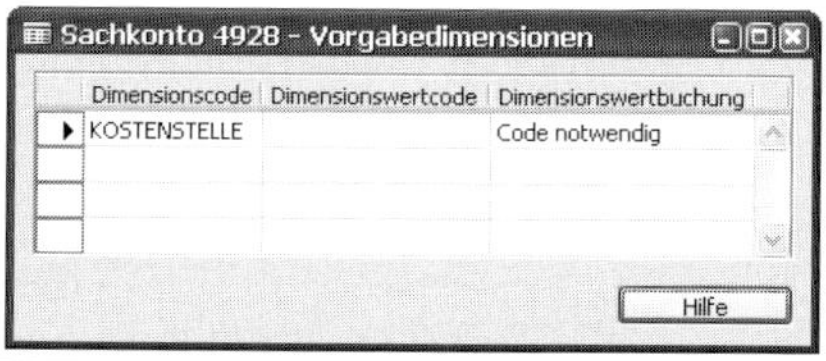
3-1	In dieser Ansicht kann festgelegt werden, ob das Konto zwingend mit Dimensionen bebucht werden soll oder nicht. Diese Einstellungen werden herangezogen, sobald das Konto angesprochen wird. Die Dimensionen können vor der Buchung noch geändert werden.	
3-2	Zeile verlassen und 2 x **ESC**	Zurück zum Kontenplan.
4	Funktion ▼ / *Einrückung des Kontenplans*	Damit die Übersichtlichkeit des Kontenplans wieder hergestellt wird und die <Bis-Summen> Konten neu berechnet werden, ist diese Funktion durchzuführen.
4-1	Die Frage: „Möchten Sie den Kontenplan einrücken?“ ist mit Ja zu beantworten. 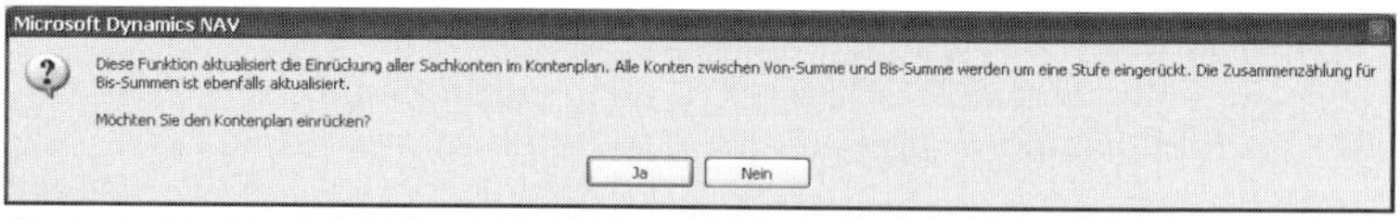	
4-2	**ESC**	Zurück zum Hauptmenü.

1.2.2 Anlegen und Arbeiten mit Bankkonten

Mit den Bankkontofunktionen von Microsoft Dynamics NAV können die Hausbanken eines Unternehmens verwaltet werden. Bankkonten sind für die Scheckverwaltung und die Anwendung des elektronischen Zahlungsverkehrs unbedingt erforderlich.

Schritt	Aktion	Bemerkung
1	*Finanzmanagement / Bankmanagement / Bankkonten*	Analog zur Debitoren- oder Kreditorenkarte wird eine Bankkontokarte angelegt.
2	Register Allgemein	
2-1	Cursor im Feld „Nr." positionieren. Mit **F3** wird eine neue Bankkontokarte erzeugt.	Jeder Bankkontokarte muss eine eindeutige Nummer zugeordnet werden.
2-2	In die Felder „Name", „Adresse", „Adresse 2", „PLZ Code" und „Ort" ist die korrekte Anschrift der Bank einzugeben.	
2-3	Im Feld „Ländercode" wird mit **F6** die Länderübersicht geöffnet.	Dort ist der entsprechende Ländercode auszuwählen und mit OK zu bestätigen.
2-4	Feld „Kontakt"	Hier kann der Ansprechpartner der Bank eingetragen werden.
2-5	Felder „BLZ" und „Bankkontonummer"	In den Feldern sind die entsprechenden Werte einzutragen.
2-6	In den Feldern „Saldo" und „Saldo(MW)" kann der aktuelle Saldo der Hausbank abgelesen werden.	Mit **F6** kann in die Bankposten verzweigt werden.
2-7	Im Feld „Mindestsaldo" kann das Kreditlimit eingegeben werden.	Hier kann die Kontokurrentlinie eingegeben werden.
2-8	Feld „Gesperrt"	Ist hier ein Haken gesetzt, kann das Bankkonto nicht mehr bebucht werden.
3	Register Kommunikation	
	Hier können „Telefonnr.", „Faxnr.", „E-Mail" und „Homepage" eingetragen werden.	

4	Register Buchen	
4-1	Im Feld „Währungscode" ist mit F6 in die Währungen zu verzweigen, die entsprechende Währung auszuwählen und mit OK zu bestätigen.	Soll das Bankkonto in Mandantenwährung geführt werden, bleibt das Feld leer.
4-2	Wird mit der Scheckverwaltung gearbeitet, ist im Feld „Letzte Schecknummer" eine Nummer einzutragen.	Wird der nächste Scheck für diese Hausbank erstellt, wird diese Nummer um eins erhöht.
4-3	Feld „Letzte Kontoauszugsnr."	Bei Verwendung der Funktion der Bankkontoabstimmung wird in das Feld „Letzte Kontoauszugsnr." die letzte Nr. des Bankauszuges geschrieben, mit dem das Konto abgeglichen wurde.
4-4	Feld „Saldo letzter Auszug"	Das Feld „Saldo letzter Auszug" enthält nach der Abstimmung den Saldo des Bankauszuges, mit dem das Bankkonto abgestimmt wurde.
4-5	Feld „Bankkontenbuchungsgruppe"	Für die Arbeit mit der Bankkontokarte ist es unbedingt notwendig, dass jedem Bankkonto eine Bankkontobuchungsgruppe zugeordnet wurde.
4-5-1	Hierzu ist mit F6 in die Bankkontenbuchungsgruppen zu wechseln und mit OK eine zu übernehmen oder mit F3 eine neue Bankkontobuchungsgruppe anzulegen.	
4-5-2	Spalte „Code"	Hier wird der entsprechende Erkennungscode für diese Bankkontobuchungsgruppe eingetragen, z.B. MW.
4-5-3	Spalte „Bankkonto Sachkontonr."	In dieser Spalte ist der Bankkontenbuchungsgruppe mit F6 aus der Sachkontenübersicht ein Sachkonto zuzuordnen und mit OK zu quittieren.

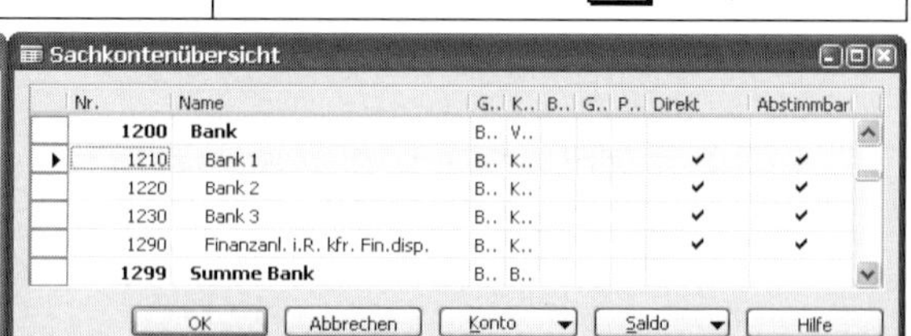

H	**HINWEIS:** Um eindeutige Auswertungen durchführen zu können, sollte einem Sachkonto immer nur eine Bankkontobuchungsgruppe zugeordnet werden. Bei der Einrichtung der Sachkonten ist darauf zu achten, dass diese Sachkonten **nicht** direkt bebucht werden können, sondern automatisch über das Bankkonto.	
4-5-4	OK	Zurück zur Bankkontokarte.
4-6	Bankkonto ▼ / *Dimensionen*	Über diesen Punkt können einem Bankkonto Dimensionen wie Kostenstelle oder Kostenträger zugeordnet werden, siehe dazu Punkt 1.3.4.
4-7	Zeile verlassen und **ESC**	Zurück zur Bankkontokarte.
5	Bankkonto ▼ / *Statistik*	
5-1	Hier wird der Saldo dem angegebenen Mindestsaldo gegenübergestellt. Gleichzeitig werden die Bewegungen in Mandanten- und Fremdwährung für das Vorjahr und das aktuelle Jahr gegenübergestellt.	
5-2	**ESC**	Zurück zur Bankkontokarte.
6	Bankkonto ▼ / *Auszüge*	
6-1	Wird ein Bankkonto mit den Bankauszügen abgestimmt, wird automatisch an die Bankkontokarte ein Bankkontoauszug angebunden.	
6-2	**ESC**	Zurück zur Bankkontokarte.
7	Bankkonto ▼ / *Posten*	
7-1	Werden mit den Bankkonten Buchungen durchgeführt, entstehen analog zu Kreditoren oder Debitoren Buchungsposten. So kann jede Transaktion mit einem Bankkonto eindeutig nachvollzogen werden. Bankposten können geschlossen werden, indem sie mit den Bankauszügen abgestimmt werden.	
7-2	**ESC**	Zurück zur Bankkontokarte.
8	Bankkonto ▼ / *Scheckposten*	
8-1	Wurden Schecks aus dem System gedruckt und Buchungen der Schecks durchgeführt, entstehen neben den Bankposten noch Scheckposten. Sie geben Auskunft über die Schecknummer, den Scheckempfänger und den Betrag.	
8-2	2 x **ESC**	Zurück zum Hauptmenü.

1.2.3 Anlegen eines Artikels

Ein Artikel wird im Modul Lager angelegt. Dabei werden u.a. Einstellungen für Mengenrabatte, Debitoren-/ Artikelrabatte und Rechnungsrabatte vorgenommen.

Schritt	Aktion	Bemerkung
1	*Lager / Planung & Ausführung / Artikel*	Öffnen der Artikelkarte.
1-1	**F3**	Ein neuer Artikel wird angelegt.
2	Register Allgemein	
2-1	Feld „Nr.“	Mit **F6** kann in die Nummernserien verzweigt werden. Hier werden alle für den Artikel hinterlegten Nummernserien angezeigt. Soll die Nummer aus einer der Serien verwendet werden, so ist diese auszuwählen und mit OK zu bestätigen, z.B. ARTIKEL2.
2-2	Feld „Beschreibung“	Hier kann der Name des neuen Artikels eingegeben werden. Er erscheint auf jedem Beleg, z.B. Farbe, beige.
2-3	Feld „Basiseinheitencode“	In der hier angegeben Einheit wird der Artikel im Lager geführt, z.B. DOSE. Die Basiseinheit kann nicht mehr geändert werden, wenn auf dem Artikel bereits Bewegungen (Zu- oder Abgänge) gebucht wurden. Mit **F6** können die verfügbaren Artikeleinheiten zur Auswahl angezeigt werden.
2-3-1	Spalte „Code“	Ist noch keine Artikeleinheit hinterlegt, ist mit **F6** in die Einheiten zu verzweigen, die erforderliche Einheit zu wählen und mit OK einzufügen.
2-3-2	Spalte „Menge pro Einheit“ 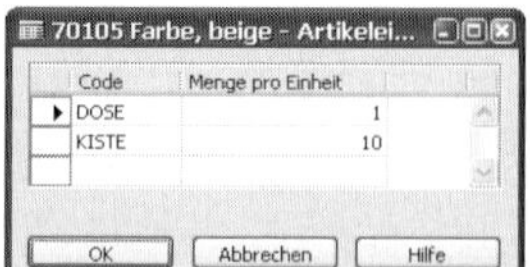	Der Wert in dieser Spalte muss für die Basiseinheit immer 1 betragen, z.B. 1 kg, 1 Dose, 1 Stück. Alle weiteren Einheiten können ein Vielfaches oder ein Teil davon sein.

	Wenn zum Beispiel der neue Artikel am Lager in DOSE geführt wird und der Artikel in KISTEN zu je 10 Dosen eingekauft wird, dann ist bei den Artikeleinheiten eine weitere Zeile anzulegen. In der Spalte „Code“ ist die Einkaufseinheit, z.B. KISTE, und in der Spalte „Menge pro Einheit“ 10 einzugeben.	
2-3-3	OK	Der benötigte Einheitencode wird ausgewählt und mit OK in die Artikelkarte übernommen.
2-4	Feld „Automatischer Textbaustein“	Wird hier ein Haken gesetzt, wird für diesen Artikel automatisch ein zu hinterlegender Textbaustein in Verkaufs- bzw. Einkaufsbelegen eingefügt.
2-5	Felder „Artikelkategoriencode“ und „Produktgruppencode“	Hier kann der Artikel in eine Artikelkategorie bzw. in eine Produktgruppe eingeordnet werden. Dazu ist die entsprechende Kategorie mit **F6** und OK zu übernehmen.
2-6	Feld „Serviceartikelgruppe“	Soll der Artikel einer Serviceartikelgruppe zugeordnet werden, so ist diese mit **F6** und OK einzutragen.
2-7	Feld „Gesperrt“	Ist in diesem Feld der Haken gesetzt, ist der Artikel für Buchungsvorgänge gesperrt.
3	Register Fakturierung	
3-1	Im Feld „Lagerabgangsmethode“ kann mit **F6** und **Enter** eine der 5 Optionen <FIFO>, <LIFO>, <Ausgewählt>, <Durchschnitt> oder <Standard> ausgewählt werden. Das System gibt automatisch <FIFO> vor.	Mit dieser Auswahl wird festgelegt, welche Einkaufs- und Verkaufsposten beim Buchen miteinander ausgeglichen werden. Hiervon wird ebenfalls die Einstandspreisberechnung beeinflusst, die zur Buchung in der Finanzbuchhaltung verwendet wird, da diese von der gewählten Ausgleichsmethode für Einkaufs- und Verkaufsposten abhängt.
3-2	Felder „Einstandspreis (fest)“ und „Einstandspreis“	Je nach Lagerabgangsmethode wird das Feld „Einstandspreis“ in den Buch.-Blättern und Belegzeilen aus dem Feld „Einstandspreis“ oder bei der Lagerabgangsmethode <Standard> aus dem Feld „Einstandspreis (fest)“ der Artikelkarte gefüllt.

H	**HINWEIS:** Der Einstandspreis ist der Wert, der bei bestandserhöhenden Buchungen zur Bewertung in der Finanzbuchhaltung herangezogen wird.	
3-3	Feld „EK-Preis (neuester)“	Dieses Feld wird bei jedem Einkauf und Zugang des Artikels mit dem gebuchten Einkaufspreis überschrieben und beim Anlegen neuer Bestellungen automatisch als Einkaufspreis vorgeschlagen.
3-4	Felder „VK-Preis/DB - Berechnung“, „VK-Preis“ und „DB %“ Es gibt drei verschiedene Arten Preise und Gewinne festzulegen: (1) Das Feld „VK-Preis“ wird ausgefüllt und der prozentuale Deckungsbeitrag wird automatisch berechnet. Dazu wird im Feld „VK-Preis" ein Wert eingegeben und im Feld „VK-Preis/DB - Berechnung“ die Methode <DB = VK - EP> ausgewählt. Daraufhin wird automatisch der prozentuale Deckungsbeitrag berechnet und im Feld „DB %“ eingetragen. (2) Der prozentuale Deckungsbeitrag wird eingeben und daraus der VK-Preis berechnet. Hierzu ist im Feld „DB %" ein Wert einzugeben und im Feld „VK-Preis/DB - Berechnung" die Methode <VK = EP + DB> auszuwählen. Daraufhin wird der VK-Preis des Artikels berechnet und im Feld „VK-Preis" eingetragen. (3) Es soll keine automatische Berechnung stattfinden. Dafür wird im Feld „VK-Preis" ein Wert eingegeben und im Feld „VK-Preis/DB - Berechnung" die Methode <kein Bezug> ausgewählt. Dann wird ein Wert im Feld „DB %" eingegeben.	

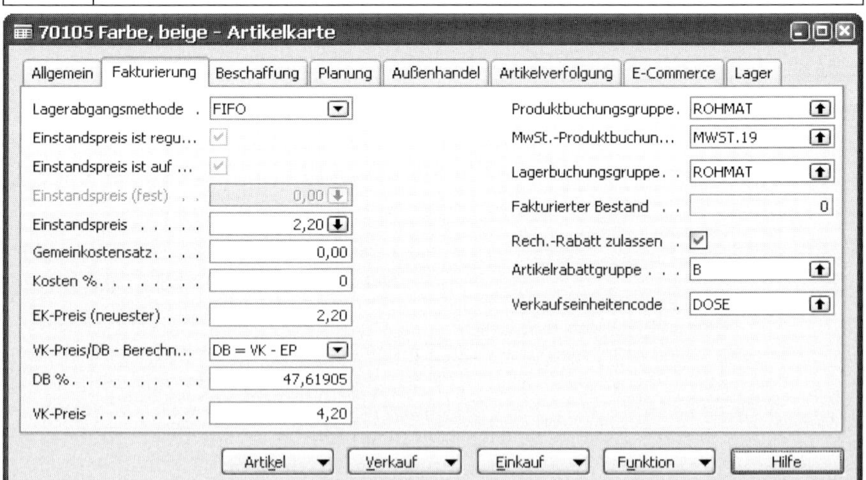

3-5	Feld „Produktbuchungsgruppe“	Hier muss mit **F6** und OK die zum Artikel gehörende Produktbuchungsgruppe ausgewählt werden. Sie wird zusammen mit der Geschäftsbuchungsgruppe für Buchungen benötigt.
3-6	Feld „MwSt.-Produktbuchungsgruppe“	Beim Verlassen des Feldes „Produktbuchungsgruppe“ wird in dieses Feld die für die Produktbuchungsgruppe hinterlegte MwSt.-Produktbuchungsgruppe eingetragen.
3-7	Feld „Lagerbuchungsgruppe“	Mit dem Eintrag in diesem Feld wird festgelegt, auf welches Lagerbestandskonto der Artikel gebucht werden soll. Die Lagerbuchungsgruppe ist mit **F6** und OK einzufügen.
3-8	Feld „Rech.-Rabatt zulassen“	Ist in diesem Feld ein Haken gesetzt, können bei Ausgangsrechnungen Rechnungsrabatte gewährt werden.
3-9	Feld „Artikelrabattgruppe“	Hier kann mit **F6** und OK die entsprechende Rabattgruppe zugeordnet werden, siehe dazu auch Ablaufschema 3.1.2.
3-10	Feld „Verkaufseinheitencode“	Wenn dieser Einheitencode vom Basiseinheitencode abweicht, kann hier mit **F6** und OK der Einheitencode für den Verkauf hinterlegt werden.
4	Register Beschaffung	
4-1	Feld „Beschaffungsmethode“	Hier ist mit **F6** und **Enter** auszuwählen, wie der Artikel beschafft wird.
4-2	Feld „Kreditorennr.“	Mit **F6** kann hier in der Kreditorenübersicht der Kreditor ausgewählt werden, von dem der Artikel bezogen wird. Die Auswahl ist mit OK zu bestätigen.
4-3	Feld „Kred.-Artikelnr.“	Hier kann die Artikelnummer des Artikels beim Kreditor hinterlegt werden.

4-4	Feld „Einkaufseinheitencode“	Wenn dieser Einheitencode vom Basiseinheitencode abweicht, kann mit **F6** und OK der Einheitencode für den Einkauf hinterlegt werden.
4-5	Feld „Beschaffungszeit“	Hier ist eine Datumsformel für die Lieferzeit des Artikels einzugeben, z.B. 3T für 3 Tage. Daraus wird dann das erwartete Wareneingangsdatum berechnet.
4-6	Feld „Produktionsart“	Hier ist mit **F6** und OK festzulegen, ob es sich um eine Lagerfertigung oder eine Auftragsfertigung handelt.
4-7	Feld „Arbeitsplannr.“	Hier ist aus der Arbeitsplanübersicht der entsprechende Plan auszuwählen und mit OK zu bestätigen.
4-8	Feld „Fert.-Sücklistennr.“	Beruht die Produktion des Artikels auf einer Fertigungsstückliste, so kann diese hier mit **F6** und OK hinterlegt werden.
4-9	Feld „Rundungspräzision“	Mit diesem Wert kann festgelegt werden, wie die Mengen des Artikels für Kalkulationen gerundet werden sollen. “1“ bedeutet, der Artikel ist nur in nicht teilbaren Einheiten verfügbar.
4-10	Feld „Buchungsmethode“	Mit **F6** und **Enter** ist hier die Methode für Berechnung des Verbrauches im Zuge des Fertigungsprozesses des Artikels festzulegen.
	<Manuell>, die Verbräuche werden manuell über ein Buchungsblatt erfasst und gebucht. <Vorwärts>, die Verbräuche werden vom System erfasst und gebucht, wenn der Status des Fertigungsauftrages auf <Freigegeben> gesetzt wird. <Rückwärts>, die Verbräuche werden vom System erfasst und gebucht, wenn der Status des Fertigungsauftrages auf <Beendet> gesetzt wird.	
4-11	Feld „Ausschuss %“	Hier kann der Prozentsatz eingetragen, der bei der Produktion voraussichtlich als Ausschuss anfällt, z.B. 3.

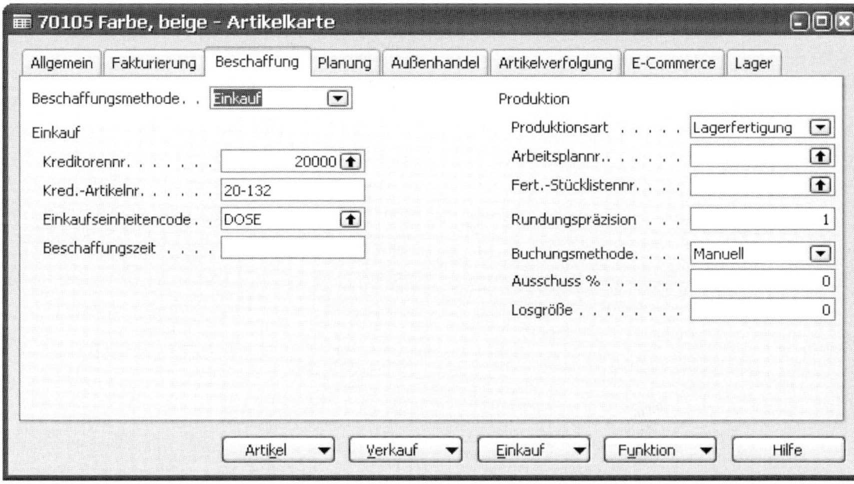

4-12	Feld „Losgröße“	Dieses Feld enthält die Menge des Artikels, die standardmäßig bei einer Fertigung erzeugt wird, z.B. 30.
5	Register Planung	
5-1	Feld „Wiederbeschaffungs-verfahren“	Hier kann mit **F6** und **Enter** eine der Optionen ausgewählt werden. Je nach Auswahl werden die benötigten Felder änderbar geschaltet. Hier muss ein Wert eingetragen sein, damit der Artikel im Planungslauf berücksichtigt werden kann.
5-2	Feld „Reservieren“	Hier kann mit **F6** und **Enter** festgelegt werden, ob und wie Reservierungen für diesen Artikel vorgenommen werden. Standardmäßig ist hier <Optional> eingestellt.
5-3	Feld „Kritisch“	Soll eine Lieferterminzusage erfolgen, bei der dieser Artikel eine entscheidende Rolle hat, muss hier ein Haken gesetzt werden.
5-4	Feld „Sicherh.-Zuschl. Beschaff.-Zt.“	Hier kann eine Pufferzeit angegeben werden. Diese Zeit wird bei der Datumskalkulation im Einkauf, Verkauf und der Produktion herangezogen. Existiert kein Eintrag, wird der Wert aus den Lagerhaltungsdaten oder aus der Produktion Einrichtung genutzt.

		Sollen diese Angaben nicht genutzt werden, kann hier in diesem Feld 0T eingetragen werden.
5-5	Feld „Bestellzyklus“	In diesem Feld kann mit einer Datumsformel die Länge der Planungsperiode festgelegt werden. Der Wert wird bei der Planung der Produktion berücksichtigt.
5-6	Felder „Sicherheitsbestand“, „Maximalbestand“, „Minimalbestand“ und „Bestellmenge“	Diese Felder werden für den lagerübergreifenden Bestellvorschlag und die Planungsvorschläge (PPS) verwendet.
5-7	Felder „Minimale Losgröße“, „Maximale Losgröße“ und „Losgrößenrundungsfaktor“	Durch Angaben in diesen Feldern können die ermittelten Mengen modifiziert werden. Unterschreitet eine vorgeschlagene Menge die „Minimale Losgröße“, so wird die „Minimale Losgröße“ in der Bestellvorschlagzeile eingetragen.
6	Register Außenhandel	
6-1	Feld „Zollpos.“	Mit **F6** kann in diesem Feld ein Code für die Zollposition des Artikels ausgewählt werden. Dieses Feld muss ausgefüllt werden, wenn eine Verpflichtung zur INTRASTAT - Berichterstattung besteht.
6-2	Feld „Ursprungsland/-region“	Hier kann mit **F6** aus der Länderübersicht das Land ausgewählt werden, in dem der Artikel hergestellt oder weiterverarbeitet wurde. Die Auswahl ist mit OK zu übernehmen.
6-3	Feld „Nettogewicht“	Hier kann das Nettogewicht des Artikels hinterlegt werden. Mit diesem Wert wird im Intrastat Buch.-Blatt die Spalte „Nettogewicht“ vorbelegt.
6-4	Feld „Bruttogewicht“	In diesem Feld kann das Bruttogewicht eingetragen werden. Diese Angaben können für Zollpapiere oder Frachtbriefe genutzt werden.

7	Register Artikelverfolgung	
7-1	Feld „Artikelverfolgungscode“	Hier können mit **F6** Kriterien zur Artikelverfolgung eingegeben werden.
7-2	Feld „Seriennummern“	In diesem Feld kann mit **F6** und OK eine Nummernserie ausgewählt werden, aus der eine Seriennummer im Rahmen der Fertigung vergeben wird.
7-3	Feld „Chargennummern“	Hier kann mit **F6** und OK die Nummernserie eingetragen werden, die verwendet wird, um Chargennummern zuzuordnen.
7-4	Feld „Ablaufdatumsformel“	Nach der hier eingetragenen Datumsformel wird das Ablaufdatum in den Artikelverfolgungszeilen berechnet.
8	Register Lager	
8-1	Feld „Lagerhilfsmittelcode“	In diesem Feld kann mit **F6** und OK ein Hilfsmittel zugeordnet werden, das die Lagermitarbeiter bei Arbeitsprozessen mit dem Artikel einsetzen müssen.
8-2	Feld „Einlagerungsvorlagencode"	Wird in diesem Feld mit **F6** und OK eine Einlagerungsvorlage eingetragen, ermittelt die Anwendung die am besten geeignete Zone bzw. den Lagerplatz für die Einlagerung des Artikels nach dem Wareneingang. Ist keine Vorlage für den Artikel oder die Lagerhaltungsdaten eingerichtet, wird die vom Lagerort verwendet.
8-3	Feld „Einlagerung Einheitencode“	Hier kann mit **F6** und OK der Einheitencode eingetragen werden, in dem der Artikel eingelagert wird. Ist z.B. der Wareneingang auf Paletten und die Einlagerungseinheit 6-PACK, wird in der Zeile für die Entnahme der Wert PALETTE und in der Zeile für die Einlagerung der Wert 6-PACK eingetragen.

8-4	Feld „Inventurhäufigkeits-code“	Hier kann mit **F6** und OK ein Code der Inventurhäufigkeit ausgewählt werden. Er gibt an, wie oft der Artikel über eine Inventur erfasst wird. Bei der Änderung oder Zuweisung des Codes wird das Feld „Nächstes Inventurdatum“ neu berechnet. 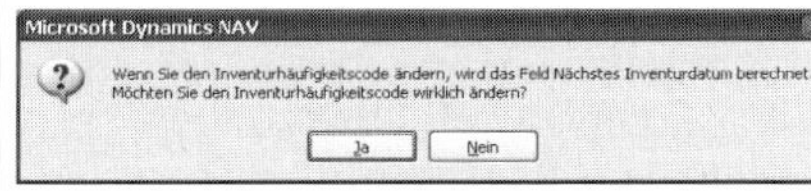
8-5	Feld „Zuordnung verwenden“	Ist in diesem Feld ein Haken gesetzt, sind für diesen Artikel Zuordnungen erlaubt. Bei einer Zuordnung werden die Artikel von der Wareneingangs-stelle direkt zur Warenausgangsstelle gebracht.

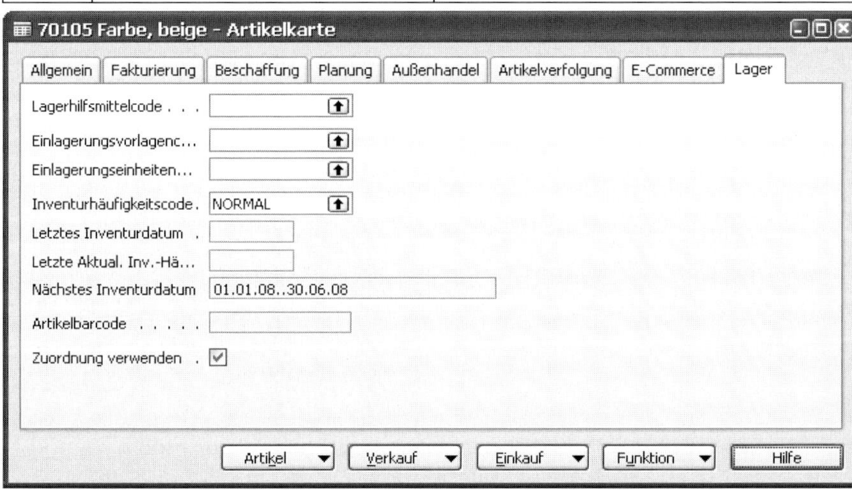

9	**ESC**	Zurück zum Hauptmenü

1.3 Einrichten von Dimensionen

In Microsoft Dynamics NAV kann neben den Dimensionen Kostenstelle und Kostenträger eine unbegrenzte Anzahl von Dimensionen angelegt werden.

1.3.1 Anlegen von Dimensionen

Zu jeder definierten Dimension können beliebig viele Dimensionswerte erfasst werden. Innerhalb der Dimension können hierarchische Beziehungen hinterlegt werden.

Schritt	Aktion	Bemerkung
1	*Finanzmanagement / Einrichtung / Dimensionen / Dimensionen*	
1-1	Spalte „Code“	Hier ist der Name für die Dimension einzugeben, z.B. Kostenstelle, Kostenträger, Bereich...
1-2	Spalte „Name“	Sobald die Spalte „Code“ ausgefüllt und verlassen wurde, wird in die Spalte „Name“ automatisch der Text aus dem Codefeld übernommen. Dieser kann geändert werden. Die Länge des Namens darf maximal 30 Zeichen betragen.
1-3	Spalte „Code Caption“	Auch in diese Spalte wird der eingegebene Wert aus der Spalte „Code“ übernommen und mit dem Wort Code ergänzt, z.B. Kostenstellen Code. Diese Eintragung kann geändert werden.
H	**HINWEIS:** Diese Spalte bestimmt, wie die einzelnen Dimensionsfelder in der weiteren Anwendung bezeichnet werden.	
1-4	Spalte „Filter Caption“	In diese Spalte wird der Dimensionscode ebenfalls kopiert und kann geändert werden.
H	**HINWEIS:** Der Eintrag in diese Spalte bestimmt wie die einzelnen Dimensionen in Filterfeldern genannt werden.	
1-5	Spalte „Beschreibung“	Hier können nähere Erläuterungen eingegeben werden, maximal 30 Zeichen.
1-6	Spalte „Gesperrt“	Ist hier ein Haken gesetzt, kann mit dieser Dimension nicht gebucht werden.

1-7	Spalte „Konsolidierungscode“	Soll die definierte Dimension konsolidiert werden, ist in diese Spalte der entsprechende Konsolidierungscode einzutragen.

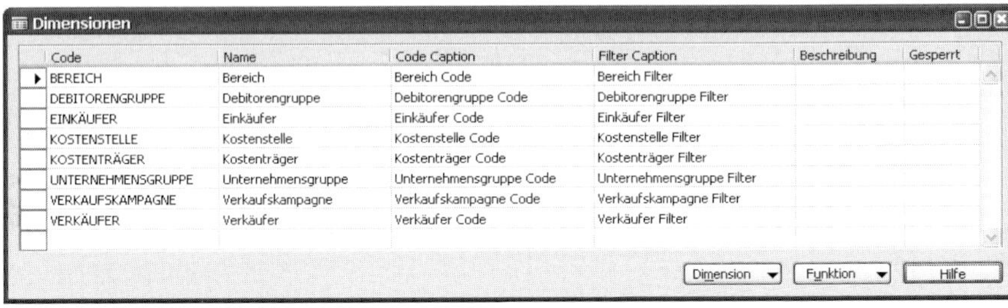

2	Dimension ▼ / *Dimensionswerte*	Jeder definierten Dimensionszeile können beliebig viele Dimensionswerte zugeordnet werden.
2-1	Spalte „Code“	Dieser Dimensionswertecode kann maximal 20 Zeichen lang sein. Der Code kann Zahlen und Buchstaben beinhalten.
2-2	Spalte „Name“	In dieses Feld kann ein beschreibender Text mit maximal 50 Zeichen eingegeben werden.
2-3	Spalte „Dimensionswertart“	Hier kann zwischen den Optionen <Standard>, <Überschrift>, <Summe>, <Von-Summe> und <Bis-Summe> ausgewählt werden. Wird ein neuer Dimensionswert angelegt, ist diese Spalte mit <Standard> vorbelegt.
	<Standard> Mit diesem Dimensionswert kann gebucht werden. <Überschrift> Dimensionswerte mit dieser Dimensionsart können nicht bebucht werden. Sie dienen der Gruppierung der Dimensionswerte. <Summe> Dieser Dimensionswert dient zur Summierung der einzelnen Werte, die nicht unmittelbar hintereinander angeordnet sind. <Von-Summe> Mit diesem Dimensionswert kann gebucht werden. Darüber hinaus markiert die „Von Summe“ den Beginn der Dimensionswerte, die summiert werden sollen. Zu jeder „Von Summe“ gehört eine „Bis Summe“.	

	<Bis-Summe> Diese Dimensionswertart markiert das Ende der Dimensionswerte, die aufsummiert werden sollen. „Bis Summen“ können nicht bebucht werden.	
2-4	Spalte „Zusammenzählung“	Wurden „Von-“ und „Bis Summen“ definiert und wird die **Funktion ▼** / *Einrückung der Dimensionswerte* aufgerufen, wird in diese Spalte der aufsummierte Bereich eingetragen, z.B. 60..85.
2-5	Spalte „Gesperrt“	Wird hier ein Haken gesetzt, ist dieser Dimensionswert für weitere Buchungen gesperrt.
2-6	Spalte „Konsolidierungscode“	Hier ist für den Dimensionswert der entsprechende Konsolidierungscode einzutragen. Wird keine Konsolidierung gewünscht, bleibt diese Spalte <leer>.

BEREICH Bereich - Dimensionswerte

Code	Name	Dimensionswertart	Zusammenzählung	Gesperrt	Konsolidierungscode
10	**Europa**	Von-Summe			
20	**Nordeuropa**	Von-Summe			
30	Nordeuropa (EU)	Standard			
40	Nordeuropa (Nicht EU)	Standard			
45	**Nordeuropa, gesamt**	Bis-Summe	20..45		
50	Südeuropa	Standard			
55	**Europa, gesamt**	Bis-Summe	10..55		
60	**Amerika**	Von-Summe			
70	Nordamerika	Standard			
80	Südamerika	Standard			
85	**Amerika, gesamt**	Bis-Summe	60..85		

2-7	2 x **ESC**	Zurück zum Hauptmenü.

1.3.2 Dimensionen in der Finanzbuchhaltung Einrichtung

Um mit den definierten Dimensionen buchen zu können, müssen diese in der Finanzbuchhaltung Einrichtung hintergelegt werden. Es wird zwischen „Globaler Dimensionscode“ und „Shortcutdimensionscode“ unterschieden.

Globale Dimensionen werden in den Sachposten mitgebucht und angezeigt. Shortcutdimensionen sind in den Analyseposten enthalten und können dort ausgewertet werden.

Schritt	Aktion	Bemerkung
1	*Finanzmanagement / Einrichtung / Finanzbuchhaltung Einrichtung*	
2	Register Dimensionen	
2-1	Feld „Globaler Dimensionscode 1“	Über Funktion ▼ / *Globale Dimensionen ändern…*, können der Globale Dimensionscode 1 und der Globale Dimensionscode 2 geändert bzw. am Anfang der Einrichtung neu definiert werden.
2-2	Feld „Globaler Dimensionscode 2“	
2-3	Feld „Globaler Dimensionscode 1“	Mit der Taste **F6** ist in die Dimensionsübersicht zu verzweigen, die entsprechende Dimension auszuwählen und mit OK zu bestätigen, z.B. Kostenstelle.
2-4	Feld „Globaler Dimensionscode 2“	Mit **F6** aus der Dimensionsübersicht eine Dimension auswählen und mit OK bestätigen, z.B. Kostenträger.
2-5	Nebenstehende Frage ist mit Ja zu beantworten.	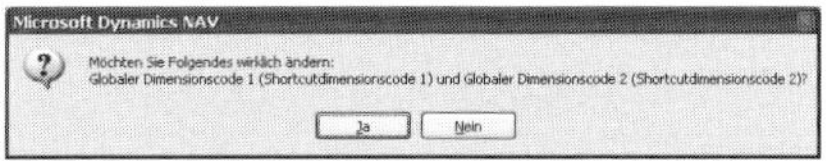
2-6	Die anschließende Meldung ist mit OK zu bestätigen.	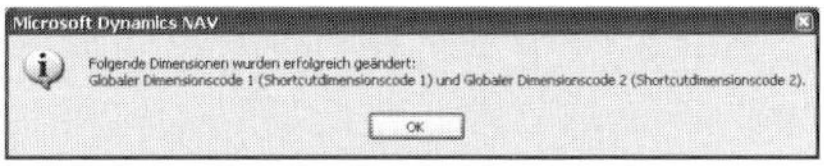
H	**HINWEIS:** Mit der Zuordnung des Globalen Dimensionscodes 1 wurde mit der gleichen Dimension automatisch der Shortcutdimensionscode 1 festgelegt. Der gleiche Zusammenhang besteht zwischen dem Globalen Dimensionscode 2 und dem Shortcutdimensionscode 2.	

Beispiel: • Globaler Dimensionscode 1 = Kostenstelle ⇒ (Sachposten) • Shortcutdimensionscode 1 = Kostenstelle ⇒ (Analyseposten) • Globaler Dimensionscode 2 = Kostenträger ⇒ (Sachposten) • Shortcutdimensionscode 2 = Kostenträger ⇒ (Analyseposten)		
3	Felder „Shortcutdimensionscode 3 bis 8“	Mit der Taste F6 kann hier jeweils aus der Dimensionsübersicht ein Dimensionscode ausgewählt und mit OK bestätigt werden.
	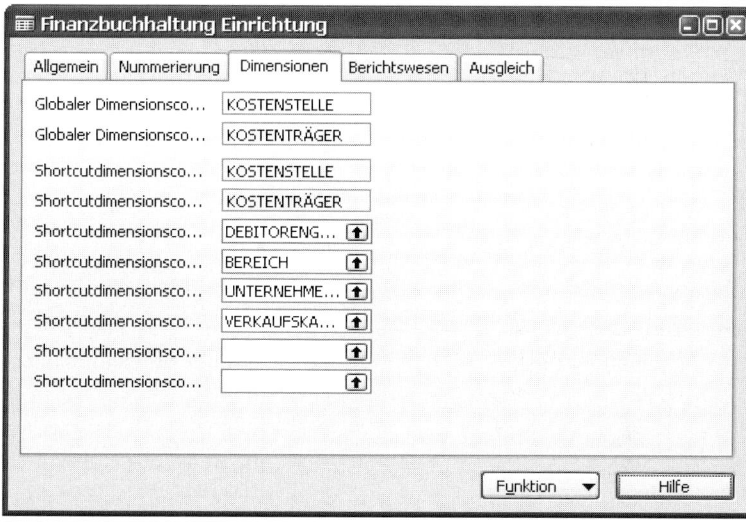	
H	**HINWEIS:** Die Dimensionswerte der hier definierten Dimensionen können in Buch.-Blättern, Einkaufs- und Verkaufsbelegen zugeordnet werden.	
4	ESC	Zurück zum Hauptmenü.

1.3.3 Anlegen von Dimensionskombinationen

Durch die Einrichtung von Dimensionskombinationen werden die Bedingungen festgelegt, unter denen die Dimensionen pro Beleg kombiniert werden können.

Schritt	Aktion	Bemerkung
1	*Finanzmanagement / Einrichtung / Dimensionen / Dimensionskombinationen*	In einer Matrixkombination werden die definierten Dimensionen zeilen- und spaltenweise in Beziehung gesetzt.

1-1	Option <leer>	Diese Dimensionskombination ist immer zulässig.
1-2	Option <Gesperrt>	Darf eine Kombination nicht gebucht werden, so ist der Cursor in dem entsprechenden Feld zu positionieren. Mit **F6** ist <Gesperrt> auszuwählen und mit **Enter** zu bestätigen. Danach ist das Feld zu verlassen, um den Inhalt zu bestätigen.
1-3	Option <Eingeschränkt>	Analog zu 1-2 ist hier mit **F6** <Eingeschränkt> auszuwählen und mit **Enter** zu bestätigen. Diese Dimensionskombination ist nur unter bestimmten Bedingungen zulässig, die näher definiert werden müssen.
2	Durch Klicken auf den Assist-Button [...] wird eine erneute Matrix angezeigt.	In dieser Matrix können weitere Einschränkungen vorgenommen werden. Es ist festzulegen, welche Kombinationen gesperrt werden.

<table>
<tr><td></td><td colspan="2">Soll die Kombination, z.B. zwischen „Einkäufer“ und „Debitorengruppe“, eingeschränkt werden, so werden diese beiden in der Matrix gegenübergestellt.
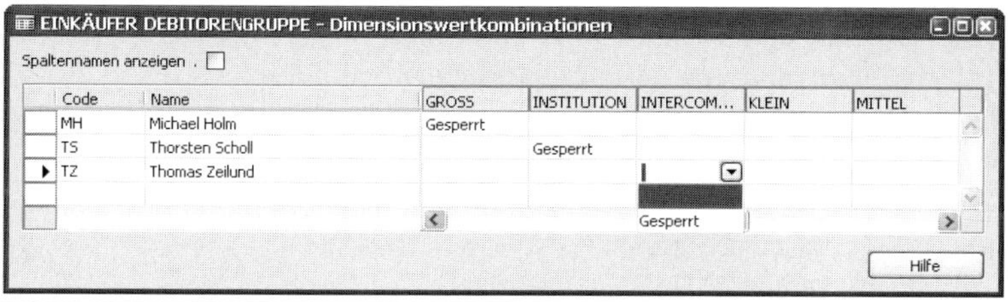
</td></tr>
<tr><td>2-1</td><td>Der Cursor ist auf dem entsprechenden Feld zu positionieren.</td><td>Mit F6 ist <Gesperrt> auszuwählen und mit Enter zu bestätigen.</td></tr>
<tr><td>2-2</td><td>ESC</td><td>Zurück zur ersten Stufe der Dimensionskombination.</td></tr>
<tr><td>3</td><td>ESC</td><td>Zurück zum Hauptmenü.</td></tr>
</table>

1.3.4 Zuweisen der Dimensionen zu den Stammdaten

Dimensionswerte können allen Stammdaten modulübergreifend zugeordnet werden. Die Arbeitsschritte der Zuweisung von Dimensionswerten werden beispielhaft an der Sachkontenkarte erläutert. Analog hierzu ist die Zuweisung der Dimensionen in den anderen Modulen vorzunehmen.

Schritt	Aktion	Bemerkung
	Die Dimensionen der Stammdaten sind über folgende Menüpunkte im Modul zu erreichen: *Finanzmanagement / Finanzbuchhaltung / Kontenplan* Konto ▼ */ Karte* Konto ▼ */ Dimensionen* *Finanzmanagement / Debitoren / Debitoren* Debitor ▼ */ Dimensionen* *Finanzmanagement / Kreditoren / Kreditoren* Kreditor ▼ */ Dimensionen* *Finanzmanagement / Anlagen / Anlagen* Anlagen ▼ */ Dimensionen* *Verkauf & Marketing / Verkauf / Verkäufer* Verkäufer ▼ */ Dimensionen* *Verkauf & Marketing / Marketing / Kampagnen* Kampagne ▼ */ Dimensionen* *Lager / Planung & Ausführung / Artikel* Artikel ▼ */ Dimensionen* *Ressourcenplanung / Ressourcen* Ressource ▼ */ Dimensionen* *Projekte / Projekte* Projekt ▼ */ Dimensionen* *Personalwesen / Mitarbeiter* Mitarbeiter ▼ */ Dimensionen*	
1	*Finanzbuchhaltung / Kontenplan*	Es ist das entsprechende Sachkonto auszuwählen, für das Dimensionswerte hinterlegt werden sollen, z.B. 8400 Erlöse 19% USt.
2	Konto ▼ */ Dimensionen / Zuordnung für den aktuellen Datensatz*	
2-1	Spalte „Dimensionscode“	Mit **F6** ist in die Dimensionsübersicht zu verzweigen, die entsprechende Dimension auszuwählen und mit OK zu bestätigen, z.B. KOSTENSTELLE.
2-2	Spalte „Dimensionswertcode“	Soll ein Dimensionswert vorbelegt werden, ist mit **F6** in die Dimensionswerteübersicht zu verzweigen, der entsprechende Wert auszuwählen und mit OK zu bestätigen, z.B. PROD.

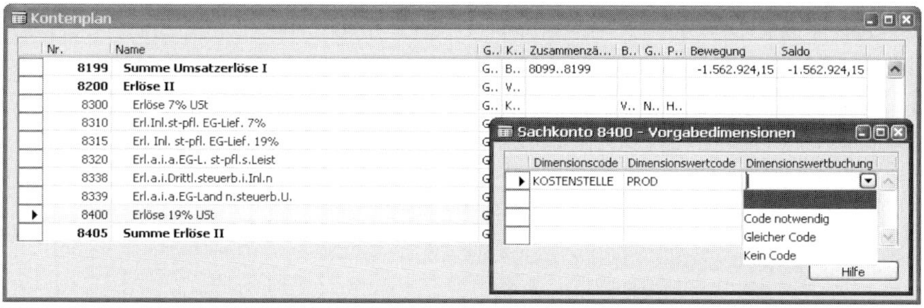

<table>
<tr><td>2-3</td><td>Spalte „Dimensionswert-buchung“</td><td>Hier kann zwischen folgenden Optionen unterschieden werden: <leer>, <Code notwendig>, <gleicher Code> und <kein Code>.</td></tr>
<tr><td></td><td colspan="2"><leer> Wird keine Einstellung vorgenommen, kann die Buchung ohne Zuordnung eines Dimensionswertes erfolgen. Es kann jedoch auch ein Wert der Buchung zugeordnet werden.

<Code notwendig> Soll die Buchung zwingend mit einem Dimensionswert erfolgen, ist <Code notwendig> zu hinterlegen. Wenn in diesem Fall bei der Buchung kein Dimensionswert erfasst wird, erscheint eine Fehlermeldung: „...verwendete Dimension hat einen Fehler hervorgerufen. Wählen Sie einen Dimensionswertcode für den Dimensionscode … für Sachkonto … aus.“

<Gleicher Code> Soll der in der Spalte „Dimensionswertcode“ hinterlegte Dimensionswert bei jeder Buchung auf dieses Sachkonto benutzt werden, ist diese Option zu hinterlegen.

<Kein Code> Ist die Buchung zwingend ohne Dimensionswert-zuordnung durchzuführen, ist <kein Code> auszuwählen. Wird in diesem Fall bei der Buchung dennoch ein Dimensionswert zugeordnet, erscheint eine Fehlermeldung: „… verwendete Dimension hat einen Fehler hervorgerufen. Der Dimensionscode … darf für Sachkonto … nicht angegeben werden.“</td></tr>
<tr><td>2-4</td><td>Enter</td><td>Übernehmen der Auswahl für die Dimensionswertbuchung.</td></tr>
<tr><td>3</td><td>2 x ESC</td><td>Zurück zum Hauptmenü</td></tr>
</table>

Kapitel 2 - Finanzbuchhaltung

In diesem Kapitel wird das Buchen in Fibu Buch.-Blättern beschrieben. Es werden die Arbeitsschritte zum Erfassen und Buchen der Saldovorträge von Sachkonten, Debitoren und Kreditoren erläutert.

In den Abschnitten zum Zahlungsverkehr werden Zahlungsvorschlagslisten erstellt, die die Grundlage für Scheckzahlungen oder den elektronischen Zahlungsverkehr bilden.

Darüber hinaus wird gezeigt, wie MwSt.-Abrechnungsschemata einzurichten sind und wie mit ihnen die monatlichen Werte für die Umsatzsteuervoranmeldung erzeugt werden können.

Weiterhin werden Kontenschemata angelegt, mit deren Hilfe individuelle Auswertungen durchgeführt werden können. Es wird dargestellt, wie mit FlowFiltern gearbeitet werden kann.

Außerdem werden in Verbindung mit dem Jahresabschluss die Buchungsperioden abgeschlossen und das Ergebnis des Geschäftsjahres mit der Funktion GuV-Konten Nullstellung ermittelt. Es wird beschrieben, wie Nachbuchungen für ein abgeschlossenes Wirtschaftsjahr durchzuführen sind und wie diese im System gekennzeichnet werden.

2.1 Buchen von Saldovorträgen

Saldovorträge in Microsoft Dynamics NAV sind prinzipiell vor der ersten Buchungsperiode einzubuchen. Beginnt das erste Wirtschaftsjahr am 01.01.2011, so sind die Saldovorträge mit dem Buchungsdatum 31.12.2010 einzugeben.

2.1.1 Saldovortrag von Sachkonten

In den Fibu Buch.-Blättern werden die Saldovorträge von Sachkonten erfasst und gebucht. Die Buchungen der Forderungs- und Verbindlichkeitskonten sowie der Warenbestandskonten erfolgen nicht direkt auf den einzelnen Sachkonten. Sie werden über die Posten der Debitoren, Kreditoren und Artikel zugeordnet.

Schritt	Aktion	Bemerkung
1	*Finanzmanagement / Finanzbuchhaltung / Kontenplan*	Es ist ein Konto für Saldovorträge von Sachkonten zu errichten.
1-1	F3	Ein neuer Datensatz ist zu erzeugen.

1-2	Spalten „Nr." und „Name"	Hier sind die Kontonummer und der Kontoname, z.B. 9000 - Saldovortrag Sachkonten, einzugeben.
1-3	Spalte „Direkt" (über *Ansicht / Spalte anzeigen...* einblenden)	Da direkt auf dieses Konto gebucht werden soll, ist hier ein Haken zu setzen.
1-4	Spalte „GuV/Bilanz"	Bei Saldovortragskonten ist hier <Bilanz> zu wählen.
1-5	Zeile verlassen und **ESC**	Zurück zum Hauptmenü.
2	*Finanzmanagement / Finanzbuchhaltung / Fibu Buch.-Blätter*	Hier werden die Saldovorträge von Sachkonten erfasst und gebucht.
2-1	In die Spalte „Buchungsdatum" ist das Datum der Buchungserfassung einzugeben.	In unserem Beispiel ist es der 31.12.2010, da das aktuelle Wirtschaftsjahr am 01.01.2011 beginnt.
2-2	In der Spalte „Belegart" mit **F6** die Option <leer> auswählen.	Es soll keine Zahlung, Rechnung, Gutschrift, Zinsrechnung oder Mahnung gebucht werden, deshalb ist hier <leer> auszuwählen.
2-3	In der Spalte „Belegnr." diese eingeben, z.B. VORTR-1.	Ist für dieses Buchungsblatt keine automatische Nummernserie hinterlegt, ist manuell eine Belegnummer einzutragen.
2-4	In der Spalte „Kontoart" mit **F6** die Option <Sachkonto> auswählen und mit **Enter** bestätigen.	Es sollen Saldovorträge für Sachkonten, wie z.B. für die Kasse, die Bank, das Kapitalvermögen oder Rückstellungen, eingegeben werden.
2-5	In der Spalte „Kontonr." mit **F6** die Sachkontenübersicht aufrufen, das Sachkonto markieren und mit OK übernehmen.	Wenn die Sachkontonummer bekannt ist, kann auch sofort die Nummer eingegeben werden, ohne in die Sachkontenübersicht zu verzweigen.
2-6	In die Spalten „Buchungsart", „Geschäftsbuchungsgruppe", „Produktbuchungsgruppe", „MwSt.-Geschäftsbuchungsgruppe" und „MwSt.-Produktbuchungsgruppe" sind **keine** Schlüsselungen einzugeben, die Spalten bleiben <leer>.	Da es sich um die Buchung der Saldovorträge von Sachkonten handelt, werden keine Steuerbuchungen durchgeführt.

2-7	In die Spalte „Betrag“ ist der Wert, der dem Endsaldo zum 31.12.2010 entspricht, einzugeben.	Der Buchungssatz lautet Kasse an Saldovortragskonto, deshalb ist der Wert in der Spalte „Betrag“ mit positivem Vorzeichen einzugeben.
2-8	Spalte „Gegenkontoart“	Hier ist mit **F6** die Option <Sachkonto> auswählen und mit **Enter** zu bestätigen.
2-9	In der Spalte „Gegenkontonr.“ mit **F6** in die Sachkonten-übersicht verzweigen, das Saldovortragskonto für Sachkonten auswählen und mit OK bestätigen.	Wenn die Sachkontonummer bekannt ist, kann auch sofort die Nummer, z.B. 9000, eingegeben werden, ohne in die Sachkontenübersicht zu verzweigen.
2-10	Ist ein Saldovortrag für ein Passiv-Konto einzugeben, lautet der Buchungssatz Saldovortragskonto an Kapitalvermögen. Hier ist in der Spalte „Kontonr.“ das Sachkonto für den Saldovortrag und in der Spalte „Gegenkontonr.“ das Sachkonto für Kapitalvermögen auszuwählen. Die weiteren Eingaben erfolgen analog, wie unter Schritt 2 bis 2-9 erläutert.	
3	Buchen ▼ / *Buchen* oder **F11**	Nach Überprüfung der erfassten Werte kann die Buchung durchgeführt werden.
3-1	Ja	Die Frage: „Möchten Sie die Buch.-Blattzeilen buchen?“ ist mit Ja zu beantworten.
3-2	OK	Die Meldung: „Die Buch.-Blattzeilen sind gebucht worden.“ ist mit OK zu bestätigen.
3-3	**ESC**	Zurück zum Hauptmenü.
4	*Finanzmanagement / Finanz-buchhaltung / Berichte / Fin-anzauswertung / Sachkonto - Summen Saldenliste*	Der Bericht Sachkonto - Summen Saldenliste wird geöffnet.
4-1	Drucken...	
4-2	Feld „Datumsfilter“	Hier wird das Geschäftsjahr 01.01.11 .. 31.12.11 eingegeben.
4-3	Drucken... oder Seitenansicht	Die gebuchten Saldenvorträge werden unter der Spalte „Saldo-vortrag“ angezeigt.

4-4	2 x **ESC** (nach Seitenansicht) bzw. 1 x **ESC** (nach Drucken)	Zurück zum Hauptmenü.
5	Die Buchung des Warenbestandes erfolgt über die Buchung der Anfangsbestände im Inventurbuchungsblatt (*Lager / Lager / Inventur Buch.-Blätter*) und über die Durchführung der Stapelläufe *Finanzmanagement / Lager / Bewertung / Lagerreg. fakt. Einst. Preise…* und *Finanzmanagement / Lager / Bewertung / Buchen / Lagerreg. buchen*, siehe Ablaufschemata 5.1.2 und 5.1.3. Der Buchungssatz lautet hierbei: (1) Warenbestandskonto an Bestandsveränderung Aus diesem Grund ist bei der Saldovortragsbuchung das Bestandsveränderungskonto gegen das Saldovortragskonto aufzulösen. Der Buchungssatz lautet: (2) Bestandsveränderung an Saldovortragskonto	

2.1.2 Voraussetzung für Saldovortragsbuchungen von Debitoren und Kreditoren

Bei der Buchung der Saldovorträge von Debitoren und Kreditoren muss darauf geachtet werden, dass die Mehrwertsteuer bei Zahlungen mit Skonto im aktuellen Geschäftsjahr entsprechend korrigiert wird.

Aus diesem Grund werden eine neue Produktbuchungsgruppe und eine MwSt.-Produktbuchungsgruppe mit den entsprechenden Einstellungen angelegt.

Schritt	Aktion	Bemerkung
1	*Finanzmanagement / Finanzbuchhaltung / Kontenplan*	Es ist jeweils ein neues Konto für Saldovorträge von Debitoren und Saldovorträge für Kreditoren einzurichten.
1-1	Mit **F3** ist ein neuer Datensatz zu erzeugen. Dabei wird in die Spalte „Nr." die neue Kontonummer, z.B. 9008, eingegeben.	Ein neues Sachkonto wird erstellt. Hierbei ist darauf zu achten, dass das Konto die Eigenschaft Bilanz-Konto erhält und direkt bebuchbar ist.
1-2	In der Spalte „Name" ist der Sachkontoname einzugeben.	z.B. Saldovortrag Debitor

1-3	Zeile verlassen und **ESC**	Zurück zum Hauptmenü.
2	*Finanzmanagement / Einrichtung / Buchungsgruppen / Allgemein / Produkt*	Es ist eine neue Produktbuchungsgruppe für Saldovortragsbuchungen anzulegen.
2-1	Mit **F3** ist ein neuer Datensatz zu erzeugen.	Hier wird die neue Produktbuchungsgruppe in Verbindung mit der MwSt.-Produktbuchungsgruppe angelegt.
2-2	Spalte „Code"	Hier wird die eindeutige Kennung eingegeben, z.B. VORTRAG.
2-3	Den Cursor in der Spalte „Beschreibung" positionieren und den Beschreibungstext eingeben.	z.B. Saldovortrag Debitor-Kreditor

2-4	Den Cursor in der Spalte „Vorg. MwSt.-Produktbuchungsgruppe“ positionieren und mit **F6** in die MwSt.-Produktbuchungsgruppen verzweigen.	Entsprechend des MwSt.-Satzes ist die MwSt.-Produktbuchungsgruppe auszuwählen, z.B. MWST19, und mit OK zu bestätigen.
2-5	Die Mitteilungen: a) „Ändere alle vorkommenden MwSt.-Produktbuchungsgruppen in Sachkonto in denen Produktbuchungsgruppe VORTRAG und MwSt.-Produktbuchungsgruppe ist.“, b) „Ändere alle vorkommenden MwSt.-Produktbuchungsgruppen in Artikel in denen Produktbuchungsgruppe VORTRAG und MwSt.-Produktbuchungsgruppe ist.“, c) „Ändere alle vorkommenden MwSt.-Produktbuchungsgruppen in Ressource in denen Produktbuchungsgruppe VORTRAG und MwSt.-Produktbuchungsgruppe ist.“ d) „Ändere alle vorkommenden MwSt.-Produktbuchungsgruppen in Artikel Zu-/Abschlag in denen Produktbuchungsgruppe VORTRAG und MwSt.-Produktbuchungsgruppe ist.“ sind jeweils mit Ja zu bestätigen.	
2-6	Die Spalte „Autom. Einfügen als Vorgabe“ wird standardmäßig mit ja (✓) belegt.	Das bedeutet, dass bei allen neuen Vorgängen mit der Produktbuchungsgruppe VORTRAG die Vorg. MwSt.-Produktbuchungsgruppe VORTRAG in das Feld der MwSt.-Produktbuchungsgruppe kopiert wird.
2-7	**ESC**	Fenster Produktbuchungsgruppen schließen.
3	*Finanzmanagement / Einrichtung / Buchungsgruppen / Allgemein / Buchungsmatrix Einrichtung*	Hier sind die Geschäftsbuchungsgruppen mit der neuen Produktbuchungsgruppe VORTRAG in Beziehung zu setzen. Außerdem sind die Verkaufs- und Einkaufs-Skontokonten und die Verkaufs- und Einkaufs-Zahlungstoleranzkonten zu hinterlegen.
	Im Beispielmandanten CRONUS AG lauten die Kombinationen: NATIONAL / VORTRAG EU / VORTRAG EXPORT / VORTRAG	

3-1	Den Cursor in der Spalte „Geschäftsbuchungsgruppe“ positionieren.	Mit F3 einen neuen Datensatz erzeugen.
3-2	Spalte „Geschäftsbuchungsgruppe“	Mit F6 in die Geschäftsbuchungsgruppen verzweigen, die entsprechende Geschäftsbuchungsgruppe auswählen, z.B. NATIONAL, und mit OK bestätigen.
3-3	Spalte „Produktbuchungsgruppe“	Hier ist mit F6 in die Produktbuchungsgruppen zu verzweigen, die Produktbuchungsgruppe, z.B. VORTRAG, auszuwählen und mit OK zu bestätigen.
3-4	Spalte „Verk. Skonto Sollkonto“ Spalte „Verk. Skonto Habenkonto“	In dieser Spalte ist mit F6 die Sachkontenübersicht aufzurufen, das Sachkonto für gewährte Skonti auszuwählen, z.B. 8732 im CRONUS-Mandanten, und mit OK zu bestätigen.
3-5	Spalte „Verk. Zahlungstol. Sollkonto“ Spalte „Verk. Zahlungstol. Habenkonto“	In dieser Spalte ist mit F6 die Sachkontenübersicht aufzurufen, das Sachkonto für gewährte Skonti auszuwählen, z.B. 8732 im CRONUS- Mandanten, und mit OK zu bestätigen.
3-6	Spalte „Eink. Skonto Sollkonto“ Spalte „Eink. Skonto Habenkonto“	Hier ist mit F6 in die Sachkontenübersicht zu verzweigen, das Sachkonto für erhaltene Skonti auszuwählen, z.B. 3732 im CRONUS-Mandanten, und mit OK zu bestätigen.
3-7	Spalte „Eink. Zahlungstol. Sollkonto“ Spalte „Eink. Zahlungstol. Habenkonto“	Hier ist mit F6 in die Sachkontenübersicht zu verzweigen, das Sachkonto für erhaltene Skonti auszuwählen, z.B. 3732 im CRONUS-Mandanten, und mit OK zu bestätigen.

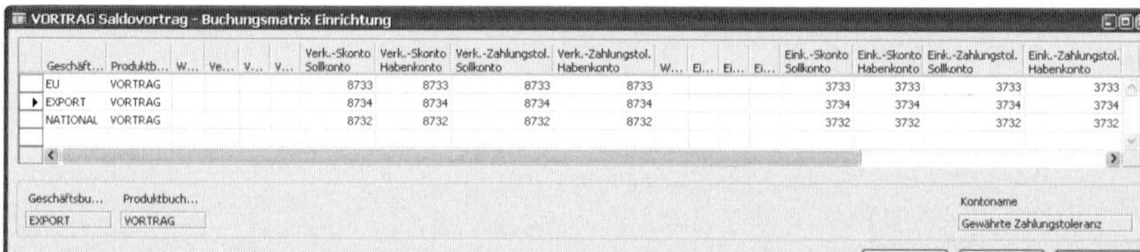

3-8	Die Kombination Geschäftsbuchungsgruppe EXPORT und Produktbuchungsgruppe VORTRAG sowie die Kombination Geschäftsbuchungsgruppe EU und Produktbuchungsgruppe VORTRAG sind analog zu erzeugen, ebenso die Zuordnung der Skonto- und Zahlungstoleranzkonten.	
3-9	**ESC**	Zurück zum Hauptmenü.

2.1.3 Buchen der Saldovorträge von Debitoren

Vorträge für Debitoren können auch in den Fibu Buch.-Blättern erfasst werden. Nach der Buchung werden den Debitoren die offenen Posten zugeordnet. Auf den Sachkonten für Forderungen sind die Anfangssummen ersichtlich.

<table>
<tr><th>Schritt</th><th>Aktion</th><th>Bemerkung</th></tr>
<tr><td>1</td><td>Finanzmanagement / Finanzbuchhaltung / Fibu Buch.-Blätter</td><td></td></tr>
<tr><td>1-1</td><td>In der Spalte „Buchungsdatum“ ist das Datum der Buchungserfassung einzugeben.</td><td>Bei Saldovortragsbuchungen ist ein Datum vor dem aktuellen Geschäftsjahr zu wählen, z.B. 31.12.2010.</td></tr>
<tr><td>1-2</td><td>Über Ansicht /Spalte anzeigen... ist die Spalte „Belegdatum“ anzuzeigen (vor der Spalte einen Haken setzen und mit OK bestätigen).</td><td>Das hier vorgeschlagene Datum entspricht dem Buchungsdatum. Es kann geändert werden.</td></tr>
<tr><td>1-3</td><td>Spalte „Belegdatum“</td><td>In diese Spalte ist das Datum des Rechnungsausgangsbeleges einzugeben.</td></tr>
<tr><td>1-4</td><td>Den Cursor in der Spalte „Belegart“ positionieren.</td><td>Mit F6 ist hier <Rechnung> auszuwählen und mit Enter zu bestätigen.</td></tr>
<tr><td>1-5</td><td>In der Spalte „Belegnr.“ ist eine Buchungsnummer einzugeben, z.B. Vortrag-D1.</td><td>Die Nummer der Ausgangsrechnung kann beispielsweise im Beschreibungstext miterfasst werden.</td></tr>
<tr><td>1-6</td><td>Den Cursor in der Spalte „Kontoart“ positionieren, mit F6 <Debitor> auswählen und mit Enter bestätigen.</td><td>Es handelt sich hier um Buchungen des Saldovortrages von Debitoren. Der Buchungssatz lautet:
Debitor an Saldovortragskonto</td></tr>
<tr><td>1-7</td><td>In der Spalte „Kontonr.“ ist mit F6 in die Debitorenübersicht zu verzweigen, der entsprechende Debitor auszuwählen und mit OK zu bestätigen.</td><td rowspan="2">In die Spalten<ul><li>„Buchungsart“,</li><li>„Geschäftsbuchungsgruppe“,</li><li>„Produktbuchungsgruppe“,</li><li>„MwSt.-Geschäftsbuchungsgruppe“ und „MwSt.-Produktbuchungsgruppe“</li></ul>wird nichts eingegeben. Die Spalten bleiben leer.</td></tr>
<tr><td>1-8</td><td>In die Spalte „Betrag“ ist der offene Posten, d.h. der Bruttowert einzugeben.</td></tr>
</table>

<table>
<tr><td>1-9</td><td>Den Cursor in der Spalte „Gegenkontoart“ positionieren.</td><td>Mit F6 ist hier <Sachkonto> auszuwählen und mit Enter zu bestätigen.</td></tr>
<tr><td>1-10</td><td>Den Cursor in der Spalte „Gegenkontonr.“ positionieren, mit F6 in die Sachkontenübersicht verzweigen, das Saldovortragskonto auswählen und mit OK bestätigen.</td><td>Ist die Nummer des Sachkontos bekannt, kann in die Spalte „Gegenkontonr.“ gleich die entsprechende Sachkontonr. eingetragen werden, ohne in die Sachkontenübersicht zu verzweigen.</td></tr>
<tr><td>1-11</td><td>In der Spalte „Gegenkonto Buchungsart“ ist mit F6 <Verkauf> auszuwählen und mit Enter zu bestätigen.</td><td rowspan="3">Das Ausfüllen der Spalten „Gegenkonto Buchungsart“, „Gegenkonto Geschäftsbuchungsgr“, „Gegenkonto Produktbuchungsgr.“, „Gegenkto. MwSt.-Gesch.-Buch.-G“ und „Gegenkto. MwSt.-Prod.-Buch.-Gr“ ist unbedingt erforderlich, da hierdurch die Schlüsselung der Sach- und Mehrwertsteuerposten vorgenommen wird.

Im Beispielmandanten CRONUS AG sind folgende Kombinationen bei der Einbuchung der Saldovorträge von Debitoren möglich:

<table>
<tr><td>Gegenkonto-buchungsart</td><td>Verkauf</td><td>Verkauf</td><td>Verkauf</td></tr>
<tr><td>Gegenkonto-geschäfts-buchungs-gruppe</td><td>NATIONAL</td><td>EXPORT</td><td>EU</td></tr>
<tr><td>Gegenkonto-produkt-buchungs-gruppe</td><td>VORTRAG</td><td>VORTRAG</td><td>VORTRAG</td></tr>
</table></td></tr>
<tr><td>1-12</td><td>In der Spalte „Gegenkonto Geschäftsbuchungsgruppe“ ist die Geschäftsbuchungsgruppe des Debitors einzutragen. Hier ist mit F6 die entsprechende Geschäftsbuchungsgruppe auszuwählen und mit OK zu bestätigen.</td></tr>
<tr><td>1-13</td><td>In die Spalte „Gegenkonto Produktbuchungsgruppe“ ist mit F6 in die Produktbuchungsgruppen zu verzweigen, die Produktbuchungsgruppe VORTRAG auszuwählen und mit OK zu bestätigen.</td></tr>
<tr><td>1-14</td><td>Über Ansicht /Spalte anzeigen... ist die Spalte „Zlg. Bedingungscode“ anzuzeigen (vor der Spalte einen Haken setzen und mit OK bestätigen).</td><td>Die Spalte „Zlg. Bedingungscode“ wird eingeblendet.</td></tr>
<tr><td>1-15</td><td>Spalte „Zlg. Bedingungscode“</td><td>In dieser Spalte ist mit F6 in die Zahlungsbedingungen zu verzweigen, die entsprechende Zahlungsbedingung auszuwählen und mit OK zu bestätigen.</td></tr>
</table>

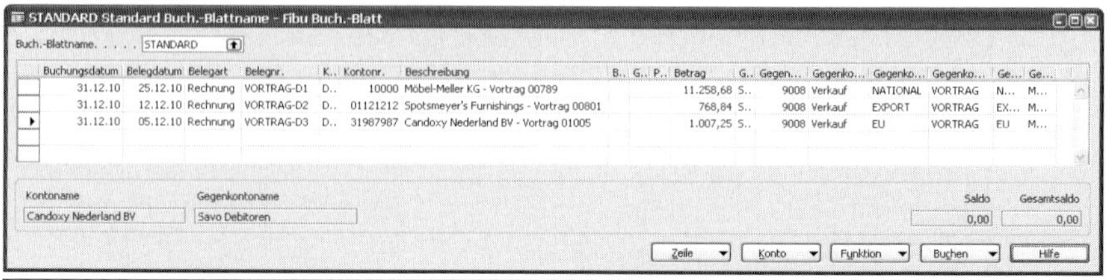

2	**Buchen ▼** / *Buchen* oder **F11**	Nach Überprüfung der erfassten Werte kann die Buchung durchgeführt werden.
2-1	Ja	Die Frage: „Möchten Sie die Buch.-Blattzeilen buchen?“ ist mit Ja zu beantworten.
2-2	OK	Die Meldung: „Die Buch.-Blattzeilen sind gebucht worden.“ ist mit **OK** zu bestätigen.
2-3	**ESC**	Zurück zum Hauptmenü.
BUCHUNGSERGEBNIS		
3	*Finanzmanagement / Finanzbuchhaltung / Historie / Journale*	Durch die Suchfunktion bzw. Filterfunktion ist das entsprechende Journal auszuwählen.
3-1	**Strg** + **Ende**	Wenn kein anderer User im System gebucht hat, ist das erstellte Journal das letzte Journal in der Fibujournalübersicht.
4	Journal ▼ / *Sachposten*	

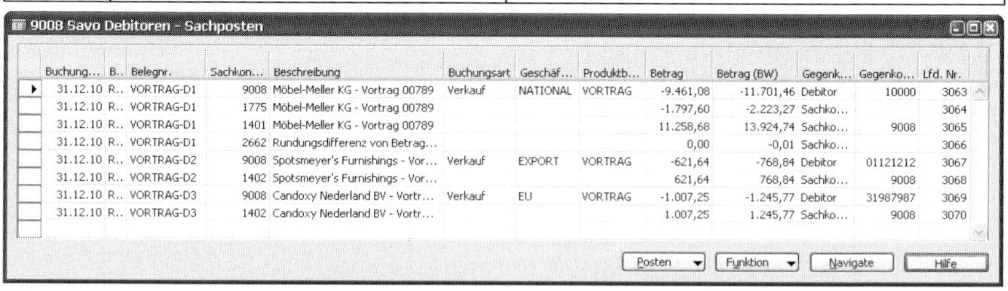

4-1	„Geschäftsbuchungsgruppe“ NATIONAL „Produktbuchungsgruppe“ VORTRAG Für jeden nationalen Debitor sind drei Sachposten entstanden. Auf dem Saldovortragskonto wurde der Bruttowert gebucht. Der Steuerwert wird auf das Umsatzkonto gebucht. Auf dem Forderungskonto steht die Forderung in einem Betrag.

4-2	„Geschäftsbuchungsgruppe“ EXPORT „Produktbuchungsgruppe“ VORTRAG Für jeden ausländischen Debitor sind zwei Sachposten entstanden. Auf dem Saldovortragskonto steht der Bruttobetrag als ein Wert und auf dem Forderungskonto ist die Forderung ebenfalls in einem Betrag abgebildet.	
4-3	„Geschäftsbuchungsgruppe“ EU „Produktbuchungsgruppe“ VORTRAG Für jeden Debitor aus der EU sind zwei Sachposten entstanden. Der Bruttobetrag steht auf dem Saldovortragskonto und auf dem Forderungskonto.	
4-4	ESC	Zurück zum Journal.
5	Journal ▼ / *MwSt.-Posten*	
5-1	„Geschäftsbuchungsgruppe“ NATIONAL „Produktbuchungsgruppe“ VORTRAG Für nationale Debitoren sind MwSt.- Posten entstanden, die als Bemessungsgrundlage den Nettowert enthalten und als Betrag den MwSt.-Wert ausweisen.	
5-2	„Geschäftsbuchungsgruppe“ EXPORT bzw. EU „Produktbuchungsgruppe“ VORTRAG Für ausländische Debitoren und Debitoren aus der EU sind MwSt.-Posten entstanden, die als Bemessungsgrundlage den Bruttowert enthalten. Die Spalte „Betrag“ ist mit 0 (Null) belegt, da keine Steuer anfällt.	

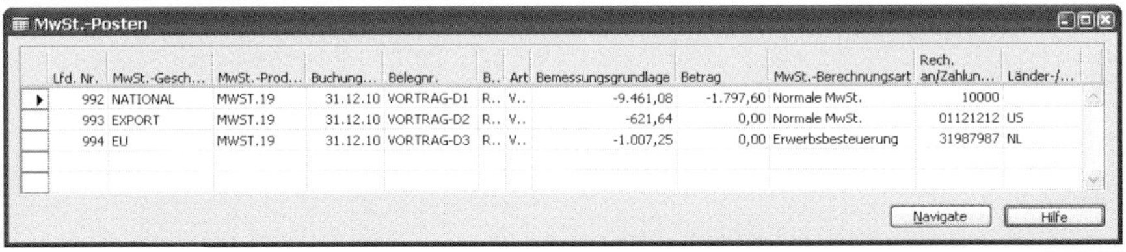

MwSt.-Posten

Lfd. Nr.	MwSt.-Gesch...	MwSt.-Prod...	Buchung...	Belegnr.	B..	Art	Bemessungsgrundlage	Betrag	MwSt.-Berechnungsart	Rech. an/Zahlun...	Länder-/...
992	NATIONAL	MWST.19	31.12.10	VORTRAG-D1	R..	V..	-9.461,08	-1.797,60	Normale MwSt.	10000	
993	EXPORT	MWST.19	31.12.10	VORTRAG-D2	R..	V..	-621,64	0,00	Normale MwSt.	01121212	US
994	EU	MWST.19	31.12.10	VORTRAG-D3	R..	V..	-1.007,25	0,00	Erwerbsbesteuerung	31987987	NL

Navigate Hilfe

5-3	ESC	Zurück zum Journal.
6	Journal ▼ / *Debitorenposten*	Die Debitoren haben die offenen Posten mit den entsprechenden Zahlungsbedingungen und Währungscodes erhalten.

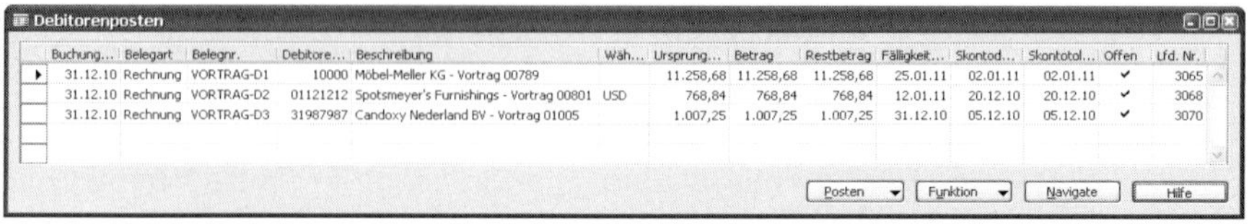
Debitorenposten

Buchung...	Belegart	Belegnr.	Debitore...	Beschreibung	Wäh...	Ursprung...	Betrag	Restbetrag	Fälligkeit...	Skontod...	Skontotol...	Offen	Lfd. Nr.
31.12.10	Rechnung	VORTRAG-D1	10000	Möbel-Meller KG - Vortrag 00789		11.258,68	11.258,68	11.258,68	25.01.11	02.01.11	02.01.11	✔	3065
31.12.10	Rechnung	VORTRAG-D2	01121212	Spotsmeyer's Furnishings - Vortrag 00801	USD	768,84	768,84	768,84	12.01.11	20.12.10	20.12.10	✔	3068
31.12.10	Rechnung	VORTRAG-D3	31987987	Candoxy Nederland BV - Vortrag 01005		1.007,25	1.007,25	1.007,25	31.12.10	05.12.10	05.12.10	✔	3070

Posten | Funktion | Navigate | Hilfe

7	2 x **ESC**	Zurück zum Hauptmenü.
8	*Finanzmanagement / Finanzbuchhaltung / Periodische Aktivitäten / MwSt. / MwSt. abrechnen und buchen*	Anschließend ist die Stapelverarbeitung MwSt. abrechnen und buchen auszuführen, siehe Ablaufschema 2.1.5.

2.1.4 Buchen der Saldenvorträge von Kreditoren

Mit Buchung der Saldenvorträge werden den Kreditoren die offenen Posten zugeordnet. Im Kontenplan erhalten die Verbindlichkeitskonten für Warenlieferungen und Leistungen ihre Anfangswerte.

Schritt	Aktion	Bemerkung
1	*Finanzmanagement / Finanzbuchhaltung / Fibu Buch.-Blätter*	
1-1	In der Spalte „Buchungsdatum" ist das Datum der Buchungserfassung einzugeben.	Bei Saldovortragsbuchungen ist ein Datum vor dem aktuellen Geschäftsjahr zu wählen, z.B. 31.12.2010.
1-2	Spalte „Belegdatum"	Hier ist das Datum der Eingangsrechnung einzugeben.
1-3	Den Cursor in der Spalte „Belegart" positionieren.	Mit **F6** ist <Rechnung> auszuwählen und mit **Enter** zu bestätigen.
1-4	In der Spalte „Belegnr." ist eine Buchungsnummer einzugeben.	z.B. VORTRAG-K1
1-5	Den Cursor in der Spalte „Kontoart" positionieren, mit **F6** <Sachkonto> auswählen und mit **Enter** bestätigen.	Es handelt sich hier um Buchungen des Saldovortrages von Kreditoren. Der Buchungssatz lautet: Saldovortragskonto an Kreditor
1-6	In der Spalte „Kontonr." ist mit **F6** in die Sachkontoübersicht zu verzweigen, das Sachkonto auszuwählen und mit **OK** zu bestätigen.	Ist die Nummer des Sachkontos bekannt, kann gleich die Sachkontonummer eingetragen werden, ohne in die Sachkontenübersicht zu verzweigen.
1-7	In der Spalte „Buchungsart" ist mit **F6** <Einkauf> auszuwählen und mit **Enter** zu bestätigen.	Das Ausfüllen der Spalten • „Buchungsart", • „Geschäftsbuchungsgruppe", • „Produktbuchungsgruppe", „MwSt.-Geschäftsbuchungsgruppe" und „MwSt.-Produktbuchungsgruppe" ist unbedingt erforderlich, da hierdurch die Schlüsselung der entsprechenden Sach- und MwSt.-Posten vorgenommen wird.

<table>
<tr><td>1-8</td><td>In der Spalte „Geschäftsbuchungsgruppe“ ist die Geschäftsbuchungsgruppe des Kreditors einzugeben.</td><td>Hierzu ist mit F6 die entsprechende Geschäftsbuchungsgruppe auszuwählen und mit OK zu bestätigen.</td></tr>
<tr><td></td><td colspan="2">Im Beispielmandanten CRONUS AG sind folgende Kombinationen bei der Einbuchung der Saldovorträge von Kreditoren möglich:
<table>
<tr><td>Buchungsart</td><td>Einkauf</td><td>Einkauf</td><td>Einkauf</td></tr>
<tr><td>Geschäftsbuchungsgruppe</td><td>NATIONAL</td><td>EXPORT</td><td>EU</td></tr>
<tr><td>Produktbuchungsgruppe</td><td>VORTRAG</td><td>VORTRAG</td><td>VORTRAG</td></tr>
</table></td></tr>
<tr><td>1-9</td><td>Spalte „Produktbuchungsgruppe“</td><td>Hier ist mit F6 in die Produktbuchungsgruppen zu verzweigen, die Produktbuchungsgruppe VORTRAG auszuwählen und mit OK zu bestätigen.</td></tr>
<tr><td>1-10</td><td>In die Spalte „Betrag“ ist der entsprechende Bruttowert einzutragen.</td><td></td></tr>
<tr><td>1-11</td><td>Spalte „Gegenkontoart“</td><td>In dieser Spalte ist mit F6 <Kreditor> auszuwählen und mit Enter zu bestätigen.</td></tr>
<tr><td>1-12</td><td>Spalte „Gegenkontonr.“</td><td>Mit F6 die Kreditorenübersicht anzeigen, den Kreditor auswählen und mit OK übernehmen.</td></tr>
<tr><td>1-13</td><td colspan="2">Die Spalten „Gegenkonto Buchungsart“, „Gegenkonto Geschäftsbuchungsgruppe“ und „Gegenkonto Produktbuchungsgruppe“ werden nicht ausgefüllt, sie bleiben leer.</td></tr>
<tr><td>1-14</td><td>Spalte „Zlg. Bedingungscode“</td><td>Hier ist mit F6 in die Zahlungsbedingungen zu verzweigen, die entsprechende Zahlungsbedingung auszuwählen und mit OK zu bestätigen.</td></tr>
<tr><td>1-15</td><td>Spalte „Externe Belegnummer“

Diese Spalte ist ggf. über Ansicht / Spalte anzeigen… einzublenden (vor dem Namen einen Haken setzen und mit OK bestätigen).</td><td>In diese Spalte ist die Kreditorenrechnungsnummer einzugeben.</td></tr>
</table>

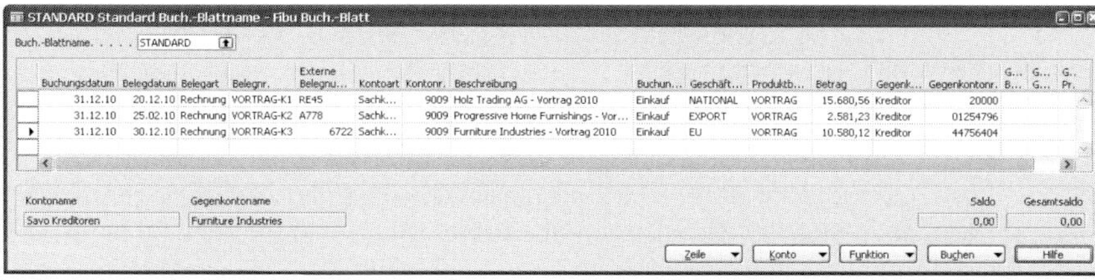

STANDARD Standard Buch.-Blattname - Fibu Buch.-Blatt

Buch.-Blattname. . . . . STANDARD

Buchungsdatum	Belegdatum	Belegart	Belegnr.	Externe Belegnu...	Kontoart	Kontonr.	Beschreibung	Buchun...	Geschäft...	Produktb...	Betrag	Gegenk...	Gegenkontonr.	G... B...	G... G...	G.. Pr.
31.12.10	20.12.10	Rechnung	VORTRAG-K1	RE45	Sachk...	9009	Holz Trading AG - Vortrag 2010	Einkauf	NATIONAL	VORTRAG	15.680,56	Kreditor	20000			
31.12.10	25.02.10	Rechnung	VORTRAG-K2	A778	Sachk...	9009	Progressive Home Furnishings - Vor...	Einkauf	EXPORT	VORTRAG	2.581,23	Kreditor	01254796			
31.12.10	30.12.10	Rechnung	VORTRAG-K3	6722	Sachk...	9009	Furniture Industries - Vortrag 2010	Einkauf	EU	VORTRAG	10.580,12	Kreditor	44756404			

Kontoname: Savo Kreditoren
Gegenkontoname: Furniture Industries
Saldo: 0,00
Gesamtsaldo: 0,00

Zeile | Konto | Funktion | Buchen | Hilfe

2	Buchen ▼ / *Buchen* oder **F11**	Nach Überprüfung der erfassten Werte kann die Buchung durchgeführt werden.
2-1	Die Frage: „Möchten Sie die Buch.-Blattzeilen buchen?“ ist mit Ja zu beantworten.	Die Meldung: „Die Buch.-Blattzeilen sind gebucht worden.“ ist mit OK zu bestätigen.
2-2	**ESC**	Zurück zum Hauptmenü.
BUCHUNGSERGEBNIS		
3	*Finanzmanagement / Finanzbuchhaltung / Historie / Journale*	Durch die Suchfunktion bzw. Filterfunktion ist das entsprechende Journal auszuwählen.
3-1	**Strg** + **Ende**	Wenn kein anderer User im System gebucht hat, ist das erstellte Journal das letzte Journal in der Fibujournalübersicht.
3-2	Journal ▼ / *Sachposten*	

9009 Savo Kreditoren - Sachposten

Buchung...	B..	Belegnr.	Sachkon...	Beschreibung	Buch...	Geschäft...	Produk...	Betrag	Betrag (BW)	G..	Gegenko...	Lfd. Nr.
31.12.10	R..	VORTRA...	9009	Holz Trading AG - Vortrag 2010	Einkauf	NATIONAL	VORTRAG	13.176,94	16.297,24	K..	20000	3071
31.12.10	R..	VORTRA...	1575	Holz Trading AG - Vortrag 2010				2.503,62	3.096,48	S..		3072
31.12.10	R..	VORTRA...	1601	Holz Trading AG - Vortrag 2010				-15.680,56	-19.393,72	S..	9009	3073
31.12.10	R..	VORTRA...	9009	Progressive Home Furnishings - Vortrag 2010	Einkauf	EXPORT	VORTRAG	2.087,02	2.581,23	K..	01254796	3074
31.12.10	R..	VORTRA...	1602	Progressive Home Furnishings - Vortrag 2010				-2.087,02	-2.581,23	S..	9009	3075
31.12.10	R..	VORTRA...	9009	Furniture Industries - Vortrag 2010	Einkauf	EU	VORTRAG	15.344,63	18.978,24	K..	44756404	3076
31.12.10	R..	VORTRA...	1573	Furniture Industries - Vortrag 2010				2.915,48	3.605,87	S..		3077
31.12.10	R..	VORTRA...	1773	Furniture Industries - Vortrag 2010				-2.915,48	-3.605,87	S..		3078
31.12.10	R..	VORTRA...	1602	Furniture Industries - Vortrag 2010				-15.344,63	-18.978,24	S..	9009	3079

Posten | Funktion | Navigate | Hilfe

3-3a	„Geschäftsbuchungsgruppe“ NATIONAL „Produktbuchungsgruppe“ VORTRAG Für jeden nationalen Kreditor sind drei Sachposten entstanden. Auf dem Saldovortragskonto wurde der Bruttowert erfasst. Der MwSt.-Wert wurde auf das Vorsteuerkonto gebucht. Auf das Verbindlichkeitskonto wurde die Verbindlichkeit in einem Betrag gebucht.

3-3b	„Geschäftsbuchungsgruppe“ EXPORT „Produktbuchungsgruppe“ VORTRAG Für jeden ausländischen Kreditor sind zwei Sachposten entstanden: Auf dem Saldovortragskonto wurde der offene Posten als ein Wert gebucht und auf dem Verbindlichkeitskonto ist die Verbindlichkeit ebenfalls in einer Summe abgebildet.	
3-3c	„Geschäftsbuchungsgruppe“ EU „Produktbuchungsgruppe“ VORTRAG Für jeden Kreditor aus der EU sind vier Sachposten entstanden. Auf dem Saldovortragskonto steht in einem Betrag der Bruttowert. Die Erwerbsvorsteuer und die Erwerbssteuer wurden auf die entsprechenden Steuerkonten gebucht. Auf dem Verbindlichkeitskonto ist die Verbindlichkeit in einer Summe gebucht worden.	
3-4	**ESC**	Zurück zur Journalübersicht.
3-5	Journal ▼ / *MwSt.-Posten*	

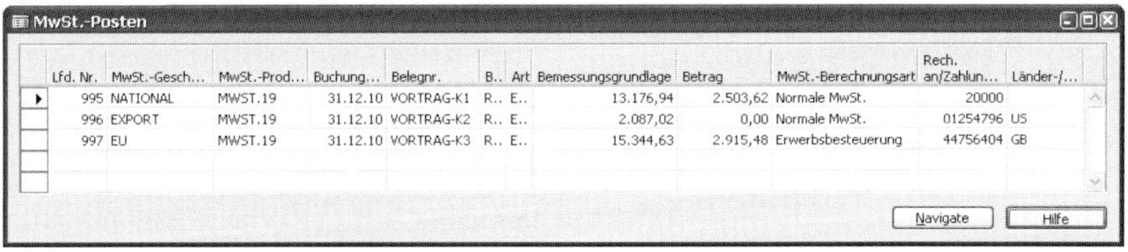

MwSt.-Posten

Lfd. Nr.	MwSt.-Gesch...	MwSt.-Prod...	Buchung...	Belegnr.	B..	Art	Bemessungsgrundlage	Betrag	MwSt.-Berechnungsart	Rech. an/Zahlun...	Länder-/...
995	NATIONAL	MWST.19	31.12.10	VORTRAG-K1	R..	E..	13.176,94	2.503,62	Normale MwSt.	20000	
996	EXPORT	MWST.19	31.12.10	VORTRAG-K2	R..	E..	2.087,02	0,00	Normale MwSt.	01254796	US
997	EU	MWST.19	31.12.10	VORTRAG-K3	R..	E..	15.344,63	2.915,48	Erwerbsbesteuerung	44756404	GB

Navigate Hilfe

3-5a	„Geschäftsbuchungsgruppe“ NATIONAL „Produktbuchungsgruppe“ VORTRAG Für nationale Kreditoren sind MwSt.-Posten entstanden, die als Bemessungsgrundlage den Nettowert enthalten und als Betrag den Steuerwert ausweisen.	
3-5b	„Geschäftsbuchungsgruppe“ EXPORT „Produktbuchungsgruppe“ VORTRAG Für ausländische Kreditoren sind MwSt.-Posten entstanden, die als Bemessungsgrundlage den Bruttowert enthalten. Die Spalte „Betrag“ ist mit 0 (Null) belegt, da kein Steuerwert auftritt.	
3-5c	„Geschäftsbuchungsgruppe“ EU „Produktbuchungsgruppe“ VORTRAG Für Kreditoren der EU sind MwSt.-Posten entstanden, die als Bemessungsgrundlage den Bruttowert enthalten und in der Spalte „Betrag“ die Erwerbssteuer ausweisen. Die Spalte „MwSt.-Berechnungsart“ gibt an, dass es sich hierbei um eine Erwerbssteuer handelt.	
3-6	**ESC**	Zurück zur Journalübersicht.

3-7	Journal ▼ / *Kreditorenposten*	Die Lieferanten (Kreditoren) haben die offenen Posten mit den entsprechenden Zahlungsbedingungen und Währungscodes erhalten.

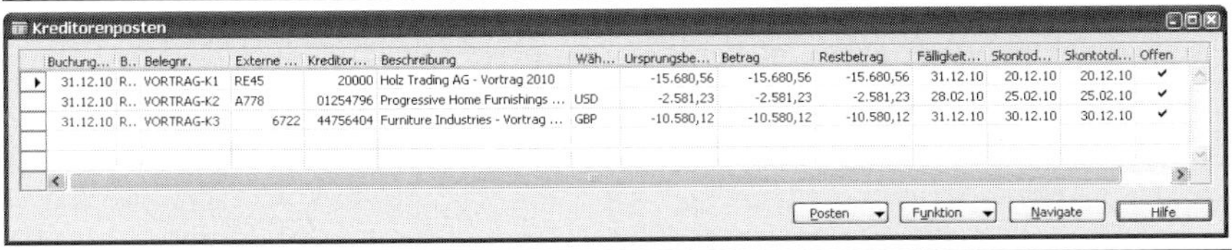

Kreditorenposten

Buchung...	B..	Belegnr.	Externe ...	Kreditor...	Beschreibung	Wäh...	Ursprungsbe...	Betrag	Restbetrag	Fälligkeit...	Skontod...	Skontotol...	Offen
31.12.10	R..	VORTRAG-K1	RE45	20000	Holz Trading AG - Vortrag 2010		-15.680,56	-15.680,56	-15.680,56	31.12.10	20.12.10	20.12.10	✔
31.12.10	R..	VORTRAG-K2	A778	01254796	Progressive Home Furnishings ...	USD	-2.581,23	-2.581,23	-2.581,23	28.02.10	25.02.10	25.02.10	✔
31.12.10	R..	VORTRAG-K3	6722	44756404	Furniture Industries - Vortrag ...	GBP	-10.580,12	-10.580,12	-10.580,12	31.12.10	30.12.10	30.12.10	✔

3-8	2 x **ESC**	Zurück zum Hauptmenü.
4	*Finanzmanagement / Finanzbuchhaltung / Periodische Aktivitäten / MwSt. / MwSt. abrechnen und buchen*	Anschließend ist die Stapelverarbeitung MwSt. abrechnen und buchen auszuführen, siehe Ablaufschema 2.1.5.

2.1.5 MwSt.-Abrechnung und Buchen der MwSt.-Posten aus den Saldovorträgen

Damit die MwSt.-Posten aus den Saldovortragsbuchungen geschlossen werden, muss die MwSt.-Abrechnung und Buchung dieser Posten durchgeführt werden.

Werden für Debitoren- und Kreditorenvorträge zwei unterschiedliche Vortragskonten verwendet, ist je nachdem, welche Vorträge zuerst gebucht werden, z.B. die der Debitoren, die Stapelverarbeitung MwSt. abrechnen und buchen durchzuführen, bevor die anderen Vorträge, z.B. die der Kreditoren, erfasst und gebucht werden.

<table>
<tr><th>Schritt</th><th>Aktion</th><th>Bemerkung</th></tr>
<tr><td>1</td><td>Finanzmanagement / Finanzbuchhaltung / Periodische Aktivitäten / MwSt. / MwSt. abrechnen und buchen</td><td>Nach dem Ablaufschema 2.5.5 sind die MwSt.-Posten aus den Saldovorträgen zu buchen.</td></tr>
<tr><td>2</td><td colspan="2">Register Optionen</td></tr>
<tr><td>2-1</td><td>Feld „Buchungsdatum“

Als Buchungsdatum ist ein Datum vor dem aktuellen Geschäftsjahr zu wählen.

Saldovortrag für Debitoren</td><td>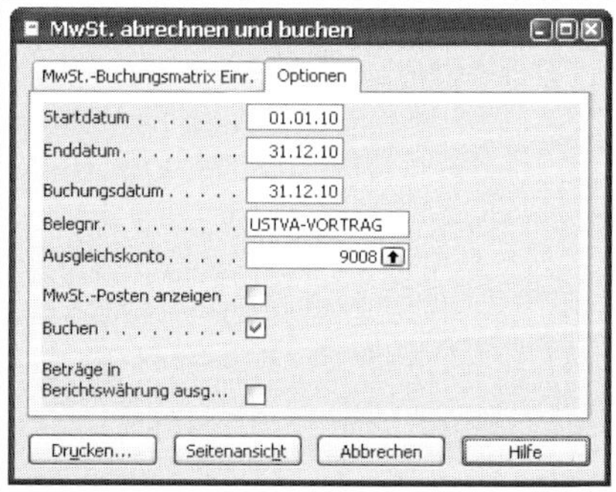
</td></tr>
<tr><td>2-2</td><td>Feld „Belegnr.“</td><td>In diesem Feld muss eine Belegnummer angegeben werden.</td></tr>
<tr><td>2-3</td><td>Feld „Ausgleichskonto“

Für die Debitorenvorträge ist im Feld „Ausgleichskonto“ das Saldovortragkonto für die Debitoren anzugeben, z.B. 9008.

Für die Kreditorenvorträge das Saldovortragkonto für die Kreditoren, z.B. 9009.

Saldovortrag für Kreditoren</td><td>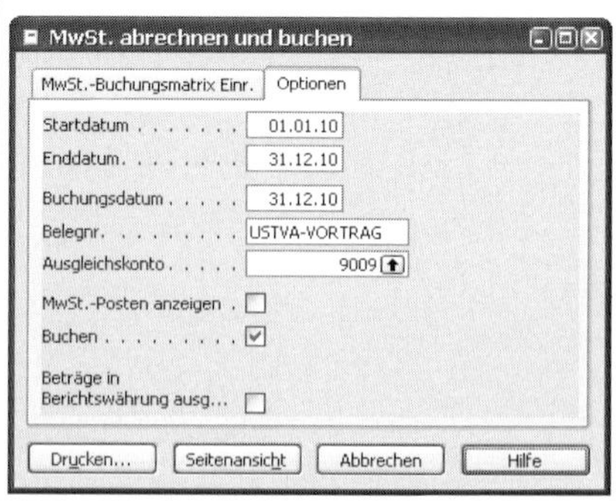
</td></tr>
</table>

2-4	[Drucken...] oder [Seitenansicht]	Die Stapelverarbeitung wird angestoßen, siehe Ablaufschema 2.5.5.
BUCHUNGSERGEBNIS		
3	*Finanzmanagement / Finanzbuchhaltung / Historie / Journale*	Durch die Suchfunktion bzw. Filterfunktion ist das entsprechende Journal auszuwählen.
3-1	**[Strg]** + **[Ende]**	Wenn kein anderer User im System gebucht hat, ist das erstellte Journal das letzte Journal in der Fibujournalübersicht.
3-2	[Journal ▼] / *Sachposten*	

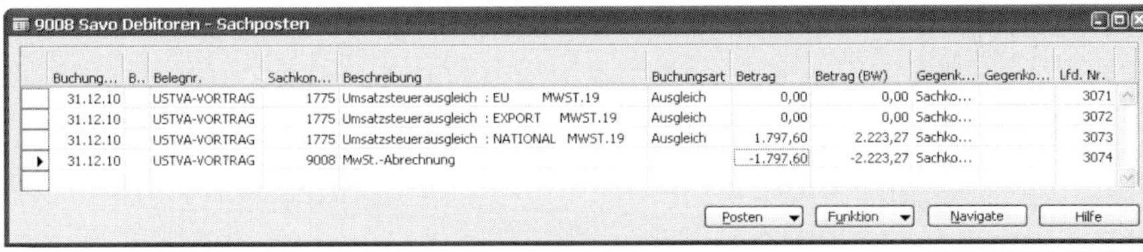

9008 Savo Debitoren - Sachposten

Buchung...	B..	Belegnr.	Sachkon...	Beschreibung	Buchungsart	Betrag	Betrag (BW)	Gegenk...	Gegenko...	Lfd. Nr.
31.12.10		USTVA-VORTRAG	1775	Umsatzsteuerausgleich : EU MWST.19	Ausgleich	0,00	0,00	Sachko...		3071
31.12.10		USTVA-VORTRAG	1775	Umsatzsteuerausgleich : EXPORT MWST.19	Ausgleich	0,00	0,00	Sachko...		3072
31.12.10		USTVA-VORTRAG	1775	Umsatzsteuerausgleich : NATIONAL MWST.19	Ausgleich	1.797,60	2.223,27	Sachko...		3073
31.12.10		USTVA-VORTRAG	9008	MwSt.-Abrechnung		-1.797,60	-2.223,27	Sachko...		3074

Posten ▼ | Funktion ▼ | Navigate | Hilfe

3-3	Im Ergebnis dieser automatischen Buchungen werden die MwSt.-Posten, die aus der Saldovortragsbuchung entstanden sind, geschlossen. Die Steuerkonten werden abgeglichen, d.h. auf den Umsatz-, Vorsteuer- und Erwerbssteuerkonten, ist der Saldo 0 (Null). Es entsteht eine Umsatzsteuerforderung oder -verbindlichkeit, die auf dem angegebenen Ausgleichskonto gebucht wurde.

9008 Savo Debitoren - Sachposten

Buchung...	B..	Belegnr.	Sachkon...	Beschreibung	Buchungsart	Geschäf...	Produktb...	Betrag	Betrag (BW)	Gegenk...	Gegenko...	Lfd. Nr.
31.12.10	R..	VORTRAG-D1	9008	Möbel-Meller KG - Vortrag 00789	Verkauf	NATIONAL	VORTRAG	-9.461,08	-11.701,46	Debitor	10000	3063
31.12.10	R..	VORTRAG-D2	9008	Spotsmeyer's Furnishings - Vor...	Verkauf	EXPORT	VORTRAG	-621,64	-768,84	Debitor	01121212	3067
31.12.10	R..	VORTRAG-D3	9008	Candoxy Nederland BV - Vortr...	Verkauf	EU	VORTRAG	-1.007,25	-1.245,77	Debitor	31987987	3069
31.12.10		USTVA-VOR...	9008	MwSt.-Abrechnung				-1.797,60	-2.223,27	Sachko...		3074

Posten ▼ | Funktion ▼ | Navigate | Hilfe

H	**HINWEIS:** Da die Umsatzsteuerforderung oder -verbindlichkeit aus den offenen Posten automatisch ermittelt und gebucht wird, ist dieser Saldovortrag nicht manuell zu erfassen und zu buchen.	
3-4	2 x **[ESC]**	Zurück zum Hauptmenü.

2.2 Buchen in Fibu Buch.-Blättern

In diesem Abschnitt wird das einzeilige und mehrzeilige Buchen beschrieben. Es werden die Arbeitsschritte für Zahlungsein- und -ausgänge erläutert. Darüber hinaus wird gezeigt, wie Buchungen storniert werden können und wie Skontozahlungen einzubuchen sind.

2.2.1 Einzeiliges Buchen von Kostenrechnungen

Für unterschiedliche Geschäftsvorfälle können verschiedene Buch.-Blattnamen eingerichtet werden. Es besteht auch die Möglichkeit, jedem Benutzer einen eigenen Buch.-Blattnamen zuzuordnen. Dadurch können mehrere Benutzer gleichzeitig in Fibu Buch.-Blättern arbeiten.

Schritt	Aktion	Bemerkung
1	*Finanzmanagement / Kreditoren / Einkaufs Buch.-Blätter* *Finanzmanagement / Finanzbuchhaltung / Fibu Buch.-Blätter*	
1-1	Feld „Buch.-Blattname“	Mit **F6** ist ein Fibu Buch.-Blattname auszuwählen und mit OK zu bestätigen.
1-1-1	Spalte „Name“	Soll ein neuer Buch.-Blattname angelegt werden, so ist mit **F3** ein Datensatz zu erzeugen, z.B. NEU.
1-1-2	Spalte „Beschreibung“	In diese Spalte werden Erläuterungen zum Buch.-Blattnamen eingetragen.
1-1-3	Spalte „Gegenkontoart“	Soll bei der Buchungserfassung immer automatisch das gleiche Gegenkonto mit angezeigt werden, ist hier eine der Optionen auszuwählen und mit **Enter** zu bestätigen.
1-1-4	Spalte „Gegenkontonr.“	Abhängig von der Wahl der Gegenkontoart wird mit **F6** in die jeweilige Übersicht verzweigt. Hier ist die entsprechende Auswahl zu treffen und mit OK zu bestätigen. Wird das Gegenkonto bei jeder Buchung einzeln erfasst, bleibt diese Spalte leer.

1-1-5	Spalte „Nummernserie“	Soll bei der Buchungserfassung die Belegnummer automatisch vergeben werden, ist für das Buch.-Blatt in dieser Spalte eine Nummernserie zu hinterlegen. (Mit **F6** in die Nummern-serien verzweigen, eine auswählen und mit **OK** bestätigen.) Wird die Belegnummer manuell eingegeben, bleibt die Spalte leer.
1-1-6	Spalte „Buchungsnr. Serie“	Wenn es sich um wiederkehrende Buchungsblätter handelt, kann in dieser Spalte die Nummernserie hinterlegt werden.

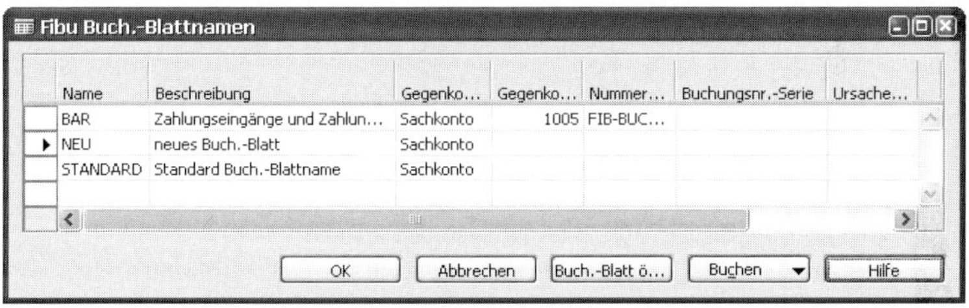

1-1-7	Den neu angelegten Buch.-Blattnamen markieren und mit **OK** bestätigen.	Zurück zum Fibu Buch.-Blatt.
1-2	Spalte „Buchungsdatum“	Hier ist das Datum einzugeben, unter dem die Vorgänge in der Finanzbuch-haltung abgebildet werden sollen. Es ist mit dem Arbeitsdatum vorbelegt.
1-3	Spalte „Belegdatum“ Diese Spalte ist über *Ansicht / Spalte anzeigen…* einzublenden.	Dieses Datum wird automatisch mit dem Buchungsdatum gefüllt. Es kann geändert werden.
1-4	Spalte „Buchungsart“	Hier ist mit **F6** und **Enter** die entsprechende Option auszuwählen. Bei Kassenbuchungen bleibt das Feld <leer>.
1-5	Spalte „Belegnr.“	Wurde für den Buch.-Blattnamen eine Nummernserie hinterlegt, erscheint die Belegnr. automatisch. Ansonsten muss eine Nummer eingetragen wer-den. Unter dieser wird die Buchung in der Finanzbuchhaltung erfasst.

1-6	Spalte „Kontoart“	Mit **F6** ist hier <Sachkonto> auszuwählen und mit **Enter** zu bestätigen.
1-7	Spalte „Kontonr.“	Hier ist mit **F6** in die Sachkontenübersicht zu verzweigen, das Sachkonto auszuwählen und mit OK zu übernehmen. Ist die Sachkontonr. bekannt, kann sie sofort eingegeben werden.
1-8	Spalte „Beschreibung“	In diese Spalte wird automatisch der Name des Sachkontos geschrieben. Der Inhalt kann verändert werden.
1-9	Spalte „Buchungsart“	Hier wird unterschieden, ob es sich um einen <Einkauf>, d.h. Vorsteuer, um einen <Verkauf>, d.h. Mehrwertsteuer oder um keine Steuerbuchung, <leer>, handelt. Es ist die entsprechende Option mit **F6** auszuwählen und mit **Enter** zu übernehmen.
H	**HINWEIS:** Es wird davon ausgegangen, dass zwischen Geschäfts- und MwSt.-Geschäftsbuchungsgruppe und zwischen Produkt- und MwSt.-Produktbuchungsgruppe eine automatische Verknüpfung besteht. Wurden im Kontenplan in diesen Spalten des Sachkontos Einstellungen vorgenommen, erscheinen diese automatisch beim Aufruf des Sachkontos. Sie können jedoch geändert werden. Über die Geschäftsbuchungsgruppe wird eingestellt, wo die zu buchende Kostenart aufgetreten ist, bzw. mit welcher Region eine Geschäftsbeziehung eingegangen wurde. In Verbindung mit der Produktbuchungsgruppe wird die Grundlage für die MwSt.-Buchung gelegt.	
1-10	Spalte „Geschäftsbuchungsgruppe“	Hier ist mit **F6** in die Geschäftsbuchungsgruppen zu verzweigen, die entsprechende Buchungsgruppe auszuwählen und mit OK zu bestätigen.
1-11	Spalte „Produktbuchungsgruppe“	Mit **F6** und OK ist eine Produktbuchungsgruppe auszuwählen.
1-12	Spalte „Betrag“	In diese Spalte wird der Bruttowert eingegeben.
H	**HINWEIS:** Die Wahl des Vorzeichens in der Spalte „Betrag“ beeinflusst die Buchung des ausgewählten Kontos in den Spalten „Kontoart“ und „Kontonr.“. Ist der Wert positiv, wird das Konto im Soll bebucht. Wird der Wert mit negativem Vorzeichen eingegeben, erfolgt die Buchung im Haben.	

1-13	Spalte „MwSt.-Betrag“ Diese Spalte ist über *Ansicht / Spalte anzeigen…* einzublenden. (Vor MwSt.-Betrag einen Haken setzen und mit OK bestätigen.)	Hier wird der Steuerbetrag ausgegeben.
1-14	Spalte „Gegenkontoart“	Mit **F6** ist die entsprechende Option auszuwählen und mit **Enter** zu bestätigen. Soll das Gegenkonto die Kasse sein, ist hier <Sachkonto> einzustellen.
1-15	Spalte „Gegenkontonr.“	Entsprechend der Wahl in „Gegenkontoart“ kann mit **F6** in die dazugehörende Übersicht verzweigt werden. Dort ist das entsprechende Konto auszuwählen und mit OK zu bestätigen.
1-16	Soll mit Dimensionen gebucht werden, sind über *Ansicht / Spalte anzeigen…* die Spalten „Kostenstelle Code“, „Kostenträger Code“, die definierten Shortcutdimensionscodes 3 bis 8, z.B. „Bereich Code“, zu holen. Dabei ist vor die Spalten ein Haken zu setzen und mit OK zu bestätigen. Wurden für die einzelnen Dimensionen in den Stammdaten Werte definiert, siehe Schema 1.3.4, werden diese in der Fibu Buch.-Blatt Zeile automatisch vorgeschlagen. Diese können geändert werden. Hierbei ist mit **F6** in die entsprechende Dimensionsübersicht zu verzweigen, der Dimensionswert auszuwählen und mit OK zu bestätigen.	
1-17	Beim Verlassen der Buchungszeile wird in der Spalte „Belegnr.“ die Nummer um 1 erhöht.	Jetzt können analog zu den Schritten 1 bis 1-17 die weiteren Belege erfasst werden.

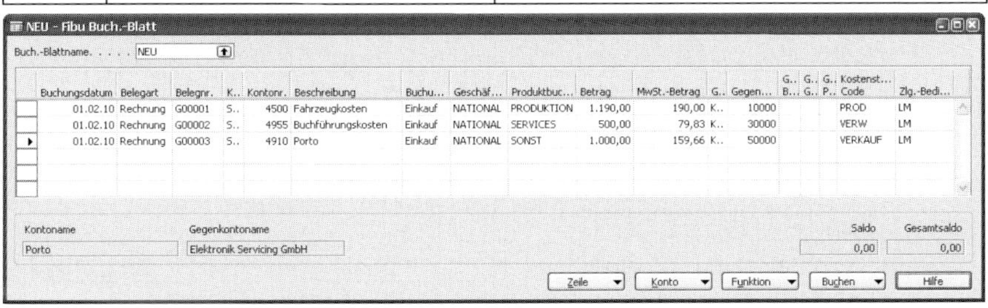

2	*Extras / Zoom* oder **Strg** + **F8**	Hier werden alle Spalten der aktuellen Buchungszeile im Zoom angezeigt.
2-1	**ESC**	Zurück zum Fibu Buch.-Blatt.
3	Buchen ▼ / *Testbericht…*	Vor der Buchung sollte der Testbericht angesehen werden.
3-1	Drucken… oder Seitenansicht	Sind die Eingaben unvollständig, werden Warnungen ausgegeben, die beseitigt werden müssen.

Fibu Buch.-Blatt - Test 21. Januar 2010

CRONUS AG Seite 1

Buch.-Blattvorlagenname ALLGEMEIN

Buch.-Blattname NEU

Fibu Buch.-Blattzeile: Buch.-Blattvorlagenname: ALLGEMEIN, Buch.-Blattname: NEU

Buchungs	Be	Belegnr.	K	Kontonr.	Name	Beschreibung	B	Ges	Pro	Betrag	Gegenkonto	Saldo (MW)
01.02.10	Re	G00001	Sa	4500	Fahrzeugkost	Fahrzeugkosten	Ei	NA	PR	1.190,00	10000	0,00
Warnung!	Externe Belegnummer muss eingegeben werden.											
01.02.10	Re	G00002	Sa	4955	Buchführung	Buchführungskoste	Ei	NA	SE	500,00	30000	0,00
Warnung!	Externe Belegnummer muss eingegeben werden.											
01.02.10	Re	G00003	Sa	4910	Porto	Porto	Ei	NA	SO	1.000,00	50000	0,00
Warnung!	Externe Belegnummer muss eingegeben werden.											
						Gesamt (MW)				2.690,00		0,00

3-2	**ESC**	Zurück zum Fibu Buch.-Blatt.
3-3	Spalte „Externe Belegnummer“ Diese Spalte ist ggf. über *Ansicht / Spalte anzeigen…* einzublenden.	Im Beispiel ist in dieses Feld die entsprechende Nummer einzutragen.
4	Buchen ▼ / *Buchen* oder **F11**	
4-1	Die Frage: „Möchten Sie die Buch.-Blattzeilen buchen?“ ist mit Ja zu beantworten.	Die Buch.-Blattzeilen werden automatisch aus dem Buchungsblatt entfernt.
4-2	Die Information: „Die Buch.-Blattzeilen sind gebucht worden.“ ist mit OK zu bestätigen.	
4-3	**ESC**	Zurück zum Hauptmenü.

2.2.2 Mehrzeiliges Buchen von Kostenrechnungen

In Microsoft Dynamics NAV sind Buchungen nicht unbedingt in einer Buchungszeile zu erfassen. Es können zunächst eine oder mehrere Zeilen für die Sollkonten und danach eine oder mehrere Zeilen für die Habenkonten erstellt werden.

Schritt	Aktion	Bemerkung
1	*Finanzmanagement / Finanzbuchhaltung / Fibu Buch.-Blätter*	Öffnen der Fibu Buchungsblätter.
1-1	Hier sind die Arbeitsschritte analog zu denen im Ablaufschema 2.2.1 bis zum Schritt 1-15 durchzuführen.	
1-2	Spalten „Gegenkontonr.", „Gegenkonto Buchungsart", „Gegenkonto Geschäftsbuchungsgr." und „Gegenkonto Produktbuchungsgr."	Bei mehrzeiligen Buchungen bleiben diese Spalten leer, hier erfolgen keine Eingaben.
H	**HINWEIS:** Beim Verlassen der Buchungszeile bleibt die Belegnummer gleich, d.h. die Buchung ist noch nicht abgeschlossen. In den nächsten Buchungszeilen wird die Erfassung für weitere Kostenstellen so lange wiederholt, bis die Aufteilung abgeschlossen ist.	
2	Eingabe der Gegenbuchung	Die Gegenbuchung wird in der nächsten Buchungszeile eingegeben.
2-1	Spalten „Buchungsdatum", „Belegdatum", „Buchungsart" und „Belegnr."	Die Eintragungen in diesen Spalten bleiben gleich, wie bei den vorherigen Zeilen.
2-2	Spalte „Kontoart"	Hier ist mit **F6** und **Enter** <Sachkonto> auszuwählen.
2-3	Spalte „Kontonr."	Hier ist mit **F6** und OK aus der Sachkontenübersicht das Kassenkonto auszuwählen, im CRONUS - Mandanten Konto 1005.
2-4	Spalte „Beschreibung"	In dieser Spalte wird vom System der Name des Sachkontos vorgegeben.
2-5	Spalten „Kostenstellencode", „Buchungsart", „Geschäftsbuchungsgruppe" und „Produktbuchungsgruppe"	In diese Spalten erfolgen keine Eingaben, sie bleiben leer.

2-6	Spalte „Betrag“	Hier wird die Summe der Aufteilungsbuchungen (vorhergehende Zeilen) mit negativem Vorzeichen eingegeben. Das Kassenkonto wird im Haben bebucht.
H	**HINWEIS:** Nach dieser Eingabe ist die Buchung abgeschlossen. Wird die Buchungszeile verlassen, so wird die Belegnummer automatisch um eins erhöht.	

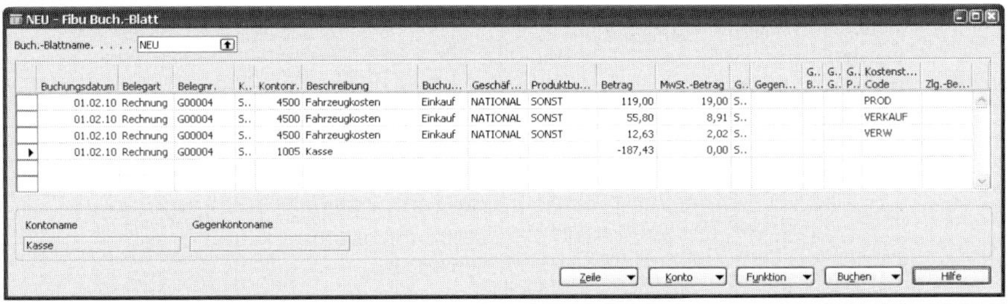

3	Buchen ▼ / *Abstimmen*	Es kann vor der Buchung geprüft werden, wie hoch der Saldo des Kassenkontos nach der erfolgten Buchung sein wird.
3-1	ESC	Zurück zum Fibu Buch.-Blatt.
4	Buchen ▼ / *Testbericht…*	Vor der Buchung sollte der Testbericht angesehen werden, um Eingabefehler ggf. korrigieren zu können.
4-1	Drucken… oder Seitenansicht	

Fibu Buch.-Blatt - Test 21. Januar 2010

CRONUS AG Seite 1

Buch.-Blattvorlagenname ALLGEMEIN

Buch.-Blattname NEU

Fibu Buch.-Blattzeile: Buch.-Blattvorlagenname: ALLGEMEIN, Buch.-Blattname: NEU

Buchungs	Be	Belegnr.	K	Kontonr.	Name	Beschreibung	B	Ges	Pro	Betrag	Gegenkonto	Saldo (MW)
01.02.10	Re	G00004	Sa	4500	Fahrzeugkost	Fahrzeugkosten	E	NA	SO	119,00		119,00
01.02.10	Re	G00004	Sa	4500	Fahrzeugkost	Fahrzeugkosten	E	NA	SO	55,80		55,80
01.02.10	Re	G00004	Sa	4500	Fahrzeugkost	Fahrzeugkosten	E	NA	SO	12,63		12,63
01.02.10	Re	G00004	Sa	1005	Kasse	Kasse				-187,43		-187,43
						Gesamt (MW)				0,00		0,00

Abstimmen

Nr.	Name	Bewegung im Buch.-Blatt	Saldo nach Buchung
1005	Kasse	-187,43	120,76

4-2	**ESC**	Zurück zum Fibu Buch.-Blatt.
5	Buchen ▼ / *Buchen* oder **F11**	
5-1	Die Frage: „Möchten Sie die Buch.-Blattzeilen buchen?“ ist mit Ja zu beantworten.	Die Information: „Die Buch.-Blattzeilen sind gebucht worden.“ ist mit OK zu bestätigen.
5-2	Die Buch.-Blattzeilen werden aus dem Buchungsblatt automatisch entfernt.	
5-3	**ESC**	Zurück zum Hauptmenü.

2.2.3 Manuelle Stornobuchung von Kostenbuchungen

Wie in jeder Finanzbuchhaltung müssen auch in Microsoft Dynamics NAV Buchungen storniert werden können. Damit die Jahresverkehrszahlen richtig aufsummiert werden, wird für solche Buchungen die Stornofunktion genutzt.

<table>
<tr><td>Schritt</td><td>Aktion</td><td>Bemerkung</td></tr>
<tr><td>1</td><td>Finanzmanagement / Finanzbuchhaltung / Fibu Buch.-Blätter</td><td>Öffnen der Fibu Buchungsblätter</td></tr>
<tr><td>1-1</td><td colspan="2">Hier sind die Arbeitsschritte analog zu denen im Ablaufschema 2.2.1 bis zum Schritt 1-17 durchzuführen. Abweichungen davon in den einzelnen Spalten werden nachfolgend beschrieben.</td></tr>
<tr><td>H</td><td colspan="2">HINWEIS: Die Einstellungen müssen identisch mit denen aus der Buchung sein, die storniert werden soll, d.h. gleiche Kostenstelle, gleiche Buchungsart, ….</td></tr>
<tr><td>1-2</td><td>Spalte „Belegnr.“</td><td>Hier ist die Belegnummer für die Stornobuchung zu erfassen.</td></tr>
<tr><td>1-3</td><td>Spalte „Beschreibung“</td><td>Mit der Beschreibung, die hier eingetragen wird, kann ein zusätzlicher Hinweis auf eine Stornobuchung gegeben werden.</td></tr>
<tr><td>1-4</td><td>Spalte „Betrag“</td><td>Vor den Bruttowert ist ein negatives Vorzeichen zu setzen.</td></tr>
<tr><td rowspan="2">1-5</td><td>Spalte „Storno“</td><td>Diese Spalte ist mit einem Haken zu versehen. Er bewirkt, dass das gewählte Sachkonto in der Spalte „Kontonr.“ mit einem negativen Betrag auf der Sollseite bebucht wird und das gewählte Gegenkonto den negativen Wert als Zugang im Haben hat.</td></tr>
<tr><td colspan="2">„Betrag“ = negativer Wert ohne Stornohaken

S Kontonummer H | S Gegenkontonummer H
(Kontonummer: Haben) BETRAG | (Gegenkontonummer: Soll) BETRAG

Wird kein Stornohaken gesetzt, werden die Jahresverkehrszahlen verfälscht.

„Betrag“ = negativer Wert mit Stornohaken

S Kontonummer H | S Gegenkontonummer H
(Kontonummer: Soll) - BETRAG | (Gegenkontonummer: Haben) - BETRAG</td></tr>
</table>

1-6	Spalte „Externe Belegnummer“ Diese Spalte ist ggf. über *Ansicht / Spalte anzeigen…* einzublenden.	Auch bei Stornobuchungen muss die externe Belegnummer angegeben werden.
1-6a	Der Storno von einzeiligen Kostenbuchungen wird wie in der folgenden Darstellung gehandhabt:	

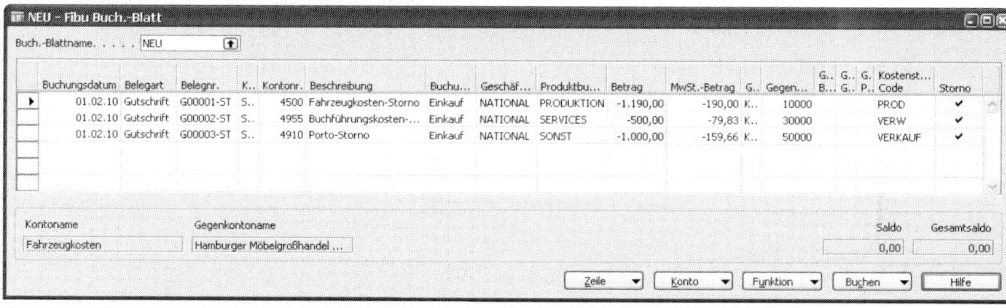

NEU - Fibu Buch.-Blatt

Buch.-Blattname. . . . . NEU

Buchungsdatum	Belegart	Belegnr.	K..	Kontonr.	Beschreibung	Buchu...	Geschäf...	Produktbu...	Betrag	MwSt.-Betrag	G..	Gegen...	G.. B...	G.. G..	G. P..	Kostenst... Code	Storno
01.02.10	Gutschrift	G00001-ST	S..	4500	Fahrzeugkosten-Storno	Einkauf	NATIONAL	PRODUKTION	-1.190,00	-190,00	K..	10000				PROD	✔
01.02.10	Gutschrift	G00002-ST	S..	4955	Buchführungskosten-...	Einkauf	NATIONAL	SERVICES	-500,00	-79,83	K..	30000				VERW	✔
01.02.10	Gutschrift	G00003-ST	S..	4910	Porto-Storno	Einkauf	NATIONAL	SONST	-1.000,00	-159,66	K..	50000				VERKAUF	✔

Kontoname: Fahrzeugkosten
Gegenkontoname: Hamburger Möbelgroßhandel ...
Saldo: 0,00
Gesamtsaldo: 0,00

Zeile | Konto | Funktion | Buchen | Hilfe

H	**HINWEIS:** Kostenrechnungen von einem Kreditor werden mit der Belegart <Rechnung> erfasst. Sind solche Rechnungen manuell zu stornieren, so ist dies mit der Belegart <Gutschrift> durchzuführen.	
1-6b	Der Storno von mehrzeiligen Kassenbuchungen wird wie folgt im Fibu Buch.-Blatt eingebucht:	

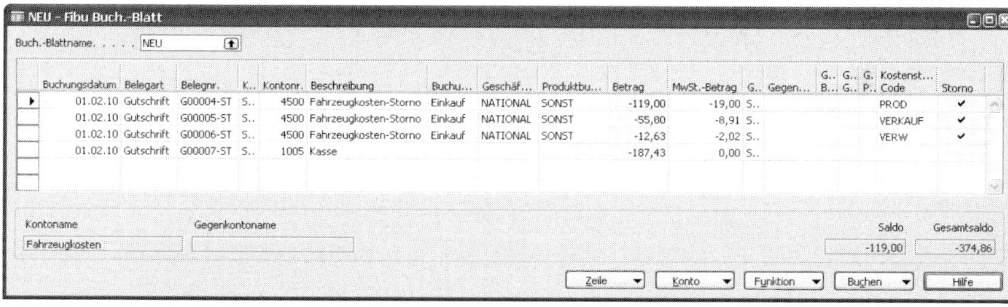

NEU - Fibu Buch.-Blatt

Buch.-Blattname. . . . . NEU

Buchungsdatum	Belegart	Belegnr.	K..	Kontonr.	Beschreibung	Buchu...	Geschäf...	Produktbu...	Betrag	MwSt.-Betrag	G..	Gegen...	G.. B...	G.. G..	G. P..	Kostenst... Code	Storno
01.02.10	Gutschrift	G00004-ST	S..	4500	Fahrzeugkosten-Storno	Einkauf	NATIONAL	SONST	-119,00	-19,00	S..					PROD	✔
01.02.10	Gutschrift	G00005-ST	S..	4500	Fahrzeugkosten-Storno	Einkauf	NATIONAL	SONST	-55,80	-8,91	S..					VERKAUF	✔
01.02.10	Gutschrift	G00006-ST	S..	4500	Fahrzeugkosten-Storno	Einkauf	NATIONAL	SONST	-12,63	-2,02	S..					VERW	✔
01.02.10	Gutschrift	G00007-ST	S..	1005	Kasse				-187,43	0,00	S..						

Kontoname: Fahrzeugkosten
Gegenkontoname:
Saldo: -119,00
Gesamtsaldo: -374,86

Zeile | Konto | Funktion | Buchen | Hilfe

2	Buchen ▼ / *Buchen* oder F11	
2-1	Die Frage: „Möchten Sie die Buch.-Blattzeilen buchen?“ ist mit Ja zu beantworten.	Die Buch.-Blattzeilen werden aus dem Buchungsblatt automatisch entfernt.
2-2	Die Information: „Die Buch.-Blattzeilen sind gebucht worden.“ ist mit OK zu bestätigen.	
2-3	ESC	Zurück zum Hauptmenü.

2.2.4 Automatische Stornobuchung von Kostenbuchungen

In Microsoft Dynamics NAV können Posten automatisch storniert werden, wenn nachfolgende Voraussetzungen erfüllt sind:

1) Die Buchungen wurden in einem Fibu Buch.-Blatt erzeugt und das Journal hat somit den Herkunftscode FIBUBUCHBL.
2) Der Gesamtbetrag der Sachposten muss Null ergeben.
3) Die Sachposten dürfen nicht durch eine automatische Storno-Funktion erzeugt worden sein.
4) Debitorenposten bzw. Kreditorenposten dürfen nicht ausgeglichen sein.
5) Bankposten dürfen nicht durch eine Bankkontenabstimmung geschlossen worden sein.
6) Das Journal darf keine Artikelposten beinhalten.

Schritt	Aktion	Bemerkung
1	*Finanzmanagement / Finanzbuchhaltung / Kontenplan*	Im Kontenplan ist das Sachkonto zu suchen, in dem Stornobuchungen vorgenommen werden sollen.
1-1	Spalte „Bewegung"	Mit **F6** ist in die Sachposten zu verzweigen. Der Cursor ist auf die Zeile des zu stornierenden Postens zu stellen.
2	Funktion ▼ / *Transaktion stornieren…*	Es werden alle Posten angezeigt, die zu einer Belegnummer gehören und storniert werden können.

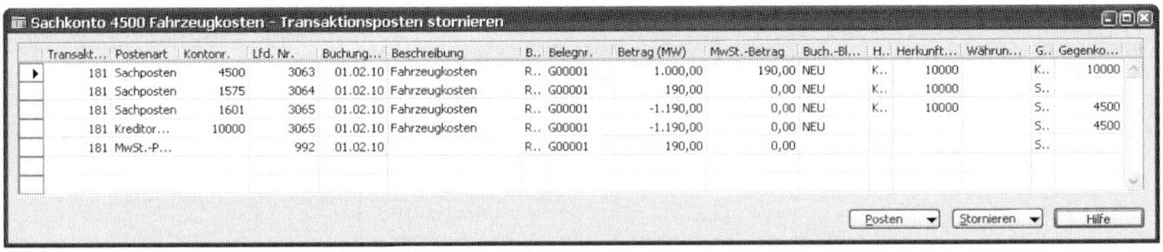

Schritt	Aktion	Bemerkung
2-1	Stornieren ▼ / *Stornieren…* oder **F11**	Wurde geprüft, dass diese Posten tatsächlich zu stornieren sind, ist diese Funktion aufzurufen.

2-2	Nebenstehende Meldung ist mit **Ja** zu bestätigen	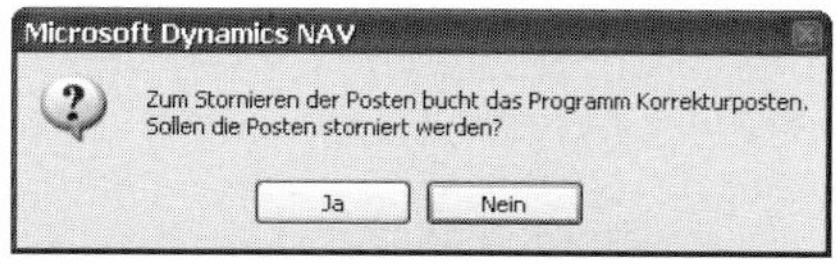
2-3	Die Meldung, dass die Posten storniert wurden, ist mit **OK** zu bestätigen.	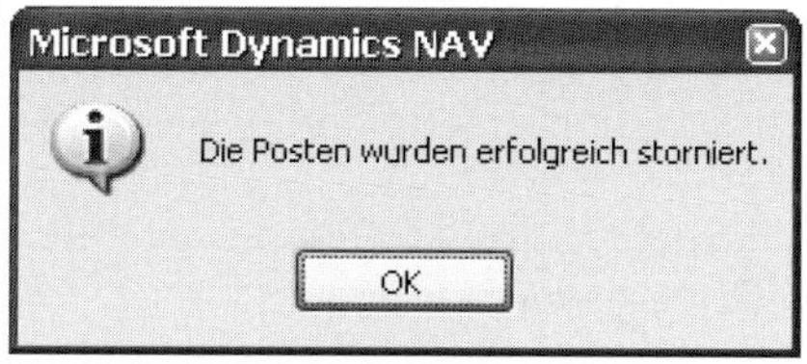
2-4	2 x **ESC**	Zurück zum Hauptmenü.
BUCHUNGSERGEBNIS		
3	*Finanzmanagement / Finanzbuchhaltung / Historie / Journale*	Es ist ein neues Journal mit dem Herkunftscode STORNO entstanden.
3-1	**Strg** + **Ende**	Wenn kein anderer User im System gebucht hat, ist das erstellte Journal das Letzte in der Übersicht.
3-2	**Journal ▼** / *Sachposten*	

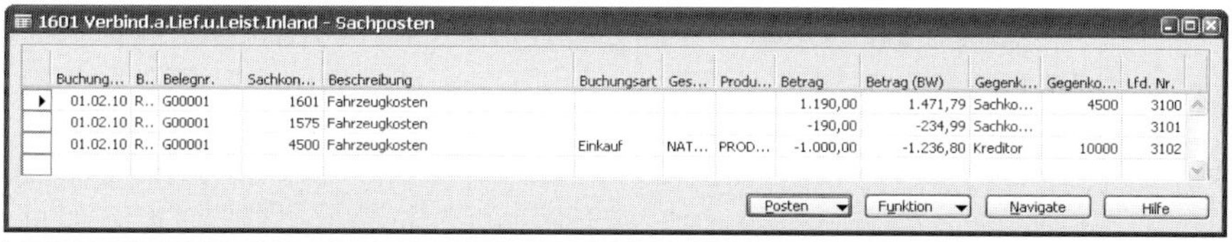

1601 Verbind.a.Lief.u.Leist.Inland - Sachposten

Buchung...	B..	Belegnr.	Sachkon...	Beschreibung	Buchungsart	Ges...	Produ...	Betrag	Betrag (BW)	Gegenk...	Gegenko...	Lfd. Nr.
01.02.10	R..	G00001	1601	Fahrzeugkosten				1.190,00	1.471,79	Sachko...	4500	3100
01.02.10	R..	G00001	1575	Fahrzeugkosten				-190,00	-234,99	Sachko...		3101
01.02.10	R..	G00001	4500	Fahrzeugkosten	Einkauf	NAT...	PROD...	-1.000,00	-1.236,80	Kreditor	10000	3102

	Im Ergebnis der Buchung wurden alle Posten zu diesem Vorgang, mit der Belegnummer der gebuchten Kostenrechnung, storniert.	
3-3	2 x **ESC**	Zurück zum Hauptmenü.
4	*Finanzmanagement / Finanzbuchhaltung / Berichte / Posten / Sachkonto - Kontoblatt*	Automatisch stornierte Posten werden im Bericht Sachkonto-Kontoblatt nicht automatisch mit angezeigt.
4-1	Register Optionen Feld „Stornierte Posten einbez.“	Nur wenn in diesem Feld ein Haken gesetzt wird, werden die Posten aus den automatischen Stornierungen berücksichtigt.

4-2	Drucken... oder Seitenansicht	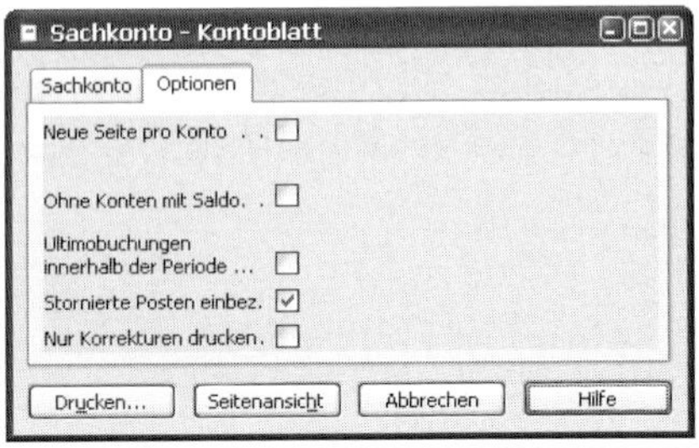

4-3	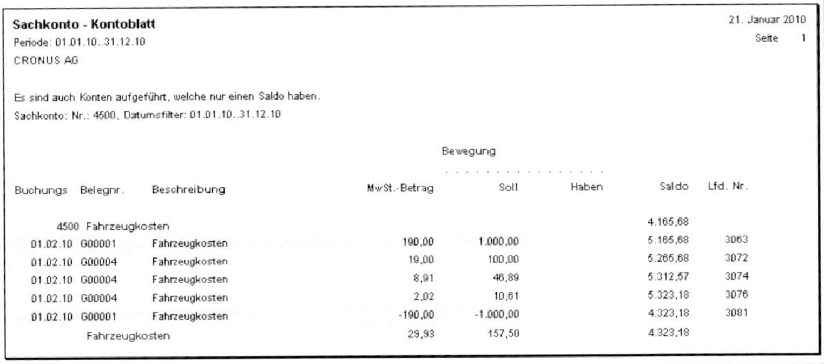

Sachkonto - Kontoblatt 21. Januar 2010
Periode: 01.01.10..31.12.10 Seite 1
CRONUS AG

Es sind auch Konten aufgeführt, welche nur einen Saldo haben.
Sachkonto: Nr.: 4500, Datumsfilter: 01.01.10..31.12.10

Buchungs	Belegnr.	Beschreibung	MwSt.-Betrag	Bewegung Soll	Haben	Saldo	Lfd. Nr.
4500		Fahrzeugkosten				4.165,68	
01.02.10	G00001	Fahrzeugkosten	190,00	1.000,00		5.165,68	3063
01.02.10	G00004	Fahrzeugkosten	19,00	100,00		5.265,68	3072
01.02.10	G00004	Fahrzeugkosten	8,91	46,89		5.312,57	3074
01.02.10	G00004	Fahrzeugkosten	2,02	10,61		5.323,18	3076
01.02.10	G00001	Fahrzeugkosten	-190,00	-1.000,00		4.323,18	3081
		Fahrzeugkosten	29,93	157,50		4.323,18	

4-4	**ESC** (nach Seitenansicht)	Zurück zum Hauptmenü
5	*Finanzmanagement / Kreditoren / Kreditoren*	Es ist der Kreditor anzuzeigen, dessen Posten storniert wurden.
5-1	Kreditor ▼ / *Posten*	

5-2	Der gebuchte Kreditorenposten wurde mit der stornierten Buchung ausgeglichen, d.h. die gebuchte Eingangsrechnung hat im Feld „Offen" keinen Haken und wird somit nicht zur Zahlung vorgeschlagen.	
5-3	**ESC**	Zurück zum Hauptmenü
H	**HINWEIS:** Die automatische Stornofunktion kann aus den Sach-, Kreditoren- und Debitorenposten über *Funktion / Transaktion stornieren...* aufgerufen werden: *Finanzmanagement / Finanzbuchhaltung / Kontenplan* — Konto ▼ / *Posten* *Finanzmanagement / Kreditoren / Kreditoren* — Kreditor ▼ / *Posten* *Finanzmanagement / Debitoren / Debitoren* — Debitor ▼ / *Posten*	

2.2.5 Automatisches Stornieren von Journalen

Werden die unter Punkt 2.2.4 beschriebenen Voraussetzungen erfüllt, können in Microsoft Dynamics NAV auch komplette Journale storniert werden.

Schritt	Aktion	Bemerkung
1	*Finanzmanagement / Finanzbuchhaltung / Historie / Journale*	Aus den Journalen ist das Journal herauszusuchen, das storniert werden soll.
1-1	Funktion ▼ / *Journal stornieren...*	Es werden alle Posten angezeigt, die in diesem Journal gebucht worden sind und storniert werden können. Es können Buchungsposten zu mehreren Belegnummern gleichzeitig storniert werden.

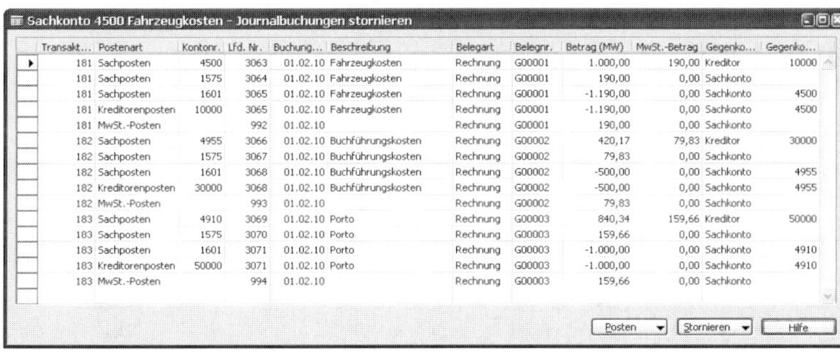

Sachkonto 4500 Fahrzeugkosten - Journalbuchungen stornieren

Transakt...	Postenart	Kontonr.	Lfd. Nr.	Buchung...	Beschreibung	Belegart	Belegnr.	Betrag (MW)	MwSt.-Betrag	Gegenko...	Gegenko...
181	Sachposten	4500	3063	01.02.10	Fahrzeugkosten	Rechnung	G00001	1.000,00	190,00	Kreditor	10000
181	Sachposten	1575	3064	01.02.10	Fahrzeugkosten	Rechnung	G00001	190,00	0,00	Sachkonto	
181	Sachposten	1601	3065	01.02.10	Fahrzeugkosten	Rechnung	G00001	-1.190,00	0,00	Sachkonto	4500
181	Kreditorenposten	10000	3065	01.02.10	Fahrzeugkosten	Rechnung	G00001	-1.190,00	0,00	Sachkonto	4500
181	MwSt.-Posten		992	01.02.10		Rechnung	G00001	190,00	0,00	Sachkonto	
182	Sachposten	4955	3066	01.02.10	Buchführungskosten	Rechnung	G00002	420,17	79,83	Kreditor	30000
182	Sachposten	1575	3067	01.02.10	Buchführungskosten	Rechnung	G00002	79,83	0,00	Sachkonto	
182	Sachposten	1601	3068	01.02.10	Buchführungskosten	Rechnung	G00002	-500,00	0,00	Sachkonto	4955
182	Kreditorenposten	30000	3068	01.02.10	Buchführungskosten	Rechnung	G00002	-500,00	0,00	Sachkonto	4955
182	MwSt.-Posten		993	01.02.10		Rechnung	G00002	79,83	0,00	Sachkonto	
183	Sachposten	4910	3069	01.02.10	Porto	Rechnung	G00003	840,34	159,66	Kreditor	50000
183	Sachposten	1575	3070	01.02.10	Porto	Rechnung	G00003	159,66	0,00	Sachkonto	
183	Sachposten	1601	3071	01.02.10	Porto	Rechnung	G00003	-1.000,00	0,00	Sachkonto	4910
183	Kreditorenposten	50000	3071	01.02.10	Porto	Rechnung	G00003	-1.000,00	0,00	Sachkonto	4910
183	MwSt.-Posten		994	01.02.10		Rechnung	G00003	159,66	0,00	Sachkonto	

Schritt	Aktion	Bemerkung
1-2	Stornieren ▼ / *Stornieren* oder F11	Wurde geprüft, dass alle Posten in diesem Journal storniert werden sollen, ist diese Funktion aufzurufen.
1-3	Die nebenstehende Frage ist mit Ja zu beantworten.	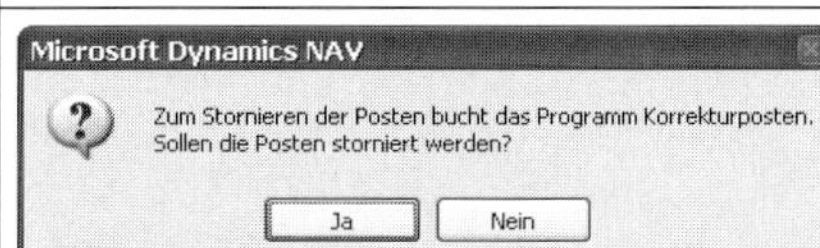
1-4a	Treten bei der Stornierung Fehler auf, weil z.B. ein Posten des Journals bereits storniert wurde, wird der Stornierungslauf mit einer entsprechenden Fehlermeldung abgebrochen.	

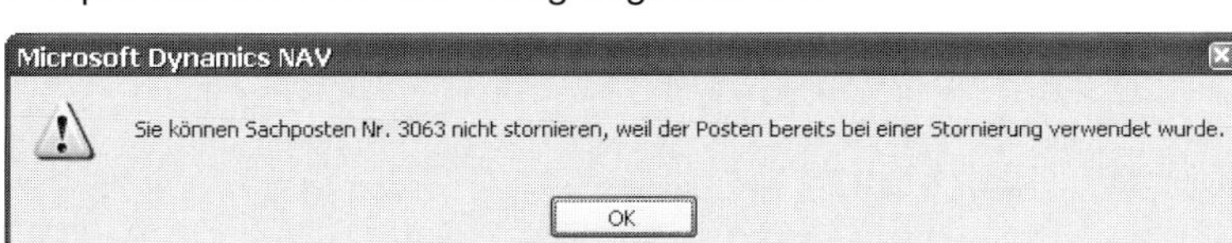

1-4b	Ist die Stornierung des Journals erfolgreich, wird anschließend eine Statusmeldung ausgegeben, die mit OK zu bestätigen ist.	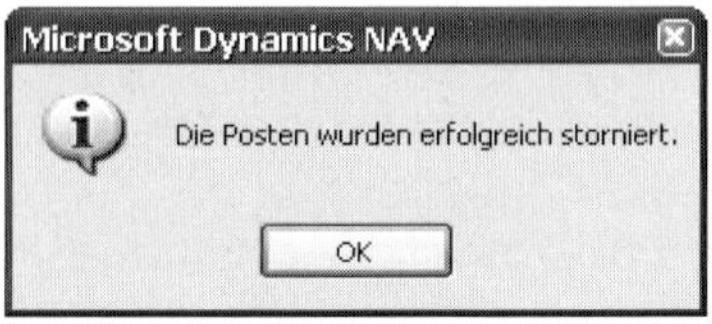
1-5	2 x **ESC**	Zurück zum Hauptmenü.
2	*Finanzmanagement / Finanzbuchhaltung / Historie / Journale*	War die Stornierung erfolgreich, ist ein neues Journal mit dem Herkunftscode STORNO entstanden.

2.2.6 Buchen von Zahlungseingängen

Zahlungseingänge werden in Zlg.-Eing. Buch.-Blättern erfasst. Hier werden die einzelnen Arbeitsschritte beschrieben, die notwendig sind, um mit Zahlungen offene Debitorenposten auszugleichen.

Schritt	Aktion	Bemerkung
1	*Finanzmanagement / Bankmanagement / Zlg.-Eing. Buch.-Blätter*	
1-1	Spalte „Buchungsdatum“	Hier ist das Datum einzugeben, unter dem die Buchungen in der Finanzbuchhaltung gebucht werden sollen.
1-2	Spalte „Belegdatum“ Diese Spalte ist ggf. über *Ansicht / Spalte anzeigen…* einzublenden.	Das hier vorgeschlagene Datum entspricht dem Buchungsdatum. Es kann geändert werden, z.B. in das Belegdatum des Bankkontoauszuges.
1-3	Spalte „Belegart“	In dieser Spalte ist <Zahlung> mit **F6** und **Enter** auszuwählen.
1-4	Spalte „Belegnr.“	Wurde eine Nummernserie hinterlegt, wird automatisch eine Nummer aus dieser vorgeschlagen. Ansonsten muss die Belegnummer manuell eingegeben werden, z.B. die Nummer des Kontoauszuges.
1-5	Spalte „Kontoart“	Hier ist mit **F6** und **Enter** <Debitor> auszuwählen.
1-6	Spalte „Kontonr.“	Die Debitorenübersicht ist mit **F6** aufzurufen, der entsprechende Debitor auszuwählen und mit OK zu übernehmen.
1-7	Spalte „Beschreibung“	In dieser Spalte wird nach Verlassen der Spalte „Kontonr.“ der Name des ausgewählten Debitors angezeigt.
2	Funktion ▼ / *Posten ausgleichen...*	In diesem Formular werden alle offenen Debitorenposten angezeigt.
2-1	Ausgleich ▼ / *Ausgleichs-ID setzen* oder **F9**	Der Cursor muss dafür in der Zeile des Postens stehen, mit dem die Zahlung ausgeglichen werden soll.

2-2	Spalte „Ausgleichs-ID“	Wurde die Ausgleichs ID gesetzt, erscheint hier die Belegnummer aus dem Zlg.-Eing. Buch.-Blatt.
2-3	Sollen mehrere Posten ausgeglichen werden, ist die Ausgleichs-ID mehrfach zu setzen.	
2-4	Feld „Ausgleichsbetrag“	In diesem Feld steht der entsprechende Zahlbetrag für den oder die ausgewählten offenen Posten.

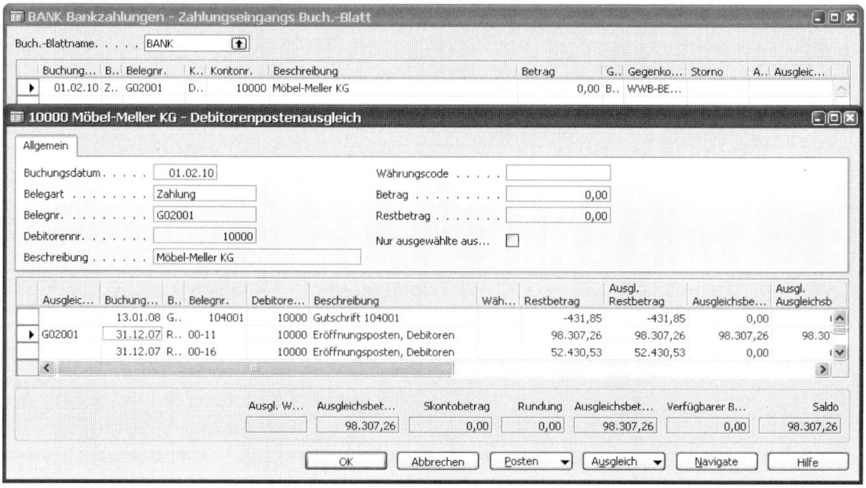

2-5	**OK**	Zurück zum Zlg.-Eing. Buch.-Blatt.
3	Spalte „Betrag“	In diese Spalte wird der Wert aus dem Feld „Ausgleichsbetrag“ übernommen. Vor den Betrag wird ein negatives Vorzeichen gesetzt, da es sich um Zahlungseingangsbuchungen handelt und das Debitorenkonto im Haben bebucht werden muss.
4	Spalte „Gegenkontoart“	Wenn die Zahlung direkt auf ein Sachkonto gebucht werden soll, so ist mit **F6** und **Enter** <Sachkonto> auszuwählen. Wird der Zahlungseingang über Bankkonten gebucht, ist <Bankkonto> auszuwählen.
5	Spalte „Gegenkontonr.“	Hier ist mit **F6** in die jeweilige Übersicht zu verzweigen, das entsprechende Konto auszuwählen und mit **OK** zu bestätigen.

6	Buchen ▼ / *Abstimmen* oder **Strg** + **F9**	In diesem Formular werden die aktuellen Bewegungen und der Saldo nach der Buchung angezeigt.
6-1	**ESC**	Zurück zum Zahlungseingangs Buch.-Blatt.

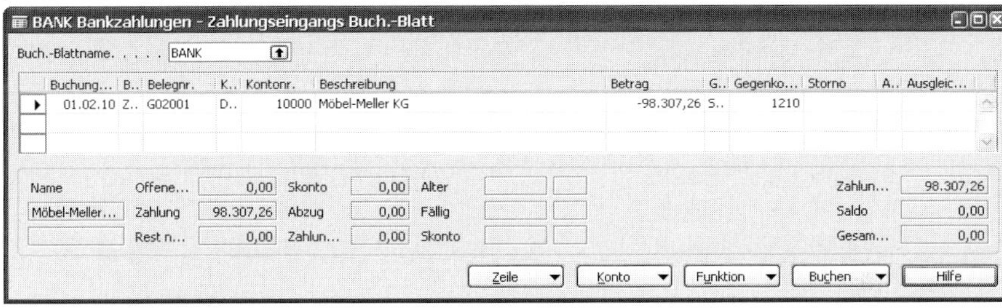

7	Buchen ▼ / *Buchen* oder **F11**	
7-1	„Möchten Sie die Buch.-Blattzeilen buchen?“ ist mit Ja zu beantworten.	„Die Buch.-Blattzeilen sind gebucht worden.“ ist mit OK zu quittieren.
7-2	**ESC**	Zurück zum Hauptmenü.

2.2.7 Buchen von Zahlungsausgängen

Die Eingabe von Zahlungsausgängen erfolgt über den Menüpunkt *Finanzmanagement / Bankmanagement / Zlg.-Ausg. Buch.-Blätter.* Dabei werden die offenen Kreditorenposten ausgeglichen.

Schritt	Aktion	Bemerkung
1	*Finanzmanagement / Bankmanagement / Zlg.-Ausg. Buch.-Blätter*	
1-1	In die Spalte „Buchungsdatum" ist das Datum der Buchungserfassung einzugeben.	Die Spalte „Buchungsdatum" ist automatisch mit dem Arbeitsdatum gefüllt, kann jedoch geändert werden.
1-2	Spalte „Belegdatum" Über *Ansicht / Spalte anzeigen...* ist diese Spalte ggf. einzublenden.	In dieser Spalte ist das Belegdatum zu erfassen, z.B. das Datum des Bankkontoauszuges.
1-3	Spalte „Belegart"	Es soll ein Zahlungsausgang erfasst werden, deshalb ist hier mit **F6** und **Enter** die Belegart <Zahlung> anzugeben.
1-4	Spalte „Belegnr."	Wurde eine Nummernserie hinterlegt, ist die Nummer zu bestätigen. Sonst ist hier eine Nummer einzutragen.
1-5	Spalte „Kontoart"	Mit **F6** <Kreditor> auswählen und mit **Enter** bestätigen.
1-6	Spalte „Kontonr."	Mit **F6** ist in die Kreditorenübersicht zu verzweigen, der entsprechende Kreditor zu markieren und mit OK einzufügen.
2	Funktion ▼ / *Posten ausgleichen...* oder **Groß** + **F9**	Das Formular Kreditorenpostenausgleich wird geöffnet. Der Cursor ist auf den Posten, mit dem die Zahlung ausgeglichen werden soll, zu setzen.
2-1	Ausgleich ▼ / *Ausgleichs-ID setzen* oder **F9**	Anschließend enthält die Spalte „Ausgleichs ID" die Belegnummer der Fibu Buch.-Blattzeile. Gleichzeitig wird im unteren Teil des Formulars im Feld „Ausgleichsbetrag" der ausgewählte und auszugleichende Betrag zur Ansicht gebracht.

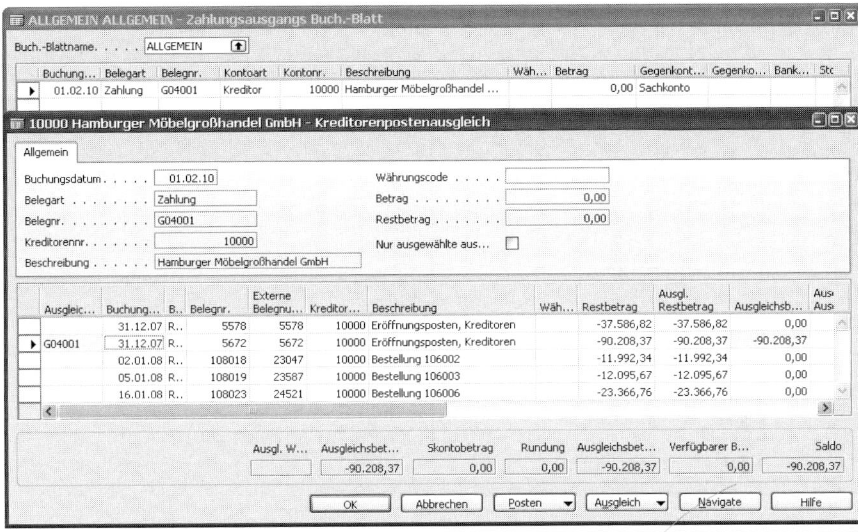

2-2	Sollen mehrere Posten ausgeglichen werden, ist die Ausgleichs-ID mehrfach zu setzen.	
2-3	OK	Zurück zum Zlg.-Ausg. Buch.-Blatt.
3	Spalte „Betrag“	In die Fibu Buch.-Blattzeile wird automatisch der Wert des Feldes „Ausgleichsbetrag“ übernommen.
4	Spalte „Gegenkontoart“	Soll die Zahlung direkt auf ein Bankkonto gebucht werden, so ist mit **F6** und **Enter** <Bankkonto> auszuwählen. Wird der Zahlungs-ausgang über ein Sachkonto gebucht, ist <Sachkonto> auszuwählen.
5	Spalte „Gegenkontonr.“	Entsprechend der „Gegenkontoart“ ist mit **F6** in die Übersicht zu verzweigen, ein Konto auszuwählen und dieses mit OK zu übernehmen.

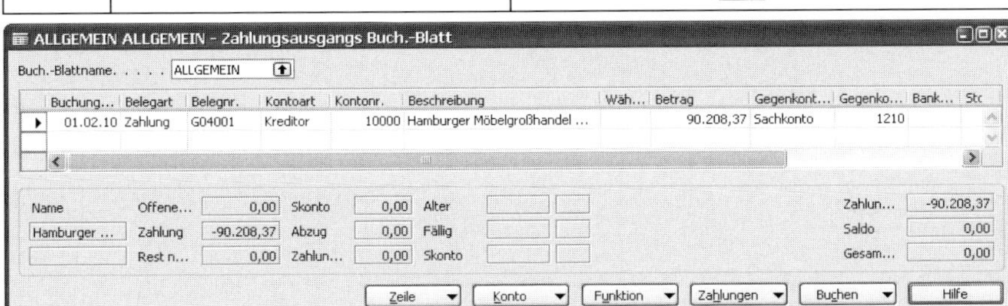

6	Buchen ▼ / *Abstimmen*	In diesem Formular werden die aktuelle Bewegung und der Saldo nach der Buchung angezeigt.
7	Buchen ▼ / *Buchen* oder **F11**	
7-1	Ja	Die Frage: „Möchten Sie die Buch.-Blattzeilen buchen?“ ist mit Ja zu beantworten.
7-2	OK	Die Meldung: „Die Buch.-Blattzeilen sind gebucht worden.“ ist mit OK zu bestätigen.
8	**ESC**	Zurück zum Hauptmenü.

2.2.8 Buchen von Zahlungseingängen bei Wechselkursänderungen

In Microsoft Dynamics NAV kann mit mehreren Währungen gearbeitet werden. Bei Ländern, die nicht zur Europäischen Währungsunion gehören, gibt es Wechselkursänderungen, die bei Buchungen mit abgebildet werden müssen.

Schritt	Aktion	Bemerkung
1	*Finanzmanagement / Debitoren / Debitoren*	Es ist ein Debitor mit Währungscode USD auszuwählen, z.B. Debitor 01445544.
1-1	Debitor ▼ / *Posten*	
1-2	Der Wert in der Spalte Betrag wird in USD ausgewiesen.	Um den Betrag in Mandantenwährung anzuzeigen, ist über *Ansicht / Spalte anzeigen…* vor das Feld „Betrag (MW)“ ein Haken zu setzen und mit OK zu bestätigen.

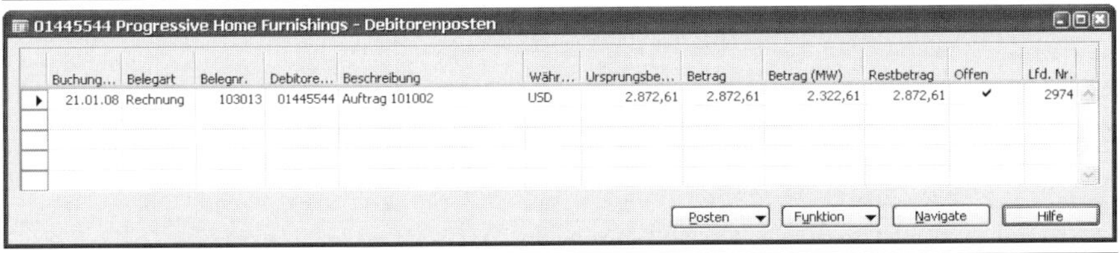

Schritt	Aktion	Bemerkung
1-3	2 x **ESC**	Zurück zum Hauptmenü.
2	*Finanzmanagement / Bankmanagement / Zlg.-Eing. Buch.-Blätter*	
2-1	Spalte „Buchungsdatum“	Hier ist das Datum einzugeben, unter dem die Buchungen in der Finanzbuchhaltung abgebildet werden sollen.
2-2	Spalte „Belegdatum“ Über *Ansicht / Spalte anzeigen…* ist diese Spalte ggf. einzublenden.	In die Spalte „Belegdatum“ kann das Datum des Bankkontoauszuges eingegeben werden.
2-3	Spalte „Belegart“	Mit **F6** ist <Zahlung> auszuwählen und mit **Enter** zu bestätigen.
2-4	Spalte „Belegnr.“	Hier kann z.B. die Belegnummer des Kontoauszuges eingegeben werden.

2-5	Spalte „Kontoart“	Mit **F6** ist hier <Debitor> auszuwählen und mit **Enter** zu bestätigen.
2-6	Spalte „Kontonr.“	Hier ist mit **F6** der Debitor auszuwählen, für den der Zahlungseingang erfasst werden soll. Die Auswahl ist mit OK zu bestätigen.
2-7	Spalte „Beschreibung“	Nach Verlassen der Spalte „Kontonr.“ wird hier automatisch der Name des Debitors angezeigt.
2-8	Über *Ansicht / Spalte anzeigen...* ist das Feld „Währungscode“ anzuzeigen. (Vor dem Feld einen Haken setzen und mit OK bestätigen.)	In dieser Spalte wird der Währungscode des Debitors angezeigt.
2-8-1	Soll der Wechselkurs der Zahlung geändert werden, ist der AssistButton (...) anzuklicken. Im Feld „Wechselkursbetrag“ ist der aktuelle Wechselkurs einzugeben, z.B. 1,0792, und mit OK zu bestätigen.	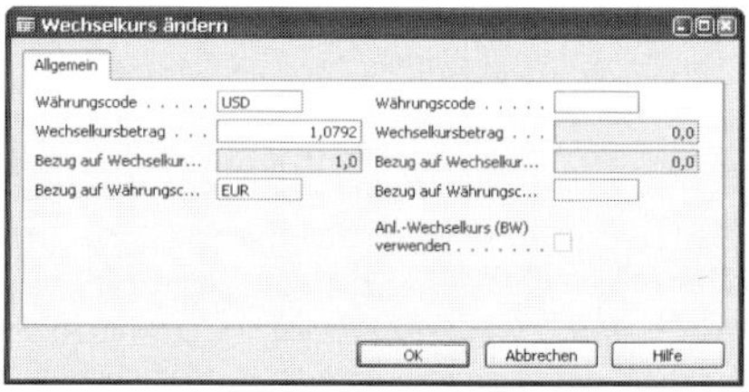
3	Funktion ▼ / *Posten ausgleichen...*	Im Debitorenpostenausgleich ist der Cursor auf dem offenen Posten zu positionieren, der mit der Zahlung ausgeglichen werden soll.
3-1	Ausgleich ▼ / *Ausgleichs-ID setzen* oder **F9**	Anschließend ist die Ausgleichs ID zu setzen. Sind mehrere Posten auszugleichen, ist dieser Vorgang zu wiederholen.
3-2	In die Spalte „Ausgleichs-ID“ wird die Belegnummer gesetzt.	Gleichzeitig werden im unteren Teil des Formulars die „Ausgl. Währung“ und der „Ausgleichsbetrag“ zur Ansicht gebracht.
4	OK	Zurück zum Zlg.-Eing. Buch.-Blatt.
4-1	Spalte „Betrag“	In diese Spalte wird automatisch der Ausgleichsbetrag eingetragen. Der Betrag erhält ein negatives Vorzeichen, da es sich bei Zahlungseingangsbuchungen eines Debitors um Habenbuchungen handelt.

4-2	Spalte „Gegenkontoart“	Wird mit Bankkonten gearbeitet, ist hier mit **F6** <Bankkonto> auszuwählen und mit **Enter** zu bestätigen. Sonst ist hier <Sachkonto> zu wählen.
4-3	Spalte „Gegenkontonr.“	Es ist mit **F6** in die Bankkontenübersicht zu verzweigen, das Bankkonto auszuwählen und mit OK zu bestätigen. Bei Sachkonten ist aus der Sachkontenübersicht das entsprechende Konto auszuwählen.
5	Buchen ▼ / *Buchen* oder **F11**	
5-1	Die Frage: „Möchten Sie die Buch.-Blattzeilen buchen?“ ist mit Ja zu beantworten.	Die Information: „Die Buch.-Blattzeilen sind gebucht worden.“ ist mit OK zu bestätigen.
5-2	**ESC**	Zurück zum Hauptmenü.
AUSWIRKUNGEN		
6	*Finanzmanagement / Debitoren / Historie / Journale*	Hier ist das entsprechende Journal zu suchen. Der Herkunftscode ist: ZLGEINBUBL.
6-1	Journal ▼ / *Sachposten*	Aufgrund der Änderung des Wechselkurses beim Zahlungseingang ist eine Kursdifferenz entstanden, im Beispiel ein Kursgewinn. Der Buchungssatz lautet: Bank an Debitor (Forderung) Debitor (Forderung) an Erträge aus Kursdifferenz realisiert

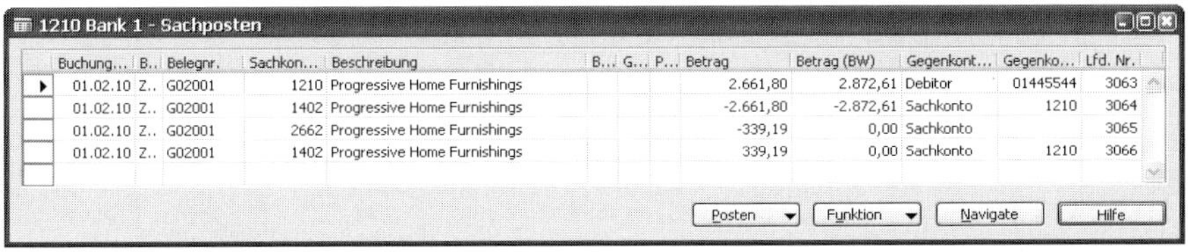

1210 Bank 1 - Sachposten

Buchung...	B..	Belegnr.	Sachkon...	Beschreibung	B...	G...	P...	Betrag	Betrag (BW)	Gegenkont...	Gegenko...	Lfd. Nr.
01.02.10	Z..	G02001	1210	Progressive Home Furnishings				2.661,80	2.872,61	Debitor	01445544	3063
01.02.10	Z..	G02001	1402	Progressive Home Furnishings				-2.661,80	-2.872,61	Sachkonto	1210	3064
01.02.10	Z..	G02001	2662	Progressive Home Furnishings				-339,19	0,00	Sachkonto		3065
01.02.10	Z..	G02001	1402	Progressive Home Furnishings				339,19	0,00	Sachkonto	1210	3066

6-2	2 x **ESC**	Zurück zum Hauptmenü.
H	**HINWEIS:** Wurde der vorgegebene Wechselkurs, z.B. 1,2368, bei der manuellen Korrektur in Punkt 2-8-1 nach unten korrigiert, z.B. auf 1,0792, so wurden Kursgewinne gebucht. Es entstanden 4 Sachposten bei der Buchung.	

	Wurde der Wechselkurs nach oben korrigiert, z.B. auf 1,4111, wurden Kursverluste gebucht. Es entstanden 3 Sachposten bei der Buchung.

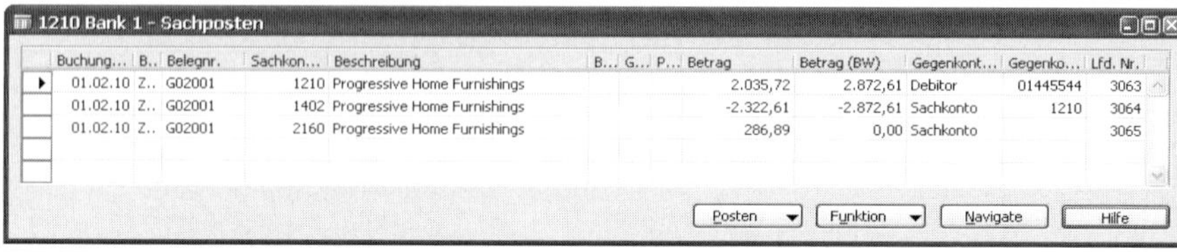

1210 Bank 1 - Sachposten

Buchung...	B..	Belegnr.	Sachkon...	Beschreibung	B...	G...	P...	Betrag	Betrag (BW)	Gegenkont...	Gegenko...	Lfd. Nr.
01.02.10	Z..	G02001	1210	Progressive Home Furnishings				2.035,72	2.872,61	Debitor	01445544	3063
01.02.10	Z..	G02001	1402	Progressive Home Furnishings				-2.322,61	-2.872,61	Sachkonto	1210	3064
01.02.10	Z..	G02001	2160	Progressive Home Furnishings				286,89	0,00	Sachkonto		3065

7	*Finanzmanagement / Debitoren / Debitoren*	Hier ist der Debitor anzuzeigen, für den gerade die Buchung vorgenommen wurde, hier der Debitor 01445544.
7-1	Debitor ▼ / *Posten*	Der Cursor ist den Posten der Belegart <Zahlung> zu positionieren.
7-2	Navigate Im Zeilenbereich sind die Detaillierte Debitorenposten über Anzeigen aufzurufen	In den detaillierten Debitorenposten werden die gebuchten Ursprungsposten, der Ausgleich und der realisierte Gewinn bzw. realisierte Verlust in Mandantenwährung dargestellt.

Detaillierte Debitorenposten

Buchung...	Postenart	Belegart	Belegnr.	Debitore...	Währun...	Betrag	Betrag (MW)	Urspr. Poste...	Lfd. Nr.
01.02.10	Urspr. Posten	Zahlung	G02001	01445544	USD	-2.872,61	-2.661,80	01.02.10	78
01.02.10	Realisierter Gewinn	Zahlung	G02001	01445544	USD	0,00	339,19	01.02.10	79
01.02.10	Ausgleich	Zahlung	G02001	01445544	USD	-2.872,61	-2.322,61	02.02.08	80
01.02.10	Ausgleich	Zahlung	G02001	01445544	USD	2.872,61	2.322,61	01.02.10	81

Detaillierte Debitorenposten

Buchung...	Postenart	Belegart	Belegnr.	Debitore...	Währun...	Betrag	Betrag (MW)	Urspr. Poste...	Lfd. Nr.
01.02.10	Urspr. Posten	Zahlung	G02001	01445544	USD	-2.872,61	-2.035,72	01.02.10	78
01.02.10	Realisierter Verlust	Zahlung	G02001	01445544	USD	0,00	-286,89	01.02.10	79
01.02.10	Ausgleich	Zahlung	G02001	01445544	USD	-2.872,61	-2.322,61	02.02.08	80
01.02.10	Ausgleich	Zahlung	G02001	01445544	USD	2.872,61	2.322,61	01.02.10	81

7-3	4 x **ESC**	Zurück zum Hauptmenü.

2.2.9 Skontobuchung bei Zahlungsausgängen

Oftmals werden Rechnungen innerhalb der Skontofrist beglichen. Damit solche Zahlungsvorgänge richtig erfasst werden, bietet Microsoft Dynamics NAV die Möglichkeit der Skontobuchung. Im folgenden Ablaufschema wird diese Vorgehensweise beschrieben.

Schritt	Aktion	Bemerkung
1	*Finanzmanagement / Einrichtung / Finanzbuchhaltung Einrichtung*	
2	Register Ausgleich	
2-1	Funktion ▼ / *Zahlungstoleranz ändern*	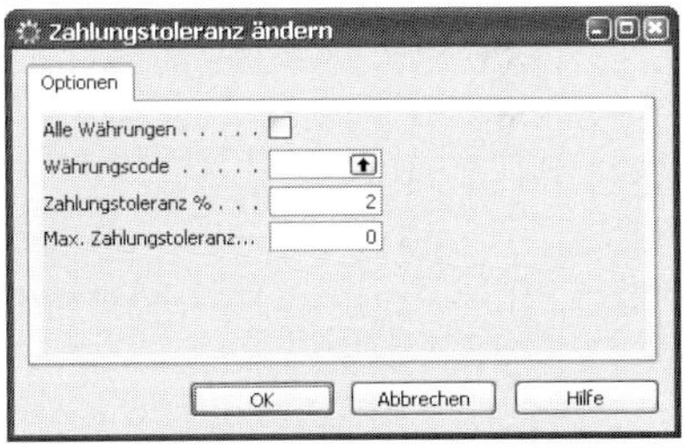
2-1-1	Feld „Zahlungstoleranz %“ Mit dem eingegebenen Prozentsatz wird festgelegt, ab welchem Betrag einer Zahlung die Abfrage: „Wie soll mit dem Restbetrag verfahren werden?“ geöffnet wird.	Hier kann die zulässige Toleranz in Prozent eingetragen werden, im Beispiel 2. Beispiel: Es ist eine Rechnung über 1.000,00 € zu begleichen. Werden zwischen 980,01 € und 999,99 € bezahlt, wird die Abfragemaske: „Wie soll mit dem Restbetrag verfahren werden?“ geöffnet. Ist der Zahlbetrag kleiner als 980,01 € (außerhalb der 2%), wird die Differenz zum Rechnungsbetrag als offener Posten behandelt, d.h., der Debitoren- bzw. Kreditorenposten wird nicht ausgeglichen. In der Spalte „Restbetrag“ steht dann die Differenz.
2-1-2	OK	Die Änderung der Zahlungstoleranz wird übernommen.
2-1-3	Sollen die offenen Posten bei Debitoren und Kreditoren aktualisiert werden, ist die Frage mit Ja zu beantworten.	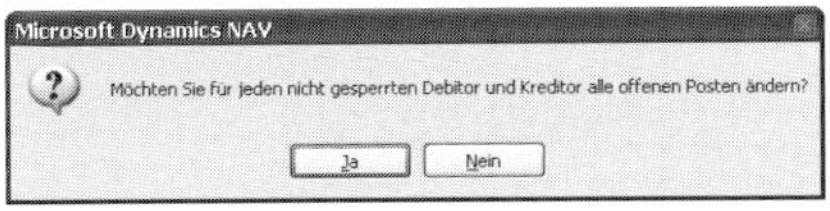

2-2	Felder „Skontotoleranz-warnung“ und „Zahlungstoleranzwarnung“	In beiden Feldern ist ein Haken zu setzen, um die entsprechenden Warnungen zu aktivieren.
2-3	Feld verlassen und **ESC**	Zurück zum Hauptmenü.
3	*Finanzmanagement / Bank-management / Zlg.-Ausg. Buch.-Blätter*	
3-1	Spalte „Buchungsdatum“	Unter dem hier eingetragenen Datum werden die Buchungen in der Finanz-buchhaltung erfasst.
3-2	Spalte „Belegdatum“	In diese Spalte wird automatisch das Buchungsdatum gesetzt. Es kann mit dem Datum des Bankkontoauszuges überschrieben werden.
3-3	Spalte „Belegart“	Mit **F6** ist hier <Zahlung> auszu-wählen und mit **Enter** zu bestätigen.
3-4	Spalte „Belegnr.“	Wurde eine Nummernserie hinterlegt, erscheint hier automatisch die nächst folgende Nummer. Sonst ist sie ma-nuell einzugeben. Unter der Belegnr. wird die Buchung in der Finanzbuch-haltung erfasst und gebucht.
3-5	Spalte „Kontoart“	Hier ist mit **F6** <Kreditor> auszu-wählen und mit **Enter** zu bestätigen.
3-6	Spalte „Kontonr.“	Mit **F6** ist in die Kreditorenübersicht zu verzweigen, der entsprechende Kreditor auszuwählen und mit OK zu übernehmen.
3-7	Spalte „Beschreibung“	Hier wird nach dem Verlassen der Spalte „Kontonr.“ der Name des Kreditors eingetragen.
3-8	Funktion ▼ / *Posten ausgleichen…*	In dem Formular werden alle Kredi-torenposten angezeigt, die noch nicht ausgeglichen wurden.
3-8-1	In der Spalte „Skontodatum“ wird das Datum angezeigt, bis zu dem Skontozahlungen möglich sind.	Ist das Skontodatum überschritten, und es soll trotzdem mit Skonto ge-zahlt werden, dann ist der entsprech-ende offene Posten auszuwählen und in dieser Spalte mit **F2** das Datum zu verändern. Dafür kann das aktuelle Datum eingetragen werden.

3-8-2	**Ausgleich ▼** / *Ausgleichs-ID setzen* oder **F9**	Der Cursor steht in der Zeile des Postens, mit dem die Zahlung ausgeglichen werden soll.
3-8-3	Spalte „Ausgleichs-ID"	Wurde die Ausgleichs-ID gesetzt, erscheint hier die Belegnummer aus dem Zlg.-Ausg. Buch.-Blatt.
3-8-4	Sollen mehrere Posten ausgeglichen werden, ist die Ausgleichs-ID mehrfach zu setzen.	
3-8-5	Feld „Ausgl. Skonto möglich"	Im unteren Teil des Kreditorenpostenausgleichs wird in diesem Feld der entsprechende Skontobetrag angezeigt.
3-8-6	Feld „Ausgleichsbetrag"	In diesem Feld steht der entsprechende Zahlbetrag für den oder die ausgewählten offenen Posten.

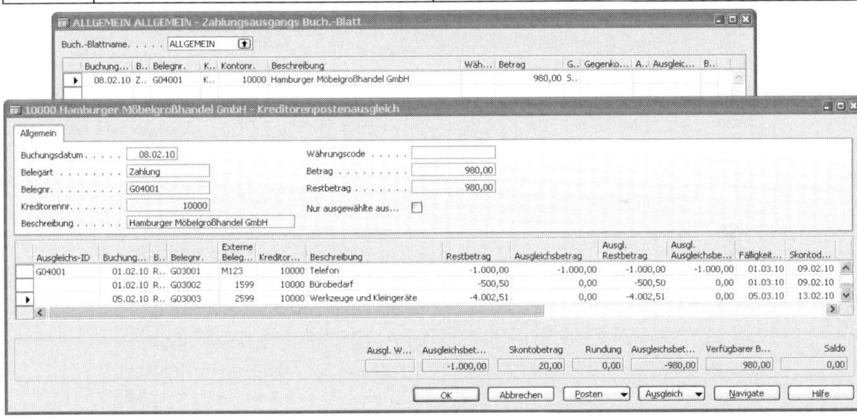

3-8-7	**OK**	Zurück zum Zlg.-Ausg. Buch.-Blatt.
3-9	Spalte „Betrag"	Der Ausgleichsbetrag wird automatisch in diese Spalte übertragen.

3-9-1	Wurde die Eingangsrechnung mit einer Zahlungsbedingung ohne Skonto gebucht und es soll dennoch mit Skonto gezahlt werden, sind die Schritte 3-8-4 bis 3-8-6 ebenfalls durchzuführen. Der Wert in der Spalte „Betrag“ kann hierzu überschrieben werden. Beim Verlassen der Spalte erscheint die nebenstehende Frage.	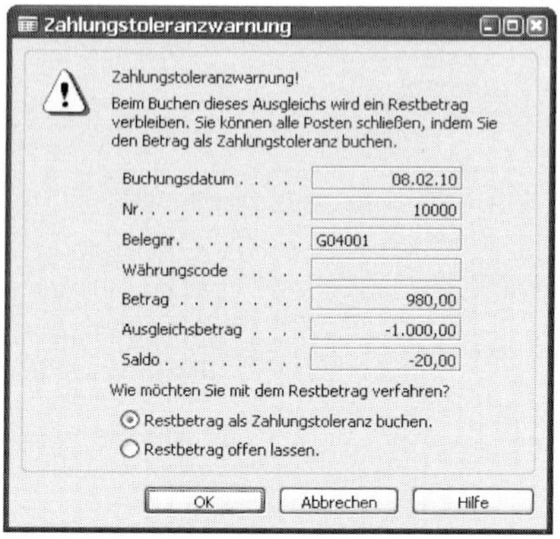
3-9-2a	<Restbetrag als Zahlungstoleranz buchen>	Der Saldo wird als Skonto- bzw. Zahlungstoleranzbetrag gebucht. Der Kreditorenposten wird geschlossen.
3-9-2b	<Restbetrag offen lassen>	Der Kreditorenposten wird nicht vollständig ausgeglichen. Der Restbetrag, hier im Beispiel von 20,00 €, muss noch bezahlt werden.
3-9-3	OK	Das Formular der Zahlungstoleranzwarnung ist mit OK zu schließen.
3-10	Spalte „Gegenkontoart“	Hier ist mit **F6** <Bankkonto> oder <Sachkonto> auszuwählen und mit **Enter** zu bestätigen.
3-11	Spalte „Gegenkontonr.“	In dieser Spalte ist mit **F6** in die Bank- oder Sachkontenübersicht zu verzweigen, das entsprechende Bank- oder Sachkonto auszuwählen und mit OK zu bestätigen.
4	Buchen ▼ / *Buchen* oder **F11**	
4-1	Die Frage: „Möchten Sie die Buch.-Blattzeilen buchen?“ ist mit Ja zu beantworten.	Die Information: „Die Buch.-Blattzeilen sind gebucht worden.“ ist mit OK zu quittieren.
5	**ESC**	Zurück zum Hauptmenü.

2.2.10 Buchen von Mehrwertsteuer-Differenzen

In Microsoft Dynamics NAV können MwSt.-Differenzen separat erfasst werden. Dies kann dann notwendig sein, wenn die vom System berechnete Mehrwertsteuer nicht dem MwSt.-Wert entspricht, der auf dem Beleg ausgewiesen ist.

Schritt	Aktion	Bemerkung
Bevor mit MwSt.-Differenzen gearbeitet werden kann, sind nachfolgende Einrichtungen im System vorzunehmen.		
1	*Finanzmanagement / Einrichtung / Finanzbuchhaltung Einrichtung*	
	Register Allgemein	
1-1	Feld „Max. MwSt.-Differenz zulässig"	Hier ist die maximal erlaubte MwSt.-Korrektur einzugeben, z.B. 0,10 €
1-2	Feld „MwSt.-Rundungsmethode"	Mit **F6** ist die entsprechende Rundungsmethode zu hinterlegen. Standardmäßig ist <Kaufmännisch> eingetragen.
1-3	**ESC**	Zurück zum Hauptmenü.
2	*Finanzmanagement / Kreditoren / Einrichtung / Kreditoren & Einkauf Einr.*	
2-1	Register Allgemein Feld „MwSt.-Differenz zulassen"	In dieses Feld ist ein Haken zu setzen, um für Eingangsrechnungen MwSt.-Korrekturen vornehmen zu können.
2-2	**ESC**	Zurück zum Hauptmenü.
3	*Finanzmanagement / Debitoren / Einrichtung / Debitoren & Verkauf Einr.*	
3-1	Register Allgemein Feld „MwSt.-Differenz zulassen"	Soll verkaufsseitig auch mit MwSt.-Differenzen gearbeitet werden, ist in diesem Feld ein Haken zu setzen.
3-2	**ESC**	Zurück zum Hauptmenü.
4	*Finanzmanagement / Einrichtung / Allgemein / Buch.-Blattvorlagen*	Es ist der Cursor in der Zeile der entsprechenden Buch.-Blattvorlage zu positionieren, z.B. EINKAUF.

4-1	Spalte „MwSt.-Differenz zulassen“	In dieser Spalte ist ein Haken zu setzen. Die Frage: „Möchten Sie das Feld MwSt.-Differenz zulassen für jeden Fibu Buch.-Blatt Name aktualisieren?“ ist mit Ja zu bestätigen.
	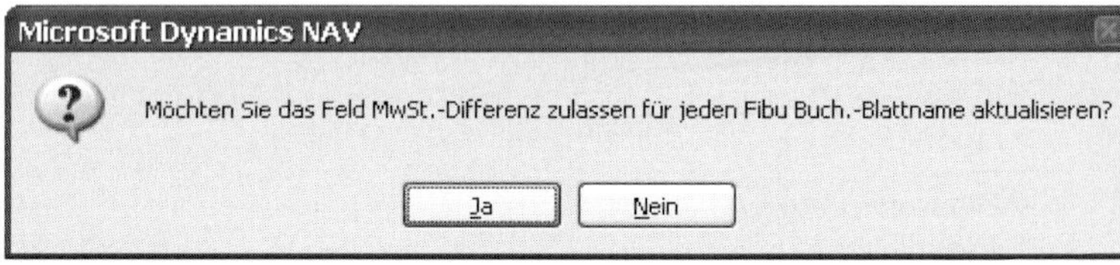	
4-2	Vorlage ▼ / *Buch.-Blattnamen*	Automatisch wird für alle Fibu Buch.-Blattnamen dieser Vorlage in der Spalte „MwSt.-Differenz“ ein Haken gesetzt.
4-3	2 x **ESC**	Zurück zum Hauptmenü.
5	*Finanzmanagement / Kreditoren / Einkaufs Buch.-Blätter*	Beispiel: Eine Telefonrechnung mit einem Bruttowert von 116,74 €, der ausgewiesene MwSt.-Wert auf dem Beleg beträgt 18,63 €.
	Das Erfassen dieser Buchungszeile erfolgt analog den Ablaufschritten in Ablaufschema 2.2.1 „Einzeiliges Buchen von Kostenrechnungen“.	
5-1	Spalte „Betrag“	Hier ist für das gewählte Beispiel 116,74 € einzugeben.
5-2	Entsprechend der ausgewählten Kombinationen in den Spalten „Buchungsart“, „Geschäftsbuchungs-“, „Produktbuchungs-“, „MwSt.-Geschäftsbuchungs-“ und „MwSt.-Produktbuchungsgruppe“ wird vom System ein Vorsteuerwert in Höhe von 18,64 € ermittelt. Dieser Wert wird in die Spalte „MwSt.-Betrag“ eingetragen.	
5-3	Spalte „MwSt.-Betrag“	Da auf dem Beleg ein MwSt.-Wert von 18,63 € ausgewiesen wird, ist in dieser Spalte der MwSt.-Wert auf 18,63 € zu korrigieren.
5-4	Spalte „MwSt.-Differenz“ Diese Spalte ist über *Ansicht / Spalte anzeigen…* einzublenden.	Hier wird die Steuerdifferenz in Höhe von 0,01 € angezeigt. Dieser Wert kann nicht manuell verändert werden.
6	Buchen ▼ / *Buchen* oder **F11**	

6-1	Die Frage: „Möchten Sie die Buch.-Blattzeilen buchen?“ ist mit Ja zu beantworten.	Die Information: „Die Buch.-Blattzeilen sind gebucht worden.“ ist mit OK zu quittieren.
7	**ESC**	Zurück zum Hauptmenü.

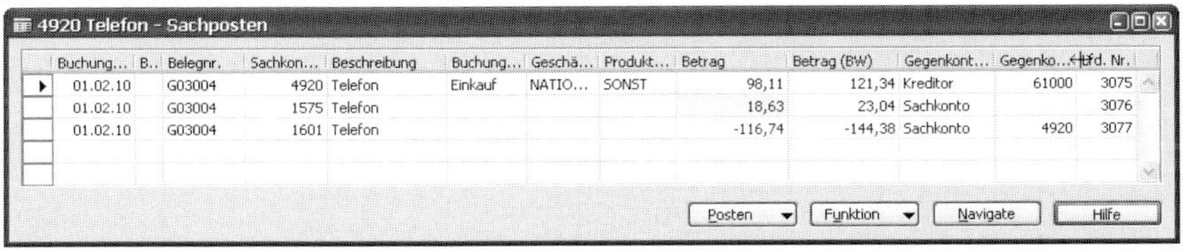

4920 Telefon - Sachposten

Buchung...	B..	Belegnr.	Sachkon...	Beschreibung	Buchung...	Geschä...	Produkt...	Betrag	Betrag (BW)	Gegenkont...	Gegenko...	Lfd. Nr.
01.02.10		G03004	4920	Telefon	Einkauf	NATIO...	SONST	98,11	121,34	Kreditor	61000	3075
01.02.10		G03004	1575	Telefon				18,63	23,04	Sachkonto		3076
01.02.10		G03004	1601	Telefon				-116,74	-144,38	Sachkonto	4920	3077

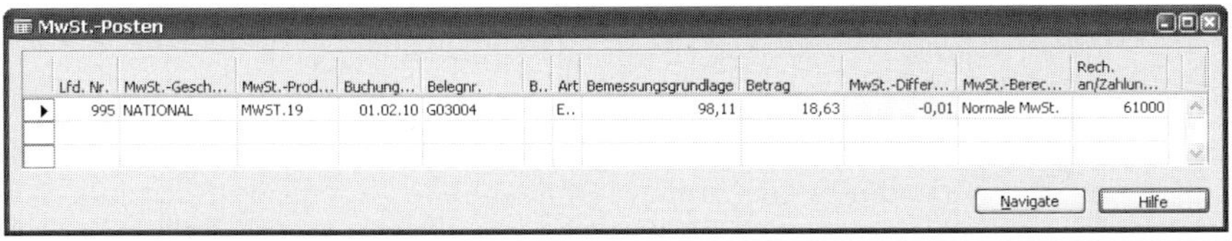

MwSt.-Posten

Lfd. Nr.	MwSt.-Gesch...	MwSt.-Prod...	Buchung...	Belegnr.	B..	Art	Bemessungsgrundlage	Betrag	MwSt.-Differ...	MwSt.-Berec...	Rech. an/Zahlun...
995	NATIONAL	MWST.19	01.02.10	G03004		E..	98,11	18,63	-0,01	Normale MwSt.	61000

H	**HINWEIS:** Im Ergebnis der Buchung ist ein MwSt.-Posten in Höhe von 18,63 € entstanden.

2.3 Wiederkehrende Buchungen

In diesen Abschnitten wird gezeigt, wie mit wiederkehrenden Buchungsblättern gearbeitet werden kann und wie dort Umbuchungen vorgenommen werden können.

2.3.1 Arbeiten mit wiederkehrenden Buchungsblättern

Es ist sinnvoll, für jede Art von Wiederholungsbuchungen einen eigenen Buch.-Blattnamen zu vergeben, wie z.B. MIETE, ABSCHREIBUNG, GEHALT, ...

Schritt	Aktion	Bemerkung
1	*Finanzmanagement / Finanzbuchhaltung / Periodische Aktivitäten / Wiederkehrende Buch.-Blätter*	Es sind die wiederkehrenden Buchungsblätter aufzurufen.
2	Feld „Buch.-Blattname“	Um ein neues Buch.-Blatt anzulegen bzw. ein anderes Buch.-Blatt zu verwenden, ist mit F6 in die Buch.-Blattnamen zu verzweigen.
2-1	Spalte „Name“	Mit F3 ist ein neuer Datensatz zu erzeugen und der Name des neuen Buch.-Blatt einzugeben, z.B. ABSCHR.
2-2	Spalte „Beschreibung“	Hier kann eine Erläuterung eingetragen werden, z.B. Abschreibungs Buch.-Blatt.
2-3	Spalten „Gegenkontoart“ und „Gegenkontonr.“	Die Eintragungen (<Sachkonto> und <leer>) werden nicht verändert.
2-4	Spalte „Nummernserie“	Für dieses Beispiel erfolgt keine Eintragung. Soll eine automatische Nummernserie hinterlegt werden, erfolgt dies in der Spalte „Buchungsnr. Serie“.
2-5	Spalte „Buchungsnr. Serie“	Mit F6 ist in die Nummernserien zu verzweigen, die erforderliche Serie auszuwählen und mit OK zu bestätigen. Soll keine Belegnr. vorgeschlagen werden, bleibt diese Spalte leer.
2-6	Das erforderliche Buch.-Blatt ist auszuwählen und mit OK zu übernehmen.	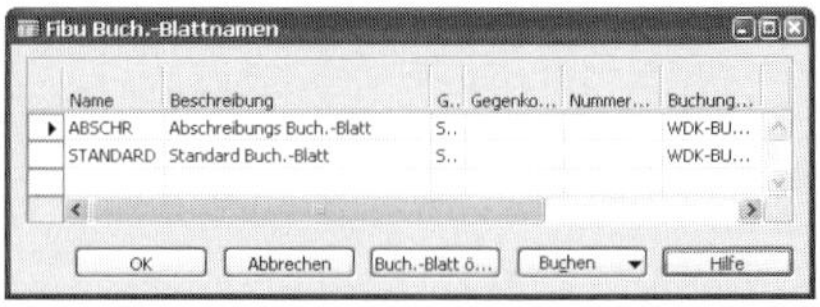

<table>
<tr><td rowspan="2">3</td><td>In der Spalte „Wiederholungsart“ ist mit F6 und Enter eine der nachfolgenden Optionen auszuwählen.</td><td>Die Einstellung in dieser Spalte bestimmt, was mit dem Wert in der Spalte „Betrag“ nach der Buchung geschehen soll.</td></tr>
<tr><td colspan="2"><F Fix> - Bleibt der Wert immer gleich, ist diese Option zu wählen.
<V Variabel> - Ändert sich der Wert nach jeder Buchung, wird variabel eingestellt.
<A Ausgleich> - Sollen Buchungen auf andere Kosten verteilt werden, kommt diese Option zum Einsatz.
<UF Umgekehrt Fix> Bei dieser Option wird zu jedem Posten ein Gegenposten mit dem darauffolgenden Tagesdatum als Buchungsdatum erzeugt. Der Betrag bleibt gleich.
<UV Umgekehrt Variabel> Bei dieser Option wird zu jedem Posten ein Gegenposten mit dem darauffolgenden Tagesdatum als Buchungsdatum erzeugt. Der Betrag ändert sich.</td></tr>
<tr><td>4</td><td>Spalte „Wiederholungsrate“</td><td>Hier wird eine Datumsformel eingegeben, die den Abstand zwischen zwei Wiederholungen beschreibt,
z.B. 1T = 1Tag, 1M = 1Monat.</td></tr>
<tr><td>5</td><td>Spalte „Buchungsdatum“</td><td>Als Buchungsdatum ist das Datum einzutragen, an dem die Buchung in der Finanzbuchhaltung gebucht werden soll.</td></tr>
<tr><td>6</td><td>Spalte „Belegart“</td><td>In dieser Spalte ist mit F6 die entsprechende Option auszuwählen und mit Enter zu übernehmen. Erfolgen die Buchungen zwischen Sachkonten, bleibt die Spalte <leer>.</td></tr>
<tr><td rowspan="2">7</td><td>Spalte „Belegnr.“</td><td>Wurde keine automatische Nummer hinterlegt, wird hier die Belegnummer manuell erfasst. Es kann mit Formeln gearbeitet werden, die eine systematische Belegnummer erstellen.</td></tr>
<tr><td>%1 – der Wochentag
%2 – die Kalenderwoche
%3 – die Nummer des lfd. Monats</td><td>%4 – der Name des lfd. Monats
%5 – der Name der akt. Buchhaltungsperiode</td></tr>
<tr><td>H</td><td colspan="2">HINWEIS: Soll bei der Belegnummer mit den genannten Formeln gearbeitet werden, ist darauf zu achten, dass in den Buch.-Blatt Vorlagen für Wiederk. Buch.-Blätter keine Nummernserie hinterlegt</td></tr>
</table>

	wurde. (*Finanzmanagement / Einrichtung / Allgemein / Buch.-Blatt Vorlagen* Zeile „WIEDERK." Spalten „Nummernserie" und „Buchungsnr. Serie")	
8	Spalte „Kontoart"	Mit **F6** ist die entsprechende Art auszuwählen und mit **Enter** zu bestätigen.
9	Spalte „Kontonr."	Hier ist mit **F6** in die zur „Kontoart" gehörende Übersicht zu verzweigen, das erforderliche Konto auszuwählen und mit OK zu bestätigen.
H	**HINWEIS:** Wird ein Sachkonto ausgewählt, so ist darauf zu achten, dass dieses Konto direkt bebucht werden darf. (*Finanzmanagement / Finanzbuchhaltung / Kontenplan* Konto ▼ / *Karte* Register Allgemein Feld „Direkt" mit einem Haken versehen.)	
10	Spalte „Beschreibung"	In diese Spalte wird vom System der Name des gewählten Kontos eingetragen. Dieser kann überschrieben werden. Die Formeln aus Schritt 7 können hier verwendet werden, z.B. Abschreibung %3.
11	Spalten „Buchungsart", „Geschäftsbuchungsgruppe", „Produktbuchungsgruppe", „MwSt.-Geschäftsbuchungs-gruppe" und „MwSt.-Produkt-buchungsgruppe"	Sollen MwSt.-Buchungen realisiert werden, so ist in jeder dieser Spalten mit **F6** und OK bzw. **Enter** die entsprechende Auswahl zu treffen. Werden Nettobeträge gebucht, bleiben die Spalten leer.
12	Spalte „Betrag"	Hier ist der ermittelte Wert einzu-tragen. Ein Betrag ohne Vorzeichen bedeutet, das Konto wird im Soll, ein Betrag mit negativem Vorzeichen bedeutet, das Konto wird im Haben bebucht.
H	**HINWEIS:** Bei Wiederk. Buch.-Blättern kann kein Gegenkonto einge-geben werden. Dies wird über die Eingabe einer neuen Zeile mit entgegengesetztem Vorzeichen beim Betrag oder über Zeile ▼ / *Verteilungen* realisiert.	
13	Spalte „Zugeordneter Betrag (MW)"	Diese Spalte wird gefüllt, wenn mit der Verteilungsfunktion gearbeitet wird.
14	Spalte „Ablaufdatum"	Hier kann festgelegt werden, zu welchem Datum die Zeile letztmalig

		gebucht werden soll. Erfolgt hier keine Eintragung, wird die Zeile bei jeder Buchung mitgebucht, bis sie aus dem Buch.-Blatt gelöscht wird.
H	**HINWEIS:** Sollen die Buchungen pro Kostenstelle oder Kostenträger erfolgen, so sind die Spalten „Kostenstellencode“ bzw. „Kostenträgercode“ über *Ansicht / Spalte anzeigen…* zur Ansicht zu bringen. Mit **F6** und OK ist dann die entsprechende Kostenstelle bzw. der entsprechende Kostenträger auszuwählen und der Zeile zuzuordnen.	

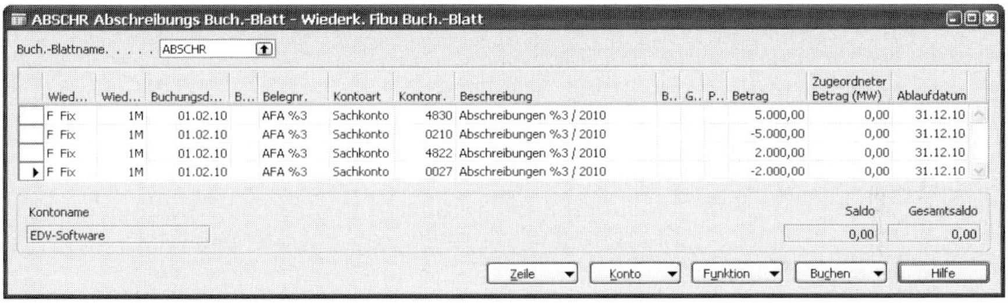

15	Buchen ▼ / *Buchen* oder **F11**	
15-1	Ja	Die Frage: „Wollen Sie die Buch.-Blattzeilen buchen?“ ist mit Ja zu beantworten.
15-2	OK	Die Information: „Die Buch.-Blattzeilen sind gebucht worden.“ ist zu bestätigen.
15-3	Die Buchungszeilen bleiben nach der Buchung erhalten. Je nach gewählter Wiederholungsart bleibt der Betrag erhalten oder wird auf 0 (Null) gesetzt. Das Buchungsdatum wurde entsprechend der eingegebenen Wiederholungsrate erhöht.	

16	**ESC**	Zurück zum Hauptmenü.

2.3.2 Umbuchen im wiederkehrenden Buchungsblatt

Sollen monatlich Umbuchungen zwischen Sachkonten stattfinden, können die wiederkehrenden Buch.-Blätter genutzt werden.

An einem Beispiel sollen Umbuchungen von dem Sachkonto 4100 Löhne und Gehälter auf die Sachkonten 4110 Löhne und 4120 Gehälter erläutert werden. Ursprünglich wurde auf das Sachkonto 4100 ein Betrag von 10.000,00 € gebucht. Dieser ist auf die Sachkonten 4110 und 4120 umzubuchen.

Schritt	Aktion	Bemerkung
1	*Finanzmanagement / Finanzbuchhaltung / Periodische Aktivitäten / Wiederkehrende Buch.-Blätter*	
1-1	Es sind die Arbeitsschritte 2 bis 10 aus dem Ablaufschema 2.3.1 abzuarbeiten. Zusätzlich sind die restlichen Spalten wie folgt auszufüllen:	
1-2	Spalte „Wiederholungsart“	Da es sich um eine Umbuchung mit Verteilungen handelt ist die Option <A Ausgleich> zu wählen.
1-3	Spalten „Buchungsart“, „Geschäftsbuchungsgruppe“, „Produktbuchungsgruppe“, „MwSt.-Geschäftsbuchungsgruppe“ und „MwSt.-Produktbuchungsgruppe“	Es sollen Nettobeträge umgebucht werden, deshalb bleiben die Spalten leer.
1-4	Spalte „Betrag“	Hier wird kein Wert eingetragen.
1-5	Spalte „Zugeordneter Betrag (MW)“	Diese Spalte wird nach der Buchung gefüllt. Es erfolgt hier keine Eintragung.
1-6	Spalte „Ablaufdatum“	Hier kann festgelegt werden, zu welchem Datum die Zeile letztmalig gebucht werden soll.
2	[Zeile ▼] / *Verteilungen*	
2-1	Spalte „Kontonr.“	Mit [F6] in die Sachkontenübersicht verzweigen, das entsprechende Konto, im Bsp. 4110, markieren und mit [OK] übernehmen.
2-2	Spalte „Kostenstelle Code“ Diese Spalte ist ggf. über *Ansicht / Spalte anzeigen…*	Es ist mit [F6] in die Kostenstellen zu verzweigen, eine Kostenstelle auszuwählen und diese mit [OK]

	einzublenden. (Vor dem Namen einen Haken setzen und mit OK bestätigen.)	einzufügen.
2-3	Spalten „Buchungsart“, „Geschäftsbuchungsgruppe“, „Produktbuchungsgruppe“, „MwSt.-Geschäftsbuchungs-gruppe“ und „MwSt.-Produkt-buchungsgruppe“	In diese Spalten erfolgen keine Eingaben, denn es wird mit Netto-beträgen gebucht. In der nächsten Zeile ist das Konto 4120 analog einzutragen.
H	**HINWEIS:** Sollen Umbuchungen mit Steuerschlüsseln erfolgen, können die Einstellungen entweder in der Zeile eines Wiederk. Buch.-Blattes oder in der Zeile eines Verteilungs Buch.-Blattes vorgenom-men werden.	
2-4	Spalten „Anzahl Verteilungen“ und „Verteilung %“ In der Spalte „Anzahl Verteilungen“ kann eine Menge eingegeben werden, nach der der Betrag im Verteilungs Buch.-Blatt berechnet werden soll. Erfolgt die Verteilung über mehrere Zeilen, wird der Prozentsatz in der Spalte „Verteilung %“ entsprechend den eingegebenen Mengen in der Spalte „Anzahl Verteilungen“ ermittelt. Die Summe der Werte entspricht 100 %.	

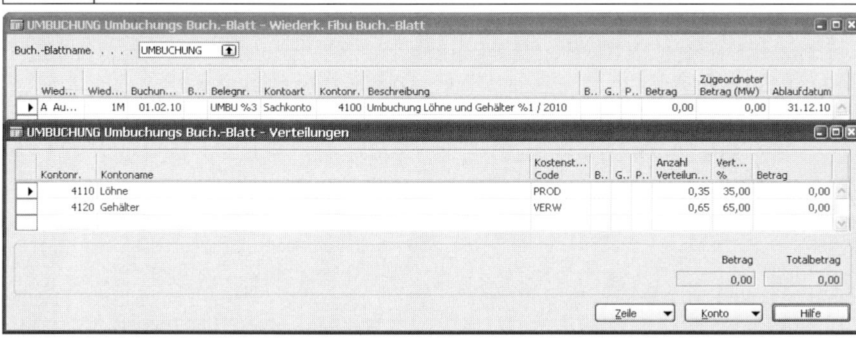

2-5	Zeile verlassen und ESC	Zurück zum Wiederk. Buch.-Blatt.
3	Buchen ▼ / *Buchen* oder F11	
3-1	Ja	Die Frage: „Möchten Sie die Buch.-Blattzeilen buchen?“ ist zu beant-worten.
3-2	OK	Die Information: „Die Buch.-Blattzeilen sind gebucht worden.“ ist zu bestätigen.

4	AUSWIRKUNGEN nach der Buchung im Wiederk. Buch.-Blatt	
4-1	Spalte „Buchungsdatum“	Das Buchungsdatum wurde entsprechend der Wiederholungsrate erhöht.
4-2	Spalte „Zugeordneter Betrag (MW)“	Hier wurde der Wert eingetragen, der vom Konto 4100 umgebucht wurde.
4-3	**Zeile ▼** / *Verteilungen*	Entsprechend der angegebenen „Verteilung“ wurde für die einzelnen Zeilen der Wert in der Spalte „Betrag“ ermittelt.

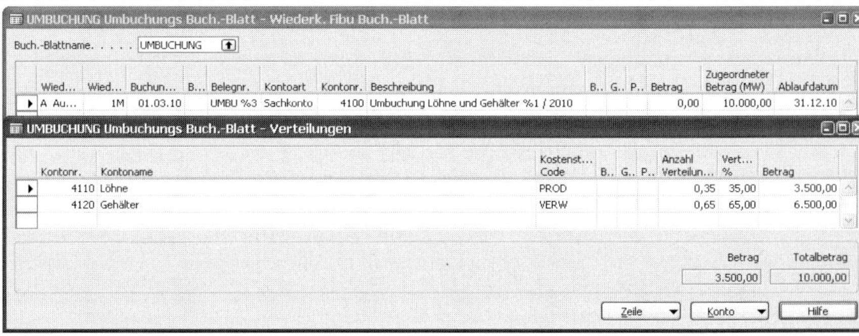

Wied...	Wied...	Buchun...	B...	Belegnr.	Kontoart	Kontonr.	Beschreibung	B..	G..	P..	Betrag	Zugeordneter Betrag (MW)	Ablaufdatum
A Au...	1M	01.03.10		UMBU %3	Sachkonto	4100	Umbuchung Löhne und Gehälter %1 / 2010				0,00	10.000,00	31.12.10

Kontonr.	Kontoname	Kostenst... Code	B..	G..	P..	Anzahl Verteilun...	Vert... %	Betrag
4110	Löhne	PROD				0,35	35,00	3.500,00
4120	Gehälter	VERW				0,65	65,00	6.500,00

4-4	2 x **ESC**	Zurück zum Hauptmenü.
5	*Finanzmanagement / Finanzbuchhaltung / Journale*	Über die Such- und Filterfunktionen ist das Journal auszuwählen.
5-1	**Journal ▼** / *Sachposten*	Es wurde folgendes gebucht: # 4110 Löhne 3.500,00 € # 4120 Gehälter 6.500,00 € an # 4100 Löhne u. Gehälter 10.000,00 €

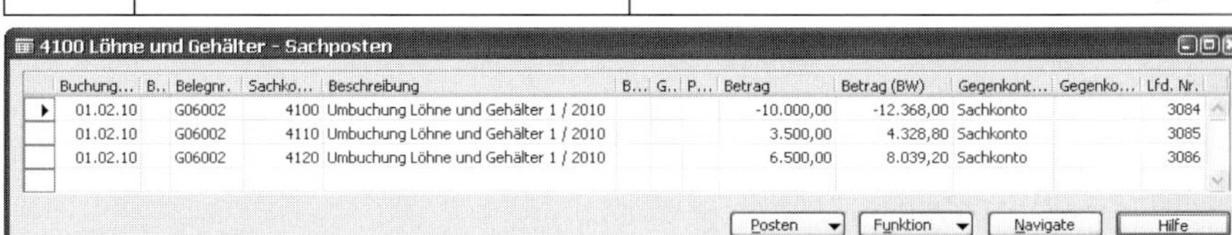

Buchung...	B..	Belegnr.	Sachko...	Beschreibung	B...	G..	P...	Betrag	Betrag (BW)	Gegenkont...	Gegenko...	Lfd. Nr.
01.02.10		G06002	4100	Umbuchung Löhne und Gehälter 1 / 2010				-10.000,00	-12.368,00	Sachkonto		3084
01.02.10		G06002	4110	Umbuchung Löhne und Gehälter 1 / 2010				3.500,00	4.328,80	Sachkonto		3085
01.02.10		G06002	4120	Umbuchung Löhne und Gehälter 1 / 2010				6.500,00	8.039,20	Sachkonto		3086

6	2 x **ESC**	Zurück zum Hauptmenü.

2.4 Zahlungsverkehr

In diesen Ablaufschemen werden die Arbeitsschritte beschrieben, die notwendig sind, um Zahlungs- oder Lastschriftvorschlagslisten zu erzeugen. Es werden die Zahlungsdateien für Kreditoren und Debitoren erstellt.

2.4.1 Erzeugen einer Zahlungsvorschlagsliste

Für das Erzeugen der Zahlungsvorschlagsliste ist es erforderlich, alle Einrichtungen für den Zahlungsverkehr unter *Finanzmanagement / Einrichtung / Zahlungsverkehr / Zahlungsverkehr Einrichtung* vorzunehmen. Außerdem sind unter *Finanzmanagement / Bankmanagement / Bankkonten* Bankkonten mit entsprechenden Bankkontenbuchungsgruppen anzulegen.

Schritt	Aktion	Bemerkung
1	*Finanzmanagement / Kreditoren / Kreditoren*	Dem Kreditor werden Bankkonten zugeordnet.
1-1	Kreditor ▼ / *Bankkonten*	
1-1-1	Register Allgemein	
1-1-2	Für jeden Kreditor, der am automatischen Zahlungsverkehr teilnehmen soll, ist mindestens eine Bankkontokarte mit „Code“, „Name“, „Adresse“, „PLZ Code / Ort“, „Ländercode“, „Währungscode“, „Bankleitzahlcode“, „Bankkontonummer“, „SWIFT-Code“ und „IBAN“ anzulegen. In das Feld „Clearing“ ist ein Haken zu setzen.	
1-1-3	**ESC**	Zurück zur Kreditorenkarte.
1-2	Register Zahlung	
1-2-1	Feld „Priorität“ 0 - keine Priorität 1 - die wichtigsten Kreditoren 2 - die zweitwichtigsten Kreditoren	Steht zum Ausgleich der Verbindlichkeiten nur ein begrenzter Betrag zur Verfügung, kann für jeden Kreditor eine Priorität für Zahlungen angegeben werden.
1-2-2	Feld verlassen und **ESC**	Zurück zum Hauptmenü.
2	*Finanzmanagement / Bankmanagement / Zlg.-Ausg. Buch.-Blätter*	
2-1	Feld „Buch.-Blattname“	Mit **F6** ist hier ein Fibu Buch.-Blattname auszuwählen und mit OK zu bestätigen.
2-2	Zahlungen ▼ / *Zahlungsvorschlag…*	

2-3	Register Kreditor	
2-3-1	In der Spalte „Filter“ mit **F6** in die Kreditorenübersicht verzweigen, die Kreditoren auswählen, für die eine Zahlungsvorschlagsliste erzeugt werden soll, und mit OK bestätigen.	Sollen alle Kreditoren in den Zahlungsvorschlag mit einbezogen werden, wird hier kein Filter eingegeben.
2-4	Register Optionen	
2-4-1	Feld „letztes Fälligkeitsdatum“ z.B. 28.02.10	Alle Posten mit einem Fälligkeitsdatum, das vor oder an diesem Datum liegt, werden vorgeschlagen.
2-4-2	Feld „Skonto finden“	Wird hier ein Haken gesetzt, werden alle Kreditorenposten, für die innerhalb des Zeitraumes ein Skonto gezogen werden soll, angezeigt.
2-4-3	Feld „Pro Kreditor summieren“	Ist ein Haken gesetzt, wird eine Zahlungsvorschlagszeile pro Rechnung angelegt. Ein Haken bewirkt auch, dass alle fälligen Posten der gleichen Währung eines Kreditors zu einer Zeile zusammengefasst werden.
H	**HINWEIS:** Bei der Bankkontozahlungsart <Diskettenclearing> ist die Auswahl „Pro Kreditor summieren“ nicht erlaubt.	
2-4-4	Feld „Kreditorenpriorität verwenden“	Ein Haken bewirkt hier, dass die Zahlungen entsprechend der auf der Kreditorenkarte eingegebenen Priorität zur Zahlung vorgeschlagen werden. Der Haken wird automatisch gesetzt, wenn in das Feld „Verfügbarer Betrag (MW)“ ein Betrag eingegeben wird.
2-4-5	Feld „Verfügbarer Betrag (MW)“	Hier kann genau der Betrag eingegeben werden, für den Zahlungen vorgenommen werden sollen. Es werden nur solche Kreditorenposten aufgenommen, die vollständig bezahlt werden können.
2-4-6	Feld „Buchungsdatum“	Das hier eingegebene Datum wird in das Zlg.-Ausg. Buch.-Blatt in die Spalte „Buchungsdatum“ übertragen.

2-4-7	Feld „Start von Belegnummer“	Die eingegebene Belegnummer wird in das Zlg.-Ausg. Buch.-Blatt übertragen.
2-4-8	Feld „Neue Belegnr. pro Zeile“	Ist in diesem Feld ein Haken gesetzt, so wird für jede Zeile eine neue Belegnummer vorgegeben. Wurde kein Haken gesetzt und wurde im Feld „Start von Belegnummer“ eine Belegnummer eingegeben, wird für alle erstellten Zeilen eines Kreditors die gleiche Belegnummer verwendet. Beim Erzeugen der Kreditor Zahlungsdatei wird die Belegnummer automatisch überschrieben.
2-4-9	Im Feld „Gegenkontoart“ mit **F6** <Bankkonto> auswählen und mit **Enter** bestätigen.	Soll die Zahlungsvorschlagsliste als Vorbereitung für das Disketten-clearing dienen, muss hier zwingend <Bankkonto> ausgewählt werden.
2-4-10	Feld „Gegenkontonr.“	Hier ist mit **F6** in die Bankkontenübersicht zu verzweigen, die entsprechende Hausbank auszuwählen und mit OK zu bestätigen.
2-4-11	Im Feld „Bankkontozahlungsart“ mit **F6** <Clearing> auswählen und mit **Enter** bestätigen.	Hier kann zwischen <leer>, <Computer Scheck>, <Manueller Scheck> und <Diskettenclearing> entschieden werden. Zur Vorbereitung für die Erzeugung der elektronischen Zahlungsdatei ist <Clearing> auszuwählen.
2-4-12	Im Feld „Währungscode“ kann mit **F6** aus der Währungsübersicht die entsprechende Währung ausgewählt werden. Diese ist dann mit OK zu bestätigen.	
2-4-13	Wird im Feld „Mit Überhang“ ein Haken gesetzt, werden auch Gutschriftsüberhänge mit angezeigt.	
2-4-14	Mit OK wird der Zahlungsvorschlag erstellt.	

2-5	Der Cursor steht nun wieder im Zahlungsausgangs Buch.-Blatt.	Die Zahlungsvorschläge können nun bearbeitet, erweitert oder auch gelöscht werden.
2-6	Zahlungen ▼ / Zahlungsvorschlagsliste…	Über diesen Menüpunkt kann jetzt die Zahlungsvorschlagsliste gedruckt werden.
2-6-1	Drucken… oder Seitenansicht	Werden Fehler festgestellt, so werden diese in der Zahlungsvorschlagsliste mit ausgegeben.

Zahlungsvorschlagsliste 25. Januar 2010
CRONUS AG Seite 1
SUPER

Buch.-Blatt Vorlagenname ZAHLUNG
Buch.-Blattname ALLGEMEIN

B	Belegnr.	Beleg-Datum	Re.Betrag (MW)	Zahlbetrag (MW)	Restbetrag in Währung	Währ. Code	Fälligkeit	Skonto mögl.(MW)	Skonto (MW)	Skontodat	sonstiges

Fehler bei nachfolgendem Konto:
Beim Kreditor 01254796 ist keine Bank zum Clearing gekennzeichnet.
BLZ auf Kreditor 01254796 bei der Bank darf nicht leer sein
BLZ auf Kreditor 01254796 bei der Bank muss 8 Zeichen lang sein.
Bankkonto auf Kreditor 01254796 bei der Bank darf nicht leer sein

01254796 Progressive Home Furnishings 222 Reagan Drive SC 27136Columbia

B	Belegnr.	Beleg-Datum	Re.Betrag (MW)	Zahlbetrag (MW)	Restbetrag in Währung	Währ. Code	Fälligkeit	Skonto mögl.(MW)	Skonto (MW)	Skontodat	sonstiges
R	2344	31.12.07	164.375,35	164.375,35	203.299,43	USD	31.01.08	0,00	0,00		
01254796			164.375,35	164.375,35				0,00	0,00		Aktueller Zahlbetrag
01254796 Total			164.375,35	164.375,35				0,00	0,00		

2-6-2	2 x **ESC**	Zurück zum Hauptmenü.

2.4.2 Erstellen der Kreditoren Zahlungsdatei für den nationalen Zahlungsverkehr

Die Zahlungsdatei wird aus den Zahlungsvorschlägen erstellt. Änderungen können nach der Zahlungsdateierstellung nicht mehr vorgenommen werden. Ist dies jedoch notwendig, muss die bereits erstellte Datei annulliert werden.

Schritt	Aktion	Bemerkung
1	*Finanzmanagement / Bankmanagement / Zlg.-Ausg. Buch.-Blätter*	Nachdem die Zahlungsvorschlagsliste bearbeitet wurde (Abschnitt 2.4.1), kann die Zahlungsdatei erstellt werden.
2	Zahlungen ▼ / *Kreditor Zahlungsdatei…*	
3	Register Optionen	
3-1	Feld „Bankkonto“ Hier ist mit **F6** in die Bankkontenübersicht zu verzweigen, die Hausbank auszuwählen und mit OK zu übernehmen.	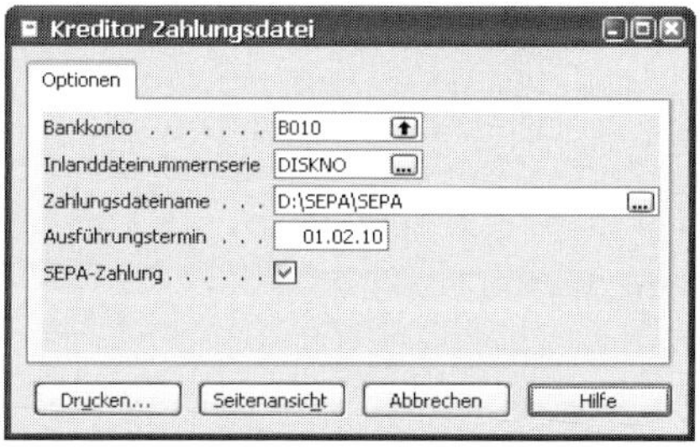
3-2	Feld „Inlanddateinummernserie“	In dieses Feld wird die in der Zahlungsverkehr Einrichtung hinterlegte Nummernserie vorgeschlagen.
3-3	Feld „Zahlungsdateiname“	Hier wird ein Pfad zum Speichern der elektronischen Zahlungsdatei vorgeschlagen. Mit **F6** und Speichern kann dieser geändert werden.
3-4	Feld „Ausführungstermin“	Hier kann ein Datum eingegeben werden, das bestimmt, wann die Datei verarbeitet werden soll.
3-5	Feld „SEPA-Zahlung“	Soll eine SEPA-Datei erzeugt werden, ist in diesem Feld ein Haken zu setzen. Das bedeutet, dass SWIFT und IBAN zur Überweisung herangezogen werden. Wird der Haken nicht gesetzt, erfolgen die Überweisungen an die hinterlegten Bankleitzahlen und Kontonummern.

4	Drucken... oder Seitenansicht	
4-1	Die Frage: „Wollen Sie einen anderen Datenträger für das Clearing verwenden?“ ist mit Nein zu beantworten.	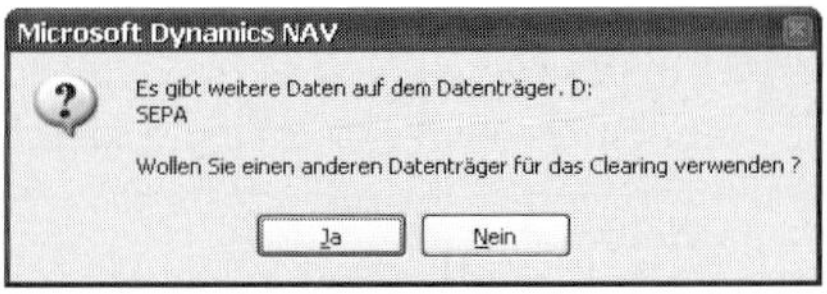
4-2	2 x **ESC**	Zurück zum Hauptmenü.
4-3	Es wurde jetzt die elektronische Zahlungsausgangsdatei mit dem Namen SEPA bzw. DTAUS und ein Begleitzettel erzeugt. Die erzeugte Zahlungsdatei kann jetzt an die entsprechende Bank weitergeleitet werden.	
5	*Finanzmanagement / Bank-management / Zlg.-Ausg. Buch.-Blatt*	Es wurde eine neue Zeile erzeugt.
5-1	Spalte „Kontoart“	Hier wurde <Bankkonto> eingetragen.
5-2	Spalte „Kontonr.“	In diese Spalte wurde das ausgewählte Bankkonto übernommen.
5-3	Spalte „Bankkonto-zahlungsart“	Die Option <Clearing> wurde eingestellt.
6	Nachdem die Zahlungsausgangsdatei erzeugt wurde, können die Zeilen im Zlg.-Ausg. Buch.-Blatt nicht mehr verändert werden.	Es sei denn, die erzeugte Datei wird annulliert, siehe Schema 2.4.4, oder es werden in der Zahlungsverkehr Einrichtung Änderungen erlaubt, d.h. das Feld „N. Zahlungsdatei Änderungen zulassen“ wird auf <Ja> gesetzt.
6-1	Buchen ▼ / *Buchen* oder **F11**	Bevor die Buchung durchgeführt wird, sollte abgewartet werden, bis die Überweisungen von der Hausbank erfolgreich durchgeführt worden sind.
6-1	Die Frage: „Möchten Sie die Buch.-Blattzeilen buchen?“ ist mit Ja zu beantworten.	„Die Buch.-Blattzeilen sind gebucht worden.“ ist mit OK zu bestätigen.
6-2	Nach erfolgter Buchung wurden die offenen Kreditorenposten mit den Zahlungen der Zahlungsausgangsdatei ausgeglichen.	
6-3	**ESC**	Zurück zum Hauptmenü.

2.4.3 Drucken von Zahlungsprotokoll, Zahlungsavis und Begleitzettel

Über die Zahlungsposten kann zu jedem Zeitpunkt das Zahlungsprotokoll, der Begleitzettel oder das Zahlungsavis ausgedruckt werden.

Schritt	Aktion	Bemerkung
1	*Finanzmanagement / Bank-management / Zlg.-Ausg. Buch.-Blätter*	Die Zahlungsposten müssen aufgerufen werden.
2	Zahlungen ▼ / *Zahlungs-posten*	Für jede erzeugte Zahlungsausgangsdatei wird vom System ein Zahlungsposten erzeugt.
2-1	Über die Such- bzw. Filterfunktion ist der entsprechende Zahlungsposten herauszusuchen.	Der Cursor ist auf dem Zahlungsposten zu positionieren.
H	**HINWEIS:** Wurde eine SEPA-Zahlungsdatei erzeugt, wurde bei den Zahlungsposten im Feld „SEPA-Zahlung" ein Haken gesetzt.	

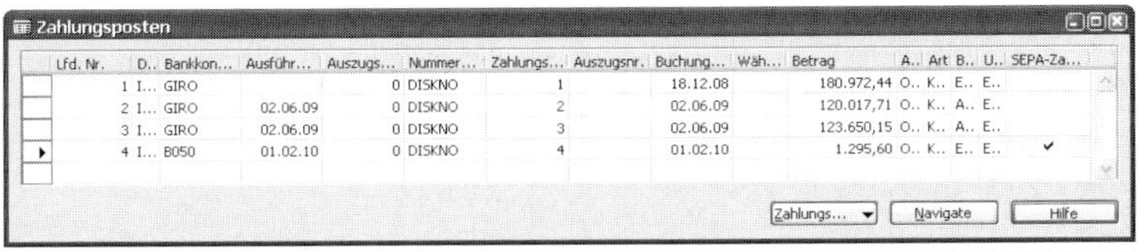

Schritt	Aktion	Bemerkung
2-2	Zahlungsdatei ▼ / *Zahlungs-protokoll…*	Im Zahlungsprotokoll werden genaue Angaben zur Anschrift und zur Bankverbindung dargestellt.
2-3	Drucken… oder Seitenansicht	

Zahlungsprotokoll einer „SEPA-Datei"

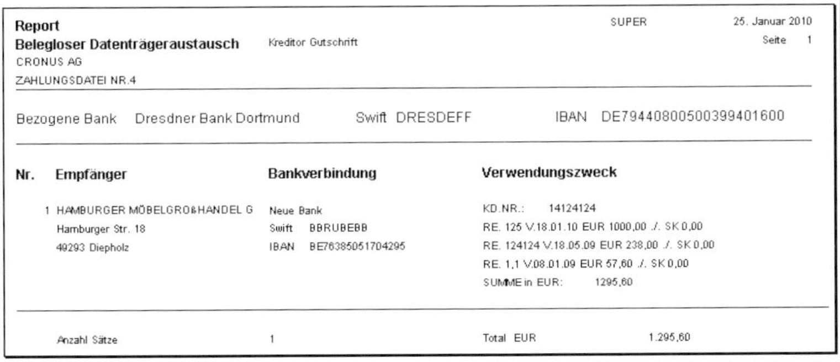
Report SUPER 25. Januar 2010
Belegloser Datenträgeraustausch Kreditor Gutschrift Seite 1
CRONUS AG
ZAHLUNGSDATEI NR.4

Bezogene Bank Dresdner Bank Dortmund Swift DRESDEFF IBAN DE79440800500399401600

Nr.	Empfänger	Bankverbindung	Verwendungszweck
1	HAMBURGER MÖBELGROßHANDEL G Hamburger Str. 18 49293 Diepholz	Neue Bank Swift BBRUBEBB IBAN BE76385051704295	KD.NR.: 14124124 RE. 125 V.18.01.10 EUR 1000,00 ./. SK 0,00 RE. 124124 V.18.05.09 EUR 238,00 ./. SK 0,00 RE. 1,1 V.08.01.09 EUR 57,60 ./. SK 0,00 SUMME in EUR: 1295,60

Anzahl Sätze 1 Total EUR 1.295,60

	Zahlungsprotokoll einer „DTAUS-Datei“	

Report SUPER 1. Februar 2010
Belegloser Datenträgeraustausch Kreditor Gutschrift Seite 1
CRONUS AG
ZAHLUNGSDATEI NR.4

Bezogene Bank	Dresdner Bank Dortmund	BLZ 44080050	Kontonr 12345678

Nr.	Empfänger	Bankverbindung	Verwendungszweck
1	HAMBURGER MÖBELGROßHANDEL G Hamburger Str. 18 49293 Diepholz	Neue Bank BLZ 38505170 Kont 51704295	KD.NR.: 14124124 RE. 125 V.18.01.10 EUR 1000,00 ./. SK 0,00 RE. 124124 V.18.05.09 EUR 238,00 ./. SK 0,00 RE. 1,1 V.08.01.09 EUR 57,60 ./. SK 0,00 SUMME in EUR: 1295,60

Anzahl Sätze	1	Total EUR	1.295,60
Kontrollsumme BLZ	38.505.170		
Kontrollsumme Konto	51.704.295		

2-4	Gleichzeitig werden die Rechnungen, die mit der angewiesenen Zahlung ausgeglichen werden, mit Rechnungsnummer, Datum, Rechnungsbetrag einschließlich Skontobetrag angezeigt. Wurde ein Avis erzeugt, wird im Verwendungszweck auf diesen Bezug genommen.	
2-5	**ESC**	Zurück zu den Zahlungsposten.
3	Zahlungsdatei ▼ / *Begleitzettel erstellen…*	Dem Feld „Lfd. Nr.“ wird automatisch die Nummer der Zahlungsdatei zugewiesen.
3-1	Drucken… oder Seitenansicht	
3-2	**ESC**	Zurück zu den Zahlungsposten.
4	Zahlungsdatei ▼ / *Zahlungsavis…*	Wurde mit Erzeugen der Zahlungsausgangsdatei ein Zahlungsavis erzeugt, kann dieser über die Zahlungsposten erneut ausgedruckt werden.
4-1	Drucken… oder Seitenansicht	
4-2	**ESC**	Zurück zu den Zahlungsposten.
5	Zahlungsdatei ▼ / *Zahlungszeilen*	In den Zahlungszeilen wird protokolliert, für welche Kreditoren die Zahlungen erfolgt sind. Es ist ersichtlich, auf welche gebuchte Belegnummer sich die Zahlung bezieht.

5-1	3 x **ESC**	Zurück zum Hauptmenü.

2.4.4 Annullieren einer Kreditorenzahlungsdatei

Wenn eine Zahlungsdatei annulliert werden muss, sind nachfolgende Arbeitsschritte durchzuführen.

Schritt	Aktion	Bemerkung
1	*Finanzmanagement / Bank-management / Zlg.-Ausg. Buch.-Blätter*	Die Diskette kann nur annulliert werden, wenn die vorgeschlagenen Buchungszeilen im Zlg.-Ausg. Buch.-Blatt noch nicht gebucht worden sind.
1-1	Zahlungen ▼ / *Zahlungsdatei annullieren…*	
1-2	Die Frage: „Erstellte Diskette … annullieren?“ ist mit Ja zu beantworten.	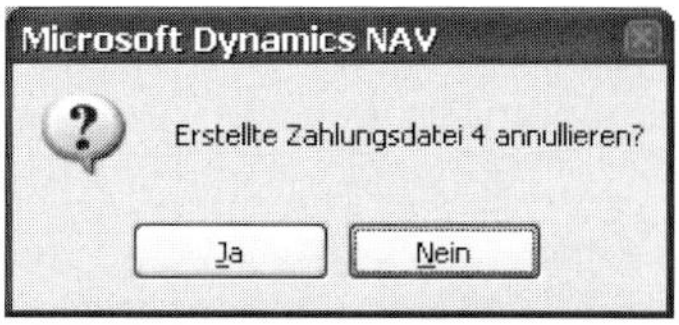
1-3	Die Mitteilung: „Die Diskette … wurde annulliert.“ mit OK bestätigen.	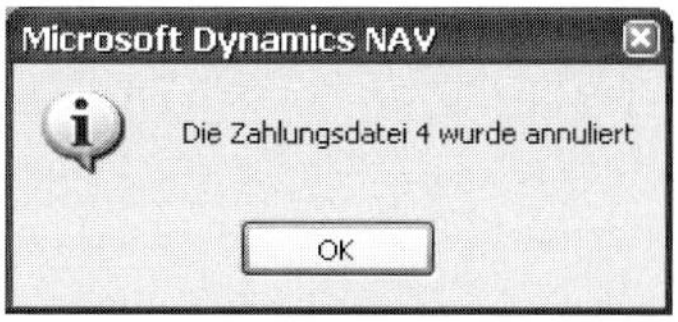
1-4	Im Zlg.-Ausg. Buch.-Blatt wurde automatisch die eingefügte Zeile für die Gegenbuchung entfernt. Für jede vorgeschlagene Zahlungszeile wird die „Gegenkontoart“ auf <Bankkonto> gesetzt. In die Spalte „Gegenkontonr.“ wird die Nummer der Hausbank eingetragen.	
1-5	Jetzt können die Zahlungsvorschlagszeilen erneut bearbeitet, gelöscht oder ein neuer Zahlungsvorschlag erstellt werden.	
2	Zahlungen ▼ / *Zahlungsposten*	Hier ist mit den Such- bzw. Filterfunktionen der entsprechende Diskettenposten zu ermitteln.
2-2	In der Spalte „Buchungs-status“ wurde <Annulliert> eingetragen.	Somit kann kein Begleitzettel, kein Zahlungsprotokoll und kein Zahlungsavis erzeugt werden.
2-3	2 x **ESC**	Zurück zum Hauptmenü.

2.4.5 Erstellen des Lastschriftvorschlages bei Debitoren

In diesem Abschnitt werden die Schritte zum Erstellen eines Debitoren Lastschriftvorschlages beschrieben.

Schritt	Aktion	Bemerkung
1	*Finanzmanagement / Debitoren / Debitoren*	Den Debitoren sind Bankkonten zuzuordnen.
2	Debitor ▼ / *Bankkonten*	Soll ein Debitor am Lastschriftverfahren teilnehmen, ist ihm ein Bankkonto zuzuordnen.
2-1	Im Feld „Clearing“ ist ein Haken zu setzen.	
2-2	**ESC**	Zurück zur Debitorenkarte.
3	Register Zahlung	
3-1	Feld „Zlg.-Bedingungscode“	Damit bei der Erstellung des Lastschriftvorschlages schnell auf die Debitoren gefiltert werden kann, empfiehlt es sich, im Zlg.-Bedingungscode oder im Zahlungsformcode eine entsprechende Zahlungsmodalität zu hinterlegen.
3-2	Im Feld „Zahlungsformcode“ kann mit **F6** ein Zahlungsformcode ausgewählt oder mit **F3** ein neuer Code angelegt werden.	Als Zahlungsformcode könnte EINZUG hinterlegt werden.
3-2-1	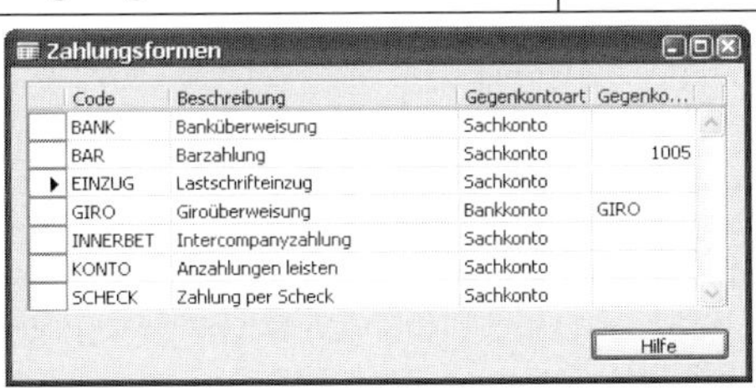	Bei der Einrichtung des Zahlungsformcodes ist zu beachten, dass in der Spalte „Gegenkontonr.“ kein Eintrag erfolgt, da sonst eine automatische Ausgleichszahlung des offenen Postens vorgenommen wird.
3-2-2	OK	Dem Debitor wird die Zahlungsform zugewiesen.
3-3	Feld verlassen und **ESC**	Zurück zum Hauptmenü.

4	*Finanzmanagement / Bank-management / Zlg.-Eing. Buch.-Blätter*	
4-1	Zahlungen ▼ / *Debitor Lastschriftvorschlag…*	
4-2	Register Debitor	
4-2-1	In der Spalte „Feld“ ist mit **F6** in der Debitor Field-List Zahlungsformcode auszuwählen und mit OK zu bestätigen.	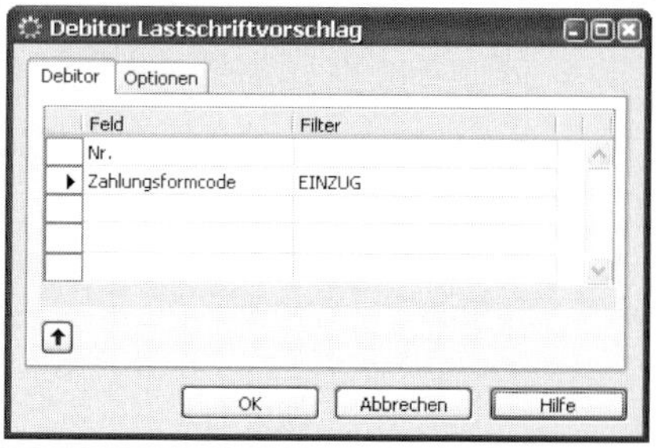
4-2-2	In der Spalte „Filter“ ist der entsprechende Zahlungsformcode mit **F6** und OK auszuwählen, z.B. EINZUG.	
4-3	Register Optionen	
4-3-1	Feld „Letztes Fälligkeitsdatum“	In dieses Feld ist das Datum einzugeben, bis zu welchem die offenen Posten vorgeschlagen werden sollen.
4-3-2	Feld „Skonto finden“	Wird hier ein Haken gesetzt, werden alle Debitorenposten, für die innerhalb des Zeitraums ein Skonto gewährt werden soll, angezeigt.
4-3-3	Feld „Buchungsdatum“	Hier wird das Datum eingetragen, an dem die vorgeschlagenen Zahlungen in die Finanzbuchhaltung gebucht werden sollen.
4-3-4	Felder „Start von Belegnummer“ und „Neue Belegnr. pro Zeile“ Wird in das Feld „Start von Belegnummer“ eine Nummer eingegeben und ist im Feld „Neue Belegnr. pro Zeile“ ein Haken gesetzt, erhöht sich mit jeder neuen Zeile die Belegnummer. Beim Erzeugen der Debitor Lastschriftdatei wird die Belegnummer automatisch überschrieben.	
4-3-5	Felder „Gegenkontoart“ und „Gegenkontonr.“	Als Gegenkontoart ist <Bankkonto> auszuwählen. Im Feld „Gegenkontonr.“ ist mit **F6** in die Bankkontoübersicht zu verzweigen, die Hausbank auszuwählen und mit OK zu bestätigen.

4-3-6	Feld „Bankkontozahlungsart“	Soll der Debitor am Lastschriftverfahren teilnehmen, ist hier <Clearing> einzustellen.
4-3-7	Feld „Zahlart“ Hier kann zwischen <Einzugsverfahren> und <Abbuchungsverfahren> entschieden werden. An die Zahlarten sind die Textschlüssel gekoppelt, die unter *Finanzmanagement / Einrichtung / Zahlungsverkehr / Zahlungsverkehr Einrichtung* hinterlegt wurden.	
4-3-8	Feld „Währungscode“ Hier ist mit **F6** und OK der entsprechende Währungscode auszuwählen. Bleibt das Feld leer, werden die offenen Posten, die in Mandantenwährung gebucht wurden, vorgeschlagen.	
4-4	Der Lastschriftvorschlag ist mit OK zu erstellen.	

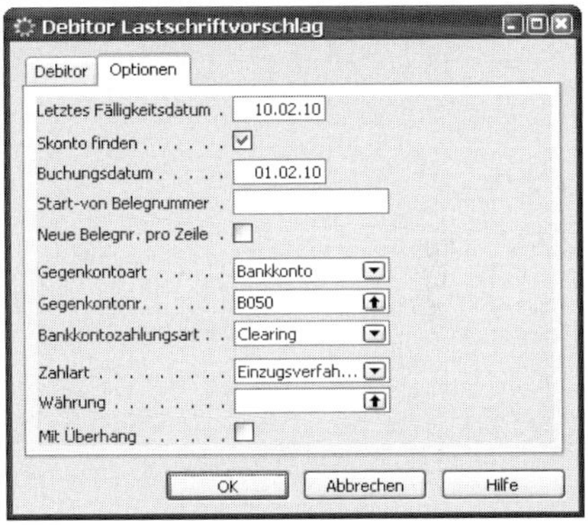

5	*Zahlungseingangs Buch.-Blatt*	Hier wurden nach dem Stapellauf die Zahlungsvorschlagszeilen eingefügt.

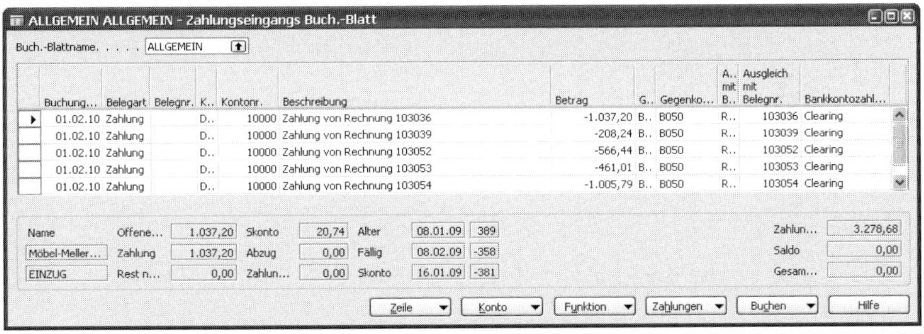

5-1	Spalte „Gegenkontoart“	In die Spalte wurde <Bankkonto> geschrieben.
5-2	Spalte „Gegenkontonr.“	Die Gegenkontonummer entspricht der Hausbank, die unter Optionen eingetragen wurde.
5-3	Spalte „Ausgleich mit Belegnr.“	Hier wird die gebuchte Rechnung angegeben, die mit der Lastschrift ausgeglichen werden soll.

6	Zahlungen ▼ / *Zahlungs-vorschlagsliste…*	Hier kann die Zahlungsvorschlagsliste ausgedruckt werden.
6-1	Drucken… oder Seitenansicht	Zu diesem Zeitpunkt können die einzelnen Zeilen noch bearbeitet werden. Der komplette Lastschriftvorschlag kann gelöscht und unter anderen Kriterien erneut erzeugt werden.

Zahlungsvorschlagsliste 1. Februar 2010

CRONUS AG Seite 1

Buch.-Blatt Vorlagenname ZAHLGEING

Buch.-Blattname ALLGEMEIN

Be	Belegnr.	Beleg-Datum	Re.Betrag (MW)	Zahlbetrag (MW)	Restbetrag in Währung	Währ. Code	Fälligkeit	Skonto mögl.(MW)	Skonto (MW)	Skontoda	sonstiges
10000		Möbel-Meller KG		Tischlerstr. 4-10			48436 Düsseldorf				
Re	103036	08.01.09	1.037,20	1.037,20			08.02.09	20,74	0,00	16.01.09	
Re	103039	20.01.09	208,24	208,24			20.02.09	4,16	0,00	28.01.09	
Re	103052	01.02.10	566,44	566,44			01.02.10	0,00	0,00		
Re	103053	18.01.10	461,01	461,01			18.01.10	0,00	0,00		
Re	103054	25.01.10	1.005,79	1.005,79			25.01.10	0,00	0,00		
10000.			3.278,68	3.278,68				24,90	0,00		Aktueller Zahlbetrag
10000 Total			3.278,68	3.278,68				24,90	0,00		
Total aktueller Zahlbetrag.			3.278,68	3.278,68				24,90	0,00		
Total.			3.278,68	3.278,68				24,90	0,00		

6-2	2 x **ESC**	Zurück zum Hauptmenü.

2.4.6 Erzeugen der Lastschriftdatei bei Debitoren

Sollen Lastschrift oder Einzugsbuchungen beim Kunden vorgenommen werden, ist die Debitor Lastschriftdatei zu erzeugen.

Schritt	Aktion	Bemerkung
1	*Finanzmanagement / Bankmanagement / Zlg.-Eing. Buch.-Blätter*	
2	Zahlungen ▼ / *Debitor Lastschriftdatei…*	Die Debitor Lastschriftdatei wird erstellt.
3	Register Optionen	
3-1	Das Feld „Bankkonto“ ist mit der Nummer der gewählten Hausbank vorbelegt.	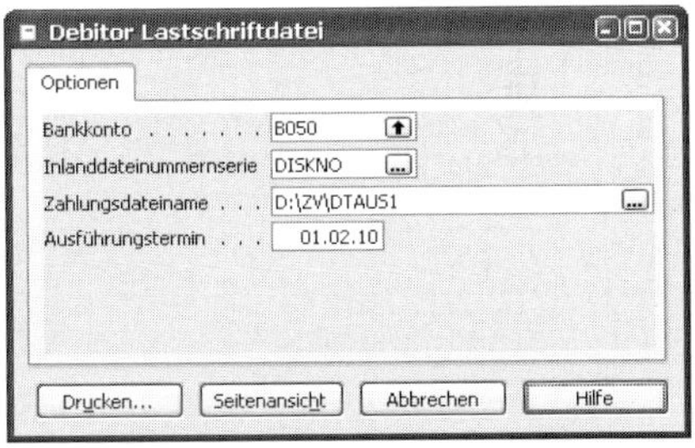
3-2	Feld „Inlanddateinummernserie“	Der Inhalt wird aus der Zahlungsverkehr Einrichtung übernommen.
3-3	Feld „Zahlungsdateiname“	Hier wird der Pfad für die Speicherung der elektronischen Lastschriftdatei vorgeschlagen.
3-4	Feld „Ausführungstermin“	In diesem Feld kann ein Datum eingetragen werden, das bestimmt, wann die Datei verarbeitet werden soll.
4	Seitenansicht oder Drucken…	
4-1	Die Frage: „Wollen Sie einen anderen Datenträger für das Clearing verwenden?“ ist mit Nein zu beantworten.	
4-2	**ESC**	Zurück zum Zlg.-Eing. Buch.-Blatt.
5	Die Gegenbuchung wurde als separate Buchungszeile eingefügt.	
5-1	Spalten „Gegenkontonr.“ und „Bankkontozahlungsart“	Die Werte wurden aus den anderen Zahlungszeilen entfernt.

5-2	Spalte „Belegnr.“	In diese Spalte wurde die Nummer der aktuellen Datei übertragen.

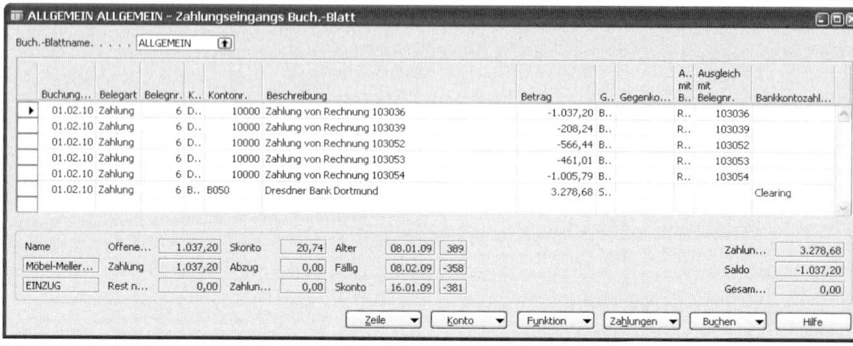

5-3	Es wurde die DTAUS – Datei mit dem entsprechenden Textschlüssel für Lastschrift erzeugt.	
6	Zahlungen ▼ / *Zahlungsposten*	Der Cursor ist auf die entsprechende Diskettenzeile zu positionieren.
6-1a	Zahlungsdatei ▼ / *Zahlungsprotokoll…*	Hier kann das Zahlungsprotokoll,
6-1b	Zahlungsdatei ▼ / *Zahlungsavis…*	der Zahlungsavis oder
6-1c	Zahlungsdatei ▼ / *Begleitzettel erstellen…*	der Begleitzettel erstellt werden.
6-2	Seitenansicht oder Drucken…	

Report SUPER 1. Februar 2010
Belegloser Datenträgeraustausch Debitor Einzug Seite 1
CRONUS AG
ZAHLUNGSDATEI NR.6

Bezogene Bank Dresdner Bank Dortmund BLZ 44080050 Kontonr 12345678

Nr.	Empfänger	Bankverbindung	Verwendungszweck
1	MÖBEL-MELLER KG Tischlerstr. 4-10 48436 Düsseldorf	Sparkasse BLZ 38505170 Kont 51704295	KD.NR.: RE. 103036 V.08.01.09 EUR 1037,20 ./. SK 0,00 RE. 103054 V.25.01.10 EUR 1005,79 ./. SK 0,00 RE. 103052 V.01.02.10 EUR 566,44 ./. SK 0,00 RE. 103053 V.18.01.10 EUR 461,01 ./. SK 0,00 RE. 103039 V.20.01.09 EUR 208,24 ./. SK 0,00 SUMME in EUR: 3278,68

Anzahl Sätze 1 Total EUR 3.278,68
Kontrollsumme BLZ 38.505.170
Kontrollsumme Konto 51.704.295

6-3	3 x ESC	Zurück zum Hauptmenü.

2.5 Umsatzsteuervoranmeldung

In diesem Abschnitt werden die Arbeitsschritte zum Erstellen des MwSt.-Abrechnungsschemas erläutert. Es wird gezeigt, wie die Werte für die monatliche Umsatzsteuervoranmeldung erzeugt werden können und welche Arbeitsschritte notwendig sind, um die MwSt.-Posten mit den Vorsteuer- und Umsatzsteuerkonten abzugleichen.

2.5.1 Erstellen der Mehrwertsteuer-Abrechnung

Die MwSt.-Abrechnung beruht auf den MwSt.-Posten. Die Kombinationen zwischen MwSt.-Geschäftsbuchungsgruppe und MwSt.-Produktbuchungsgruppe sind in diesem Abrechnungsschema zu definieren und am Ende mit den Steuerkonten zu vergleichen.

Schritt	Aktion	Bemerkung
1	*Finanzmanagement / Finanzbuchhaltung / Periodische Aktivitäten / MwSt. / MwSt.-Abrechnung*	
1-1	Den Cursor im Feld „Name“ positionieren.	Mit **F6** in die MwSt.-Abrechnungsnamen verzweigen.
1-1-1	Mit **F3** einen neuen Datensatz erzeugen, wenn ein neues Schema angelegt werden soll.	
1-1-2	Spalte „Name“	Hier kann der Name, z.B. USTVA, eingeben werden.
1-1-3	Spalte „Beschreibung“	In diese Spalte wird ein Erläuterungstext eingegeben, z.B. Umsatzsteuervoranmeldung.
1-1-4	Spalte „USt.-Voranmeldung“	Ist hier ein Haken gesetzt, bildet dieses Abrechnungsschema die Grundlage zur elektronischen Übermittlung der Daten für die Umsatzsteuervoranmeldung. Nur bei einem Schema kann dieser Haken gesetzt werden.
1-2	Den neuen Datensatz auswählen und mit OK das Fenster verlassen.	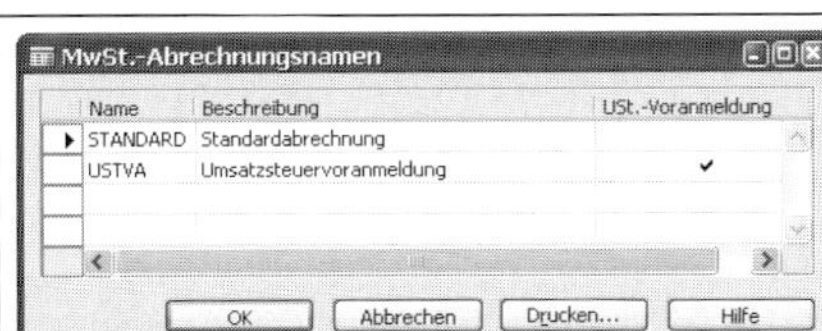

H	**HINWEIS:** Im Feld „Name“ steht jetzt der ausgewählte MwSt.-Abrechnungsname. Erst mit Verlassen dieses Feldes werden die MwSt.-Abrechnungszeilen aktualisiert.	
2	Als Beispiel wird in den MwSt.-Abrechnungszeilen der Datensatz Umsätze 19% betrachtet.	
2-1	In die Spalte „Rubrikennr.“ ist eine neue Nummer, z.B. 81B, einzugeben.	In diese Spalte können maximal 10 Ziffern oder Buchstaben eingegeben werden, um eine Beziehung zum Formblatt der Umsatzsteuervoranmeldung herzustellen.
	So können z.B. unter der Rubrikennr. 81B die mehrwertsteuerpflichtigen Umsätze zum MwSt.-Satz von 19% abgebildet werden. Das B steht hierbei für die Bemessungsgrundlage, die dem Nettowert entspricht. Unter der Rubrikennr. 81S wird die Mehrwertsteuer erfasst.	
2-2	In die Spalte „Beschreibung“ kann ein Erläuterungstext eingegeben werden, der sich an den Texten des Umsatzsteuervoranmeldungsformulars orientieren sollte.	z.B. Steuerpflichtige Umsätze 19%
2-3	Im beschriebenen Beispiel wird unter der Spalte „Art“ mit F6 <MwSt.-Summe> ausgewählt und mit Enter bestätigt.	In dieser Spalte können folgende Optionen ausgewählt werden: <Kontosumme> - Die Auswertungen beziehen sich auf Sachkontensalden. <MwSt.-Summe> - Die Auswertungen beziehen sich auf MwSt.-Posten. <Rubrikensumme> - Die Auswertungen beziehen sich auf einzeln angelegte Rubrikennummern. <Beschreibung> - Hierbei finden keine Auswertungen oder Berechnungen statt, diese Art dient Erläuterungen.
2-4	In der Spalte „Kontosumme“ wird mit F6 in die Sachkontenübersicht verzweigt. Hier sind die Konten, die ausgewertet werden sollen, auszuwählen und mit OK zu bestätigen.	Wurde in der Spalte „Art“ <MwSt.-Summe>, <Rubrikensumme> oder <Beschreibung> ausgewählt, bleibt die Spalte leer. Eine Angabe ist nur bei „Art“ <Kontosumme> zwingend erforderlich. Im Beispiel bleibt die Spalte leer.

2-5	In der Spalte „Buchungsart" ist mit **F6** <Verkauf> auszuwählen und mit **Enter** zu bestätigen.	Die Auswahl <Verkauf> bewirkt, dass es sich bei der Kombination von MwSt.-Geschäftsbuchungsgruppen und MwSt.-Produktbuchungsgruppen um Umsatzsteuerposten handelt. Wird <Einkauf> ausgewählt, handelt es sich um Vorsteuerposten.
2-6	In der Spalte „MwSt.-Geschäftsbuchungsgruppe" mit **F6** in die MwSt.-Geschäftsbuchungsgruppen verzweigen, NATIONAL auswählen und mit **OK** bestätigen.	Steuerpflichtige Umsätze von 19% entstehen im Inland, d.h. diese Umsätze treten nicht bei Debitoren aus der EU oder dem sonstigen Ausland auf. Deshalb ist hier NATIONAL auszuwählen.
2-7	In der Spalte „MwSt.-Produktbuchungsgruppe" mit **F6** in die MwSt.-Produktbuchungsgruppen verzweigen, MwSt. 19% auswählen und mit **OK** bestätigen.	Nur in der Kombination mit der MwSt.-Produktbuchungsgruppe MwSt. 19% werden Umsätze mit 19% abgebildet.
2-8	In der Spalte „Betragsart" kann <Bemessungsgr.>, die bildet den Nettowert ab, oder <Betrag>, der bildet den MwSt.Betrag ab, mit **F6** ausgewählt werden.	Hier ist <Bemessungsgr.> auszuwählen und mit **Enter** zu bestätigen. Unter der Rubrikennr. 81B soll der Nettowert der steuerpflichtigen Umsätze von 19% abgebildet werden.
2-9	Die Spalte „Rubrikensumme" bleibt bei der Rubrikennr. 81B leer.	Wird in der Spalte „Art" <Rubrikensumme> gewählt, ist in der Spalte „Rubrikensumme" eine entsprechende Eingabe der Summierung der Rubrikennummer notwendig. Es können die Filterfunktionen angewendet werden.
2-10	In der Spalte „Berechnen mit" sind folgende Optionen möglich: <Vorzeichen> Die Berechnung am gewählten Beispiel findet mit dem gedruckten Vorzeichen statt. Umsatzerlöse werden auf der Habenseite abgebildet, d.h. sie haben ein negatives Vorzeichen, mit diesem erfolgt die interne Buchung. <Umgekehrtes Vorzeichen> Bei der Erwerbssteuerschuld aus EU-Einkäufen muss die Berechnung mit umgekehrten Vorzeichen vorgenommen werden (Kombination MwSt.-Geschäftsbuchungsgruppe: EU; MwSt.-Produktbuchungsgruppe: MWST19 oder MWST7). Einkäufe werden auf der Soll-Seite abgebildet, d.h. sie haben ein positives Vorzeichen.	

	Bei der Rubrikennr. 81B ist in der Spalte „Berechnen mit“ mit **F6** die Option <Vorzeichen> auswählen und mit **Enter** zu bestätigen.	Bei der Umsatzsteuermeldung sind Erlöse und Einkäufe aus der EU anzugeben, bei entgegengesetztem Vorzeichen erfolgt keine Summenbildung. Deshalb ist bei Einkäufen aus der EU das umgekehrte Vorzeichen zu wählen.
2-11	In der Spalte „Drucken“ ist ein Haken zu setzen.	Wird in dieser Spalte ein Haken gesetzt, wird die MwSt.-Abrechnungszeile in der MwSt.-Abrechnung mit ausgedruckt. Fehlt der Haken, erfolgt der Ausdruck nicht.
2-12	In der Spalte „Drucken mit“ ist mit **F6** <Vorzeichen> auszuwählen und mit **Enter** zu bestätigen.	In dieser Spalte wird die Darstellung des Ausdrucks der berechneten Werte bestimmt. Dies hat keinen Einfluss auf die Berechnung. Die Einstellungen beziehen sich nur auf den Ausdruck.
2-13	Spalte „Neue Seite“	Wenn der Haken gesetzt ist, wird nach dem Ausdruck dieser Zeile eine neue Seite begonnen.
3	Den Cursor in einer neuen Zeile positionieren.	
3-1	Spalte „Rubrikennr.“	Hier ist nun 81S einzugeben.
3-2	Spalte „Beschreibung“	Als Beschreibung ist Umsatzsteuer 19% einzugeben.
3-3	Spalte „Betragsart“	Hier muss <Betrag> ausgewählt werden.
3-4	Alle anderen Spalten sind analog auszufüllen, wie unter Schritt 2-1 bis 2-13 beschrieben.	
4	Den Cursor in einer neuen Zeile positionieren.	
4-1	Die Definition der <Rubrikensumme> 81 bewirkt die Zusammenführung mehrerer Bemessungsgrundlagen oder mehrerer Beträge in jeweils einer Zeile und ist für Aufsummierungen notwendig.	
4-2	Spalte „Art“	In der Spalte „Art“ ist <Rubrikensumme> einzugeben.
4-3	Die Spalten „Kontosumme“, „Buchungsart“, „MwSt.-Geschäftsbuchungsgruppe“, „MwSt.-Produktbuchungsgruppe“ und „Betragsart“ bleiben leer.	

4-4	Spalte „Betragsart“	Hier ist <Bemessungsgrundlage> einzutragen.
4-5	Spalte „Rubrikensumme“	Hier ist für das Beispiel 81B einzutragen.
4-6	Die weiteren Spalten sind wie unter Schritt 2-10 bis 2-13 beschrieben, auszufüllen.	
4-7	Für den Steuerbetrag ist eine weitere Zeile mit der Rubrikennummer 81 anzulegen. In der Spalte „Betragsart“ ist Betrag auszuwählen und in der Spalte „Rubrikensumme“ ist im Beispiel 81S einzutragen.	

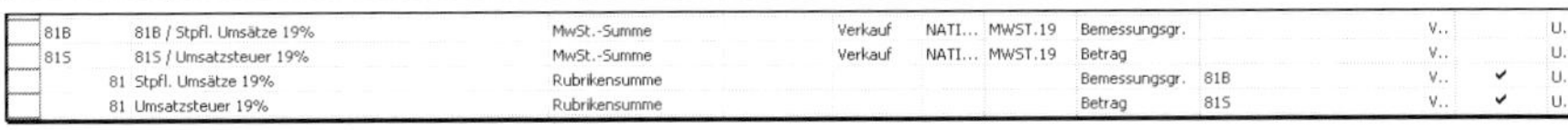

81B	81B / Stpfl. Umsätze 19%	MwSt.-Summe		Verkauf	NATI...	MWST.19	Bemessungsgr.		V..		U..
81S	81S / Umsatzsteuer 19%	MwSt.-Summe		Verkauf	NATI...	MWST.19	Betrag		V..		U..
81	Stpfl. Umsätze 19%	Rubrikensumme					Bemessungsgr.	81B	V..	✔	U..
81	Umsatzsteuer 19%	Rubrikensumme					Betrag	81S	V..	✔	U..

5	In weiteren Zeilen sind alle Kombinationen zwischen der MwSt.-Geschäftsbuchungsgruppe und MwSt.-Produktbuchungsgruppe, die in der MwSt.-Buchungsmatrix Einrichtung definiert wurden, analog den Schritten 2-1 bis 4-5 abzubilden.

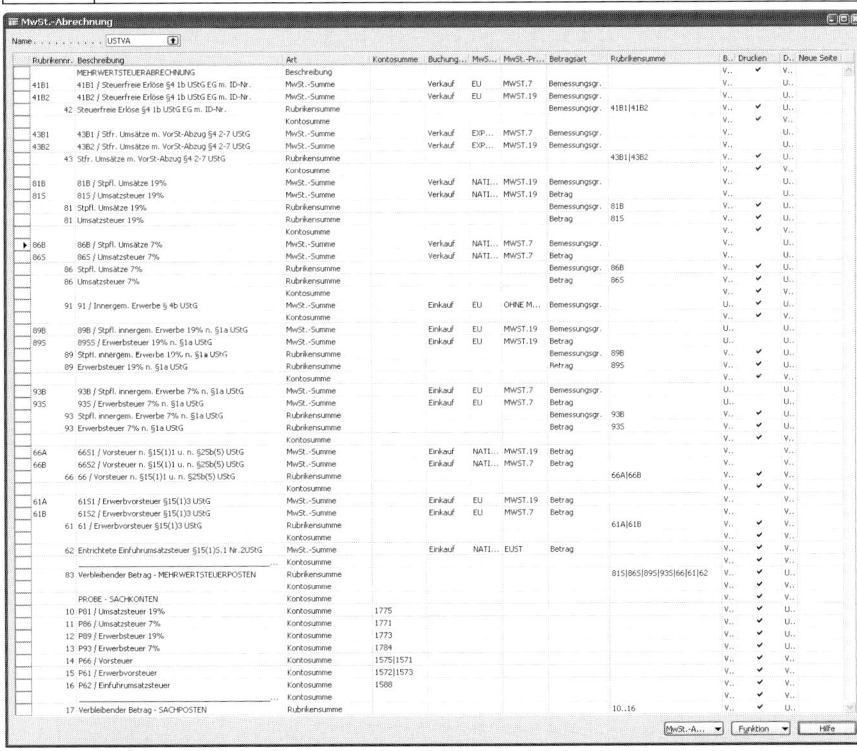

MwSt.-Abrechnung

Name . . . . USTVA

Rubrikennr.	Beschreibung	Art	Kontosumme	Buchung...	MwS...	MwSt.-Pr...	Betragsart	Rubrikensumme	B..	Drucken	D..	Neue Seite
	MEHRWERTSTEUERABRECHNUNG	Beschreibung							V..	✔	V..	
41B1	41B1 / Steuerfreie Erlöse §4 1b UStG EG m. ID-Nr.	MwSt.-Summe		Verkauf	EU	MWST.7	Bemessungsgr.		V..		U..	
41B2	41B2 / Steuerfreie Erlöse §4 1b UStG EG m. ID-Nr.	MwSt.-Summe		Verkauf	EU	MWST.19	Bemessungsgr.		V..		U..	
42	Steuerfreie Erlöse §4 1b UStG EG m. ID-Nr.	Rubrikensumme					Bemessungsgr.	41B1|41B2	V..	✔	U..	
		Kontosumme							V..	✔	V..	
43B1	43B1 / Stfr. Umsätze m. VorSt-Abzug §4 2-7 UStG	MwSt.-Summe		Verkauf	EXP...	MWST.7	Bemessungsgr.		V..		U..	
43B2	43B2 / Stfr. Umsätze m. VorSt-Abzug §4 2-7 UStG	MwSt.-Summe		Verkauf	EXP...	MWST.19	Bemessungsgr.		V..		U..	
43	Stfr. Umsätze m. VorSt-Abzug §4 2-7 UStG	Rubrikensumme						43B1|43B2	V..	✔	U..	
		Kontosumme							V..	✔	V..	
81B	81B / Stpfl. Umsätze 19%	MwSt.-Summe		Verkauf	NATI...	MWST.19	Bemessungsgr.		V..		U..	
81S	81S / Umsatzsteuer 19%	MwSt.-Summe		Verkauf	NATI...	MWST.19	Betrag		V..		U..	
81	Stpfl. Umsätze 19%	Rubrikensumme					Bemessungsgr.	81B	V..	✔	U..	
81	Umsatzsteuer 19%	Rubrikensumme					Betrag	81S	V..	✔	U..	
		Kontosumme							V..	✔	V..	
86B	86B / Stpfl. Umsätze 7%	MwSt.-Summe		Verkauf	NATI...	MWST.7	Bemessungsgr.		V..		U..	
86S	86S / Umsatzsteuer 7%	MwSt.-Summe		Verkauf	NATI...	MWST.7	Betrag		V..		U..	
86	Stpfl. Umsätze 7%	Rubrikensumme					Bemessungsgr.	86B	V..	✔	U..	
86	Umsatzsteuer 7%	Rubrikensumme					Betrag	86S	V..	✔	U..	
		Kontosumme							V..	✔	V..	
91	91 / Innergem. Erwerbe § 4b UStG	MwSt.-Summe		Einkauf	EU	OHNE M...	Bemessungsgr.		U..	✔	U..	
		Kontosumme							V..	✔	V..	
89B	89B / Stpfl. innergem. Erwerbe 19% n. §1a UStG	MwSt.-Summe		Einkauf	EU	MWST.19	Bemessungsgr.		U..		U..	
89S	89SS / Erwerbsteuer 19% n. §1a UStG	MwSt.-Summe		Einkauf	EU	MWST.19	Betrag		U..		U..	
89	Stpfl. innergem. Erwerbe 19% n. §1a UStG	Rubrikensumme					Bemessungsgr.	89B	V..	✔	U..	
89	Erwerbsteuer 19% n. §1a UStG	Rubrikensumme					Betrag	89S	V..	✔	U..	
		Kontosumme							V..	✔	V..	
93B	93B / Stpfl. innergem. Erwerbe 7% n. §1a UStG	MwSt.-Summe		Einkauf	EU	MWST.7	Bemessungsgr.		U..		U..	
93S	93S / Erwerbsteuer 7% n. §1a UStG	MwSt.-Summe		Einkauf	EU	MWST.7	Betrag		U..		U..	
93	Stpfl. innergem. Erwerbe 7% n. §1a UStG	Rubrikensumme					Bemessungsgr.	93B	V..	✔	U..	
93	Erwerbsteuer 7% n. §1a UStG	Rubrikensumme					Betrag	93S	V..	✔	U..	
		Kontosumme							V..	✔	V..	
66A	66S1 / Vorsteuer n. §15(1)1 u. n. §25b(5) UStG	MwSt.-Summe		Einkauf	NATI...	MWST.19	Betrag		V..		V..	
66B	66S2 / Vorsteuer n. §15(1)1 u. n. §25b(5) UStG	MwSt.-Summe		Einkauf	NATI...	MWST.7	Betrag		V..		V..	
66	66 / Vorsteuer n. §15(1)1 u. n. §25b(5) UStG	Rubrikensumme						66A|66B	V..	✔	V..	
		Kontosumme							V..	✔	V..	
61A	61S1 / Erwerbvorsteuer §15(1)3 UStG	MwSt.-Summe		Einkauf	EU	MWST.19	Betrag		V..		V..	
61B	61S2 / Erwerbvorsteuer §15(1)3 UStG	MwSt.-Summe		Einkauf	EU	MWST.7	Betrag		V..		V..	
61	61 / Erwerbvorsteuer §15(1)3 UStG	Rubrikensumme						61A|61B	V..	✔	V..	
		Kontosumme							V..	✔	V..	
62	Entrichtete Einfuhrumsatzsteuer §15(1)S.1 Nr.2UStG	MwSt.-Summe		Einkauf	NATI...	EUST	Betrag		V..	✔	V..	
	______...	Kontosumme							V..	✔	V..	
83	Verbleibender Betrag - MEHRWERTSTEUERPOSTEN	Rubrikensumme						81S|86S|89S|93S|66|61|62	V..	✔	U..	
		Kontosumme							V..	✔	V..	
	PROBE - SACHKONTEN	Kontosumme							V..	✔	V..	
10	P81 / Umsatzsteuer 19%	Kontosumme	1775						V..	✔	U..	
11	P86 / Umsatzsteuer 7%	Kontosumme	1771						V..	✔	U..	
12	P89 / Erwerbsteuer 19%	Kontosumme	1773						V..	✔	U..	
13	P93 / Erwerbsteuer 7%	Kontosumme	1784						V..	✔	U..	
14	P66 / Vorsteuer	Kontosumme	1575|1571						V..	✔	V..	
15	P61 / Erwerbvorsteuer	Kontosumme	1572|1573						V..	✔	V..	
16	P62 / Einfuhrumsatzsteuer	Kontosumme	1588						V..	✔	V..	
	______...	Kontosumme							V..	✔	V..	
17	Verbleibender Betrag - SACHPOSTEN	Rubrikensumme						10..16	V..	✔	U..	

MwSt.-A... | Funktion | Hilfe

6	**ESC**	Zurück zum Hauptmenü.

2.5.2 Erzeugen der Werte für die Umsatzsteuervoranmeldung

Bei der Erstellung der Werte für die Umsatzsteuervoranmeldung kann zwischen offenen MwSt.-Posten innerhalb bzw. vor und innerhalb einer Buchungsperiode unterschieden werden. Es besteht die Möglichkeit, mit offenen und geschlossenen MwSt.-Posten zu arbeiten.

Schritt	Aktion	Bemerkung
1	*Finanzmanagement / Finanzbuchhaltung / Periodische Aktivitäten / MwSt. / MwSt.-Abrechnung*	
1-1	Den Cursor im Feld „Name“ positionieren, mit **F6** den entsprechenden MwSt.-Abrechnungsnamen auswählen und mit OK bestätigen.	Nachdem der MwSt.-Abrechnungsname ausgewählt wurde, ist das Feld „Name“ zu verlassen, um die Zeilen zu aktualisieren.
1-2	Funktion ▼ / *Drucken…*	
2	Register MwSt.-Abrechnungsname	
2-1	Feld „Abrechnungsvorlagenname“	Diese Felder werden mit den Werten des Abrechnungsschemas vorbelegt, was beim Funktionsaufruf aktiv war. Im Beispiel MWST. und USTVA
2-2	Feld „Name“	
3	Register MwSt.-Abrechnungszeile	
3-1	Feld „Rubrikennr.“	Hier können weitere Filterkriterien auf die Spalten des MwSt.-Abrechnungsschemas eingegeben werden. Im Beispiel sollen alle Zeilen ausgegeben werden, deshalb bleibt dieses Register leer.
4	Register Optionen	
4-1	Felder „Startdatum“, „Enddatum“	Hier ist der erste Tag bzw. der letzte Tag des Buchungszeitraums anzugeben, für den die Umsatzsteuervoranmeldung erstellt werden soll.
4-2	Felder „MwSt.-Posten einschließen“	Mit der Auswahl dieser Optionen wird festgelegt, welche MwSt.-Posten für die Abrechnung herangezogen werden.

4-2a	Soll die MwSt.-Abrechnung nur für die offenen MwSt.-Posten ermittelt werden, so sind die Optionen <Offen> und <Innerhalb Periode> anzuklicken.	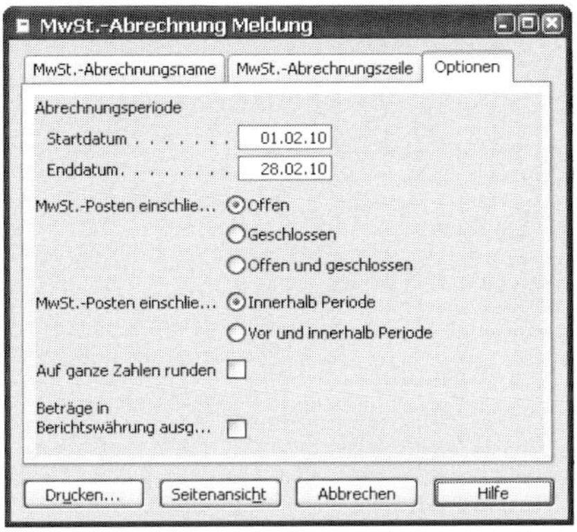
4-2b	Werden die Optionen <Offen> und <Vor und innerhalb Periode> ausgewählt, werden alle MwSt.-Posten angezeigt, die noch nicht geschlossen wurden und vor und innerhalb der ausgewählten Periode gebucht wurden.	
4-3	Feld „Auf ganze Zahlen runden“	Sollen alle auszugebenden Beträge auf ganze Zahlen gerundet werden, so ist hier der Haken zu setzen. Im Beispiel werden die Zahlen nicht gerundet.
4-4	Feld „Beträge in Berichtswährung ausgeben“	Hier ist ein Haken zu setzen, wenn mit unterschiedlichen Währungen gearbeitet wird und alle Beträge in Berichtwährung ausgegeben werden sollen.
5	[Drucken...] oder [Seitenansicht]	
H	**HINWEIS:** Der Bericht kann beliebig oft neu erzeugt werden.	

MwSt.-Abrechnung 28. Februar 2010

MwSt.-Posten innerhalb der Periode Seite 1

Periode: 01.02.10..28.02.10

CRONUS AG

MwSt.-Abrechnung Vorlage MWST.

MwSt.-Abrechnungsname USTVA

Alle Beträge in EUR

MwSt.-Abrechnungszeile: Datumsfilter: 01.02.10..28.02.10

Rubrikennr.	Beschreibung		Bemessungsgr	MwSt.-Betrag	Unrealisierte Bemessungsgr	Unrealisierter MwSt.-Betrag
	MEHRWERTSTEUERABRECHNUNG					
42	Steuerfreie Erlöse §4 1b UStG EG m. ID-Nr.		5.029,95			
43	Stfr. Umsätze m. VorSt-Abzug §4 2-7 UStG		3.042,56			
81	Stpfl. Umsätze 19%		153.939,50			
81	Umsatzsteuer 19%			29.248,51		
86	Stpfl. Umsätze 7%		1.589,63			
86	Umsatzsteuer 7%			111,27		
91	91 / Innergem. Erwerbe § 4b UStG		1.480,97			
89	Stpfl. innergem. Erwerbe 19% n. §1a UStG		14.020,00			
89	Erwerbsteuer 19% n. §1a UStG			2.663,80		
93	Stpfl. innergem. Erwerbe 7% n. §1a UStG		1.400,13			
93	Erwerbsteuer 7% n. §1a UStG			98,01		
66	66 / Vorsteuer n. §15(1)1 u. n. §25b(5) UStG			1.750,82		
61	61 / Erwerbvorsteuer §15(1)3 UStG			2.761,81		
62	Entrichtete Einfuhrumsatzsteuer §15(1)S.1 Nr.2UStG			500,00		
83	Verbleibender Betrag - MEHRWERTSTEUERPOSTEN			27.108,96		
	PROBE - SACHKONTEN					
10	P81 / Umsatzsteuer 19%	29.248,51				
11	P86 / Umsatzsteuer 7%	111,27				
12	P89 / Erwerbsteuer 19%	2.663,80				
13	P93 / Erwerbsteuer 7%	98,01				
14	P66 / Vorsteuer	1.750,82				
15	P61 / Erwerbvorsteuer	2.761,81				
16	P62 / Einfuhrumsatzsteuer	500,00				
17	Verbleibender Betrag - SACHPOSTEN	27.108,96				

6	2 x **ESC**	Zurück zum Hauptmenü.
H	**HINWEIS:** Die MwSt.-Abrechnung kann auch aus der Berichtsliste über *Finanzmanagement / Finanzbuchhaltung / Berichte / MwSt.-Abrechnung / MwSt.-Abrechnung Meldung* aufgerufen werden. Im Register MwSt.-Abrechnungsname ist auf das aktuelle Abrechnungsschema („Abrechnungsvorlagenname“: MWST. - „Name“: USTVA) zu filtern.	

2.5.3 Versenden der MwSt.-Abrechnung via ELSTER

Die Umsatzsteuervoranmeldung kann aus Microsoft Dynamics NAV per integrierter Schnittstelle elektronisch an die Finanzbehörde übermittelt werden. Um diese Schnittstelle nutzen zu können, muss auf jedem Arbeitsplatz, an dem eine UStVA elektronisch versendet werden soll, eine Kommunikationskomponente und ein benutzerspezifisches Zertifikat installiert werden. Die Komponente übernimmt die Verschlüsselung, Komprimierung und Signierung sowie die anschließende Übermittlung der Daten an die Finanzbehörde. Weiterhin nimmt sie die Antwort der Behörde entgegen und entschlüsselt diese.

Schritt	Aktion	Bemerkung
NOTWENDIGE EINRICHTUNGEN		
1	*Verwaltung / Anwendung Einrichtung / Allgemein / Firmendaten*	
1-1	Register Allgemein Feld „Steuerbevollmächtigter“	In diesem Feld ist der Steuerbevollmächtigte des Unternehmens zu hinterlegen. Dieser wird bei der Meldung mit übermittelt.
1-2	Register Finanzamt Alle Felder	Die Angaben in diesen Feldern sind zu prüfen und ggf. zu aktualisieren.
1-3	**ESC**	Zurück zum Hauptmenü.
2	*Verwaltung / Anwendung Einrichtung / Finanzmanagement / Elektronische Umsatzsteuererklärung - Einrichtung*	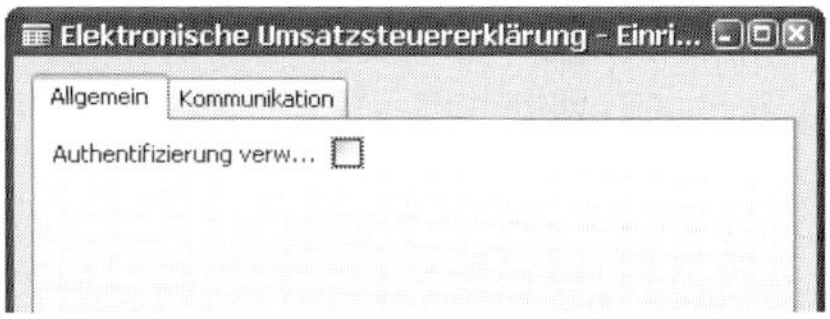
2-1	Feld „Authentifizierung verwenden“	In dieses Feld ist ein Haken zu setzen, wenn die Meldung an die Finanzbehörde mit Signatur (elektronischer Unterschrift) erfolgen soll.
H	**HINWEIS:** Es ist grundsätzlich möglich, die Übertragung ohne Signatur durchzuführen. Sobald jedoch die Übertragung mit Signatur einmal erfolgreich war, erwartet die Finanzbehörde auch die weiteren Meldungen mit Signatur.	
2-2	Register Kommunikation	Dieses Register enthält die Einstellungen, wenn die Kommunikation mit der Finanzbehörde über einen Proxyserver erfolgen soll.

2-3	Zertifikate ▼ / *Zertifikate*	Unter diesem Punkt sind die Benutzer und deren benutzerspezifischen Zertifikate zu hinterlegen.
H	**HINWEIS:** Die elektronische Signatur erfüllt technisch gesehen den gleichen Zweck wie eine eigenhändige Unterschrift auf Papierdokumenten. Ein Zertifikat enthält unter anderem Daten zur Prüfung einer elektronischen Signatur. Die Zertifikate werden auf dem Arbeitsplatz über den Internetbrowser installiert.	
2-3-1	Spalte „Benutzer-ID“	Hier ist **F6** und OK aus den Anmeldungen der User auszuwählen, der die Übermittlung durchführen soll.
2-3-2	Spalte „Zertifikatsverweis“	In dieser Spalte ist aus dem installierten benutzerspezifischen Zertifikat der „Angezeigte Name“ oder „Friendly Name“ einzutragen.
2-4	2 x **ESC**	Zurück zum Hauptmenü.
3	*Finanzmanagement / Einrichtung / Allgemein / MwSt.-Abrechnung Vorlagen*	Hier ist die Vorlage auszuwählen, auf die das MwSt.-Abrechnungsschema beruht.
3-1	Vorlage ▼ / *Abrechnungsnamen*	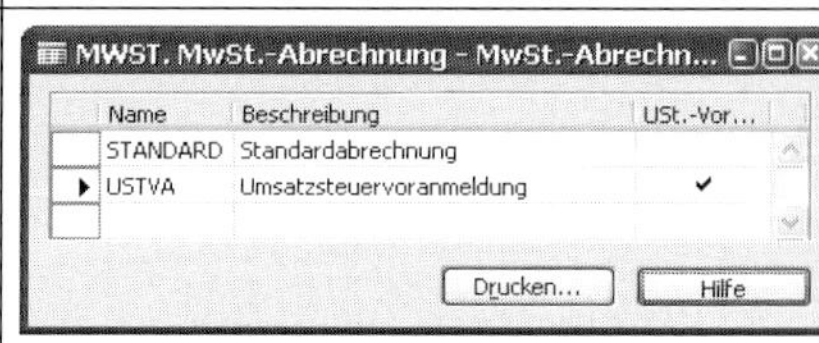
3-2	Spalte „USt.-Voranmeldung“	In dieser Spalte ist bei dem Abrechnungsschema ein Haken zu setzen, das die Grundlage der elektronischen Meldung darstellt.
3-3	2 x **ESC**	Zurück zum Hauptmenü.
4	*Finanzmanagement / Einrichtung / Finanzbuchhaltung Einrichtung*	
4-1	Register Nummerierung Feld „USt.-Voranmeldungsnummern“	In diesem Feld ist mit **F6** und OK eine entsprechende Nummernserie für die elektronischen USt.-Voranmeldungen zu hinterlegen.
4-2	**ESC**	Zurück zum Hauptmenü.

ERZEUGEN DER ÜBERTRAGUNGSDATEI		
5	*Finanzmanagement / Finanzbuchhaltung / Periodische Aktivitäten / MwSt. / Umsatzsteuervoranmeldung*	Das Formular USt.-Voranmeldungskarte wird geöffnet.
5-1	Feld „Nr."	Ein neuer Datensatz kann mit **F3** und **Enter** angelegt werden. Dabei wird eine neue Nummer aus der hinterlegten Nummernserie vergeben.
5-2	Feld „Beschreibung"	Hier kann ein Beschreibungstext, der z.B. die Abrechnungsperiode enthält, eingetragen werden.
5-3	Feld „XSL Dateiname"	Um die erstellte Datei anschließend im Internetbrowser anzeigen zu können, ist in diesem Feld über den Assist-Button die Datei „ustva.xsl" aus der Installation auszuwählen.
5-4	Felder „Startdatum" und „Periode"	Mit den Eingaben in diesen Feldern wird der zu übertragende Abrechnungszeitraum festgelegt.
5-5	Felder „MwSt.-Posten inkl. (Abgeschl.)" und „MwSt.-Posten inkl. (Periode)"	Mit den Optionen in diesen Feldern sind die zu übertragenden Posten abzugrenzen. Hier sind die gleichen Werte auszuwählen, die in der MwSt.-Abrechnung im Feld „MwSt.-Posten einschließen" gewählt wurden.
5-6	Felder „Berichtigte Anmeldung", Erstattungsbetrag verrechnen" und „Einzugsermächtigung widerrufen"	In diesen Feldern sind entsprechend Haken zu setzen, wenn der Sachverhalt zutrifft.

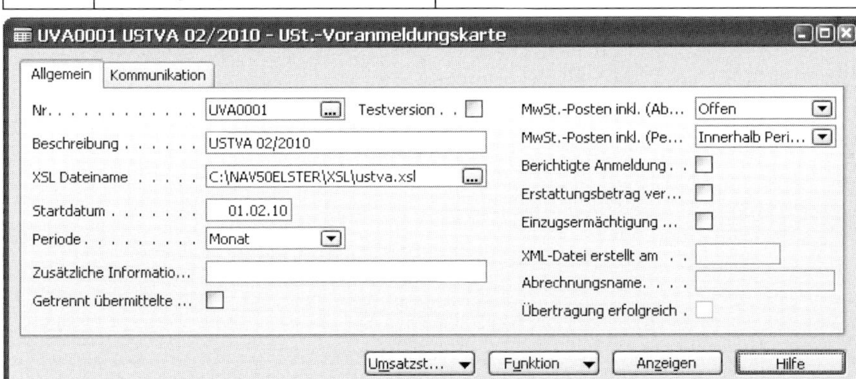

5-7	Register Kommunikation Feld „Ansprechpartner für Finanzamt“	Dieses Feld ist zu füllen, da sonst die Übertragungsdatei nicht erstellt werden kann.
5-8	Über *Extras / Designer* kann das Feld „Testversion“ im Formular eingefügt werden.	Handelt es sich um eine Testübertragung, so ist in diesem Feld ein Haken zu setzen. Die so erstellten und übertragenen Daten werden beim Finanzamt nicht berücksichtigt.
6	Funktion ▼ / *XML-Datei erstellen…*	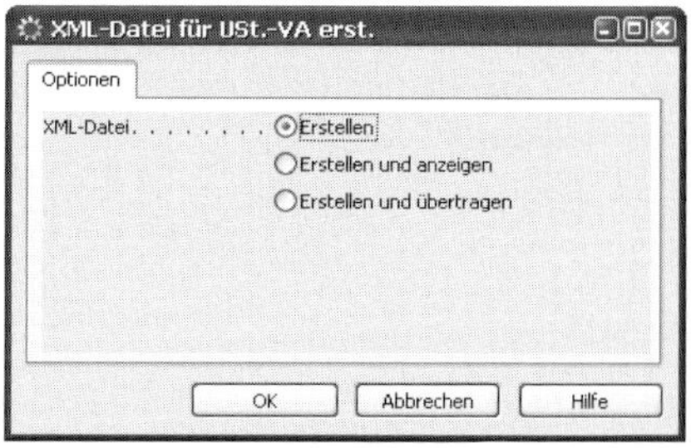
6-1	Feld „XML-Datei“	Mit der Auswahl einer dieser Optionen kann festgelegt werden, ob die Datei nur erstellt, erstellt und anschließend angezeigt oder erstellt und gleich übertragen wird. Hier ist <Erstellen> zu wählen.
6-2	OK	Die Erstellung der Datei wird vorgenommen.
6-3	War die Erstellung erfolgreich, ist die entsprechende Meldung mit OK zu bestätigen.	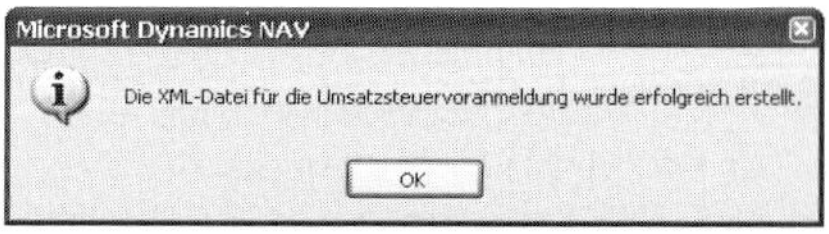

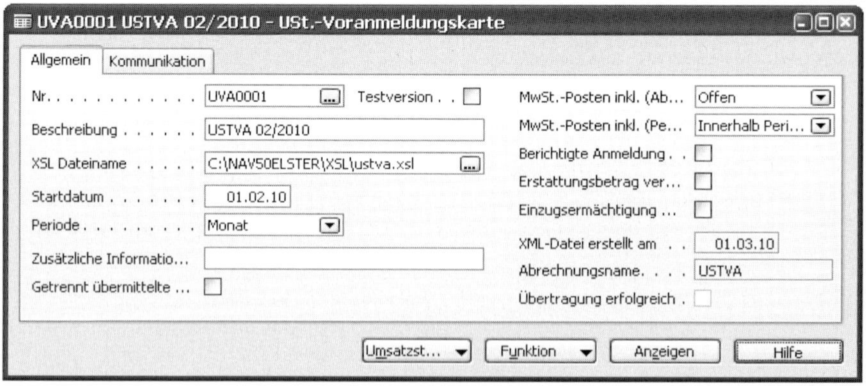

6-4	Feld „XML-Datei erstellt am“	In dieses Feld wurde das Datum eingetragen, an dem die Datei erstellt wurde.
6-5	Feld „Abrechnungsname“	Hier wurde der Abrechnungsname eingetragen, auf dem die erstellte Datei basiert.
7	Anzeigen	Vor dem Versenden der Datei sollten die Daten zur Kontrolle im Internetbrowser angezeigt werden.
7-1	Der Internetbrowser wird geöffnet	Hier werden die zu sendenden Daten in Formularform dargestellt.

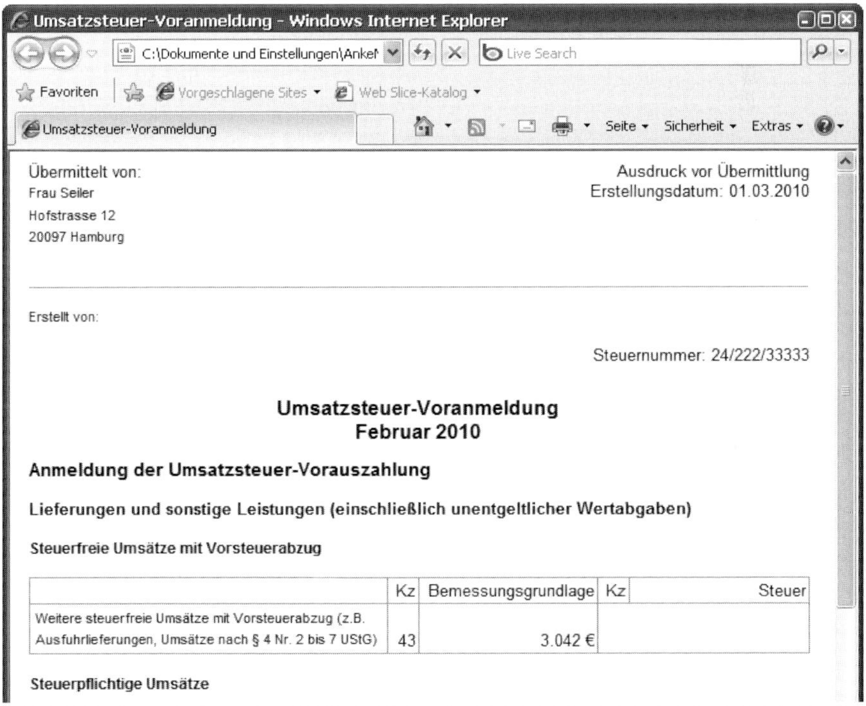

Übermittelt von:
Frau Seiler
Hofstrasse 12
20097 Hamburg

Ausdruck vor Übermittlung
Erstellungsdatum: 01.03.2010

Erstellt von:

Steuernummer: 24/222/33333

Umsatzsteuer-Voranmeldung
Februar 2010

Anmeldung der Umsatzsteuer-Vorauszahlung

Lieferungen und sonstige Leistungen (einschließlich unentgeltlicher Wertabgaben)

Steuerfreie Umsätze mit Vorsteuerabzug

	Kz	Bemessungsgrundlage	Kz	Steuer
Weitere steuerfreie Umsätze mit Vorsteuerabzug (z.B. Ausfuhrlieferungen, Umsätze nach § 4 Nr. 2 bis 7 UStG)	43	3.042 €		

Steuerpflichtige Umsätze

H	**HINWEIS:** Die erzeugte XML-Datei (Schritt 6-3) wird in der Datenbank gespeichert. Mit Hilfe der bei der Installation enthaltenden *.xsl-Dateien werden die Daten aus Microsoft Dynamics NAV im Browser dargestellt.	
7-2	Alt + F4	Schließen des Internetbrowsers

7-3	In Microsoft Dynamics NAV erscheint folgende Meldung.	Soll die temporär erstellte Datei gespeichert werden, so ist die Meldung mit Nein zu bestätigen. Im Allgemeinen braucht die Datei jedoch nicht gespeichert werden, da diese jederzeit aus Microsoft Dynamics NAV wieder mit den entsprechenden Daten erzeugt werden kann.

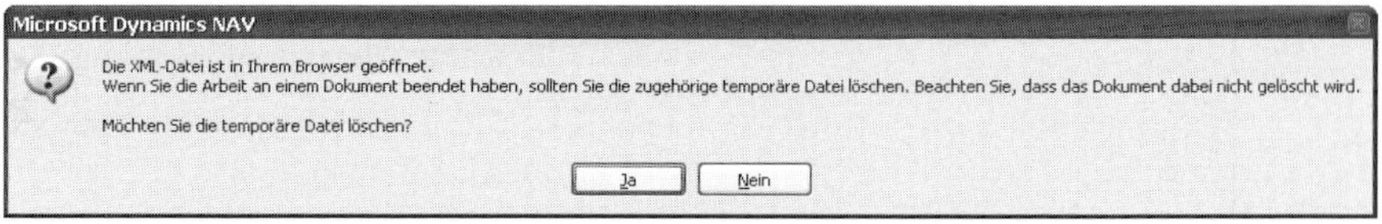

SENDEN DER UST.-VORANMELDUNG AN DAS FINANZAMT		
8	Funktion ▼ / *XML-Datei übertragen…*	Mit dieser Funktion wird die USt.-Voranmeldung an die Finanzbehörde übertragen.
8-1	Die bevorstehende Übertragung ist mit Ja zu bestätigen oder mit Nein abzubrechen.	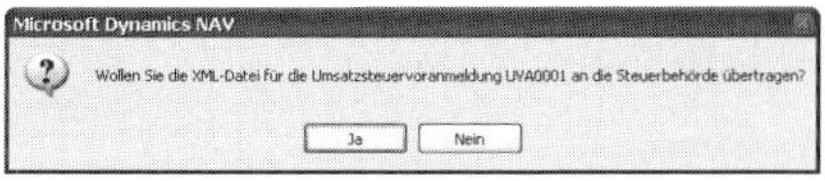
8-2	Feld „Übertragung erfolgreich“	War die Übertragung an die Finanzbehörde erfolgreich, wird vom System in diesem Feld ein Haken gesetzt.

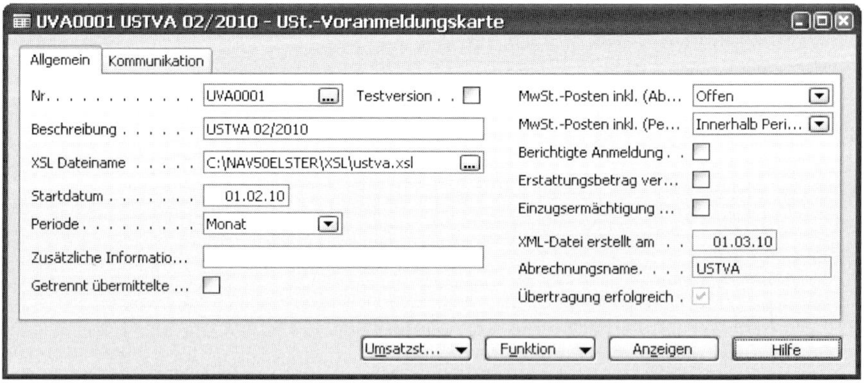

8-3	Umsatzsteuervoranmeldung ▼ / *Übertragungsprotokollposten*	In den Übertragungsprotokollposten wird gespeichert, wer wann versucht hat die Datei zu übertragen und mit welchem Ergebnis.
8-4	2 x **ESC**	Zurück zum Hauptmenü.

2.5.4 Abgleich der Mehrwertsteuer-Posten mit den Sachposten auf den Steuerkonten

Die Umsatzsteuervoranmeldung in Microsoft Dynamics NAV beruht auf den Buchungen der MwSt.-Posten. Um Falschmeldungen zu vermeiden, müssen diese Posten mit den Buchungen auf den Steuerkonten übereinstimmen.

Schritt	Aktion	Bemerkung
1	*Finanzmanagement / Finanzbuchhaltung / Periodische Aktivitäten / MwSt. / MwSt.-Abrechnung*	Im Abrechnungsschema 2.5.1 sind zur Verprobung die Steuerkonten mit anzugeben.
1-1	Spalte „Rubrikennr."	Hier ist z.B. 10 einzugeben.
1-2	Spalte „Beschreibung"	Es kann ein Beschreibungstext eingegeben werden, z.B. Probe 81 / Umsatzsteuer 19%.
1-3	Spalte „Art"	Mit **F6** ist hier Kontosumme auszuwählen und mit **Enter** zu bestätigen.
1-4	Spalte „Kontosumme"	Die Taste **F6** verzweigt in die Sachkontenübersicht. Es ist das entsprechende Sachkonto auszuwählen und mit OK zu bestätigen.
H	**HINWEIS:** Die Schritte 1-1 bis 1-4 können beliebig oft wiederholt werden, um alle MwSt.-Konten mit in die MwSt.-Abrechnung zu integrieren.	
2	Funktion ▼ / *UVA Kontennachweis…*	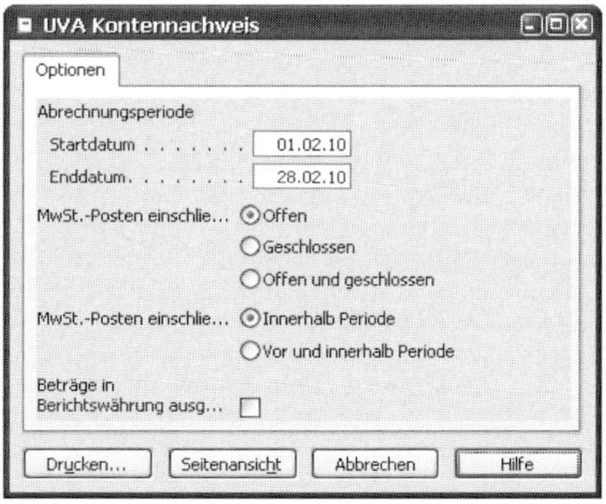
2-1	Felder „Startdatum", „Enddatum"	Es ist der erste bzw. letzte Tag des Abrechnungszeitraums einzugeben.

2-2	Feld „MwSt.-Posten einschließen“	Hier ist zwischen <Offen>, <Geschlossen> und <Offen und geschlossen> auszuwählen.
2-3	Feld „MwSt.-Posten einschließen“	Hier kann zwischen <Innerhalb Periode> und <Vor und innerhalb Periode> unterschieden werden.
H	**HINWEIS:** Da Sachposten auf den MwSt.-Konten durch die MwSt.-Buchung nicht geschlossen werden, werden hier immer die Werte für den ausgewählten Zeitraum angezeigt.	
2-4	Feld „Beträge in Berichtswährung ausgeben“	Ist hier ein Haken gesetzt, werden die Werte in der hinterlegten Berichtswährung ausgegeben.
3	Drucken... oder Seitenansicht	Der UVA-Kontennachweis wird entweder auf dem Bildschirm oder auf dem Drucker ausgedruckt.

UVA Kontennachweis 28.02.10 12:47:49

Periode: 01.02.10..28.02.10 Seite 1

CRONUS AG

MwSt.-Abrechnung Vorlage MWST.

MwSt.-Abrechnungsname USTVA

Alle Beträge in EUR

MwSt.-Abrechnungszeile: Datumsfilter: 01.02.10..28.02.10

Rubrikennr. Kontoart	Beschreibung Kontonr.	Name	Ar	Kontosumme	Betragsart	Buchungsar	MwSt.-Gesch Betrag	MwSt.-Produ MwSt.
41B2	41B2 / Steuerfreie Erlöse §4 1b UStG E		M		Bemessungs	Verkauf	EU	MWST.19
Sachkonto	8315	Erl. Inl. st-pfl. EG-Lief. 1					-5.029,95	0,00
	Summe						-5.029,95	0,00
43B2	43B2 / Stfr. Umsätze m. VorSt-Abzug §4		M		Bemessungs	Verkauf	EXPORT	MWST.19
Sachkonto	8120	St-fr. Ums. §4 Nr.1a,c,2-					-3.042,56	0,00
	Summe						-3.042,56	0,00
81B	81B / Stpfl. Umsätze 19%		M		Bemessungs	Verkauf	NATIONAL	MWST.19
Sachkonto	8400	Erlöse 19% USt					-153.939,50	-29.248,51
	Summe						-153.939,50	-29.248,51
81S	81S / Umsatzsteuer 19%		M		Betrag	Verkauf	NATIONAL	MWST.19
Sachkonto	8400	Erlöse 19% USt					-153.939,50	-29.248,51
	Summe						-153.939,50	-29.248,51

4	2 x **ESC**	Zurück zum Hauptmenü.
H	**HINWEIS:** Eine Verprobung der MwSt.-Posten mit den Sachposten der MwSt.-Konten kann auch über ein entsprechend eingerichtetes Kontenschema erfolgen, siehe Ablaufschema 2.7.	

2.5.5 Buchen der Mehrwertsteuer-Abrechnung

Bei der Buchung der Mehrwertsteuerabrechnung werden die Steuerkonten gegeneinander abgeglichen. Es entsteht eine Steuerforderung oder eine Steuerverbindlichkeit. Das Ergebnis wird auf einem Ausgleichskonto ausgewiesen.

Schritt	Aktion	Bemerkung
1	*Finanzmanagement / Finanzbuchhaltung / Periodische Aktivitäten / MwSt. / MwSt.-Abrechnung*	Das entsprechende MwSt.-Abrechnungsschema ist aufzurufen.
2	Funktion ▼ / *MwSt. abrechnen und buchen…*	Nachdem die entsprechende MwSt.-Abrechnung erzeugt und verprobt wurde, kann die Buchung der MwSt.- und Vorsteuerposten erfolgen.
2-1	Register MwSt.-Buchungsmatrix Einr.	
	Sind für die MwSt.-Geschäftsbuchungsgruppe und die MwSt.-Produktbuchungsgruppe keine Filter gesetzt, werden die MwSt.- und Vorsteuerposten für alle eingerichteten MwSt.-Geschäftsbuchungsgruppen und MwSt.-Produktbuchungsgruppen gebucht.	
2-2	Register Optionen	
2-2-1	In das Feld „Startdatum“ ist der erste Tag der Periode, in das Feld „Enddatum“ der letzte Tag der Periode einzugeben.	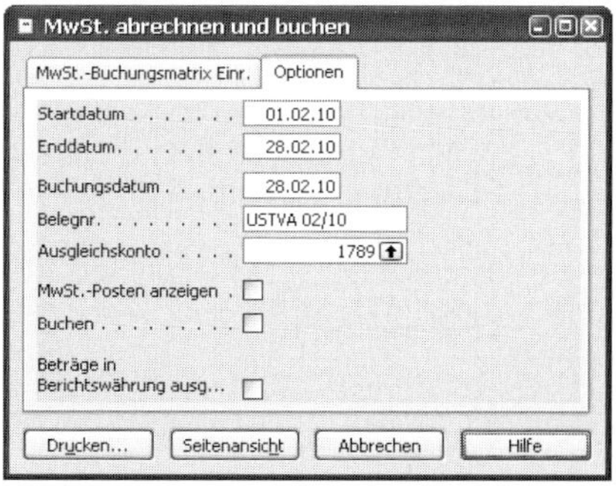
2-2-2	In das Feld „Buchungsdatum“ ist das Datum einzugeben, an dem die Buchungen in der Finanzbuchhaltung erfolgen sollen.	
2-2-3	Spalte „Belegnr.“	Als Belegnummer ist die Nummer einzugeben, unter der die Buchungen in der Finanzbuchhaltung erfasst und gebucht werden sollen.

2-2-4	Feld „Ausgleichskonto“	In diesem Feld ist mit **F6** in die Sachkontenübersicht zu verzweigen, das erforderliche Sachkonto auszuwählen und mit OK zu bestätigen.
2-2-5	Feld „MwSt.-Posten anzeigen“	Wird hier ein Haken gesetzt, werden alle gebuchten MwSt.-Posten einzeln aufgeführt. Wird kein Haken gesetzt, werden die MwSt.-Posten pro gebuchter Kombination aus MwSt.-Geschäftsbuchungsgruppe und MwSt.-Produktbuchungsgruppe als Summe angezeigt. Die Buchung in der Finanzbuchhaltung erfolgt immer pro Summe.
2-2-6	Feld „Buchen“	Ein Haken bewirkt hier, dass die MwSt.-Abrechnung direkt in die Finanzbuchhaltung gebucht wird. Es empfiehlt sich, im ersten Schritt den Haken nicht zu setzen, um in einem Testbericht noch einmal die Werte abgleichen zu können.
2-2-7	Feld „Beträge in Berichtswährung ausgeben“	Die Ausgabe der Werte erfolgt in Berichtswährung, wenn hier ein Haken gesetzt wird.
2-2-8	Seitenansicht	
2-2-9	**ESC**	
3	Funktion ▼ / *MwSt. abrechnen und buchen…*	Nachdem die Verprobung abgeschlossen wurde, kann die Buchung der MwSt.- und Vorsteuerposten erfolgen.
3-1	Die vorhergehenden Einstellungen im Formular MwSt. abrechnen und buchen bleiben bestehen. Im Feld „Buchen“ ist nun ein Haken zu setzen.	
3-2a	Seitenansicht	Wird Seitenansicht gewählt, wird der Bericht MwSt. abrechnen und buchen auf dem Bildschirm angezeigt.
3-2b	Drucken…	Hier sollte jedoch Drucken ausgewählt werden, um für die Buchungsablage einen entsprechenden Beleg nachweisen zu können.

3-3	Die Frage: „Möchten Sie die MwSt.-Abrechnung berechnen und buchen?“ ist mit **Ja** zu beantworten.	In der Finanzbuchhaltung werden auf den Steuerkonten und auf dem angegeben Ausgleichskonto Buchungen durchgeführt.
3-4	Die Konten für Vorsteuer, Umsatzsteuer, Erwerbsvorsteuer und Erwerbssteuer werden gegeneinander abgeglichen. Der entsprechende Saldo wird auf dem Ausgleichskonto abgebildet.	
3-5	**ESC**	Zurück zum Hauptmenü.
AUSWIRKUNGEN		
4	*Finanzmanagement / Finanzbuchhaltung / Historie / Journale*	
4-1	Über die Filterfunktionen das entsprechende Journal auswählen.	Der Herkunftscode ist MWSTABR.
4-2	**Journal ▼** / *Sachposten*	

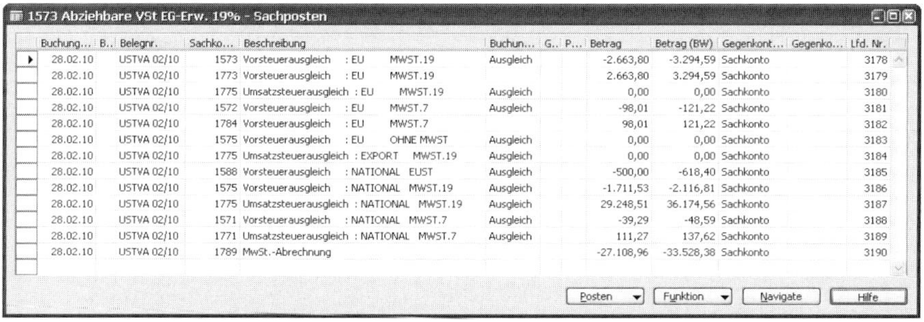

1573 Abziehbare VSt EG-Erw. 19% - Sachposten

Buchung...	B..	Belegnr.	Sachko...	Beschreibung	Buchun...	G..	P...	Betrag	Betrag (BW)	Gegenkont...	Gegenko...	Lfd. Nr.
28.02.10		USTVA 02/10	1573	Vorsteuerausgleich : EU MWST.19	Ausgleich			-2.663,80	-3.294,59	Sachkonto		3178
28.02.10		USTVA 02/10	1773	Vorsteuerausgleich : EU MWST.19				2.663,80	3.294,59	Sachkonto		3179
28.02.10		USTVA 02/10	1775	Umsatzsteuerausgleich : EU MWST.19	Ausgleich			0,00	0,00	Sachkonto		3180
28.02.10		USTVA 02/10	1572	Vorsteuerausgleich : EU MWST.7	Ausgleich			-98,01	-121,22	Sachkonto		3181
28.02.10		USTVA 02/10	1784	Vorsteuerausgleich : EU MWST.7				98,01	121,22	Sachkonto		3182
28.02.10		USTVA 02/10	1575	Vorsteuerausgleich : EU OHNE MWST	Ausgleich			0,00	0,00	Sachkonto		3183
28.02.10		USTVA 02/10	1775	Umsatzsteuerausgleich : EXPORT MWST.19	Ausgleich			0,00	0,00	Sachkonto		3184
28.02.10		USTVA 02/10	1588	Vorsteuerausgleich : NATIONAL EUST	Ausgleich			-500,00	-618,40	Sachkonto		3185
28.02.10		USTVA 02/10	1575	Vorsteuerausgleich : NATIONAL MWST.19	Ausgleich			-1.711,53	-2.116,81	Sachkonto		3186
28.02.10		USTVA 02/10	1775	Umsatzsteuerausgleich : NATIONAL MWST.19	Ausgleich			29.248,51	36.174,56	Sachkonto		3187
28.02.10		USTVA 02/10	1571	Vorsteuerausgleich : NATIONAL MWST.7	Ausgleich			-39,29	-48,59	Sachkonto		3188
28.02.10		USTVA 02/10	1771	Umsatzsteuerausgleich : NATIONAL MWST.7	Ausgleich			111,27	137,62	Sachkonto		3189
28.02.10		USTVA 02/10	1789	MwSt.-Abrechnung				-27.108,96	-33.528,38	Sachkonto		3190

Posten ▼ Funktion ▼ Navigate Hilfe

H	Nach der Funktion MwSt. abrechnen und buchen… betragen die Salden auf den Steuerkonten 0,00 €. Auf dem angegebenen Ausgleichskonto wurde die entsprechende Forderung bzw. Verbindlichkeit aufsummiert.	
4-3	2 x **ESC**	Zurück zum Hauptmenü.
H	**HINWEIS:** Mit der Stapelverarbeitung MwSt. abrechnen und buchen werden die abgerechneten MwSt.-Posten geschlossen. Das bedeutet, innerhalb der MwSt.-Posten wird das Feld „Abgeschlossen“ auf <Ja> gesetzt. Das Feld „Geschlossen von Lfd.Nr.“ erhält die Nummer der gleichen Kombination von MwSt.-Geschäftsbuchungsgruppe und MwSt.-Produktbuchungsgruppe, die während der Stapelverarbeitung erzeugt wurde.	

5	*Finanzmanagement / Finanzbuchhaltung / Berichte / Finanzauswertung / Sachkonto - Summen Saldenliste*	Anhand der Summen- und Saldenliste mit dem Filter auf die Steuerkonten, sollen die Auswirkungen noch einmal verdeutlicht werden. Im Beispiel wurde der Saldo auf das Sachkonto 1789 „USt. laufendes Jahr“

Summen- und Saldenliste **vor** der Funktion *MwSt. abrechnen und buchen*

Sachkonto - Summen Saldenliste 28. Februar 2010
Periode: 01.02.10..28.02.10 Seite 1
CRONUS AG

Alle Beträge in EUR

Sachkonto: Nr.: 1570..1575|1588|1757|1771|1773|1775|1777|1789, Datumsfilter: 01.02.10..28.02.10

Nr.	Name	Saldovortrag ..31.12.09	S H	Periode 01.02.10..28.02.10 Soll	Haben	Periode Endsaldo ..28.02.10	S H	Jahr 01.01.10..28.02.10 Soll	Haben	Jahr Endsaldo ..31.12.10	S H
	Abziehbare Vorsteuer										
1571	Abziehbare VSt 7%			39,29		39,29	S	39,29		39,29	S
1572	Abziehb. VSt innergem. Erwerb			98,01		98,01	S	98,01		98,01	S
1573	Abziehbare VSt EG-Erw. 19%			2.663,80		2.663,80	S	2.663,80		2.663,80	S
1575	Abziehbare VSt 19%			1.714,72	3,19	1.711,53	S	1.714,72	3,19	1.711,53	S
1588	Bezahlte Einfuhrumsatzsteuer			500,00		500,00	S	500,00		500,00	S
	Umsatzsteuer										
1771	USt 7%				111,27	111,27	H		111,27	111,27	H
1773	USt a. innerg. Erwerb 19%				2.663,80	2.663,80	H		2.663,80	2.663,80	H
1775	USt 19%				29.248,51	29.248,51	H		29.248,51	29.248,51	H
1777	a. i. Innland pfl. EG-Lief.										
1789	USt laufendes Jahr										

Summen- und Saldenliste **nach** der Funktion *MwSt. abrechnen und buchen*

Sachkonto - Summen Saldenliste 28. Februar 2010
Periode: 01.02.10..28.02.10 Seite 1
CRONUS AG

Alle Beträge in EUR

Sachkonto: Nr.: 1570..1575|1588|1757|1771|1773|1775|1777|1789, Datumsfilter: 01.02.10..28.02.10

Nr.	Name	Saldovortrag ..31.12.09	S H	Periode 01.02.10..28.02.10 Soll	Haben	Periode Endsaldo ..28.02.10	S H	Jahr 01.01.10..28.02.10 Soll	Haben	Jahr Endsaldo ..31.12.10	S H
	Abziehbare Vorsteuer										
1571	Abziehbare VSt 7%			39,29	39,29			39,29	39,29		
1572	Abziehb. VSt innergem. Erwerb			98,01	98,01			98,01	98,01		
1573	Abziehbare VSt EG-Erw. 19%			2.663,80	2.663,80			2.663,80	2.663,80		
1575	Abziehbare VSt 19%			1.714,72	1.714,72			1.714,72	1.714,72		
1588	Bezahlte Einfuhrumsatzsteuer			500,00	500,00			500,00	500,00		
	Umsatzsteuer										
1771	USt 7%			111,27	111,27			111,27	111,27		
1773	USt a. innerg. Erwerb 19%			2.663,80	2.663,80			2.663,80	2.663,80		
1775	USt 19%			29.248,51	29.248,51			29.248,51	29.248,51		
1777	a. i. Innland pfl. EG-Lief.										
1789	USt laufendes Jahr				27.108,96	27.108,96	H		27.108,96	27.108,96	H

2.5.6 Erstellen der Zusammenfassenden Meldung

Eine Zusammenfassende Meldung kann in Microsoft Dynamics NAV erzeugt werden, wenn der Ländercode und die Umsatzsteuer ID-Nummer für Kunden aus der EU und dem Gemeinschaftsgebiet erfasst wurden.

Schritt	Aktion	Bemerkung
1	*Finanzmanagement / Debitoren / Debitoren*	Auf der Debitorenkarte müssen nachfolgende Einstellungen vorgenommen werden.
2	Register Allgemein	
2-1	Im Feld „Ländercode" mit **F6** in die Länderübersicht verzweigen, den entsprechenden Ländercode auswählen und mit OK bestätigen.	Der Ländercode ist bei der Erstellung der Stammdaten für Debitoren aus der EU und anderen Ländern des Gemeinschaftsgebietes unbedingt anzugeben. Er ist Grundlage für die Erstellung der Zusammenfassenden Meldung.
2-1-1	Ist der benötigte Ländercode noch nicht angelegt, so ist mit **F3** ein neuer Datensatz anzulegen.	
2-1-2	Spalte „Code"	In dieser Spalte kann das Länderkennzeichen eingetragen werden.
2-1-3	Spalte „Name"	Hier ist der Name des Landes einzutragen.
2-1-4	In der Spalte „Adressformat" mit **F6** das entsprechende Format auswählen und mit **Enter** bestätigen.	Es ist das landesspezifische Adressformat auszuwählen, z.B. für Großbritannien <Ort + PLZ Code>.
2-1-5	In der Spalte „Kontaktperson Adressformat" ist mit **F6** auszuwählen, an welcher Stelle der Anschrift der Name der Kontaktperson steht.	<Vor> Der Name der Kontaktperson steht vor dem Firmennamen. <Nach Firmennamen> Der Name der Kontaktperson steht nach dem Firmennamen. <Zuletzt> Der Name der Kontaktperson wird an das Ende der Anschrift geschrieben.
2-1-6	Spalte „EU Ländercode" Diese Spalte ist über *Ansicht / Spalte anzeigen…* einzublenden.	Die Eintragung in diese Spalte ist unbedingt erforderlich. Es ist das Länderkennzeichen der Debitoren aus der EU und dem Gemeinschaftsgebiet zu erfassen, z.B. Italien: IT, Schweden: SE oder Großbritannien: GB

2-2	Feld verlassen und **ESC**	Zurück zur Debitorenkarte.
3	Register Außenhandel	
3-1	Feld „USt-IdNr."	Die Umsatzsteuer ID-Nummer des Debitors ist einzugeben.
3-2	**ESC**	Zurück zum Hauptmenü.
4	*Finanzmanagement / Finanzbuchhaltung / Berichte / MwSt.-Abrechnung / Zusammenf. Meldung - Formular*	*Finanzmanagement / Finanzbuchhaltung / Periodische Aktivitäten / MwSt. / Zusammenf. Meldung - Formular*
4-1	Register MwSt.-Posten	
4-1-1	Feld „Buchungsdatum"	In dieser Zeile ist die zu meldende Periode einzugeben.
4-1-2	Feld „MwSt.-Geschäftsbuchungsgruppe"	Hier ist der Filter auf Geschäftsbeziehungen innerhalb der EU einzugeben.
4-2	Register Optionen	
4-2-1	Im Feld „Meldezeitraum" ist mit **F6** der entsprechenden Zeitraum auszuwählen und mit **Enter** zu bestätigen, z.B. <1. Quartal>.	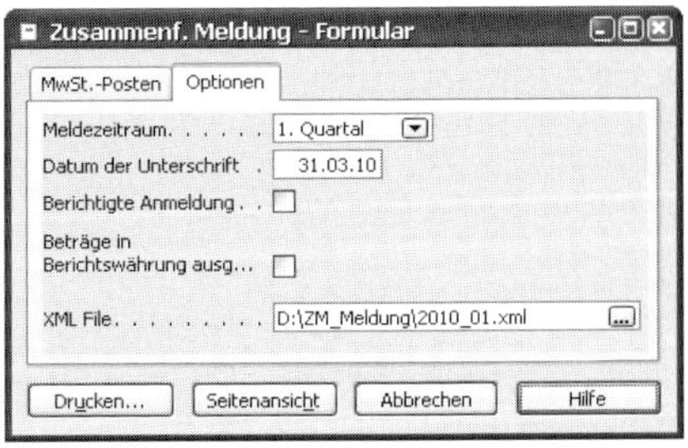
4-2-2	Im Feld "Datum der Unterschrift" ist hier das Datum einzugeben, an welchem das Formular unterzeichnet wird bzw. die Datei erzeugt wird.	
4-2-3	Feld „Berechtigte Anmeldung"	Ein Haken zeigt, dass es sich um eine berichtigte Anmeldung einer bereits abgesendeten Meldung handelt.
4-2-4	Feld „Beträge in Berichtswährung ausgeben"	Wenn ein Haken gesetzt ist, wird die Zusammenfassende Meldung in Berichtswährung ausgegeben.
4-2-5	Feld „XML File"	Hier ist der Dateiname inkl. Pfad für die Ausgabe der Daten in eine XML-Datei anzugeben.
4-3	Drucken... oder Seitenansicht	

4-3-1	Wurde der Haken im Feld „XML File“ ein Eintrag vorgenommen, wird zusätzlich die Datei erzeugt. Die Meldung ist mit OK zu bestätigen.	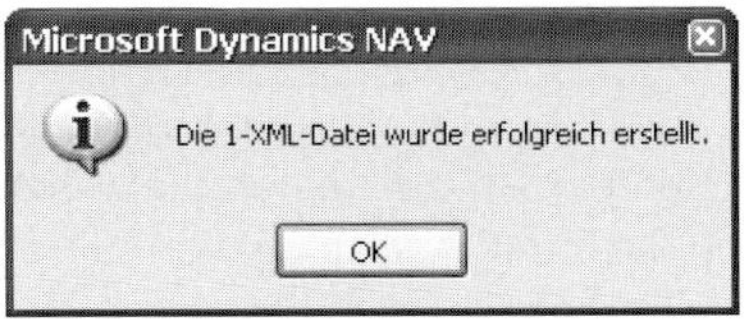
H	**HIINWEIS:** Die hier erzeugte XML-Datei ist über das Internet durch das Formular-Management-System an die Bundesfinanzverwaltung zu senden.	

Einlagebogen Nr. 1

zur Zusammenfassenden Meldung für den Meldezeitraum

Umsatzsteuer-Identifikationsnummer (USt-IdNr.)
01 DE777777777

02			
1. Quartal	1	201	0
2. Quartal	2	201	
3. Quartal	3	201	
4. Quartal	4	201	
Kalenderjahr	5	201	

Meldung der Warenlieferung (§ 18 a Abs. 4 Nr. 1 u. 2 UStG) vom Inland in das übrige Gemeinschaftsgebiet und der Lieferungen i.S.d. § 25 b Abs. 2 UStG im Rahmen innergemeinschaftlicher Dreiecksgeschäfte

Storno 03
(falls ja, bitte "1" eintragen)

Zeile	Länder-kenn-zeichen	1 **USt-IdNr.** des Erwerbers/Unternehmers in einem anderen Mitgliedstaat	2 Summe der Bemessungsgrundlagen volle EURO	Ct	3 Sonstige Leistungen (falls ja, bitte "1" eintragen) / Dreiecksgeschäfte (falls ja, bitte "2" eintragen)
1	AT	U89759098	15.680	—	1
2	ES	08208612T	3.081	—	
3	FR	15698753614	6.002	—	
4	NL	159753258B46	149	—	
5	NL	852122584B75	12.135	—	

4-4	**ESC**	Zurück zum Hauptmenü.
H	**HINWEIS:** Die Zusammenfassende Meldung kann mit dem Bericht „EU-Verkaufsübersicht“ (*Finanzmanagement / Debitoren / Berichte*) abgestimmt werden. Hier ist der Filter auf die Geschäftsbuchungsgruppen innerhalb der EU zu setzen und der entsprechende Buchungszeitraum einzutragen.	

Alle Beträge auf volle EUR gerundet.

MwSt.-Posten: MwSt.-Geschäftsbuchungsgruppe: EU, Buchungsdatum: 01.01.10..31.03.10

EU-Lände	USt-IdNr.	Gesamtwer des Artikelbest	Gesamtwer der Servicemitt	EU-Dreieck für Artikel - Betrag	EU-Dreieck für Dienstleistu
AT	ATU89759098	0	15.680	0	0
ES	ES08208612T	3.081	0	0	0
FR	FR15698753614	6.002	0	0	0
NL	NL159753258B46	149	0	0	0
NL	NL852122584B75	12.135	0	0	0
		21.367	15.680	0	0
Anzahl Zeilen (diese Seite)		5			
Anzahl Zeilen (alle Seiten)		5			

2.6 Kontenplan

Das zentrale Element der Finanzbuchhaltung von Microsoft Dynamics NAV ist der Kontenplan mit seinen stets aktuellen Salden und Bewegungsdaten. Er ist nicht nur eine Auflistung von Sachkonten, sondern ermöglicht auch aktuelle Auswertungen.

2.6.1 Arbeiten mit Von-Summen und Bis-Summen

Der Kontenplan in Microsoft Dynamics NAV kann mehrstufig strukturiert werden. Die Strukturierung und damit auch Auswertung erfolgt über Zeilenarten, die keine Konten sind.

Schritt	Aktion	Bemerkung
1	*Finanzmanagement / Finanzbuchhaltung / Kontenplan*	Cursor in der Zeile positionieren, vor der eine Zeile eingefügt werden soll.
2	**F3** um eine neue Zeile zu erzeugen.	Es wird ein neues Sachkonto angelegt.
2-1	Spalte „Nr."	Hier kann eine Nummer eingegeben werden, die die Stelle des Sachkontos im Kontenplan bestimmt. Der Kontenplan ist nach Nummern sortiert.
2-2	Spalte „Name"	In diese Spalte ist eine Bezeichnung des Sachkontos einzutragen.
2-3	Spalte „Kontoart"	Um eine Struktur im Kontenplan zu erhalten, muss neben den <Konten> mit Überschriften und Summierungen gearbeitet werden. Mit **F6** können folgende weitere Optionen ausgewählt werden:
	<Überschrift> Überschriften sind einfache Textzeilen. Sie werden zur näheren Erläuterung für mehrere Sachkonten genutzt. <Summe> Summe verschiedener Zeilen im Kontenplan, die nicht notwendigerweise aufeinanderfolgen müssen. <Von-Summe> Beginn eines Blocks gleichartiger Sachkonten. Alle dahinter folgenden Konten werden eingerückt. Es muss eine dazugehörige Zeile mit Kontoart <Bis-Summe> angelegt werden. <Bis-Summe> Ende eines Blockes gleichartiger Konten. In den FlowFields der „Bis Summe" werden alle Konten addiert, die zwischen der „Bis Summe" und der vorhergehenden „Von Summe" liegen.	
H	**HINWEIS:** Alle vier Zeilenarten werden im Kontenplan in Fettdruck dargestellt. Auf keine der oben dargestellten Kontenarten können Buchungen vorgenommen werden.	

2-4	Spalte „Zusammenzählung“	Wurde als Kontoart <Summe> oder <Bis-Summe> angegeben, so ist in diese Spalte einzutragen, welche Konten zusammengezählt werden sollen.
	Hier kann ein Kontenintervall oder eine Reihe von Konten eingegeben werden. Bei <Summe> müssen die Konten manuell eingetragen werden. <Bis-Summe> führt die Funktion Einrückung des Kontenplans aus.	
3	Funktion ▼ / *Einrückung des Kontenplans*	Zum Erzeugen der Einrückung im Kontenplan und der Zusammenzählung in den <Bis-Summen> sollte in jedem Fall diese Funktion verwendet werden. Wurden Zusammenzählungen manuell eingegeben oder geändert, so werden sie überschrieben.
3-1	Die Frage: „Möchten Sie den Kontenplan einrücken?“ ist mit Ja zu beantworten.	

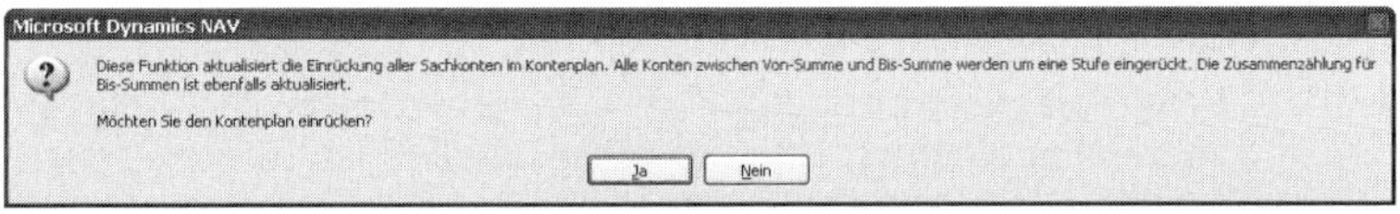

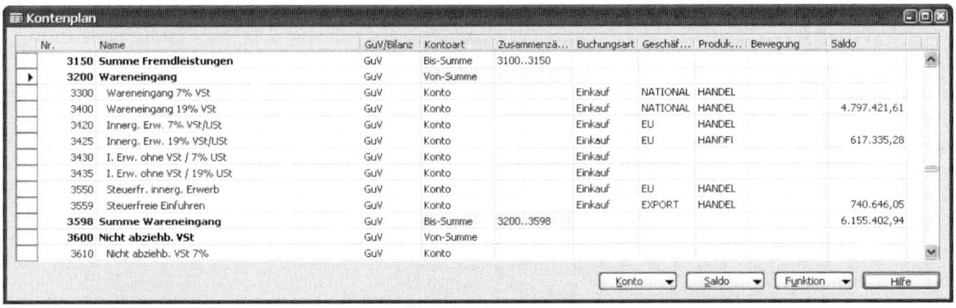

Nr.	Name	GuV/Bilanz	Kontoart	Zusammenzä...	Buchungsart	Geschäf...	Produk...	Bewegung	Saldo
3150	**Summe Fremdleistungen**	GuV	Bis-Summe	3100..3150					
3200	**Wareneingang**	GuV	Von-Summe						
3300	Wareneingang 7% VSt	GuV	Konto		Einkauf	NATIONAL	HANDEL		
3400	Wareneingang 19% VSt	GuV	Konto		Einkauf	NATIONAL	HANDEL		4.797.421,61
3420	Innerg. Erw. 7% VSt/USt	GuV	Konto		Einkauf	EU	HANDEL		
3425	Innerg. Erw. 19% VSt/USt	GuV	Konto		Einkauf	EU	HANDEL		617.335,28
3430	I. Erw. ohne VSt / 7% USt	GuV	Konto		Einkauf				
3435	I. Erw. ohne VSt / 19% USt	GuV	Konto		Einkauf				
3550	Steuerfr. innerg. Erwerb	GuV	Konto		Einkauf	EU	HANDEL		
3559	Steuerfreie Einfuhren	GuV	Konto		Einkauf	EXPORT	HANDEL		740.646,05
3598	**Summe Wareneingang**	GuV	Bis-Summe	3200..3598					6.155.402,94
3600	**Nicht abziehb. VSt**	GuV	Von-Summe						
3610	Nicht abziehb. VSt 7%	GuV	Konto						

3-2	**ESC**	Zurück zum Hauptmenü.

2.6.2 Anwenden von FlowFiltern im Kontenplan

Der Kontenplan stellt nicht nur eine Liste der angelegten Sachkonten dar, sondern er ermöglicht über FlowFields auch die direkte Anzeige der Sachkontensalden und der Bewegungen in ausgewählten Perioden.

Schritt	Aktion	Bemerkung
1	*Finanzbuchhaltung / Kontenplan*	Für die Kontenzeilen, denen die „Kontoart" <Konto> oder <Bis-Summe> zugeordnet wurde, werden in den Spalten „Bewegung" und „Saldo" Werte angezeigt.
1-1	In der Spalte „Bewegung" können mit **F6** die zur Berechnung herangezogenen Sachposten eingeblendet werden.	In dieser Spalte wird die Bewegung des Sachkontensaldos für den angegeben Zeitraum ermittelt. Der Wert wird automatisch aktualisiert.
1-2	In der Spalte „Saldo" können mit **F6** die zur Berechnung herangezogenen Sachposten eingeblendet werden.	In diesem Feld wird der Saldo des aktuellen Kontos angezeigt. Es wird automatisch aktualisiert.
SETZEN VON FLOWFILTERN		
2	Sollen die Auswertungen in den Spalten „Bewegung" und „Saldo" auf bestimmte Kriterien eingeschränkt werden, ist mit FlowFiltern zu arbeiten. Die Anwendung dieser Filter ermöglicht das schnelle Auswerten, für z.B. bestimmte Zeiträume oder Kostenstellen.	
2-1	**Groß** + **F7** oder  in der Menüleiste am oberen Rand des Bildschirms	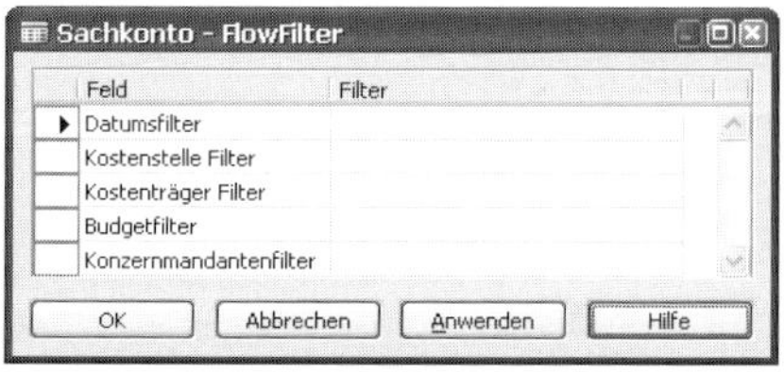
2-1-1	Feld „Datumsfilter"	Hier ist der auszuwertende Zeitraum einzugeben. Es sind einzelne Daten oder Intervalle erlaubt.
H	**HINWEIS:** Der Datumsfilter wird nur auf das Feld „Bewegung" angewendet. In dem Feld Saldo werden alle Sachposten von Beginn der Buchhaltung bis zum aktuellen Datum berücksichtigt.	
2-1-2	Feld „Kostenstelle Filter"	Mit **F6** ist in die Kostenstellenübersicht zu verzweigen, die erforderliche Kostenstelle auszuwählen und mit **OK** zu übernehmen.

2-1-3	Feld „Kostenträger Filter“	In diesem Feld kann mit **F6** die Kostenträgerübersicht geöffnet, ein Kostenträger ausgewählt und mit OK übernommen werden.
2-1-4	Feld „Konzernmandanten-filter“	Soll im Konsolidierungsmandanten die Bewegung und der Saldo nur für bestimmte Konzernmandanten angezeigt werden, ist mit **F6** ein Konzernmandant auszuwählen und mit OK zu bestätigen.
H	**HINWEIS:** Sind Auswertungen über Budgetfilter vorzunehmen, ist dies unter *Finanzmanagement / Finanzbuchhaltung / Budgets* oder *Finanzmanagement / Finanzbuchhaltung / Kontenplan* über Saldo ▼ / *Sachkontensaldo/Budget* zu tun.	
2-2	OK oder Anwenden	Bei OK wird das FlowFilter-Fenster geschlossen, bei Anwenden bleibt es geöffnet.

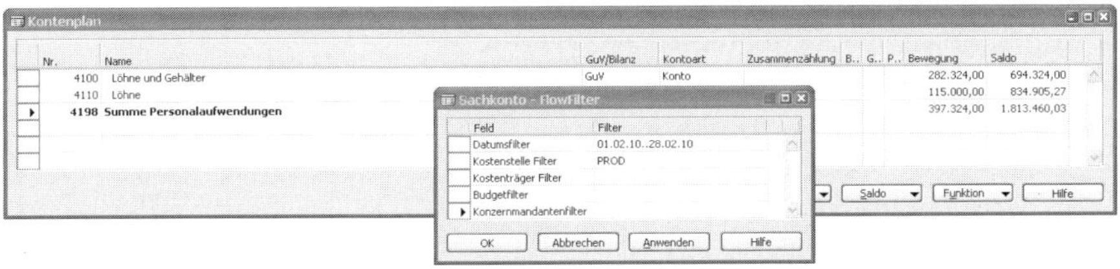

LÖSCHEN VON FLOWFILTERN		
3	Löschen des Filters	Dieser Filter muss manuell gelöscht werden.
3-1	**Gross** + **F7** oder [Symbol] in der Menüleiste am oberen Rand des Bildschirms	Löschen aller Eintragungen in allen Feldern.
3-2	OK oder Anwenden	Die Werte werden wieder ohne FlowFilter im Kontenplan angezeigt.
3-3	**ESC**	Zurück zum Hauptmenü.

2.7 Kontenschemata

In diesem Abschnitt wird beschrieben, wie ein Kontenschema erstellt werden kann. Es wird gezeigt, wie mit unterschiedlichen Spaltenlayouts Auswertungen vorgenommen werden können.

2.7.1 Erstellen eines Kontenschemas

Um die Daten der Finanzbuchhaltung möglichst vielfältig und individuell auswerten zu können, stellt Microsoft Dynamics NAV dem Anwender Kontenschemata zur Verfügung. Mit Hilfe dieser können individuelle Auswertungen erstellt werden.

Ein Kontenschema setzt sich aus Kontenschemazeilen und Kontenschemaspalten zusammen. Die Auswertungen können in der Kontenschema Matrix oder im Bericht erfolgen.

Schritt	Aktion	Bemerkung
1	*Finanzmanagement / Finanzbuchhaltung / Analyse & Berichtswesen / Kontenschemata*	
2	Um ein neues Kontenschema anzulegen, ist im Feld „Name“ mit **F6** in das Fenster Kontenschema Namen zu verzweigen und mit **F3** ein neuer Datensatz anzulegen.	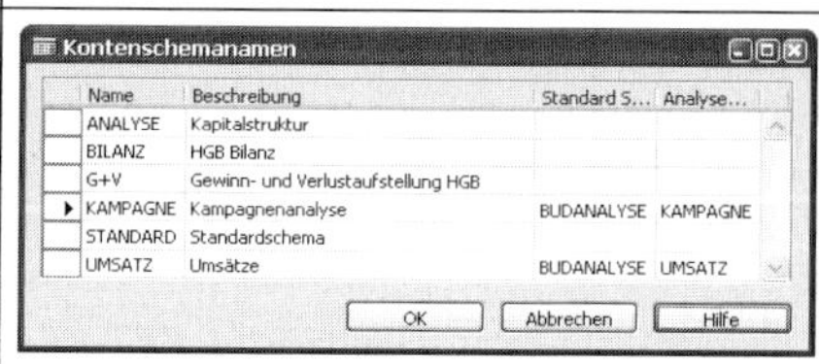
	Kontenschemanamen	
2-1	Spalte „Name“	In dieser Spalte muss ein eindeutiger Name für das Kontenschema eingegeben werden, z.B. ANALYSE.
2-2	Spalte „Beschreibung“	Hier kann eine nähere Erläuterung erfolgen, z.B. Kapitalstruktur.
2-3	In der Spalte „Standard Spaltenlayout“ kann mit **F6** ein Spaltenlayout ausgewählt werden, das mit **OK** zu bestätigen ist.	Ist ein Spaltenlayout ausgewählt, wird das Kontenschema in der Kontenschema Matrix und im Bericht mit diesem Spaltenlayout geöffnet. Es kann jedoch noch vor der Auswertung ein anderes Layout verwendet werden.
2-4	Spalte „Analyseansichtsname“	Soll dem Kontenschema eine Analyseansicht zugeordnet werden, ist mit **F6** in die Analyseansichten zu

		verzweigen, eine Ansicht auszuwählen und mit OK zu übernehmen.
2-5	Das neue Kontenschema ist auszuwählen und mit OK zu bestätigen.	Die Kontenschemazeilen werden erst aktualisiert, wenn das Feld „Name“ verlassen wird.
3	Kontenschemazeilen	
3-1	In der Spalte „Rubrikennr.“ kann eine Zeichenfolge aus 10 Zeichen eingegeben werden.	Mit Hilfe der Rubrikennummer kann die Zeile für spätere Rechenoperationen eindeutig identifiziert werden.
H	**HINWEIS:** Bei der Vergabe von Rubrikennummern sollten in dieser immer Buchstaben enthalten sein, um sie von normalen Zahlen zu unterscheiden. Soll in einer Formel, z.B. ein Wert durch 100 geteilt werden und eine Rubrik hat genau diese Nummer, teilt NAVISION den Wert durch das Ergebnis der Rubrik 100 und nicht durch die Zahl 100.	
3-2	In Spalte „Beschreibung“ kann eine Erläuterungszeile eingetragen werden.	Die Beschreibung erscheint als Text in den späteren Auswertungen.
3-3	In der Spalte „Zusammenzählungsart“ kann mit **F6** und **Enter** zwischen <Kontensumme>, <Summensumme> und <Formel> unterschieden werden. Damit wird festgelegt, welche Konten aus dem definierten Zusammenzählungsintervall in der Spalte „Zusammenzählung“ summiert werden. <Kontensumme> Die Summe wird aus den Beträgen der Konten des Typs Konto im Kontenplan gebildet. <Summensumme> Die Summe wird aus den Beträgen der Konten des Typs Summe und Bis-Summe im Kontenplan gebildet. <Formel> Die Summe wird aus Beträgen in anderen Zeilen des Kontenschemas gebildet. Die Formel wird in die Spalte „Zusammenzählung“ eingegeben. <Festgelegte Basis für Prozent> Hier kann eine Kontenschemazeile als Basis (Nenner) für die Berechnung eines Prozentsatzes festgelegt werden.	
3-4	Spalte „Zusammenzählung“	Hier kann mit **F6** in die Sachkontenübersicht (Kontenplan) verzweigt, ein Sachkonto ausgewählt und mit OK die Auswahl bestätigt werden, z.B. 1000..1299 oder 1120|1220.

3-5	In der Spalte „Anzeigen“ kann mit **F6** ausgewählt werden, ob bzw. wie die Kontenschemazeile im Bericht gedruckt werden soll. In der Kontenschema Matrix werden die Zeilen immer angezeigt. <Ja> Die Zeile wird gedruckt. <Nein> Die Zeile wird nicht gedruckt. <Wenn eine Spalte nicht 0 ist> Die Zeile wird nicht gedruckt, wenn alle Beträge in dieser Zeile 0 (Null) sind. <Bei positivem Saldo> Die Zeile wird nur bei einem positiven Saldo gedruckt. <Bei negativem Saldo> Die Zeile wird nur bei einem negativen Saldo gedruckt.

3-6	Spalte „Neue Seite“	Ist hier ein Haken gesetzt, wird beim Drucken des Kontenschemas ein Seitenumbruch nach dem jeweils aktuellen Konto durchgeführt.

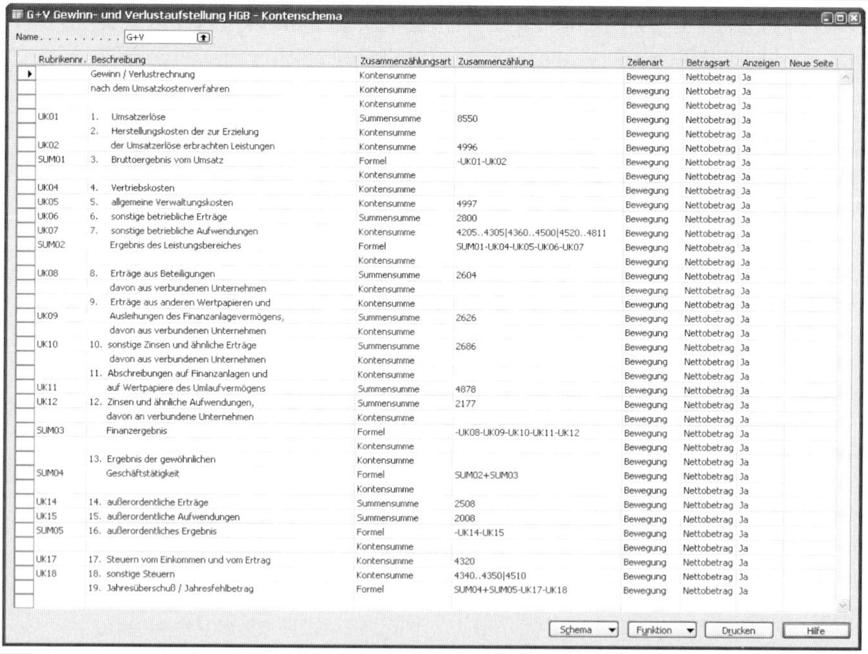

G+V Gewinn- und Verlustaufstellung HGB - Kontenschema

Name . . . . G+V

Rubrikennr.	Beschreibung	Zusammenzählungsart	Zusammenzählung	Zeilenart	Betragsart	Anzeigen	Neue Seite
	Gewinn / Verlustrechnung	Kontensumme		Bewegung	Nettobetrag	Ja	
	nach dem Umsatzkostenverfahren	Kontensumme		Bewegung	Nettobetrag	Ja	
		Kontensumme		Bewegung	Nettobetrag	Ja	
UK01	1. Umsatzerlöse	Summensumme	8550	Bewegung	Nettobetrag	Ja	
	2. Herstellungskosten der zur Erzielung	Kontensumme		Bewegung	Nettobetrag	Ja	
UK02	der Umsatzerlöse erbrachten Leistungen	Kontensumme	4996	Bewegung	Nettobetrag	Ja	
SUM01	3. Bruttoergebnis vom Umsatz	Formel	-UK01-UK02	Bewegung	Nettobetrag	Ja	
		Kontensumme		Bewegung	Nettobetrag	Ja	
UK04	4. Vertriebskosten	Kontensumme		Bewegung	Nettobetrag	Ja	
UK05	5. allgemeine Verwaltungskosten	Kontensumme	4997	Bewegung	Nettobetrag	Ja	
UK06	6. sonstige betriebliche Erträge	Summensumme	2800	Bewegung	Nettobetrag	Ja	
UK07	7. sonstige betriebliche Aufwendungen	Kontensumme	4205..4305|4360..4500|4520..4811	Bewegung	Nettobetrag	Ja	
SUM02	Ergebnis des Leistungsbereiches	Formel	SUM01-UK04-UK05-UK06-UK07	Bewegung	Nettobetrag	Ja	
		Kontensumme		Bewegung	Nettobetrag	Ja	
UK08	8. Erträge aus Beteiligungen	Summensumme	2604	Bewegung	Nettobetrag	Ja	
	davon aus verbundenen Unternehmen	Kontensumme		Bewegung	Nettobetrag	Ja	
	9. Erträge aus anderen Wertpapieren und	Kontensumme		Bewegung	Nettobetrag	Ja	
UK09	Ausleihungen des Finanzanlagevermögens,	Summensumme	2626	Bewegung	Nettobetrag	Ja	
	davon aus verbundenen Unternehmen	Kontensumme		Bewegung	Nettobetrag	Ja	
UK10	10. sonstige Zinsen und ähnliche Erträge	Summensumme	2686	Bewegung	Nettobetrag	Ja	
	davon aus verbundenen Unternehmen	Kontensumme		Bewegung	Nettobetrag	Ja	
	11. Abschreibungen auf Finanzanlagen und	Kontensumme		Bewegung	Nettobetrag	Ja	
UK11	auf Wertpapiere des Umlaufvermögens	Summensumme	4878	Bewegung	Nettobetrag	Ja	
UK12	12. Zinsen und ähnliche Aufwendungen,	Summensumme	2177	Bewegung	Nettobetrag	Ja	
	davon an verbundene Unternehmen	Kontensumme		Bewegung	Nettobetrag	Ja	
SUM03	Finanzergebnis	Formel	-UK08-UK09-UK10-UK11-UK12	Bewegung	Nettobetrag	Ja	
		Kontensumme		Bewegung	Nettobetrag	Ja	
	13. Ergebnis der gewöhnlichen	Kontensumme		Bewegung	Nettobetrag	Ja	
SUM04	Geschäftstätigkeit	Formel	SUM02+SUM03	Bewegung	Nettobetrag	Ja	
		Kontensumme		Bewegung	Nettobetrag	Ja	
UK14	14. außerordentliche Erträge	Summensumme	2508	Bewegung	Nettobetrag	Ja	
UK15	15. außerordentliche Aufwendungen	Summensumme	2008	Bewegung	Nettobetrag	Ja	
SUM05	16. außerordentliches Ergebnis	Formel	-UK14-UK15	Bewegung	Nettobetrag	Ja	
		Kontensumme		Bewegung	Nettobetrag	Ja	
UK17	17. Steuern vom Einkommen und vom Ertrag	Kontensumme	4320	Bewegung	Nettobetrag	Ja	
UK18	18. sonstige Steuern	Kontensumme	4340..4350|4510	Bewegung	Nettobetrag	Ja	
	19. Jahresüberschuß / Jahresfehlbetrag	Formel	SUM04+SUM05-UK17-UK18	Bewegung	Nettobetrag	Ja	

Schema Funktion Drucken Hilfe

3-7	Weitere Spalten können über *Ansicht / Spalte anzeigen…* zur Ansicht gebracht werden. Dazu ist jeweils ein Haken vor den Namen zu setzen und die Eingaben mit **OK** zu bestätigen.

3-7-1	Spalte „Fett“	Wird hier ein Haken gesetzt, erfolgt die Ausgabe dieser Zeile in Fettschrift.
3-7-2	Spalte „Kursiv“	Ein Haken bewirkt, dass die entsprechende Zeile kursiv ausgegeben wird.
3-7-3	Spalte „Unterstrichen“	Wird hier ein Haken gesetzt, wird diese Zeile unterstrichen.
3-7-4	Spalte „Umgekehrtes Vorzeichen anz.“	Durch das Setzen des Hakens werden die Werte in dieser Zeile mit umgekehrten Vorzeichen ausgegeben.
3-7-5	Spalten „Kostenstelle Code Zusammenzählung“, „Kostenträger Code Zusammenzählung“, „Dimensionssumme 3“ und „Dimensionssumme 4“	Hier kann jeweils mit **F6** in die Dimensionswertübersicht verzweigt werden, ein Wert ausgewählt und mit OK übernommen werden.
4	Schema ▼ / *Matrix…*	In der Kontenschema Matrix kann das Ergebnis am Bildschirm angesehen werden (siehe Punkt 2.7.3).
5	**ESC**	Zurück zum Kontenschema.
6	Drucken…	
6-1	Register Optionen	
6-2	Feld „Kontenschemaname“	Hier ist der Kontenschemaname voreingetragen, aus dem das Drucken gestartet wurde.
6-3	Feld „Spaltenlayoutname“	In diesem Feld ist der Spaltenlayoutname vorgegeben, der beim Anlegen des Kontenschemas hinterlegt wurde. Er kann mit **F6** und OK geändert werden.
6-4	Feld „Datumsfilter“	Ein Datumsfilter ist unbedingt anzugeben, sonst erscheint eine Fehlermeldung vom System.
6-5	Zeilen „Budgetfilter“, „Konzernmandantenfilter“, „Kostenstelle Filter“ und „Kostenträger Filter“	Durch die Eingabe entsprechender Filter kann die Auswertung weiter eingegrenzt werden. Dazu ist mit **F6** in die jeweiligen Übersichten zu verzweigen und mit OK die Auswahl zu bestätigen.

6-6	Feld „Fehler anzeigen“	Mit **F6** und **Enter** kann hier ausgewählt werden, ob und welche Fehler angezeigt werden. Ist <Keine> ausgewählt, erscheint ein Leerraum anstelle des Betrages.
6-7	Feld „Beträge in Berichtswährung ausgeben“	Wird hier ein Haken gesetzt, werden die Beträge in der hinterlegten Berichtswährung ausgegeben.
6-8	Feld „Kontenschema Einrichtung anzeigen“	Durch das Setzen des Hakens kann die Einrichtung des Kontenschemas ausgegeben werden.
7	Seitenansicht oder Drucken…	
8	2 x **ESC**	Zurück zum Hauptmenü.

2.7.2 Einrichten von Kontenschema Spaltenlayouts

Die Kontenschemaspalten können dazu genutzt werden, eine zeitliche Entwicklung der Zeilenwerte aufzuzeigen oder Vergleiche mit anderen Perioden oder Budgetwerten durchzuführen.

Schritt	Aktion	Bemerkung
1	*Finanzmanagement / Finanzbuchhaltung / Analyse & Berichtswesen / Kontenschemata*	
2	**Funktion ▼** / *Spaltenlayouts einrichten…*	
3	Den Cursor im Feld „Name“ positionieren und mit **F6** das Fenster Spaltenlayout Namen anzeigen.	
3-1	Mit **F3** einen neuen Datensatz anlegen.	
3-1-1	Feld „Name“	Hier wird ein eindeutiger Name für das Spaltenlayout eingetragen, z.B. STANDARD.
3-1-2	Feld „Beschreibung“	In diesem Feld kann der Code näher erläutert werden, z.B. Standard Spaltenlayout.
3-2	Den Spaltenlayoutnamen auswählen und mit **OK** bestätigen.	Die Kontenschema Spaltenlayoutzeilen werden erst aktualisiert, wenn das Feld „Name“ verlassen wird.
4	Spaltenlayout Zeilen	
4-1	In die Spalte „Spaltennr.“ kann eine Zeichenfolge von 10 Zeichen eingegeben werden.	Mit Hilfe der Spaltennummer kann die Zeile für spätere Rechenoperationen eindeutig identifiziert werden.
4-2	Spalte „Spaltenüberschrift“	Hier kann eine nähere Erläuterung der Spalte angegeben werden. Sie erscheint auf allen Auswertungen.
4-3	Feld „Spaltenart“	In diesem Feld kann festgelegt werden, welche Datumsabgrenzung bei der Berechnung der Spalte bezogen auf den gesetzten Datumsfilter angewendet werden soll.

		Die Optionen sind in der folgenden Grafik anschaulich dargestellt. Die Option <Formel> wird im Schritt 4-6 erläutert.
	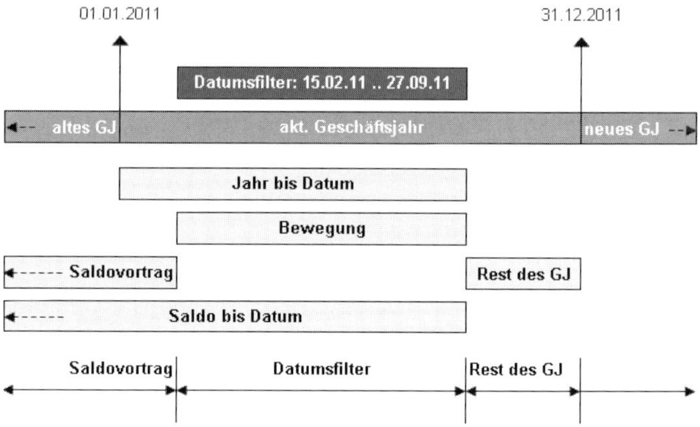	
4-4	Spalte „Postenart“	Über die Postenart kann mit **F6** alternativ auf gebuchte Werte <Sachposten> oder budgetierte Werte <Finanzbudgetposten> zugegriffen werden.
4-5	In der Spalte „Betragsart“ muss mit **F6** und **Enter** ausgewählt werden, welche Beträge in der Kontenschemaspalte enthalten sein sollen. <Nettobetrag> Haben- und Sollposten. <Sollbetrag> nur Sollposten. <Habenbetrag> nur Habenposten.	
4-6	Spalte „Formel“	Hier kann eine Formel zur Berechnung von Spalten eingegeben werden, wenn die „Spaltenart“ <Formel> ist. Folgende Operatoren sind möglich: +; -; *; /; (); %; ^ (Potenz).
4-7	Spalte „Umgekehrtes Vorzeichen anz.“	Wenn hier ein Haken gesetzt wird, erscheinen die Sollbeträge mit negativem und die Habenbeträge mit positivem Vorzeichen.
4-8	Feld „Vergleichsperiodendatumsformel“	Über die Vergleichsperiode kann der ausgewählte Zeitraum um Jahre, Monate, Wochen oder Tage vor- oder zurückverlegt werden.

4-9	Im Feld „Anzeigen“ kann mit **F6** ausgewählt werden, welche Beträge aus dieser Spalte in Berichten erscheinen sollen. <Immer> Alle Beträge in der Spalte werden immer angezeigt. <Nie> Die Spalte wird in Berichten nie erscheinen. Sie wird nur für Berechnungszwecke verwendet. <Wenn positiv> In der Spalte werden nur positive Beträge vor der Anwendung des „Umgekehrtes Vorzeichen anz.“ angezeigt. <Wenn negativ> Nur negative Beträge vor der Anwendung des „Umgekehrtes Vorzeichen anz.“ werden angezeigt.
4-10	Spalte „Rundungsfaktor“ Hier können Rundungsfaktoren für Beträge in der Kontenschema-spalte ausgewählt werden. Es werden nur die Beträge in den Berichten gerundet, nicht in der Kontenschema Matrix.
H	**HINWEIS:** Bereits im Spaltenlayout können Zusammenzählungen über Konzernmandanten, Kostenstellen, Kostenträger und weiteren Dimensionen vorgenommen werden. Diese Spalten müssen über *Ansicht / Spalten anzeigen…* und **OK** zur Ansicht gebracht werden.

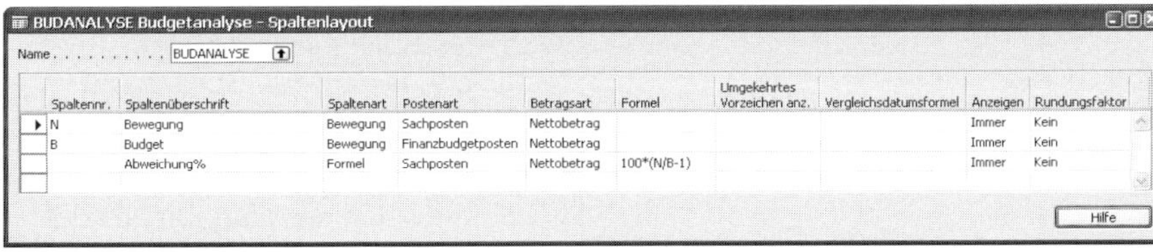

5	2 x **ESC**	Zurück zum Hauptmenü.

2.7.3 Auswertungen in der Kontenschema Matrix und der Export nach Microsoft Excel

In der Kontenschema Matrix können die Kontenschemata mit den Spaltenlayouts beliebig kombiniert und die Werte angezeigt werden.

Schritt	Aktion	Bemerkung
1	*Finanzmanagement / Finanzbuchhaltung / Analyse & Berichtswesen / Kontenschema*	
2	Schema ▼ / *Matrix…*	
2-1	Register Allgemein	
2-1-1	Feld „Kontenschemaname“	Hier kann mit **F6** der Name des Kontenschemas ausgewählt und mit OK bestätigt werden.
2-1-2	Feld „Spaltenlayoutname“	In diesem Feld ist mit **F6** und OK ein Spaltenlayout aufzurufen. Mit der Wahl des Spaltenlayouts wird festgelegt, in welchen Spalten die Zahlenwerte angezeigt werden.
2-1-3	Feld „Datumsfilter“	Hier kann ein Zeitraum eingegeben werden, für den die Werte angezeigt werden sollen. Dieses Feld wird automatisch aktualisiert, wenn die Schaltflächen (links unten) aktiviert werden.
2-1-4	Feld „Budgetfilter“	Mit dem Budgetcode kann festgelegt werden, dass nur die Konten bestimmter Budgets auf dem Ausdruck berücksichtigt werden.
2-2	Register Dimensionsfilter	
H	**HINWEIS:** Wurde dem Kontenschemanamen kein Analyseansichtsname zugeordnet, kann ein Filter auf „Kostenstelle Filter“ und „Kostenträger Filter“ gesetzt werden. Wurde dem Kontenschemanamen eine Analyseansicht zugeordnet, kann in diesem Register auf die 4 Dimensionen, die auf der Analyseansichtskarte definiert wurden, gefiltert werden.	
2-2-1	Feld „Kostenstelle Filter“	In diesem Feld kann mit **F6** und OK ein Filter auf bestimmte Kostenstellen gesetzt werden.

2-2-2	Feld „Kostenträger Filter“	In diesem Feld kann mit **F6** und OK ein Filter auf bestimmte Kostenträger gesetzt werden.
2-2-3	Felder „Dimensionsfilter 3“, „Dimensionsfilter 4“	In diesen Feldern kann kein Filter eingegeben werden.
2-3	Register Optionen	
2-3-1	Feld „Fehler anzeigen“	Hier kann bestimmt werden, ob und welche Fehler angezeigt werden. <Nulldivision> Ruft die eingegebene Formel eine Division durch Null hervor, wird anstelle des Betrages "FEHLER" angezeigt. <Periodenfehler> Gibt es in der Länge der Perioden einen Unterschied, wird anstelle des Betrages "Nicht verfügbar" angezeigt. <Beide> Hier werden beide Fehlerarten berücksichtigt.
2-3-2	Feld „Beträge in Berichtswährung ausgeben“	Wird hier ein Haken gesetzt, werden die Beträge in der hinterlegten Berichtswährung ausgegeben.
3	Schaltflächen	
3-1	 Tag Woche Monat Quartal Jahr Buchhaltungsperiode	Mit diesen Schaltflächen kann die Entwicklung der Daten im zeitlichen Verlauf gezeigt werden. Dabei kann zwischen den Periodenlängen Tag, Woche, Monat, Quartal, Jahr und Buchhaltungsperiode umgeschaltet werden, um verdichtete bzw. detaillierte Informationen zu erhalten.
3-2		Mit diesen Schaltflächen kann die ausgewählte Periodenlänge zeitlich vor- oder zurückverschoben werden.
EXPORT NACH MICROSOFT EXCEL		
4	Funktion ▼ / *Nach Excel exportieren…*	Mit dieser Funktion können die angezeigten Werte nach Microsoft Excel exportiert werden.
4-1	Feld „Option“	Hier kann zwischen den Optionen <Arbeitsmappe erstellen> und <Arbeitsmappe aktualisieren> unterschieden werden.

		Bei <Arbeitsmappe erstellen> sind die anderen Felder leer zu iassen.
4-2	Feld „Arbeitsmappendateiname“	Hier kann mit **F6** die entsprechende Datei ausgewählt werden, die aktualisiert werden soll.
4-3	Feld „Tabellenname“	Hier ist mit **F6** ein Tabellenblattname der Excel-Tabelle auszuwählen und mit OK zu bestätigen.

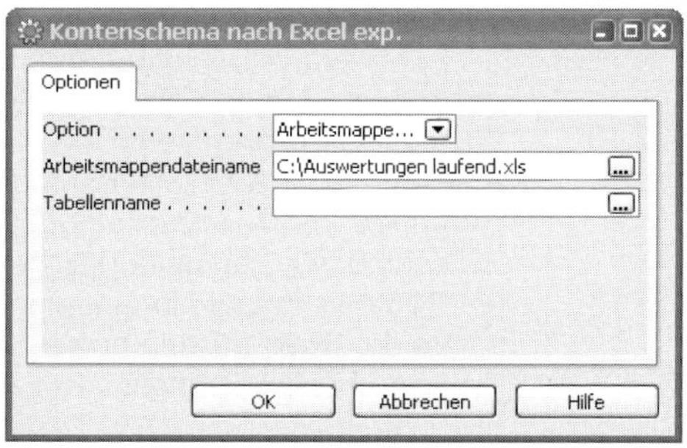

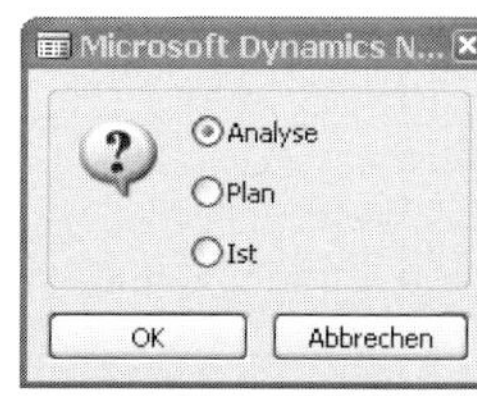

4-4	OK	Der Excel-Export wird angestoßen.
	Nach Abschluss des Exports wird die Excel-Tabelle geöffnet und kann weiter bearbeitet werden.	
4-5	2 x **ESC**	Zurück zum Hauptmenü.

2.8 Analyse nach Dimensionen

Mit Hilfe der Dimensionsfunktionalität können Strukturauswertungen vorgenommen werden ohne weitere Sachkonten oder Buchungsgruppen definieren zu müssen. Dimensionen bilden die Grundlage für Auswertungen.

2.8.1 Definieren von Analyseansichten

Mit Analyseansichten können die Daten aus der Finanzbuchhaltung anhand bestimmter Kriterien zur Ansicht gebracht werden. Für eine Analyseansicht können z.B. Sachposten nach Sachkonten, nach Datum und nach bis zu vier Dimensionen gruppiert werden. Darüber hinaus können Finanzbudgetposten mit aufgenommen werden, so dass die Ist-Zahlen mit den erwarteten Zahlen verglichen werden können.

Schritt	Aktion	Bemerkung
1	*Finanzmanagement / Einrichtung / Dimensionen / Analyseansichten*	
2	**F3**	Mit der Taste **F3** wird ein neuer Datensatz erzeugt und eine neue Analyseansicht angelegt.
3	Register Allgemein	
3-1	Feld „Code“	Hier ist der Code für die Analyseansicht einzugeben (max. 10 Zeichen).
3-2	Feld „Name“	Hier kann ein Beschreibungstext eingegeben werden.
3-3	Feld „Sachkontofilter“	Über **F6** kann in die Sachkontenübersicht verzweigt werden, Sachkonten ausgewählt und mit OK bestätigt werden.
3-4	Feld „Datumskomprimierung“	Es kann zwischen den Optionen: <Keine>, <Tag>, <Woche>, <Monat>, <Quartal>, <Jahr> und <Periode> ausgewählt und mit **Enter** bestätigt werden.
H	**HINWEIS:** Alle Sachposten, die am oder nach dem eingegebenen Startdatum gebucht wurden, werden auf der hier eingegebenen Ebene komprimiert und in die Analyseansicht aufgenommen.	
3-5	Feld „Startdatum“	Hier ist das Datum einzutragen, ab dem mit der Analyseansicht gearbeitet werden soll.

3-6	Felder „Aktualisiert am“, „Letzte Lfd. Nr.“ und „Letzte Budget Lfd. Nr.“	Diese Felder sind nicht editierbar, sie werden vom System automatisch gefüllt und zeigen das Datum und die laufenden Nummern der Sach- und Budgetposten an, bis zu dem die Analyseansicht aktualisiert wurde.
3-7	Feld „Bei Buchung aktualisieren“	Wird in dieses Feld ein Haken gesetzt, aktualisiert das System bei jeder durchgeführten Buchung die Analyseansicht.
H	**HINWEIS:** Wird in dieses Feld kein Haken gesetzt, kann die Analyseansicht über den Button Aktualisieren aktualisiert werden oder über die Stapelverarbeitung *Finanzmanagement / Finanzbuchhaltung / Periodische Aktivitäten / Analyseansichten aktualisieren….*	
3-8	Feld „Mit Budgets“	Soll mit Budgetwerten gearbeitet werden, ist hier ein Haken zu setzen.
3-9	Feld „Gesperrt“	Ist hier ein Haken gesetzt, kann über diese Analyseansicht keine Auswertung durchgeführt werden.

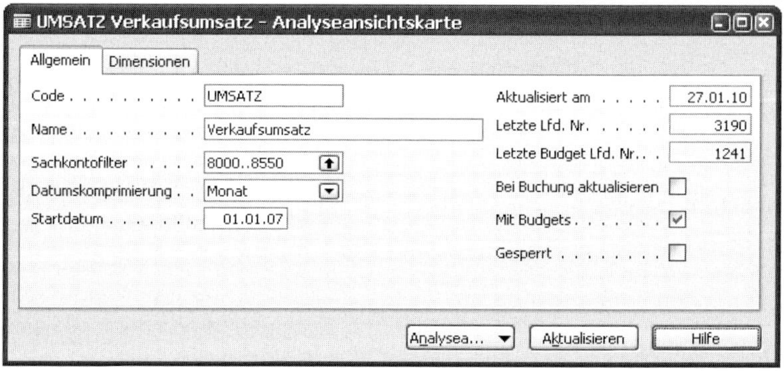

4	Register Dimensionen	
4-1	Felder „Dimensionscode 1“, „Dimensionscode 2“, „Dimensionscode 3“ und „Dimensionscode 4“	Diesen Feldern ist mit F6 aus der Dimensionsübersicht jeweils eine Dimension zuzuweisen und mit OK zu bestätigen. Hier werden die Dimensionen angegeben, nach denen in dieser Analyseansicht ausgewertet werden soll.
5	ESC	Zurück zum Hauptmenü.

2.8.2 Erstellen des Auswertungsschemas: Analyse nach Dimensionen

Über die Analyse nach Dimensionen können die definierten Analyseansichten am Bildschirm über verschiedene Filterstufen zur Ansicht gebracht werden.

Schritt	Aktion	Bemerkung
1	*Finanzmanagement / Finanzbuchhaltung / Analyse & Berichtswesen / Analyse nach Dimensionen*	Die im Analysekopf vorgenommen Einstellungen aktualisieren unmittelbar die Werte in den Analysezeilen.
2	Register Allgemein	
2-1	Feld „Analyseansichtscode“	Über die Taste **F6** ist aus der Analyseansichtenübersicht die entsprechende Analyseansicht auszuwählen und mit OK zu bestätigen.
2-2	Felder „Zeilenansicht“ und „Spaltenansicht“	Mit **F6** kann aus der Dimensionsauswahl die Dimension ausgewählt werden, die in den Zeilen, bzw. Spalten, angezeigt werden soll.
H	**HINWEIS:** Die Auswahl nach „Sachkonto“ und „Periode“ wird immer mit vorgeschlagen, die weiteren Dimensionen sind abhängig von der Definition in der Analyseansicht unter dem Register Dimensionen.	
3	Register Filter	
3-1	Feld „Datumsfilter“	Hier kann ein Zeitraum für die Auswertungen definiert werden.
3-2	Feld „Sachkontenfilter“	Wurde in der Analyseansicht ein Sachkontenfilter definiert, wird dieser hier angezeigt. Über **F6** kann der Filter geändert werden. Bleibt das Feld leer, werden alle Sachkonten aufgelistet, wenn im Register Allgemein in der Zeilen- oder Spaltenansicht <Sachkonto> definiert wurde.
3-3	Feld „Budgetfilter“	Aus den Finanzbudgetnamen kann mit **F6** ein Budget ausgewählt und mit OK bestätigt werden.

<table>
<tr><td>H</td><td colspan="2">HINWEIS: Wurde in der Analyseansicht das Feld „Mit Budgets“ aktiviert und wird im Register Optionen im Feld „Anzeigen“ <Budgetierte Beträge> ausgewählt, werden in den Analysezeilen die Planwerte angezeigt.</td></tr>
<tr><td>3-4</td><td>Felder „Dimensionsfilter 1“, „Dimensionsfilter 2“, „Dimensionsfilter 3“ und „Dimensionsfilter 4“</td><td>Über diese Felder kann nur gefiltert werden, wenn diese auf der Analyseansichtskarte unter dem Register Dimensionen definiert worden sind. Ist dies der Fall, wird der entsprechende Dimensionsfilter mit der Filter Caption der Dimension überschrieben. Mit F6 kann aus der Dimensionswertübersicht ein Wert ausgewählt und mit OK bestätigt werden.</td></tr>
<tr><td>4</td><td colspan="2">Register Optionen</td></tr>
<tr><td>4-1</td><td>Feld „Anzeigen“</td><td>Hier kann mit der Taste F6 zwischen den Optionen: <Tatsächliche Beträge>, <Budgetierte Beträge>, <Abweichung>, <Abweichung %> und <Index %> gewählt werden.</td></tr>
<tr><td></td><td colspan="2"><Tatsächliche Beträge> Das Matrixfenster zeigt aktuelle Beträge auf der Grundlage der Analyseansichtsposten.
<Budgetierte Beträge> Es werden budgetierte Werte auf Basis der Analyseansichtsbudgetposten aufgelistet.
<Abweichung> Das Matrixfenster zeigt die Abweichung zwischen Soll- und Istwerten.
(Tatsächliche Beträge – Budgetierte Beträge = Abweichung)
<Abweichung %> Das Matrixfenster zeigt die Abweichung zwischen Soll- und Istwerten in Prozenten an.
<Index %> Das Matrixfenster zeigt die Abweichung zwischen tatsächlichen und budgetierten Beträgen als Index an.</td></tr>
<tr><td>4-2</td><td>Feld „Betragsfeld anzeigen“</td><td>Hier kann gewählt werden, ob der <Betrag> (gesamt), <Sollbetrag> oder <Habenbetrag> angezeigt werden soll. Die Wahl ist mit Enter zu bestätigen.</td></tr>
<tr><td>4-3</td><td>Feld „Ultimoposten“</td><td>Um Abgrenzungen der einzelnen Geschäftsjahre durchzuführen, kann zwischen <Einschließlich> und <Ausschließlich> unterschieden werden.</td></tr>
</table>

4-4	Feld „Rundungsfaktor“	Hier kann mit **F6** ein Rundungsfaktor für die tatsächlichen und budgetierten Beträge ausgewählt werden. Wird <Kein> ausgewählt, erfolgt keine Rundung der Werte.
4-5	Feld „Beträge in Berichtswährung ausgeben“	Wird hier ein Haken gesetzt, werden in den Zeilen die Werte in der Berichtswährung angezeigt.
4-6	Feld „Spaltenname anzeigen“	Ein Haken in diesem Feld bewirkt, dass die Anwendung als Spaltenüberschriften anstatt der Dimensionscodes deren Namen verwendet.
4-7	Feld „Umgedrehtes Vorzeichen anzeigen“	Sollen Sollbeträge als negative Beträge und Habenbeträge als positive Werte angezeigt werden, ist hier ein Haken zu setzen.

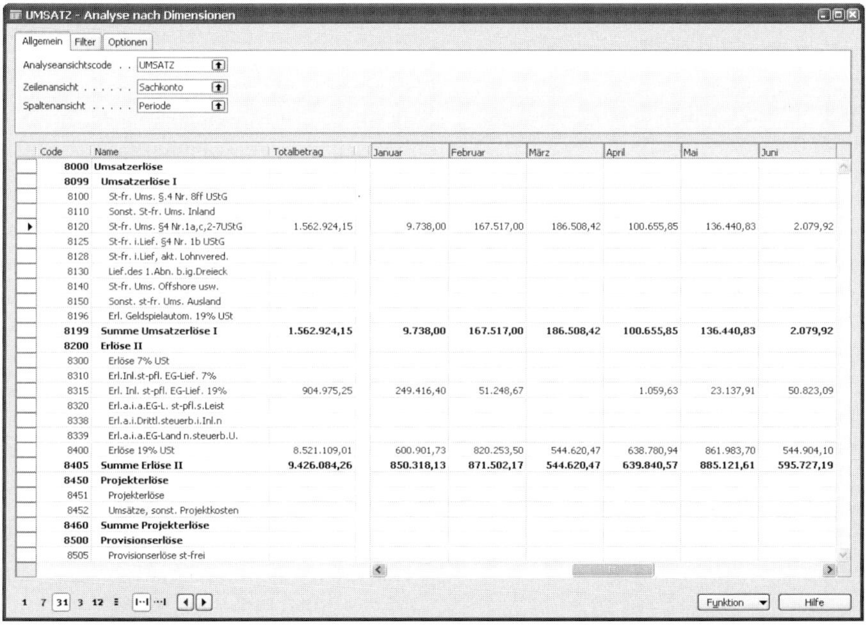

Code	Name	Totalbetrag	Januar	Februar	März	April	Mai	Juni
8000	**Umsatzerlöse**							
8099	**Umsatzerlöse I**							
8100	St-fr. Ums. §.4 Nr. 8ff UStG							
8110	Sonst. St-fr. Ums. Inland							
8120	St-fr. Ums. §4 Nr.1a,c,2-7UStG	1.562.924,15	9.738,00	167.517,00	186.508,42	100.655,85	136.440,83	2.079,92
8125	St-fr. i.Lief. §4 Nr. 1b UStG							
8128	St-fr. i.Lief, akt. Lohnvered.							
8130	Lief.des 1.Abn. b.ig.Dreieck							
8140	St-fr. Ums. Offshore usw.							
8150	Sonst. st-fr. Ums. Ausland							
8196	Erl. Geldspielautom. 19% USt							
8199	**Summe Umsatzerlöse I**	**1.562.924,15**	**9.738,00**	**167.517,00**	**186.508,42**	**100.655,85**	**136.440,83**	**2.079,92**
8200	**Erlöse II**							
8300	Erlöse 7% USt							
8310	Erl.Inl.st-pfl. EG-Lief. 7%							
8315	Erl. Inl. st-pfl. EG-Lief. 19%	904.975,25	249.416,40	51.248,67		1.059,63	23.137,91	50.823,09
8320	Erl.a.i.a.EG-L. st-pfl.s.Leist							
8338	Erl.a.i.Drittl.steuerb.i.Inl.n							
8339	Erl.a.i.a.EG-Land n.steuerb.U.							
8400	Erlöse 19% USt	8.521.109,01	600.901,73	820.253,50	544.620,47	638.780,94	861.983,70	544.904,10
8405	**Summe Erlöse II**	**9.426.084,26**	**850.318,13**	**871.502,17**	**544.620,47**	**639.840,57**	**885.121,61**	**595.727,19**
8450	**Projekterlöse**							
8451	Projekterlöse							
8452	Umsätze, sonst. Projektkosten							
8460	**Summe Projekterlöse**							
8500	**Provisionserlöse**							
8505	Provisionserlöse st-frei							

4-8	**ESC**	Zurück zum Hauptmenü.

2.8.3 Die Berichte Dimensionen-Total und Dimensionen-Detail

Über die Berichte Dimensionen-Total und Dimensionen-Detail können die definierten Analyseansichten ausgedruckt werden. Soll- / Ist-Vergleiche können hier gegenüber gestellt werden. Über eine Hierarchie wird festgelegt, in welcher Ebene die Dimensionen ausgedruckt werden sollen.

Schritt	Aktion	Bemerkung
DIMENSIONEN-TOTAL		
1	*Finanzmanagement/ Finanzbuchhaltung / Berichte / Posten / Dimensionen - Total*	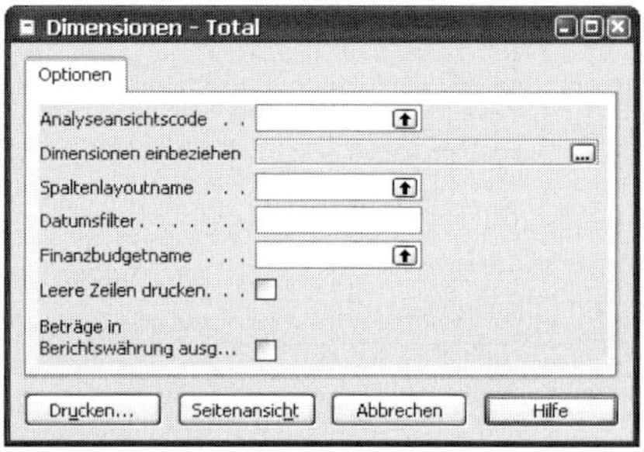
2	Register Optionen	
2-1	Feld „Analyseansichtscode“	Mit **F6** ist in die Analyseansichtenübersicht zu verzweigen, die entsprechende Analyseansicht auszuwählen und mit **OK** zu bestätigen, z.B. UMSATZ.
2-2	Feld „Dimensionen einbeziehen“	Hier ist mit **F6** in die Dimensionsauswahlebene zu verzweigen und für die in der Analyseansicht definierten Dimensionen die Druckebene auf dem Formular festzulegen.
2-2-1	Spalte „Code“	In dieser Spalte werden die definierten Dimensionen angezeigt, z.B. Bereich, Kostenstelle, Kostenträger.
2-2-2	Spalte „Ebene“	Mit der Taste **F6** ist die entsprechende Ebene (Ebene 1 bis Ebene 4) auszuwählen und mit **Enter** zu bestätigen.
H	**HINWEIS:** Werden den Dimensionen keine Ebenen zugewiesen, kann nichts ausgedruckt werden.	
2-2-3	Spalte „Dimensionswertfilter“	Hier können für jede Dimension Filter gesetzt werden, um nur bestimmte Auswertungen zu erhalten. Werden

		keine Filter gesetzt, werden alle Buchungen angezeigt. Wurde auf der Analyseansichtskarte schon ein Sachkontofilter festgelegt, wird dieser hier automatisch angezeigt.
2-2-4	OK	Die Eingaben sind zu bestätigen.
2-3	Feld „Spaltenlayout Name“	Mit **F6** ist das entsprechende Spaltenlayout auszuwählen und mit OK zu bestätigen. (siehe Ablaufschema 2.7 ff. Erstellung des Spaltenlayouts)
2-4	Feld „Datumsfilter“	Hier ist der Zeitraum anzugeben, für den die Auswertung erstellt werden soll.
2-5	Feld „Finanzbudgetname“	Soll ein Soll-/Ist-Vergleich durchgeführt werden, ist mit **F6** in die Finanzbudgetnamen zu verzweigen, das entsprechende Budget auszuwählen und mit OK zu bestätigen.
2-6	Feld „leere Zeilen drucken“	Wird in dieses Feld ein Haken gesetzt, druckt das System alle gefilterten Spalten aus, auch wenn keine Buchungen in den ausgewählten Kriterien durchgeführt wurden.
2-7	Feld „Beträge in Berichtswährung ausgeben“	Die Werte werden in Berichtswährung ausgegeben, wenn hier ein Haken gesetzt wurde.
3	Seitenansicht oder Drucken...	Ausgabe des Berichtes Dimensionen-Total auf den Bildschirm oder ausgewählten über den Drucker.
	Beim Bericht Dimensionen-Total erfolgt die Ausgabe der Posten entsprechend der definierten Kriterien summiert pro Sachkonto.	

Dimension		Dimensionswert	Januar	Februar	März	April	Mai
Sachkonto	8120	St-fr. Ums. §4 Nr.1a,c,2-7USt					
BEREICH	30	Nordeuropa (EU)	-147.977,10	-147.977,10	-147.977,10	-147.977,10	-147.977,10
BEREICH	40	Nordeuropa (Nicht EU)	-11.709,33	-35.117,63	-35.117,63	-23.408,30	-23.408,30
BEREICH	50	Südeuropa	-581.173,31	-581.173,31	-413.656,31	-413.656,31	-413.656,31
BEREICH	70	Nordamerika	-463.030,08	-465.503,67	-465.503,67	-290.704,58	-206.134,30
BEREICH	80	Südamerika	-333.152,44	-323.414,44	-323.414,44	-323.414,44	-307.328,87
Sachkonto	8120	St-fr. Ums. §4 Nr.1a,c,2-7USt	-1.537.042,26	-1.553.186,15	-1.385.669,15	-1.199.160,73	-1.098.504,88
Sachkonto	8315	Erl. Inl. st-pfl. EG-Lief. 19%					

4	**ESC**	Zurück zum Hauptmenü.

DIMENSIONEN-DETAIL		
5	*Finanzmanagement/ Finanzbuchhaltung / Berichte / Posten / Dimensionen - Detail*	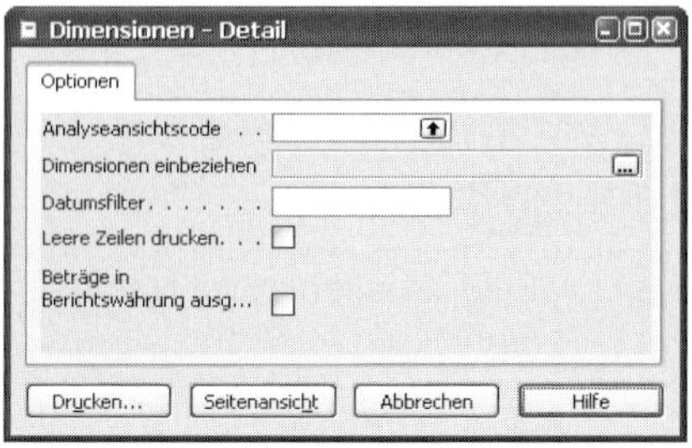
5-1	Die Schritte 2 bis 3 sind analog dem Bericht Dimensionen - Total durchzuführen. Es kann hier kein Spaltenlayoutname und Finanzbudgetname ausgewählt werden. Dieser Bericht wird in einem festgelegten Standardformat gedruckt.	
5-2	Der Bericht Dimensionen-Detail zeigt die einzelnen Sachposten pro Sachkonto an.	

BEREICH	40	Nordeuropa (Nicht EU)				11.709,33	
BEREICH	50	Südeuropa					
		8120	01.02.07	2007-2	Posten, Februar 2007	144.379,60	253
		8120	01.02.07	2007-2	Posten, Februar 2007	23.137,40	258
		8120	01.08.07	2007-8	Posten, August 2007	8.020,52	1528
		8120	01.09.07	2007-9	Posten, September 2007	113.912,22	1740
		8120	01.12.07	2007-12	Posten, Dezember 2007	291.723,57	2390
BEREICH	50	Südeuropa				581.173,31	

6	**ESC**	Zurück zum Hauptmenü.

2.8.4 Zusammenhang zwischen Kontenschema und Analyseansichten

Dem Kontenschema können Analyseansichten zugeordnet werden. Dadurch wird zur Erstellung der Werte im Kontenschema nicht mehr der Sachposten, sondern der Analyseansichtsposten verwendet.

Schritt	Aktion	Bemerkung
1	*Finanzmanagement / Finanzbuchhaltung / Analyse & Berichtswesen / Kontenschemata* (siehe Ablaufschema 2.7.1 Erstellen eines Kontenschemas)	Zum Erstellen des Kontenschemas sind die Schritte wie unter 2.7.1 beschrieben, durchzuführen. Hier wird speziell auf das Zuordnen der Analyseansichten im Kontenschema eingegangen.
1-1	Im Feld „Name“ mit **F6** die Kontenschema Namen aufrufen.	Wird dem Kontenschema Namen in der Spalte „Analyseansichtsname“ eine Analyseansicht zugeordnet, greift das Kontenschema auf diese Analyseposten zu.

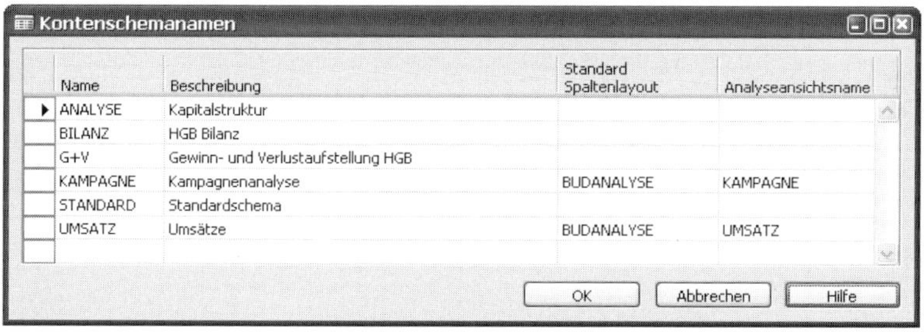

Kontenschemanamen

Name	Beschreibung	Standard Spaltenlayout	Analyseansichtsname
ANALYSE	Kapitalstruktur		
BILANZ	HGB Bilanz		
G+V	Gewinn- und Verlustaufstellung HGB		
KAMPAGNE	Kampagnenanalyse	BUDANALYSE	KAMPAGNE
STANDARD	Standardschema		
UMSATZ	Umsätze	BUDANALYSE	UMSATZ

Schritt	Aktion	Bemerkung
1-2	**ESC**	Zurück zum Kontenschema
2	Kontenschemazeilen	
2-1	*Finanzmanagement / Finanzbuchhaltung / Einrichtung / Dimensionen / Analyseansichten* (siehe Ablaufschema 2.8.1 Definieren von Analyseansichten)	Wurden in der ausgewählten Analyseansicht unter dem Register Dimensionen, siehe Schema 2.8.1, entsprechende Zuweisungen durchgeführt, können in den Kontenschemazeilen diese Dimensionen über *Ansicht / Spalte anzeigen...* (vor die Dimensionscodes einen Haken setzen und mit **OK** bestätigen) zur Ansicht gebracht werden.

<table>
<tr><td>2-2</td><td>Spalten „Dimensionscode 1“, „Dimensionscode 2“, „Dimensionscode 3“ und „Dimensionscode 4“</td><td>In diesen Spalten können mit F6 und OK die bekannten Filterkriterien eingegeben werden und einzelne Auswertungen nach den Dimensionswerten durchgeführt werden.</td></tr>
<tr><td>3</td><td colspan="2">Kontenschemamatrix</td></tr>
<tr><td>3-1</td><td>Schema ▼ / Matrix...

(siehe Ablaufschema 2.7.3 Auswertungen in der Kontenschema Matrix und der Export nach Microsoft Excel)</td><td>In der Kontenschemamatrix können die Auswertungen nach Analyseansichtsposten nach Microsoft Excel exportiert werden.</td></tr>
<tr><td>3-2</td><td colspan="2">Kontenschema:
Auswertung mit dem Analyseansichtsnamen UMSATZ

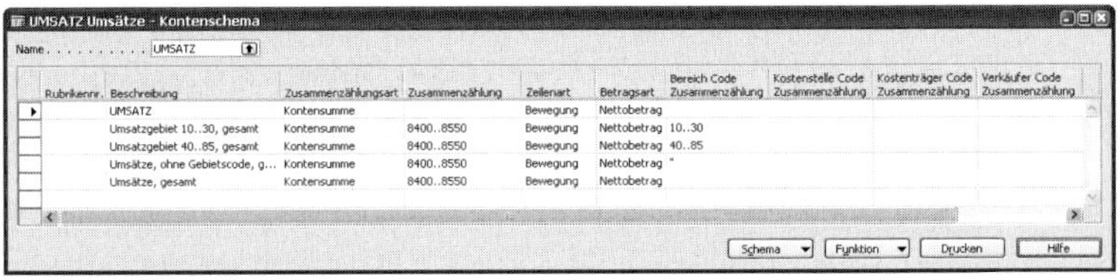
</td></tr>
<tr><td>3-3</td><td colspan="2">Spaltenlayout:
Zuvor wurde hier für das Beispiel ein neues Spaltenlayout definiert.

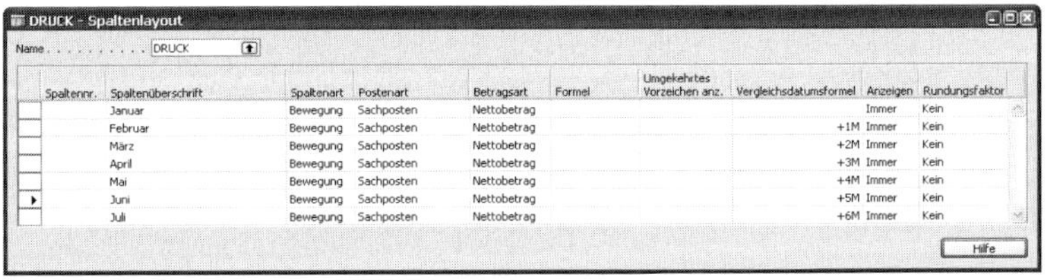
</td></tr>
<tr><td>3-4</td><td colspan="2">Kontenschemamatrix:
Aus der Kombination von Kontenschema, Spaltenlayout und Datumsfilter wird die folgende Matrix aufgebaut.

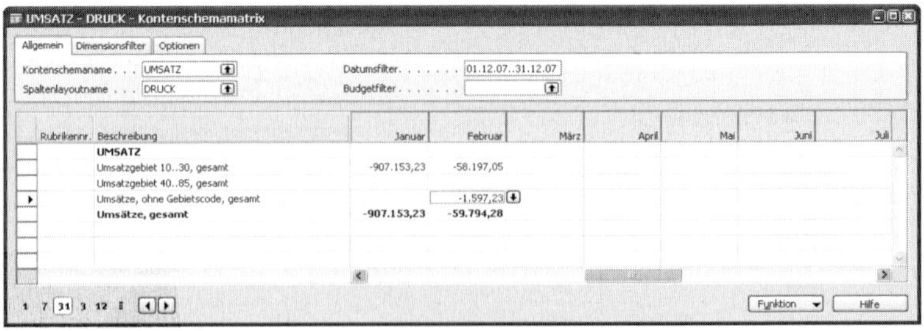
</td></tr>
</table>

<table>
<tr><td>3-5</td><td colspan="2">Analyseansichtsposten:
Wird über die Taste F6 eine Zahl aus der Kontenschemamatrix weiter aufgelöst, gelangt man in den Kontenplan (Analyseansicht). Aus der Spalte „Bewegung“ gelangt man weiter mit F6 ins Detail. Hier wird ersichtlich, dass die Auswertung auf Analyseansichtsposten basiert.
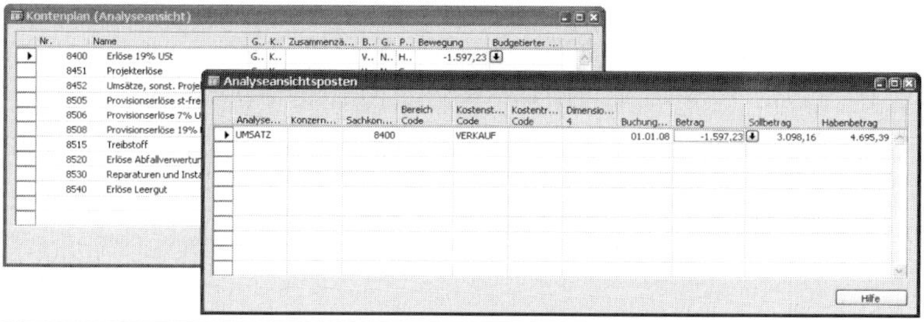
</td></tr>
<tr><td>3-6</td><td>4 x ESC</td><td>Zurück zum Hauptmenü.</td></tr>
</table>

2.9 Jahresabschluss und GuV-Konten Nullstellung

Im Rahmen des Jahresabschlusses sind eine Reihe von Buchungen erforderlich, um die Bilanz sowie die Gewinn- und Verlustrechnung zu erstellen. Zum Ermitteln des Ergebnisses eines Geschäftsjahres sind in Microsoft Dynamics NAV die Buchhaltungsperioden abzuschließen und die Funktion GuV-Konten-Nullstellung zu starten.

2.9.1 Durchführen des Jahresabschlusses

Vor der Durchführung des Jahresabschlusses sollten folgende Arbeiten durchgeführt werden:

Um den aktuellen Warenbestand zu erhalten, muss das Lager reguliert werden. Das geschieht unter:

Finanzmanagement / Lager / Bewertung / Lagerreg. fakt. Einst. Preise…
und
Finanzmanagement / Lager / Bewertung / Buchen / Lagerreg. buchen

Wird mit Fremdwährungen gearbeitet, ist eine Kursregulierung durchzuführen.

Finanzmanagement / Finanzbuchhaltung / Periodische Aktivitäten / Währung / Wechselkurs regulieren

Um die MwSt.-Konten gegeneinander abzugleichen, ist die Stapelverarbeitung „MwSt. abrechnen und buchen“ auszuführen.

Finanzmanagement / Finanzbuchhaltung / Periodische Aktivitäten / MwSt. / MwSt. abrechnen und buchen

Schritt	Aktion	Bemerkung
1	*Finanzmanagement / Finanzbuchhaltung / Periodische Aktivitäten / Geschäftsjahr / Buchhaltungsperioden*	
H	**HINWEIS:** Wird mit Lagerbuchungsperioden gearbeitet, müssen diese, bevor das Geschäftsjahr abgeschlossen wird, aus den Buchungsperioden über [Lagerbuchungsperiode] und die [Funktion▼] / *Periode schließen…* geschlossen werden. Anschließend sind die Lagerbuchungsperioden über [**ESC**] zu schließen und so die Buchungsperioden wieder öffnen.	
2	[Jahr abschließen…]	Das zurückliegende Geschäftsjahr wird abgeschlossen.

3	Die Frage: „Möchten Sie das Geschäftsjahr abschließen?“ ist mit Ja zu beantworten.	Das System erkennt automatisch, welches Geschäftsjahr abzuschließen ist. Wurden ältere Geschäftsjahre noch nicht abgeschlossen, schlägt das System das älteste Jahr vor: „Diese Funktion schließt das Geschäftsjahr von … bis … ab.“.
H	**HINWEIS:** Der Abschluss eines Geschäftsjahres ist die Voraussetzung für die GuV- Konten Nullstellung.	
4	In die Spalte „Abgeschlossen“ wurde bei jedem Monat des abgeschlossenen Geschäftsjahres ein Haken gesetzt. Die Perioden können nicht mehr geändert werden.	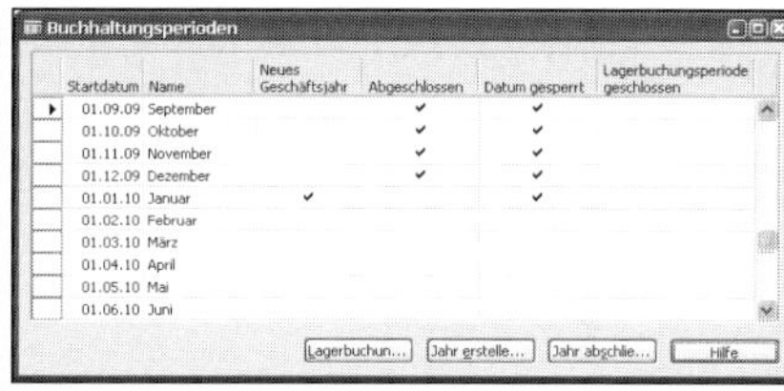
5	ESC	Zurück zum Hauptmenü.

2.9.2 GuV-Konten Nullstellung

Bei der GuV-Konten Nullstellung wird der Gewinn bzw. Verlust für das abgeschlossene Geschäftsjahr ermittelt. Wurden Nachbuchungen durchgeführt, ist die Nullstellung erneut durchzuführen.

Schritt	Aktion	Bemerkung
1	*Finanzmanagement / Finanzbuchhaltung / Periodische Aktivitäten / Geschäftsjahr / GuV-Konten Nullstellung...*	
	Register Optionen	
1-1	Feld „Geschäftsjahresdatum“	Hier ist das letzte Datum des abgeschlossenen Geschäftsjahres anzugeben, z.B. 31.12.2008.
1-2	Felder „Fibu Buch.-Blatt Vorlage“ und „Fibu Buch.-Blatt Name“	Mit **F6** und OK sind die Buchungsvorlage, z.B. ALLGEMEIN, und der Buch.-Blattname, z.B. STANDARD, anzugeben, in denen die Buchung der GuV-Konten Nullstellung erfasst werden kann.
H	**HINWEIS:** Unter Verwendung der Berichtswährung werden die Jahresabschlussbuchungen nicht in ein Buchungsblatt geschrieben, sondern direkt gebucht.	
1-3	Feld „Belegnr.“	Hier ist eine Nummer anzugeben, unter der der Jahresabschluss gebucht werden soll, z.B. JA 2008.
1-4	Feld „Abschlusskonto GuV“	Mit **F6** und OK das Gegenkonto aus der Sachkontenübersicht auswählen, auf dem der Überschuss gebucht werden soll, z.B. Konto 0860
1-5	Feld „Buchungsbeschreibung“	Hier ist der Buchungstext anzugeben, z.B. GuV-Konten Nullstellung 2008.
1-6	Feld „Nullstellung nach Konzernmandantencode“	Wird hier ein Haken gesetzt, wird ein Posten für jeden Konzernmandantencode erzeugt, der in einem Sachkonto verwendet wird. Sonst wird nur ein Posten für jedes Konto erstellt.
1-7	Feld „Nullstellung nach Dimensionen“	Soll für jede im Sachkonto verwendete Dimension ein Posten erstellt werden, so ist mit **F6** die Dimensionsauswahl aufzurufen und bei der gewünschten

		Dimension in der Spalte „Ausgewählt“ ein Haken zu setzen. Die Dimensionsauswahl ist mit OK zu übernehmen.
1-8	Feld „Lagerbuchungsperiode“	Ist in diesem Feld ein Haken gesetzt, sind die Lagerbuchungsperioden, deren Enddatum nach dem letzten Datum der Buchungsperiode liegt, geschlossen.
1-9	Die Stapelverarbeitung ist mit OK zu starten.	Bei der Einstellung der Berichtswährung weist das System noch einmal auf die Direktbuchung hin. Die Frage: „Möchten Sie fortfahren?“ ist mit Ja zu bestätigen.

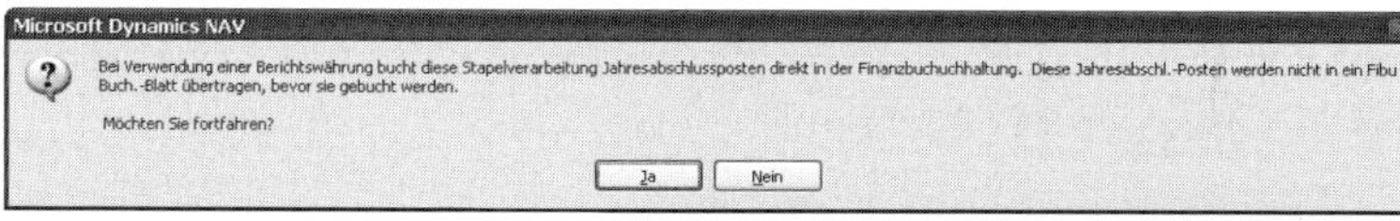

1-10	Die Buchung der GuV-Konten Nullstellung wird mit der nebenstehenden Meldung abgeschlossen. Diese ist mit OK zu bestätigen.	

2	*Finanzmanagement / Finanzbuchhaltung / Historie / Journale*	Es ist das entsprechende Journal herauszusuchen. Der Herkunftscode ist JAHRABSCH.
2-1	Journal ▼ / *Sachposten*	Hier wird deutlich, dass die GuV-Konten Nullstellung unter dem Ultimo-Datum (U31.12.08) gebucht wurde. Dieses Datum liegt nach dem abgeschlossenen und vor dem aktuellen Geschäftsjahr.

Buchung...	B..	Belegnr.	Sachkon...	Beschreibung	Buchungsart	Ges...	Produ...	Betrag	Betrag (BW)	Gegenk...	Gegenko...	Lfd. Nr.
U31.12.08		JA 2008	4580	GuV-Konten Nullstellung 2008				-81,15	-100,36	Sachko...		3078
U31.12.08		JA 2008	4610	GuV-Konten Nullstellung 2008				-271,34	-335,59	Sachko...		3079
U31.12.08		JA 2008	4670	GuV-Konten Nullstellung 2008				-32,44	-40,12	Sachko...		3080
U31.12.08		JA 2008	4910	GuV-Konten Nullstellung 2008				-251,97	-311,64	Sachko...		3081
U31.12.08		JA 2008	4930	GuV-Konten Nullstellung 2008				-17,53	-21,68	Sachko...		3082
U31.12.08		JA 2008	4950	GuV-Konten Nullstellung 2008				-158,23	-195,70	Sachko...		3083
U31.12.08		JA 2008	8120	GuV-Konten Nullstellung 2008				25.881,89	32.010,72	Sachko...		3084
U31.12.08		JA 2008	8315	GuV-Konten Nullstellung 2008				17.990,00	22.250,04	Sachko...		3085
U31.12.08		JA 2008	8400	GuV-Konten Nullstellung 2008				60.860,98	75.272,87	Sachko...		3086
U31.12.08		JA 2008	8791	GuV-Konten Nullstellung 2008				-2.663,21	-3.293,87	Sachko...		3087
U31.12.08		JA 2008	0860	GuV-Konten Nullstellung 2008				77.638,96	96.023,86	Sachko...		3088

2-2	2 x **ESC**	Zurück zum Hauptmenü.

3	*Finanzmanagement / Finanzbuchhaltung / Fibu Buch.-Blätter*	Sind nach der GuV-Konten Nullstellung noch Nachbuchungen durchzuführen, sind diese unter dem letzten Datum des abgeschlossenen Geschäftsjahres einzugeben.
3-1	Erfassung von Nachbuchungen	Als Beispiel sollen Rückstellungen gebucht werden.

3-2	**[Buchen ▼]** / *Buchen* oder **[F11]**	
3-2-1	Die Frage: „ Möchten Sie die Buch.-Blatt Zeilen buchen?“ ist mit [Ja] zu beantworten.	Der Hinweis: „Die Buch.-Blatt Zeilen sind gebucht worden.“ ist mit [OK] zu bestätigen.
3-3	**[ESC]**	Zurück zum Hauptmenü.
4	*Finanzmanagement / Finanzbuchhaltung / Kontenplan*	
4-1	Hier ist das Konto aufzurufen, auf dem die Nachbuchungen erfolgten, im Beispiel das Konto 0970.	In der Spalte „Bewegung“ kann mit **[F6]** in die Sachposten verzweigt werden. Hier ist die Buchung zum 31.12.08 zu filtern und der Cursor auf dieser Zeile zu positionieren.

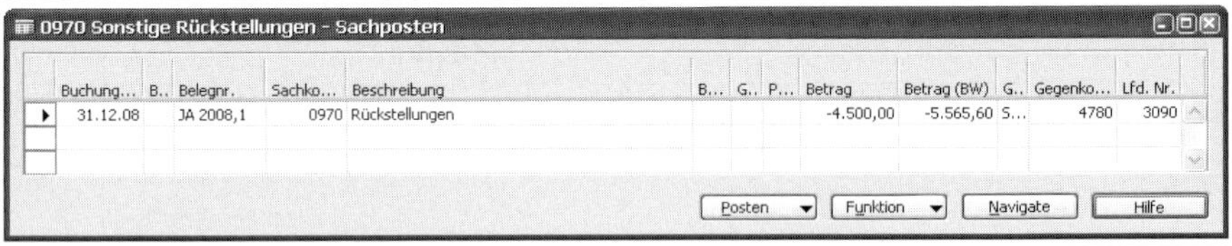

4-2	Mit der Tastenkombination **[Strg]** + **[F8]** ist der Sachposten - Zoom aufzurufen.	

4-3	Feld „Nachbuchung“ Dieses Feld wurde auf <Ja> gesetzt.	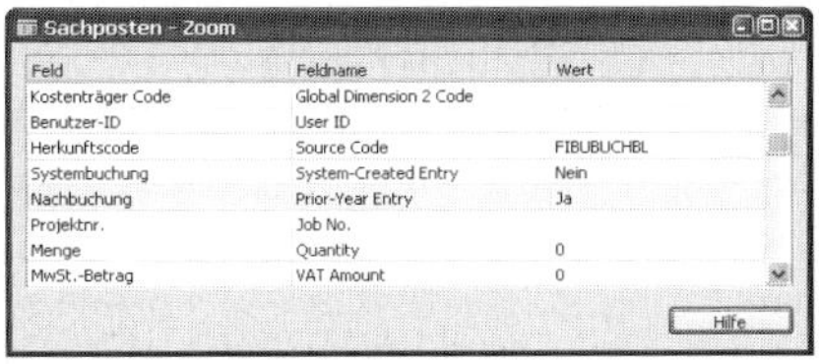
4-4	3 x **ESC**	Zurück zum Hauptmenü.
5	*Finanzmanagement / Finanzbuchhaltung / Periodische Aktivitäten / Geschäftsjahr / GuV-Konten Nullstellung…*	Sind Nachbuchungen durchgeführt worden, ist eine erneute GuV-Konten Nullstellung durchzuführen.
H	**HINWEIS:** Das abgeschlossene Geschäftsjahr kann unabhängig lange bebucht werden. Es ist immer mit dem letzten Datum des abgeschlossenen Geschäftsjahres zu buchen. Danach ist unbedingt eine GuV-Konten Nullstellung durchzuführen. Salden der Bilanz müssen nicht vorgetragen werden, da sie ständig aufaddiert werden.	

2.9.3 Durchführen der Wechselkursregulierung

Bei Fremdwährungsposten mit Wechselkursschwankungen kann die Funktion der Wechselkursregulierung angewendet werden. Vor jedem Jahresabschluss sind die offenen Posten in Fremdwährung zu buchen. Wurde in der *Finanzmanagement / Einrichtung / Finanzbuchhaltung Einrichtung* Register Allgemein im Feld „Niederstwertprinzip" ein Haken gesetzt, werden Forderungen nicht über den ursprünglich gebuchten Betrag aufgewertet und Verbindlichkeiten nicht unter den ursprünglich gebuchten Beträgen abgewertet.

Schritt	Aktion	Bemerkung
1	*Finanzmanagement / Finanzbuchhaltung / Periodische Aktivitäten / Währung / Währungen*	Der Cursor ist auf der entsprechenden Währungszeile zu positionieren, z.B. USD.
1-1	Wechselkurse	Hier ist für den ausgewählten Währungscode in der Spalte „Regulierung Wechselkursbetrag" der gültige Kurs einzutragen.
1-2	2 x **ESC**	Zurück zum Hauptmenü.
2	*Finanzmanagement / Finanzbuchhaltung / Periodische Aktivitäten / Währung / Wechselkurse regulieren…*	
2-1	Register Währung	Wird kein Filter gesetzt, erfolgt die Kursregulierung für alle Währungen. Einschränkungen können vorgenommen werden, indem in der Spalte „Filter" für das Feld „Code" mit **F6** und OK nur bestimmte Währungen ausgewählt werden.
2-2	Register Optionen	
2-2-1	Felder „Startdatum" und „Enddatum"	Das Startdatum braucht nicht angegeben zu werden, da das System alle offenen Posten bis zum eingegeben Enddatum reguliert.
2-2-2	Feld „Buchungsbeschreibung"	Der hier eingegebene Text erscheint nach der Kursregulierung in den Sachposten. Standardmäßig wird „Kursregulierung von %1 %2" verwendet, wobei %1 für den Währungsbetrag und %2 für den Währungscode steht.

2-2-3	Feld „Buchungsdatum“	In dieses Feld ist das Datum einzutragen, unter dem die Buchungen in der Finanzbuchhaltung erfasst werden. Es sollte mit dem Datum im Feld „Enddatum“ identisch sein.
2-2-4	Feld „Belegnr.“	Unter dieser Nummer werden die Buchungen erzeugt. Ohne Belegnummer erfolgt keine Buchung.
2-2-5	Feld „Debitoren-, Kreditoren- und Bankkonten regulieren“	Hier ist ein Haken zu setzen, wenn die Debitoren, Kreditoren und Bankkonten reguliert werden sollen.
2-2-6	Feld „Sachkonten für Berichtswährung regulieren“	Sollen die Sachkonten für Wechselkursschwankungen zwischen Mandanten- und Berichtswährung reguliert werden, ist hier ein Haken zu setzen. Dabei ist darauf zu achten, dass in allen Sachkonten unter dem Register Berichtswährung die gleiche Einstellung vorgenommen wurde.
2-2-7	Feld „Buchen“	Hier ist im ersten Durchlauf kein Haken zu setzten.
2-2-8	Seitenansicht oder Drucken... Hier wird das zu erwartende Regulierungsergebnis getrennt nach Bankkonten, Debitoren- und Kreditorenposten aufgelistet, ohne dass etwas in die Finanzbuchhaltung gebucht worden ist.	
2-2-9	**ESC**	Zurück zum Hauptmenü.
3	*Finanzmanagement / Finanzbuchhaltung / Periodische Aktivitäten / Währung / Wechselkurse regulieren…*	Die Funktion der Wechselkursregulierung ist erneut zu öffnen.
3-1	Register Währung Register Optionen	Die Einstellungen aus dem vorhergehenden Durchlauf wurden beibehalten.

3-2	Feld „Buchen“	Wird hier nun der Haken gesetzt, wird die Kursregulierung beim Aufruf von Drucken… oder Seitenansicht gebucht.
3-3	Nebenstehende Frage ist mit Ja zu beantworten.	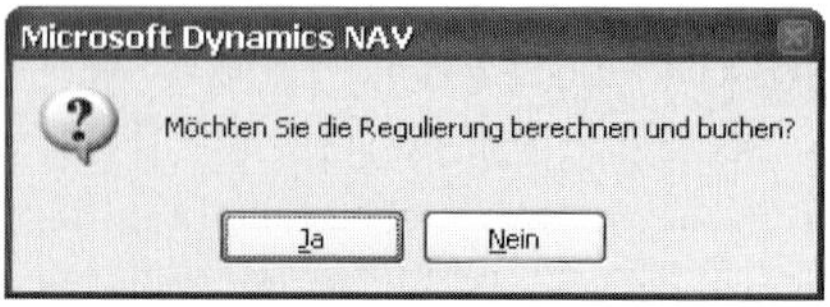
3-4	**ESC**	Zurück zum Hauptmenü.
4	*Finanzmanagement / Finanzbuchhaltung / Periodische Aktivitäten / Währung / Kursregulierungsjournal*	Für jede Buchungsgruppe (Bankkonto-, Debitoren- und Kreditoren-) die reguliert wurde, ist pro Währungscode eine Zeile erzeugt worden.
4-1	Spalte „Reg. Basisbetrag“	In dieser Spalte werden alle Posten pro Buchungsgruppe und Währungscode summiert angezeigt.
4-2	Spalte „Reg. Basisbetrag (MW)“	Diese Spalte zeigt die Summen pro Buchungsgruppe und Währungscode in Mandantenwährung vor der Kursregulierung an.
4-3	Spalte „Regulierter Betrag (MW)“	Hier wird der Wert pro Kontoart und Währungscode in Mandantenwährung angezeigt, um den die Kontoart nach der Kursregulierung vermindert oder erhöht wurde.

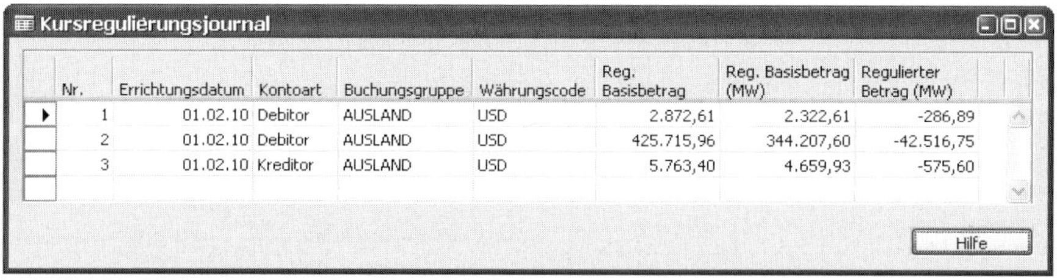

Nr.	Errichtungsdatum	Kontoart	Buchungsgruppe	Währungscode	Reg. Basisbetrag	Reg. Basisbetrag (MW)	Regulierter Betrag (MW)
1	01.02.10	Debitor	AUSLAND	USD	2.872,61	2.322,61	-286,89
2	01.02.10	Debitor	AUSLAND	USD	425.715,96	344.207,60	-42.516,75
3	01.02.10	Kreditor	AUSLAND	USD	5.763,40	4.659,93	-575,60

4-4	**ESC**	Zurück zum Hauptmenü.
5	*Finanzmanagement / Finanzbuchhaltung / Historie / Journale*	Hier ist das entsprechende Journal nach den Such- und Filterkriterien auszuwählen, Herkunftscode: KURSREG.
5-1	Journal ▼ / *Sachposten*	

H	**HINWEIS:** Realisierte Gewinne oder Verluste treten nur bei Bankkonten auf. Bei Debitoren und Kreditoren handelt es sich um unrealisierte Gewinne bzw. Verluste, die durch die Kursregulierung berechnet werden. Erst bei den tatsächlichen Zahlungen werden hier realisierte Gewinne oder Verluste erzielt.	
5-2	2 x **ESC**	Zurück zum Hauptmenü.
6	*Finanzmanagement / Debitoren / Debitoren*	Auswirkungen am Beispiel eines Debitorenpostens.
6-1	Debitor ▼ / *Posten* oder **Strg** + **F5**	Es ist ein Debitor mit Fremdwährung aufzurufen, dessen Posten durch die Kursregulierung reguliert worden sind, z.B. Debitor 01445544.
6-2	Posten ▼ / *Detaillierte Debitorenposten*	Nach der Buchung der Ausgangsrechnung ist ein detaillierter Debitorenposten mit der Postenart <Urspr. Posten> entstanden.
B	**BEISPIEL:** 1.) Rechnungsausgang - Debitorenposten Kurs: 1,2368 Betrag: 2.872,61 $ Betrag (MW): 2.322,61 € 2.) Kursregulierung - Debitorenposten Kurs: 1,4111 Betrag: 2.872,61 $ Betrag (MW): 2.035,79 € 3.) Kursregulierung - detaillierter Debitorenposten Betrag - <Urspr. Posten>: 2.872,61 $ Betrag (MW) - <Urspr. Posten>: 2.322,61 € Betrag (MW) - <Unrealisierter Verlust>: -286,89 €	

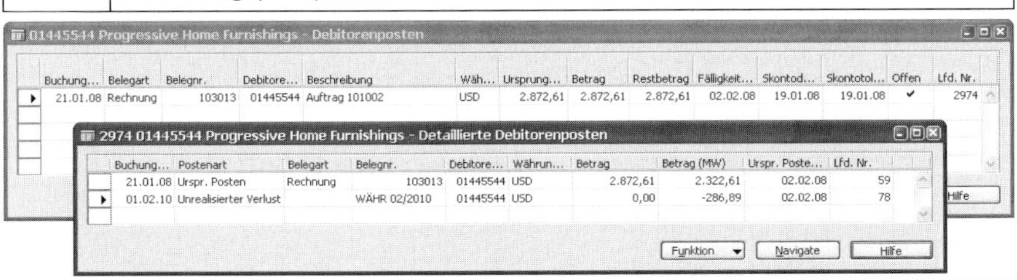

6-3	**ESC**	Zurück zu den Debitorenposten.

<table>
<tr><td>6-4</td><td>Strg + F8

Öffnen des Debitorenposten - Zoom</td><td rowspan="2">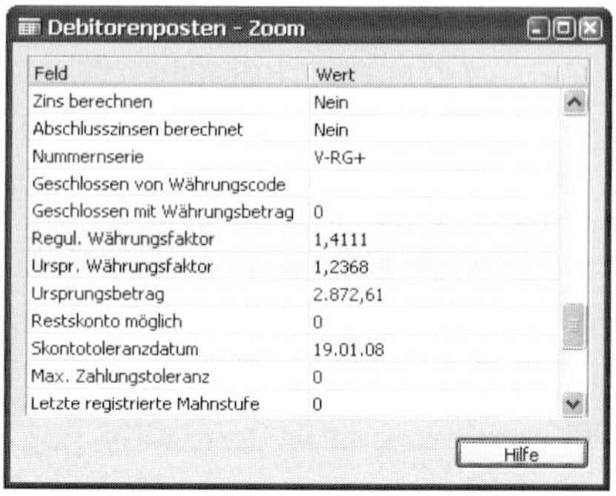
</td></tr>
<tr><td>H</td><td>HINWEIS: An den Debitorenposten wird im Feld „Urspr. Währungsfaktor“ der Wechselkurs zum Zeitpunkt der Rechnungslegung gespeichert. Im Feld „Regul. Währungsfaktor“ wird der Kurs aus der Kursregulierung eingetragen.</td></tr>
<tr><td>6-5</td><td>3 x ESC</td><td>Zurück zum Hauptmenü.</td></tr>
</table>

2.10 Budgetierung

Damit eine Gegenüberstellung der IST-Zahlen und der PLAN-Zahlen erfolgen kann, können in Microsoft Dynamics NAV beliebig viele Budgets erfasst werden.

2.10.1 Anlegen und Auswerten von Budgets

Planwerte können für einzelne Sachkontoarten gesamt oder gruppiert nach verschiedenen Dimensionscodes verwaltet werden. Soll nach Dimensionscodes budgetiert werden, so ist bei der kleinsten Einheit zu beginnen. Das bedeutet, sollen z.B. auf Kostenstellenebene Planwerte erfasst werden, ist die Eingabe pro Kostenstelle vorzunehmen. Die Summe aller Werte, die pro Kostenstelle erfasst wurden, ergibt das Gesamtbudget.

Schritt	Aktion	Bemerkung
1	*Finanzmanagement / Finanzbuchhaltung / Budgets*	Hiermit wird das Trendscape-Fenster Budget geöffnet.
2	Register Allgemein	
2-1	Feld „Budgetname“	Hier ist mit **F6** in die Finanzbudgetnamen zu verzweigen. Dort kann entweder ein vorhandenes Budget ausgewählt oder mit **F3** ein neues angelegt werden. Die auszuwählenden Budgetdimensionen ermöglichen weitere Filtermöglichkeiten im Budget, z.B. 2010. Die Auswahl ist mit OK zu übernehmen.
2-2	Felder „Zeilenansicht“ und „Spaltenansicht“	In diesen Feldern ist mit **F6** und OK auszuwählen, welche Werte in den Zeilen bzw. den Spalten des Budgets angezeigt werden sollen, z.B. Zeilenansicht: Sachkonto; Spaltenansicht: Periode.
3	Register Filter	
3-1	Feld „Datumsfilter“	Hier kann ein Datumsfilter eingegeben werden, um die angezeigten Werte zu filtern.
3-2	Alle Felder	Bei den Dimensionsfiltern kann ein Dimensionswert ausgewählt werden, so dass die Werte nur auf den Budgetposten mit den Dimensionswerten basieren.

4	Register Optionen	
4-1	Feld „Rundungsfaktor“	Mit F6 kann hier eine Rundung der gezeigten Werte auf <1>, <1000>, <1000000> eingestellt werden. Soll ohne Rundung gearbeitet werden, ist <Kein> auszuwählen und mit OK zu bestätigen.
4-2	Feld „Spaltennamen anzeigen“	Wird hier ein Haken gesetzt, werden als Spaltenüberschriften Namen anstatt der Codes verwendet, z.B. anstatt 01.01.10, Januar bei Monatsanzeige.

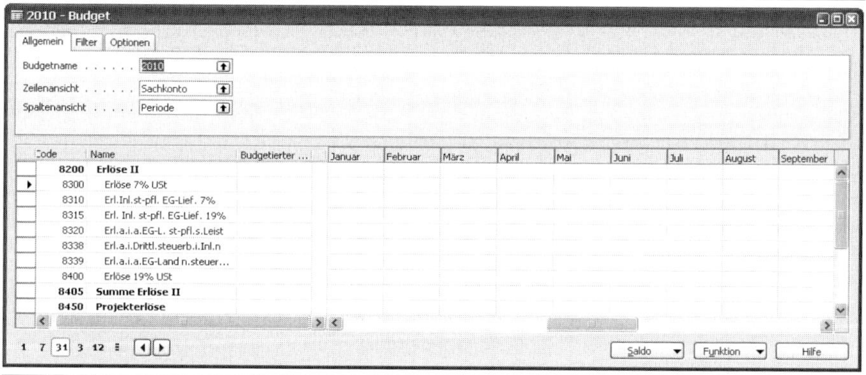

5	Budgetzeilen	
5-1	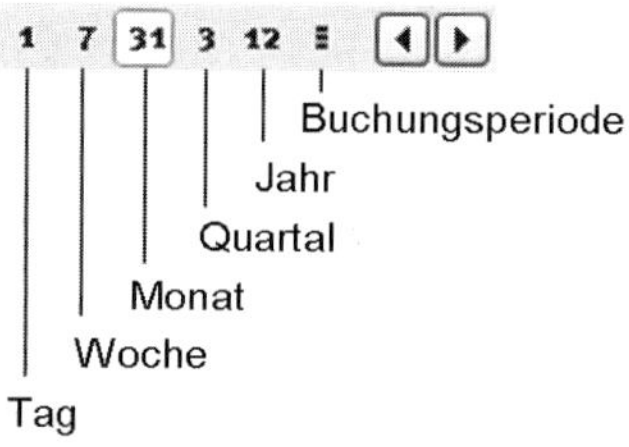	Über diese Trendscape-Schaltflächen kann der Zeitraum ausgewählt werden, für den das Budget erstellt werden soll. Mit der Einstellung des Zeitraums werden die Budgetierungs-spalten aktualisiert. (Die gewünschte Schaltfläche kann mit der Maus angeklickt werden.)
5-2	Spalte „Code“	Hier kann mit F6 in die zugehörige Übersicht verzweigt werden.
5-3	Spalte „Bugdetierter Betrag“	Hier wird der Betrag des gesamten Budgets angezeigt. Er berechnet sich aus den Finanzbudgetposten.
5-4	Jetzt können die Werte für das Budget eingegeben werden. Die Zeile des zu budgetierenden Dimensionswertes bzw. Sachkontos ist auszu-wählen, z.B. 8300 Erlöse 7%. In der gleichen Zeile ist der Cursor in der Zelle des Zeitraums zu positionieren, z.B. 01.01.10, und der	

	Betrag einzugeben, z.B. -2.500. Dieser Vorgang ist für alle Konten, für die ein Budget erfasst werden soll, zu wiederholen.	
5-5	Mit **F6** ist in die Finanzbudgetposten zu verzweigen.	Hier wurde eine Zeile mit dem eingegebenen Betrag für die eingegebenen Filter angelegt.

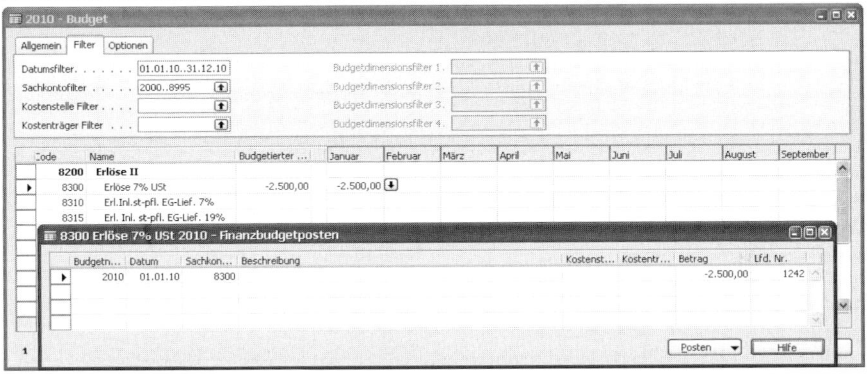

H	**HINWEIS:** Wurden für einzelne Konten im Kontenplan Summierungen erfasst, werden auch die Finanzbudgetwerte aufsummiert.	
H	**HINWEIS:** Auch bei Budgetwerten wird zwischen Soll- und Habenbeträgen unterschieden. Steht ein Minus (-) als Vorzeichen vor dem budgetierten Betrag, handelt es sich um den budgetierten Habenbetrag. Sollen z.B. Erlöse budgetiert werden, sind diese mit dem Vorzeichen Minus (-) einzugeben.	
6	Änderung eines Budgetwertes	
6-1	Soll das Budget für ein Konto geändert werden, so ist der budgetierte Wert zu überschreiben.	z.B. von -2.500 auf -10.000
6-2	In dem Feld, in dem der Wert geändert wurde, kann mit **F6** in die Finanzbudgetposten verzweigt werden.	Hier wurde eine Zeile mit dem Differenzbetrag angelegt. Im Budget werden nur die Summenwerte angezeigt.

6-3	**ESC**	Zurück zum Budget.

AUSWERTUNG 1		
7	Saldo ▼ / *Saldo/Budget*	
7-1	Wurde mit Globalen Dimensionsfiltern budgetiert, sind die entsprechenden Werte mit **F6** und OK zu suchen.	z.B. Kostenstelle und Kostenträger
7-2	Feld „Budgetfilter“	Hier ist mit **F6** und OK das erforderliche Budget aus der Übersicht auszuwählen.
7-3	Feld „Ultimoposten“	Hier kann ausgewählt werden, ob die Ultimoposten mit in die Beträge einfließen oder nicht.
7-4	Über die Trendscape-Schaltfläche wird der Zeitraum ausgewählt.	Es werden die gebuchten Soll- und Habenbeträge den budgetierten Soll- und Habenbeträgen gegenübergestellt.
7-5	*Ansicht / Spalte anzeigen…*	Soll die Spalte „Budgetierter Betrag“ angezeigt werden, ist diese über *Ansicht / Spalte anzeigen…* einzublenden.
7-6	Spalte „Saldo Budget %“	In dieser Spalte wird angezeigt, in welcher Höhe der budgetierte Betrag schon erreicht bzw. überschritten wurde.

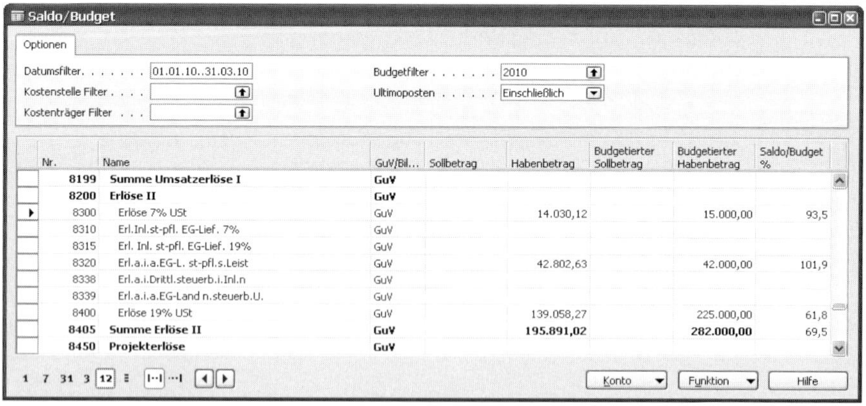

Nr.	Name	GuV/Bil...	Sollbetrag	Habenbetrag	Budgetierter Sollbetrag	Budgetierter Habenbetrag	Saldo/Budget %
8199	**Summe Umsatzerlöse I**	**GuV**					
8200	**Erlöse II**	**GuV**					
8300	Erlöse 7% USt	GuV		14.030,12		15.000,00	93,5
8310	Erl.Inl.st-pfl. EG-Lief. 7%	GuV					
8315	Erl. Inl. st-pfl. EG-Lief. 19%	GuV					
8320	Erl.a.i.a.EG-L. st-pfl.s.Leist	GuV		42.802,63		42.000,00	101,9
8338	Erl.a.i.Drittl.steuerb.i.Inl.n	GuV					
8339	Erl.a.i.a.EG-Land n.steuerb.U.	GuV					
8400	Erlöse 19% USt	GuV		139.058,27		225.000,00	61,8
8405	**Summe Erlöse II**	**GuV**		**195.891,02**		**282.000,00**	69,5
8450	**Projekterlöse**	**GuV**					

7-7	2 x **ESC**	Zurück zum Hauptmenü.

AUSWERTUNG 2		
8	*Finanzmanagement / Finanzbuchhaltung / Berichte / Finanzauswertung / Rohbilanz/Budget*	Hier können die budgetierten Werte mit den tatsächlich gebuchten Werten verglichen und ausgedruckt werden.
8-1	Register Sachkonto	Hier sind je nach Auswertung die Datums-, Budget-, Kostenstellen- und Kostenträgerfilter einzustellen.
8-2	Drucken... oder Seitenansicht	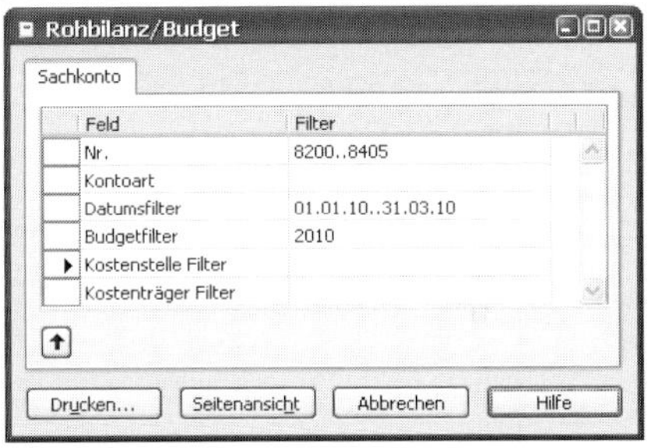

Rohbilanz/Budget — 28. Januar 2010

Periode: 01.01.10..31.03.10 — Seite 1

CRONUS AG

Budgetfilter 2010

Sachkonto: Nr.: 8200..8405, Datumsfilter: 01.01.10..31.03.10, Budgetfilter: 2010

		Bewegung				Saldo			
Nr.	Name	Soll	Haben	% von	Budget	Soll	Haben	% von	Budget
8200	Erlöse II								
8300	Erlöse 7% USt		14.030	93,5	-15.000		14.030	93,5	-15.000
8310	Erl.Inl.st-pfl. EG-Lief. 7%								
8315	Erl. Inl. st-pfl. EG-Lief. 19%						886.985		
8320	Erl.a.i.a.EG-L. st-pfl.s.Leist		42.803	101,9	-42.000		42.803	101,9	-42.000
8338	Erl.a.i.Drittl.steuerb.i.Inl.n								
8339	Erl.a.i.a.EG-Land n.steuerb.U.								
8400	Erlöse 19% USt		139.058	61,8	-225.000		8.599.306	3.821,9	-225.000
8405	Summe Erlöse II		195.891	69,5	-282.000		9.543.124	3.384,1	-282.000

H	**HINWEIS:** Auch im Kontenschema können die Werte gegenübergestellt und ausgedruckt werden, siehe dazu Ablaufschemata 2.7.1 bis 2.7.3.	
8-3	**ESC**	Zurück zum Hauptmenü.

2.10.2 Integration von Microsoft Excel bei Budgets

In Microsoft Dynamics NAV ist es möglich, Budgets nach Microsoft Excel zu exportieren, es dort zu überarbeiten und es anschließend wieder nach Microsoft Dynamics NAV zu importieren.

Schritt	Aktion	Bemerkung
1	*Finanzmanagement / Finanzbuchhaltung / Budgets*	Es ist das zu exportierende Budget aufzurufen.
EXPORT DES BUDGETS NACH MICROSOFT EXCEL		
2	Funktion ▼ / *Nach Excel exportieren…*	
3	Register Finanzbudgetposten	
3-1	Alle Felder	Hier ist bereits der Filter für das Budget ausgewählt, von dem aus die Funktion aufgerufen wurde.
4	Register Optionen	
4-1	Feld „Startdatum“	Hier ist das Datum anzugeben, ab dem die Finanzbudgetposten berücksichtigt werden sollen.
4-2	Feld „Anzahl Perioden“	In diesem Feld sind die Anzahl der zu exportierenden Perioden einzutragen.
4-3	Feld „Periodenlänge“	Die Länge der Buchhaltungsperioden ist in diesem Feld einzutragen, z.B. 1M für 1Monat oder 1Q für 1 Quartal.
4-4	Feld „Spaltendimensionen“	Über **F6** kann die Dimensionsauswahl aufgerufen werden. Hier ist in der Spalte „Ausgewählt“ vor der Dimensionsart ein Haken zu setzen, die als Spalte in Excel angezeigt werden soll. Die Einstellungen sind mit OK zu übernehmen.
H	**HINWEIS:** Wenn im Register Finanzbudgetposten Filter für Dimensionen gesetzt wurden, müssen immer dieselben Dimensionen im Feld „Spaltendimensionen“ angeben werden.	
4-5	Feld „Summenformeln übernehmen“	Hier ist ein Haken zu setzen, wenn in Microsoft Excel Summenformeln basierend auf den Feldern "Zusammenzählung" im Kontenplan erstellt werden sollen.

4-6	OK	Der Export ist zu starten.

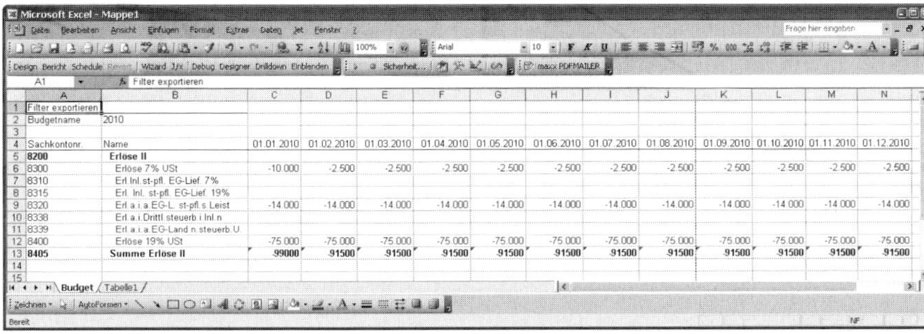

	A	B	C	D	E	F	G	H	I	J	K	L	M	N
1	Filter exportieren													
2	Budgetname	2010												
3														
4	Sachkontonr.	Name	01.01.2010	01.02.2010	01.03.2010	01.04.2010	01.05.2010	01.06.2010	01.07.2010	01.08.2010	01.09.2010	01.10.2010	01.11.2010	01.12.2010
5	**8200**	**Erlöse II**												
6	8300	Erlöse 7% USt	-10.000	-2.500	-2.500	-2.500	-2.500	-2.500	-2.500	-2.500	-2.500	-2.500	-2.500	-2.500
7	8310	Erl.Inl.st-pfl. EG-Lief. 7%												
8	8315	Erl. Inl. st-pfl. EG-Lief. 19%												
9	8320	Erl.a.i.a.EG-L. st-pfl.s.Leist	-14.000	-14.000	-14.000	-14.000	-14.000	-14.000	-14.000	-14.000	-14.000	-14.000	-14.000	-14.000
10	8338	Erl.a.i.Drittl.steuerb.i.Inl.n												
11	8339	Erl.a.i.a.EG-Land n.steuerb.U.												
12	8400	Erlöse 19% USt	-75.000	-75.000	-75.000	-75.000	-75.000	-75.000	-75.000	-75.000	-75.000	-75.000	-75.000	-75.000
13	**8405**	**Summe Erlöse II**	**-99000**	**-91500**	**-91500**	**-91500**	**-91500**	**-91500**	**-91500**	**-91500**	**-91500**	**-91500**	**-91500**	**-91500**
14														
15														

IMPORT DES BUDGETS AUS MS-EXCEL

5	Funktion ▼ / *Aus Excel importieren…*	

5-1	Feld „Importieren aus Arbeitsmappe Dateiname“	Hier kann mit F6 die entsprechende Datei ausgewählt werden, die importiert werden soll.
5-2	Feld „Importieren aus Tabellenname“	Mit F6 ist ein Tabellenblattname der Exceltabelle auszuwählen und mit OK zu bestätigen.
5-3	Feld „Importieren nach Budgetname“	In diesem Feld ist mit F6 und OK ein Budget auszuwählen, in das die Datei importiert werden soll.
5-4	Feld „Importieren nach Option“	Mit diesen Optionen wird festgelegt, ob die bestehenden Posten ersetzt oder neue Posten hinzugefügt werden sollen.
5-5	Feld „Importieren nach Beschreibung“	Hier ist die Beschreibung der Finanzbudgetposten einzugeben.
6	OK	Der Import ist zu starten.

6-1	Wurde die Option <Posten ersetzen> gewählt, ist nebenstehende Frage mit Ja zu beantworten.	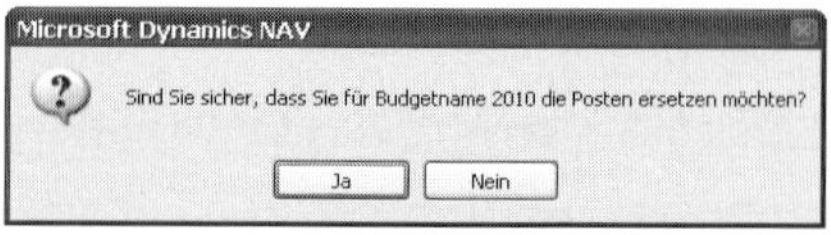
6-2	Das System bringt nun eine Meldung, in der die Anzahl der aktualisierten Posten aufgeführt ist. Diese ist mit OK zu bestätigen.	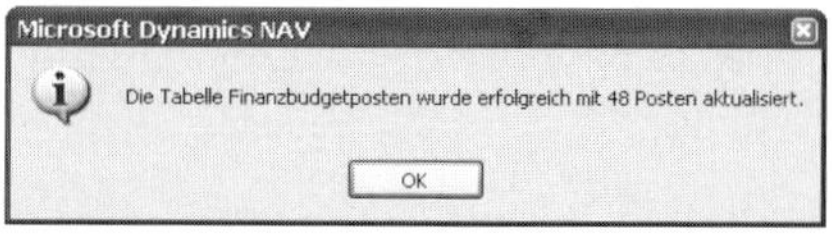

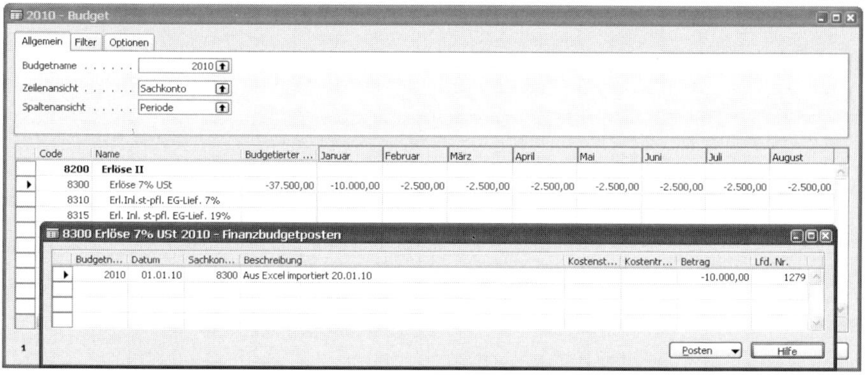

7	2 x ESC	Zurück zum Hauptmenü.

Kapitel 3 - Debitoren & Verkauf

In diesem Kapitel werden Geschäftsvorfälle im Bereich Debitoren & Verkauf beschrieben. Das Erstellen eines Angebotes, dessen Umwandlung in einen Auftrag, bis hin zum Druck einer Auftragsbestätigung gehören ebenso dazu, wie die Buchung von Ausgangsrechnungen.

Außerdem wird die Funktion der Sammelrechnung, über die automatisch mehrere Lieferungen fakturiert werden können, erklärt. Es wird gezeigt, wie Rahmenaufträge zu handhaben sind. Des Weiteren werden die Schritte zum Erstellen einer Mahnung beschrieben.

Rabatte und Verkaufspreise sind in Microsoft Dynamics NAV vom Debitor und vom Artikel abhängig. Je nach Kombination wird der aktuelle VK-Preis bestimmt. Die Einrichtung und Anwendung werden in diesem Kapitel ebenfalls erläutert.

3.1 Angebot, Auftrag und Rahmenauftrag

Hier werden die Arbeitsschritte für das Erstellen eines Angebotes und die Umwandlung in einen Auftrag beschrieben. Es wird gezeigt, wie Auftragsbestätigungen ausgedruckt werden können. Rahmenaufträge werden erzeugt und gebucht.

3.1.1 Erstellen eines Angebotes und Umwandlung in einen Auftrag

Oftmals geht einem Auftrag ein Angebot voraus. So lässt Microsoft Dynamics NAV neben der direkten Erstellung eines Auftrages auch die Umwandlung eines Angebotes in einen Auftrag zu.

Schritt	Aktion	Bemerkung
1	*Verkauf & Marketing / Auftragsabwicklung / Angebote*	
2	Register Allgemein	
2-1	Den Cursor im Feld „Nr." positionieren.	Mit **F3** ist ein neues Angebot (einen Datensatz) zu erzeugen.
2-2	Beim Verlassen des Feldes „Nr.", mit z.B. **Enter**, wird eine neue Nummer vergeben.	Ist keine Nummernserie hinterlegt, muss die Angebotsnummer manuell eingetragen werden.
2-3	Feld „Verk. an Deb.-Nr."	In diesem Feld kann mit **F6** die Debitorenübersicht aufgerufen werden. Dort ist der Debitor, der das Angebot

<table>
<tr><td></td><td></td><td>erhalten soll, zu markieren und mit OK zu übernehmen, z.B. 20000.</td></tr>
<tr><td>2-3-1</td><td>Wenn der Debitor einen überfälligen Saldo aufweist und die entsprechenden Einrichtungen erfolgten, warnt das System beim Verlassen des Feldes „Verk. an Deb.-Nr.“</td><td rowspan="3">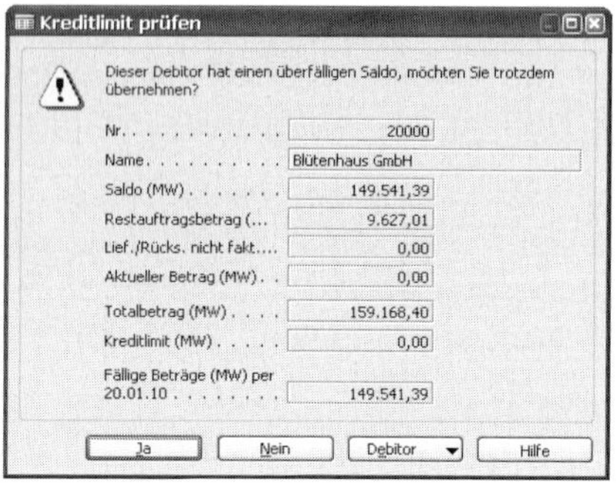
</td></tr>
<tr><td>2-3-2</td><td>Die Frage, ob der Debitor trotzdem übernommen werden soll, ist nach entsprechender Prüfung mit Ja zu beantworten.</td></tr>
<tr><td>2-3-3</td><td>Anschließend werden die Daten aus der Debitorenkarte in das Angebot übernommen.</td></tr>
<tr><td>2-4</td><td>Felder „Verk. an Kontaktnr.“, „Verk. an Deb.-Vorlagencode“</td><td>Es besteht die Möglichkeit, Angebote an Kontakte zu erstellen. Dafür bleibt das Feld „Verk. an Deb.-Nr.“ leer und im Feld „Verk. an Kontaktnr.“ ist aus der Kontaktübersicht der entsprechende Kontakt einzufügen. Ist dieser Kontakt kein Debitor, so ist im Feld „Verk. an Deb.-Vorlagencode“ eine Vorlage auszuwählen.</td></tr>
<tr><td>H</td><td colspan="2">HINWEIS: Bei der Umwandlung eines solchen Angebotes in einen Auftrag muss zuvor der Kontakt in einen Debitor umgewandelt und das Angebot entsprechend angepasst werden.</td></tr>
<tr><td>2-5</td><td>Feld „Belegdatum“</td><td>Dieses Feld ist mit dem Arbeitsdatum vorbelegt und kann geändert werden.</td></tr>
<tr><td>3</td><td colspan="2">Register Fakturierung, Lieferung und Außenhandel</td></tr>
<tr><td>3-1</td><td>alle Felder</td><td>Die Angaben unter diesen Registern werden ebenfalls aus der Debitorenkarte übernommen und können, wenn notwendig, geändert werden.</td></tr>
<tr><td>3-2</td><td>Feld „Rech. an Deb.-Nr.“</td><td>Wurde beim Auftraggeber auf der Debitorenkarte im Feld „Rech. an Deb.-Nr.“ ein Eintrag vorgenommen, so wird der dort hinterlegte Debitor in das Register Fakturierung übernommen.</td></tr>
</table>

3-3	Felder „Zlg.-Bedingungscode“, „Lieferbedingungscode“ und „Währungscode“	Die Werte in diesen Feldern werden aus den Stammdaten des Auftraggebers geholt, im Fall eines abweichenden Rechnungsempfängers, werden sie von diesem übernommen.
3-4	Feld „VK-Preise inkl. MwSt.“	Sollen die Beträge im Angebot inkl. Mehrwertsteuer angezeigt werden, ist hier ein Haken zu setzen.
3-5	Feld „Lief. an Code“	Die Lieferadresse kann manuell in die entsprechenden Felder im Register Lieferung eingetragen, oder es kann eine zuvor beim Auftraggeber hinterlegte Lieferadresse im Feld „Lief. an Code“ ausgewählt werden.
H	**HINWEIS:** In einem zu erfassenden Beleg kann zwischen dem Auftraggeber im Register Allgemein im Feld „Verk. an Deb.-Nr.“, dem Rechnungsempfänger im Register Fakturierung im Feld „Rech. an Deb.-Nr.“ und der Lieferadresse im Register Lieferung unterschieden werden. Beim Neuanlegen des Beleges sind die Angaben in allen drei Registern gleich und können entsprechend für den Beleg angepasst werden.	
4	Informationsbereich rechts neben dem Angebotskopf	
4-1	Bereich „Verkauf an Debitor“	In diesem Bereich werden zusätzliche Informationen zum Debitor angezeigt, der im Feld „Verk. an Deb.-Nr.“ eingetragen wurde. Die Listeneinträge sind Links, mit denen die entsprechenden Übersichten aufgerufen werden.
4-1-1	Link „Verkaufshistorie“	Wird ein Angebot an einen Debitor erstellt, können über diesen Link alle bisherigen Vorgänge mit dem Debitor übersichtlich angezeigt werden.

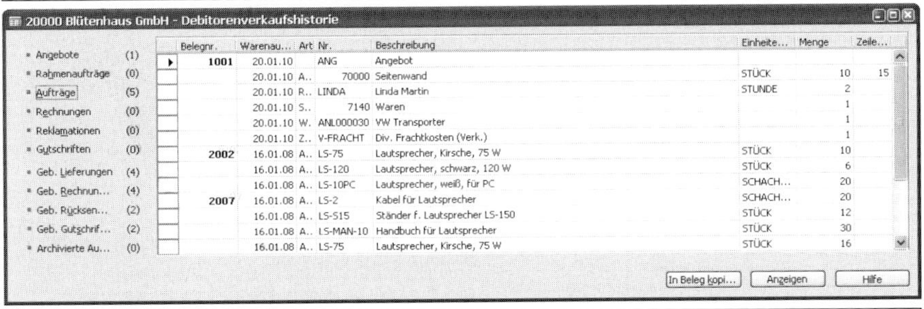

4-1-2	**ESC**	Zurück zum Angebot.

4-2	Bereich „Rech. an Debitor“	In diesem Bereich werden entsprechende Informationen zum Debitor im Feld „Rech. an Deb.-Nr.“ angezeigt. Weicht dieser vom Debitor im Feld „Verk. an Deb.-Nr.“ ab, so wird auch hier ein Link zu dessen Verkaufshistorie ermöglicht.
5	Angebotszeilen	
5-1	Spalte „Art“	In den Angebotszeilen werden die Verkaufspositionen eingegeben. Dabei gibt es sechs verschiedene Arten von Zeilen, die durch die unterschiedlichen Einträge in der Spalte „Art“ definiert werden. Je nach Auswahl in der Spalte „Art“, kann in der Spalte „Nr.“ mit **F6** eine Übersicht der entsprechenden Auswahl aufgerufen werden.
5-2	Spalte „Art“ – Option <leer>	
5-2-1	Spalte „Nr.“	Wird in der Spalte „Art“ <leer> ausgewählt, gelangt man in dieser Spalte mit **F6** in die Standardtextcodes. Hier kann einer ausgewählt und mit OK in das Angebot übernommen werden.
5-2-2	Spalte „Beschreibung“	Dieses Feld wird automatisch mit der Beschreibung des Standardtextcodes gefüllt, wenn die Spalte „Nr.“ verlassen wird. Bleibt die Spalte „Nr.“ leer, kann hier freier Text eingegeben werden, der auf dem Beleg mit ausgegeben wird.
5-3	Spalte „Art“ – Option <Sachkonto>	
5-3-1	Spalte „Nr.“	Wurde in der Spalte „Art“ <Sachkonto> ausgewählt, gelangt man hier mit **F6** in die Sachkontenübersicht. Darin kann das gewünschte Konto markiert und mit OK übernommen werden. Dies kann dazu genutzt werden, Artikel oder Leistungen zu verkaufen, die nicht in Microsoft Dynamics NAV als Artikel oder Ressourcen angelegt sind.

5-3-2	Spalte „Beschreibung“	Nach Verlassen der Spalte „Nr.“ wird die Beschreibung des Sachkontos in dieser Spalte vorgeschlagen und kann verändert werden.
5-3-3	Spalte „Menge“	Da bei dieser Einstellung keine Mengenbewegung sondern nur eine wertmäßige Bewegung im System stattfindet, ist hier eine 1 einzugeben. Der „Einheitencode“ bleibt leer.
5-3-4	Spalte „VK-Preis“	Hier ist der Gesamtwert einzugeben, z.B. 50,00 €.
5-3-5	Spalte „Zeilenbetrag ohne MwSt.“ bzw. „Zeilenbetrag mit MwSt.“	Der Betrag wird automatisch eingetragen, wenn die Spalte „VK-Preis“ verlassen wird (Menge * VK-Preis). Die Spalte „Zeilenrabatt %“ bleibt leer.
5-4	Spalte „Art“ – Option <Artikel>	
5-4-1	Spalte „Nr.“	Wurde in der Spalte „Art“ <Artikel> ausgewählt, kann hier mit **F6** in die Artikelübersicht verzweigt und ein Artikel ausgewählt werden. Er ist mit OK zu übernehmen.
5-4-2	Spalten „Beschreibung“, „Einheitencode“, „Zeilenrabatt %“, „VK-Preis ohne MwSt.“ bzw. „VK-Preis mit MwSt.“	Nach Verlassen der Spalte „Nr.“ werden u.a. diese Spalten mit den Angaben aus der Artikelkarte gefüllt.
5-4-3	Spalte „Menge“	Hier ist die angebotene Menge, z.B. 10, für den ausgewählten Artikel einzugeben.
5-4-4	Spalte „Zeilenbetrag ohne MwSt.“ bzw. „Zeilenbetrag mit MwSt.“	Diese Spalte wird aktualisiert, wenn die Spalte „Menge“ verlassen wird.
5-4-5	Spalte „Zeilenrabatt %“	Wurde ein Rabatt für diesen Artikel bei dem ausgewählten Debitor hinterlegt, wird der Zeilenrabatt automatisch in dieser Spalte angezeigt. Wird der Zeilenbetrag manuell verändert, wird in diesem Feld der errechnete Zeilenrabatt eingetragen.

5-5	Spalte „Art“ – Option <Ressource>	
5-5-1	Spalte „Nr.“	Wurde in der Spalte „Art“ <Ressource> ausgewählt, gelangt man hier mit F6 in die Ressourcenübersicht. Hier ist die erforderliche Ressource zu markieren und mit OK in das Angebot zu übernehmen.
5-5-2	Spalte „Beschreibung“	Diese Spalte wird nach Verlassen der Spalte „Nr.“ mit den Angaben aus der Ressourcenkarte aktualisiert.
5-5-3	Spalte „Menge“	Hier ist die Anzahl der Stunden einzutragen, für die die Ressource angeboten wird. Die Spalte Einheitencode“ wird automatisch gefüllt.
5-5-4	Spalte „Zeilenbetrag ohne MwSt.“ bzw. „Zeilenbetrag mit MwSt.“	Diese Spalte wird automatisch gefüllt, wenn die Spalte „Menge“ verlassen wird (Menge * VK-Preis). Die Spalte „Zeilenrabatt %“ bleibt leer.
5-6	Spalte „Art“ – Option <WG/ Anlage>	
5-6-1	Spalte „Nr.“	Wurde in der Spalte „Art“ <WG/ Anlage> ausgewählt, wird mit **F6** die Anlagenübersicht geöffnet. Hier ist die erforderliche Anlage zu markieren und mit OK zu übernehmen.
5-6-2	Spalte „Beschreibung“	Diese Spalte wird nach Verlassen der Spalte „Nr.“ mit den Angaben aus der Anlagenkarte aktualisiert.
5-6-3	Spalte „Menge“	Hier ist eine 1 einzugeben. Der „Einheitencode“ bleibt leer.
5-6-4	Spalte „VK-Preis“	Hier ist der entsprechende Anlagenwert einzutragen.
5-6-5	Spalte „Zeilenbetrag ohne MwSt.“ bzw. „Zeilenbetrag mit MwSt.“	Der Betrag wird automatisch eingetragen, wenn die Spalte „VK-Preis“ verlassen wird. (Menge * VK-Preis)
5-7	Spalte „Art“ – Option <Zu-/ Abschlag (Artikel)>	
5-7-1	Spalte „Nr.“	Ist die Option <Zu-/ Abschlag (Artikel)> ausgewählt, gelangt man mit **F6** in die Artikel Zu-/ Abschläge. Hier ist eine Position auszuwählen und mit OK zu bestätigen.

5-7-2	Spalte „Beschreibung“	Nach Verlassen der Spalte „Nr.“ wird der Beschreibungstext vom Artikel Zu-/ Abschlag übernommen.
5-7-3	Spalte „Menge“	Hier ist eine 1 einzugeben. Der „Einheitencode“ bleibt leer.
5-7-4	Spalte „VK-Preis“	In diese Spalte ist der entsprechende Wert einzutragen.
5-7-5	Spalte „Zeilenbetrag ohne MwSt.“ bzw. „Zeilenbetrag mit MwSt.“	Der Betrag wird automatisch eingetragen, wenn die Spalte „VK-Preis“ verlassen wird (Menge * VK-Preis).
6	Artikelinformationen rechts neben den Verkaufszeilen	
6-1	Artikelinformationen	Dieser Informationsbereich wird nur angezeigt, wenn in den Verkaufszeilen in der Spalte „Art“ <Artikel> ausgewählt ist. Gefüllt werden diese Links erst, wenn in der Spalte „Nr.“ ein Artikel eingefügt wurde.
6-2	alle Links	Analog zu den Debitorinformationen werden hier Links zu dem ausgewählten Artikel in der Verkaufszeile bereitgestellt.

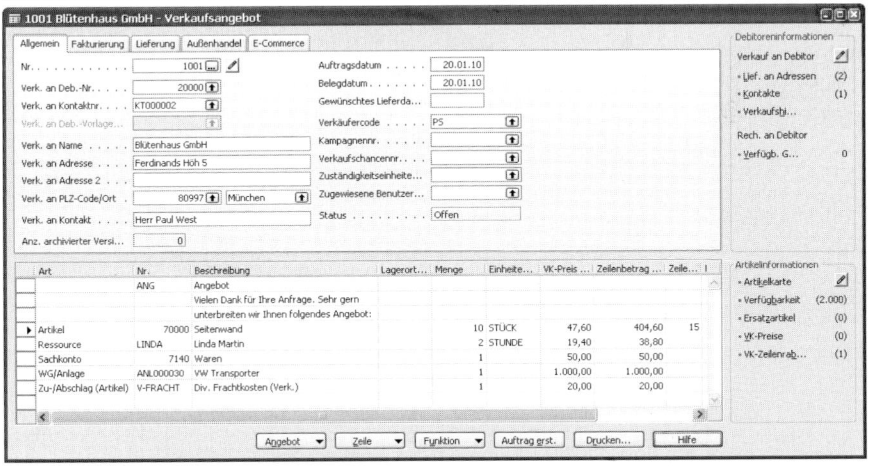

7	Drucken... und Drucken... oder Seitenansicht	Das Verkaufsangebot wird auf dem Bildschirm oder dem Drucker ausgedruckt.
7-1	Wenn die Seitenansicht gewählt wurde **ESC**	Zurück zum Verkaufsangebot.

7-2	Auftrag erst.	Diese Funktion ist aufzurufen, um aus dem Angebot einen Auftrag zu erstellen.
7-3	Die Frage: „Möchten Sie das Angebot in einen Auftrag übernehmen?“ ist mit Ja zu beantworten.	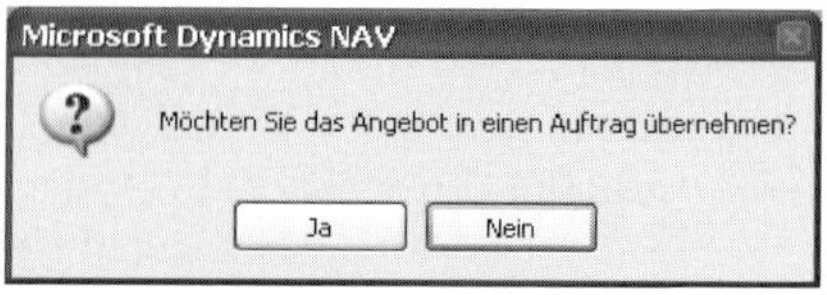
7-4	Wenn der Debitor einen überfälligen Saldo aufweist, warnt das System vor der Umwandlung.	Die Frage: „Dieser Debitor hat einen überfälligen Saldo, möchten Sie trotzdem übernehmen?“ ist nach Überprüfung mit Ja zu beantworten.
7-5	Die Information: „Angebot … wurde in Auftrag … übernommen.“ ist mit OK zu bestätigen.	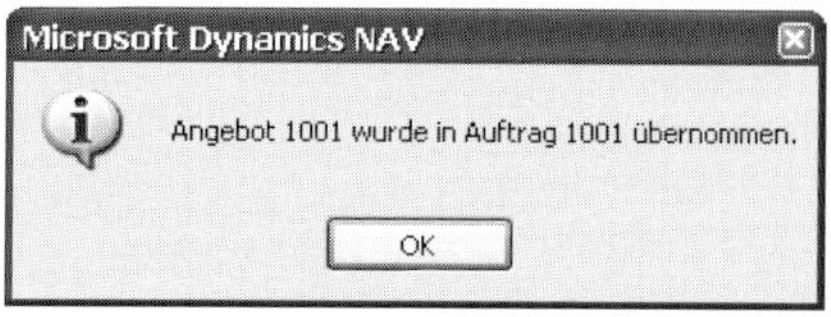
7-6	Damit wurde das Angebot aus dem Angebotsformular gelöscht.	Das Angebot wurde in einen Auftrag umgewandelt. Dieser ist nun unter dem Menüpunkt *Verkauf & Marketing / Auftragsabwicklung / Aufträge* zu finden.
7-7	**ESC**	Zurück zum Hauptmenü.

3.1.2 Arbeiten mit Rahmenaufträgen

Bei Rahmenaufträgen wird eine Abnahmemenge vereinbart, die zu bestimmten Konditionen verkauft wird. Ist diese Menge erschöpft, wird häufig ein neues Kontingent ausgehandelt. Aus Rahmenaufträgen können weder Lieferungen noch Rechnungen erzeugt werden, sondern nur „normale“ Aufträge (als Liefer-Abrufe). Die Vorgehensweise wird in diesem Ablaufschema beschrieben.

Schritt	Aktion	Bemerkung
1	*Verkauf & Marketing / Auftragsabwicklung / Rahmenaufträge*	
2	Mit **F3** ist ein neuer Rahmenauftrag zu erzeugen.	Die „Nr.“ des Rahmenauftrages wird automatisch vergeben, wenn das Feld verlassen wird und eine Nummernserie hinterlegt wurde. Ist dies nicht der Fall, muss die Nummer manuell eingetragen werden.
2-1	Im Feld „Verk. an Deb.-Nr.“ ist mit **F6** die Debitorenübersicht aufrufen, der gewünschte Debitor auszuwählen und mit OK zu übernehmen.	Beim Verlassen des Feldes werden die Felder in den Registern Allgemein, Fakturierung, Lieferung und Außenhandel mit den Daten aus dem Debitorenstamm gefüllt.
2-2	Alle Felder im Rahmenauftragskopf	Die Felder sind analog zum Ablaufschema 3.1.1 in den Schritten 2-3 bis 3-5 auszufüllen.
2-3	Feld „Auftragsdatum“	Dieses Datum wird in die aus dem Rahmenauftrag erstellten Aufträge übernommen und bleibt jetzt leer.
2-4	Feld „Belegdatum“	Das Feld „Belegdatum“ wird mit dem Arbeitsdatum vorbelegt. Der Eintrag ist zu aktualisieren.
3	Rahmenauftragszeilen	
3-1	Spalte „Art“	In der Spalte „Art“ ist <Artikel> auszuwählen und mit **Enter** zu bestätigen.
H	**HINWEIS:** Da Rahmenaufträge meist für den Verkauf von Artikeln genutzt werden, werden die anderen Arten hier nicht näher erläutert.	

3-2	In der Spalte „Nr.“ ist mit **F6** und OK der entsprechende Artikel aus der Artikelübersicht einzufügen.	z.B. 1000 für Tourenrad. Beim Verlassen des Feldes werden der „Einheitencode“, der „VK-Preis“ und eventuell hinterlegte Rabatte des Artikels eingefügt.
3-3	In die Spalte „Menge“ ist die Gesamtanzahl der beauftragten Artikel einzutragen.	z.B. 50. (Gesamtstückzahl des Rahmenauftrages)
3-4	Nach dem Verlassen der Spalte „Menge“ wird der Wert in der Spalte „Zeilenbetrag ohne MwSt.“ bzw. „Zeilenbetrag mit MwSt.“ errechnet.	Betrag = Menge * VK-Preis 150.000,00 = 50 * 4.000,00 (abzüglich 25 % Rabatt)
3-5	Spalte „Zu liefern“	In diese Spalte wird der Wert aus der Spalte „Menge“ eingetragen.
3-6	Sind weitere Positionen im Rahmenauftrag enthalten, so ist der Schritt 3 zu wiederholen.	

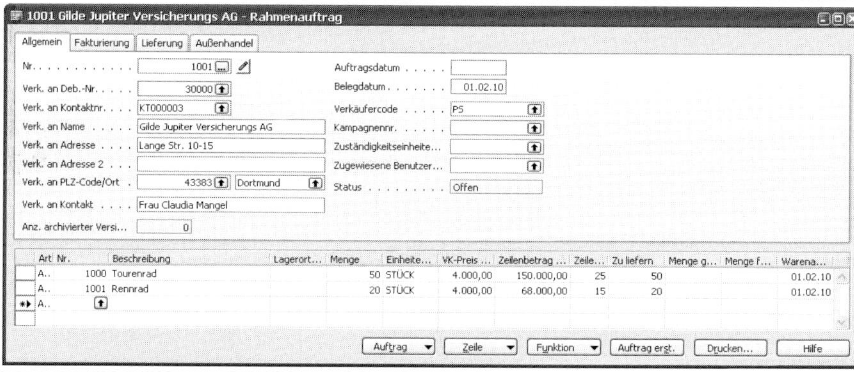

4	Drucken...	
4-1	Seitenansicht oder Drucken...	Hier kann der Rahmenauftrag auf einem Drucker oder auf dem Bildschirm ausgegeben werden.
4-2	2 x **ESC** aus der Seitenansicht	Zurück zum Hauptmenü.

TEILMENGEN ABRUFEN		
5	*Verkauf & Marketing / Auftragsabwicklung / Rahmenaufträge*	Der erforderliche Rahmenauftrag ist über die Such- und Filterfunktion anzuzeigen.
5-1	Feld „Auftragsdatum“	Im Kopf des Rahmenauftrages ist in diesem Feld das aktuelle Datum des Abrufs einzugeben.
5-2	Spalte „Zu liefern“	In diese Spalte ist nicht die Liefermenge einzutragen, sondern die Menge, über die ein Auftrag erstellt werden soll, von dem aus dann die Lieferung erzeugt wird. Der angegebene Wert, hier z.B. 50, ist zu überschreiben und die Menge des Auftrages, z.B. 10, einzutragen.

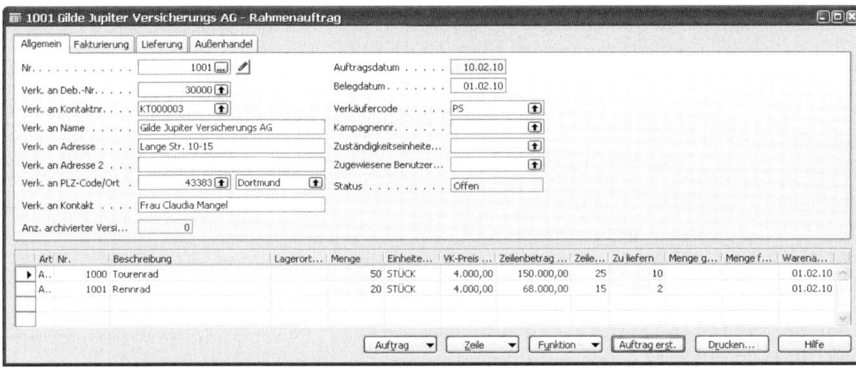

5-3	Auftrag erst.	
H	**HINWEIS:** Ist in der Spalte „Zu liefern“ eine Menge bei der Auftragserstellung eingetragen, mit deren Summe aus den Spalten „Zu liefern“ und der Spalte „Menge“ aus den Aufträgen, die „Menge“ im Rahmenauftrag überschritten werden würde, wird eine Meldung mit der noch möglichen Restmenge für die Spalte „Zu liefern“ ausgegeben.	

Die Angabe in der Spalte „Zu liefern“ ist dann entsprechend zu korrigieren und Auftrag erst. erneut auszuführen.

5-4	Die Frage: „Möchten Sie einen Auftrag aus dem Rahmenauftrag erstellen?“ ist mit Ja zu beantworten.	Danach erscheint eine Information, welcher Auftrag aus dem Rahmenauftrag erstellt wurde. Diese ist mit OK zu bestätigen.
AUSWIRKUNG		
6	Zeile ▼ / *Nicht gebuchte Zeilen / Aufträge*	Hier werden in den Verkaufszeilen die Aufträge aus dem Rahmenauftrag dargestellt.
6-1	Zeile ▼ / *Beleg anzeigen*	Der aus dem Rahmenauftrag erstellte Auftrag wird aufgerufen.
6-2	Auftragszeilen Spalten „Rahmenauftragsnr.“ und „Rahmenauftragszeilennr.“	Diese Spalten können über *Ansicht / Spalte anzeigen…* eingeblendet werden, um den Zusammenhang zwischen Auftrag und Rahmenauftrag zu verdeutlichen.
H	**HINWEIS:** Anhand dieser Zuordnung einer Auftragszeile zum Rahmenauftrag werden beim Buchen die Spalten „Menge geliefert“ und „Menge fakturiert“ im Rahmenauftrag aktualisiert.	

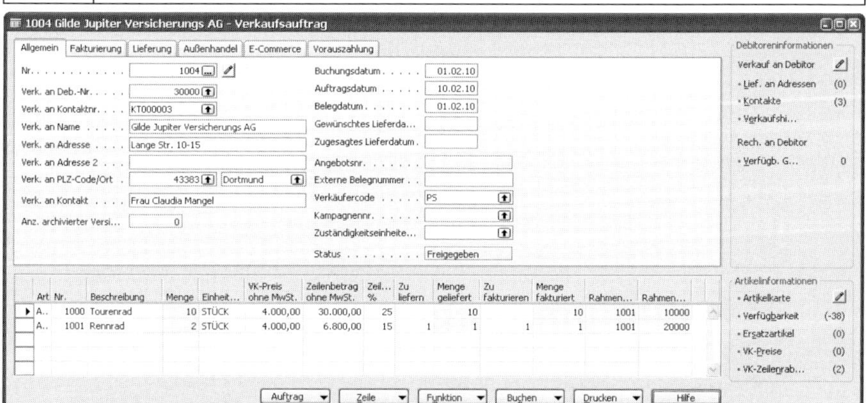

H	**HINWEIS:** Wird ein neuer Auftrag direkt erstellt ohne über den Rahmenauftrag zu gehen, oder wird in einem aus einem Rahmenauftrag erstellten Auftrag eine weitere Zeile hinzugefügt, so werden diese Spalten nicht automatisch gefüllt. Eine Verbindung zum Rahmenauftrag kann dann nachträglich über manuelle Einträge in diesen beiden Spalten hergestellt werden.	
6-3	Der Auftrag kann nun weiter bearbeitet werden, wie im Ablaufschema 3.1.3 beschrieben. Ebenfalls kann der Lieferschein und die Rechnung erstellt werden, wie im Ablaufschema 3.2.1 bzw. 3.2.2 beschrieben.	
7	2 x **ESC**	Zurück zum Rahmenauftrag.

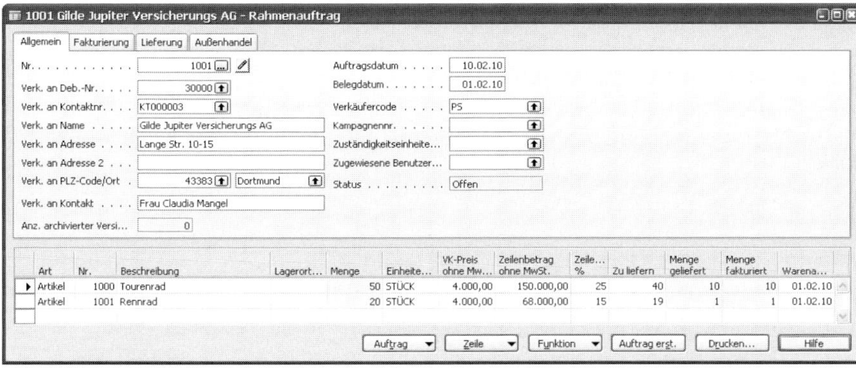

7-1	Spalte „Zu liefern“	Nachdem der Auftrag geliefert und fakturiert wurde, wird im Rahmenauftrag in der Spalte „Zu liefern“ die noch mögliche Menge für Auftragsmengen angezeigt. Von der Gesamtmenge (Spalte „Menge“) wird die bereits gelieferte Menge der Aufträge (Spalte „Menge geliefert“) abgezogen, nicht die Auftragsmengen (Spalte „Menge“).
7-2	Spalten „Menge geliefert“ und „Menge fakturiert“	In diesen Spalten wird die Summe der gleichnamigen Spalten aus den Aufträgen angezeigt. Das besagt, wie viele Artikel aus diesem Rahmenauftrag bereits geliefert bzw. fakturiert wurden - nicht wie viele in Aufträgen stehen.
8	**ESC**	Zurück zum Hauptmenü.

3.1.3 Bearbeiten eines Auftrages

Ein Auftrag kann nicht nur über ein Angebot oder Rahmenauftrag erstellt werden, er kann ebenso direkt erzeugt werden. In diesem Abschnitt werden die wichtigsten Felder erläutert, die bei der Nachbearbeitung berücksichtigt werden sollten.

Schritt	Aktion	Bemerkung
1	*Verkauf & Marketing / Auftragsabwicklung / Aufträge*	Im entstandenen Auftrag sind nun einzelne Felder zu prüfen und ggf. anzupassen.
1-1	Feld „Nr."	Mit den Such- bzw. Filterfunktionen ist der Auftrag anzuzeigen, der soeben erstellt wurde.
1-2	Feld „Angebotsnr."	Wurde der Auftrag aus einem Angebot erstellt, so wird in diesem Feld die zugrunde liegende Angebotsnummer dieses Auftrages angezeigt.
1-3	Feld „Belegdatum"	Das „Belegdatum" wird auf dem Ausdruck ausgegeben. Beim Buchen des Beleges wird anhand dieses Datums die Fälligkeit berechnet.
1-4	Feld „Auftragsdatum"	Das „Auftragsdatum" ist das Datum, an dem der Kunde den Auftrag erteilt hat.
1-5	Feld „Buchungsdatum"	Zu diesem Datum wird der Beleg in der Finanzbuchhaltung gebucht.
1-6	Register Allgemein Feld „Verk. an Deb.-Nr." Register Fakturierung Feld „Rech. an Deb.-Nr." Register Lieferung Feld „Lief. an Code"	Es kann zwischen dem Auftraggeber, dem Rechnungsempfänger und der Lieferadresse unterschieden werden. Diese Angaben sind gesondert zu prüfen und ggf. anzupassen.
2	Informationsbereich rechts neben dem Auftragskopf	
2-1	Bereich „Verkauf an Debitor"	In diesem Bereich werden zusätzliche Informationen zum Debitor angezeigt, der im Feld „Verk. an Deb.-Nr." eingetragen wurde. Die Listeneinträge sind Links, mit denen die entsprechenden Übersichten aufgerufen werden.

2-2	Bereich „Rech. an Debitor“	In diesem Bereich werden entsprechende Informationen zum Debitor im Feld „Rech. an Deb.-Nr.“ angezeigt. Weicht dieser vom Debitor im Feld „Verk. an Deb.-Nr.“ ab, so wird auch hier ein Link zu dessen Verkaufshistorie ermöglicht.
3	Auftragszeilen	
3-1	Spalte „Beschreibung“ und „Beschreibung 2“	Nach den Eingaben in den Spalten „Art“ und „Nr.“ können diese Spalten individuell angepasst werden.
3-2	Spalte „Menge“	In dieser Spalte ist die Gesamtauftragsmenge angegeben, die der Kunde bestellt hat.
3-3	Spalten „VK-Preis“ und „Zeilenrabatt %“	Als Verkaufspreis wird der Wert des Feldes „VK-Preis“ aus dem Artikelstamm vorgeschlagen. Sind Preisdifferenzierungen und/oder Rabatte pro Debitor/Debitorengruppe hinterlegt, werden diese in die Felder „VK-Preis“ und „Zeilenrabatt %“ übertragen und mit berücksichtigt.
3-4	Die Spalten „Rahmenauftragsnr.“ und „Rahmenauftragszeilennr.“ können über *Ansicht / Spalte anzeigen…* eingeblendet werden.	Anhand dieser Zuordnung einer Auftragszeile zum Rahmenauftrag werden beim Buchen die Spalten „Menge geliefert“ und „Menge fakturiert“ im Rahmenauftrag aktualisiert. Sie sollten ggf. angepasst werden.

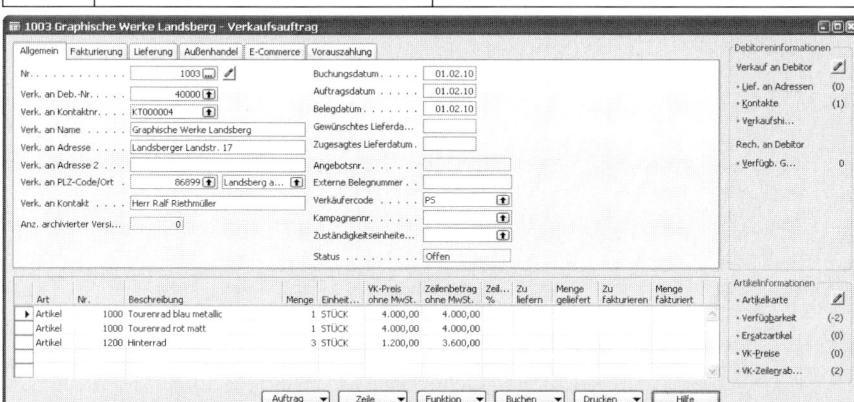

4	Artikelinformationen rechts neben den Artikel-Auftragszeilen	
4-1	Artikelinformationen	Dieser Informationsbereich wird nur angezeigt, wenn in den Verkaufszeilen in der Spalte „Art“ <Artikel> ausgewählt ist. Gefüllt werden diese Links erst, wenn in der Spalte „Nr.“ ein Artikel eingefügt wurde.
4-2	alle Links	Analog zu den Debitorinformationen werden hier nützliche Links zu dem ausgewählten Artikel in den Verkaufszeilen bereitgestellt.
5	Auftrag ▼ / *Statistik* oder **F9**	Zur Kontrolle eines Beleges sollte die Statistik aufgerufen werden. In diesem Formular wird im Register Allgemein der Gesamtauftragswert in Bezug auf das Feld „Menge“ angezeigt, im Register Rechnung der Wert der aktuellen Rechnung anhand der Menge im Feld „Zu fakturieren“ und im Register Lieferung analog dazu anhand der Menge im Feld „Zu liefern“ der Wert der aktuellen Lieferung.
6	2 x **ESC**	Zurück zum Hauptmenü.

3.1.4 Drucken der Auftragsbestätigung

Aus dem Modul Aufträge können Auftragsbestätigungen erzeugt und beliebig oft gedruckt werden.

Schritt	Aktion	Bemerkung
1	*Verkauf & Marketing / Auftragsabwicklung / Aufträge*	Die Auftragsbestätigung wird aus dem Verkaufsauftrag heraus gedruckt.
2	Feld „Nr."	Mit den Such- bzw. Filterfunktionen ist der Auftrag anzuzeigen, für den eine Auftragsbestätigung gedruckt werden soll.
3	Drucken...	Das Anforderungsfenster zum Druck der Auftragsbestätigung wird geöffnet.
3-1	Register Verkaufsauftrag	
3-1-1	Feld „Nr."	Dieses Feld ist mit der Auftragsnummer des Auftrages vorbelegt, aus dem das Drucken aufgerufen wurde. Der Wert kann geändert werden, so dass auch mehrere Auftragsbestätigungen gedruckt werden können.
3-1-2	Feld „Verk. an Deb.-Nr."	Sollen alle Auftragsbestätigungen für einen Debitor ausgedruckt werden, so ist das Feld „Nr." leer zu lassen und in diesem Feld mit **F6** und OK der entsprechende Debitor aus der Debitorenübersicht auszuwählen.
3-2	Register Optionen	
3-2-1	Feld „Anzahl Kopien"	Hier kann eingestellt werden, wie viele Kopien zusätzlich zum Original gedruckt werden sollen.
3-2-2	Feld „Interne Informationen"	Sollen die Dimensionsinformationen für den Belegkopf und jede Belegzeile ausgegeben werden, so ist in diesem Feld ein Haken zu setzen.
3-2-3	Feld „Beleg archivieren"	Soll der Beleg in dieser Version archiviert werden, so ist hier ein Haken zu setzen. Im Auftrag wird im Feld „Anz. archivierter Versionen" angezeigt, wie viele Versionen bereits gespeichert wurden.

3-2-4	Feld „Aktivität protokollieren“	Wird hier ein Haken gesetzt, erzeugt das System für den Kontakt einen Aktivitätenprotokollposten, der dann mit dem archivierten Beleg verbunden wird.
	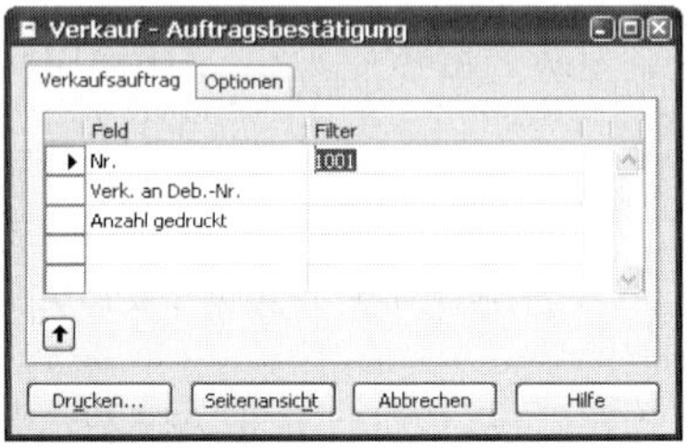	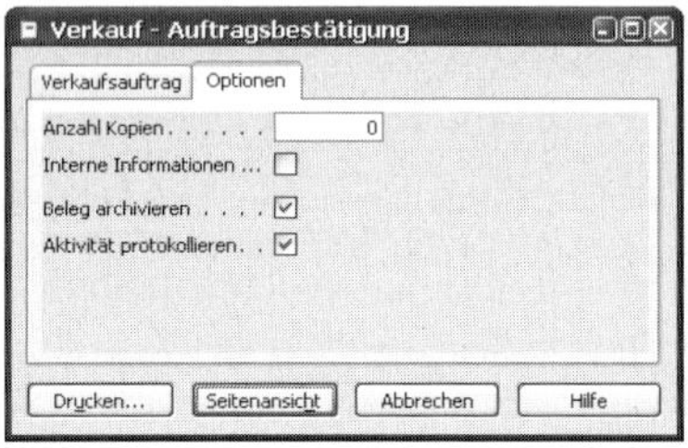
3-3	Drucken... oder Seitenansicht	
4	2 x **ESC**	Zurück zum Hauptmenü.

3.1.5 Löschen erledigter Aufträge

In Microsoft Dynamics NAV werden Aufträge in der Regel gelöscht, sobald sie in Rechnung gestellt wurden. Wenn jedoch mehrere Aufträge über Sammelrechnungen fakturiert wurden, erfolgt die Löschung nicht automatisch. In diesem Fall sind die Aufträge mit der Stapelverarbeitung Erledigte Aufträge löschen... zu löschen.

Schritt	Aktion	Bemerkung
1	*Verwaltung / IT-Verwaltung / Daten löschen / Verkaufsbelege / Erledigte Aufträge löschen…*	Die Stapelverarbeitung Erledigte Aufträge löschen wird geöffnet.
2	Register Verkaufsauftrag	
2-1	Feld „Nr.“	Ist die Nummer des Auftrags bekannt, so kann sie hier manuell eingetragen werden. Dabei ist eine Mehrfachauswahl (mit .. oder |) möglich.
2-2	Feld „Verk. an Deb.-Nr.“	Hier kann mit **F6** die Debitorenübersicht aufgerufen werden. Dort sind der entsprechende Debitor oder die Debitoren auszuwählen, deren Aufträge gelöscht werden sollen und diese mit OK zu übernehmen.
2-3	Feld „Rech. an Deb.-Nr.“	Hier kann ebenfalls mit **F6** in die Debitorenübersicht verzweigt werden. Der entsprechende Debitor oder die Debitoren sind auszuwählen und mit OK zu übernehmen.
2-4		Durch Klicken auf diese Schaltfläche wird das Ergebnis der gesetzten Filter für die zu löschenden Aufträge angezeigt.
2-5	**ESC**	Schließen des Vorschaufensters und zurück zum Report „Erledigte Aufträge löschen“.
3	OK	Die Stapelverarbeitung wird gestartet. Die ausgewählten Aufträge werden gelöscht.
H	**HINWEIS:** Die Aufträge können nur gelöscht werden, wenn sie vollständig fakturiert sind. Aufträge, deren Lieferung und Fakturierung noch nicht abgeschlossen sind, können nicht gelöscht werden.	

3.1.6 Löschen erledigter Rahmenaufträge

In Microsoft Dynamics NAV werden Rahmenaufträge nicht automatisch gelöscht. Sie können, nachdem sie abgearbeitet wurden, einzeln manuell oder über eine Stapelverarbeitung gelöscht werden.

Schritt	Aktion	Bemerkung
LÖSCHEN EINZELNER RAHMENAUFTRÄGE		
1	*Verkauf & Marketing / Auftragsabwicklung / Rahmenaufträge*	Hier ist der entsprechende Rahmenauftrag anzuzeigen.

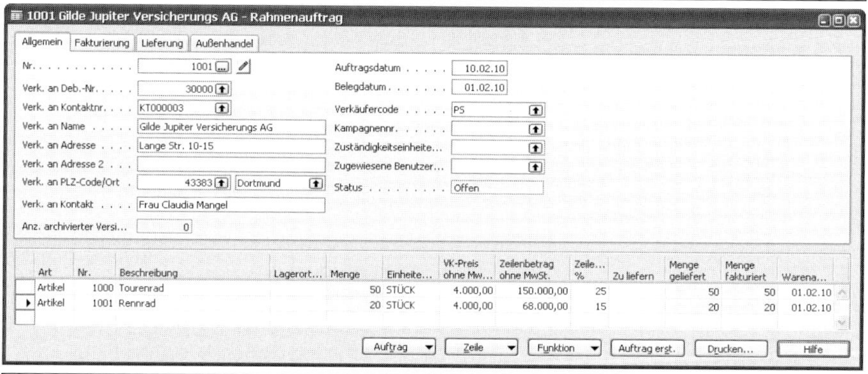

1-1	Spalten „Menge“, „Menge geliefert“ und „Menge fakturiert“	Stimmen die Werte in diesen Spalten überein, ist der Rahmenauftrag abgearbeitet und kann gelöscht werden.
1-2	**F4**	Löschen des Rahmenauftrages. Nach einer Sicherheitsabfrage wird der Rahmenauftrag aus dem System gelöscht.
1-3	**ESC**	Zurück zum Hauptmenü.
LÖSCHEN MEHRERER RAHMENAUFTRÄGE GLEICHZEITIG		
2	*Verwaltung / IT-Verwaltung / Daten löschen / Verkaufsbelege / Erledigte Rahmenaufträge löschen…*	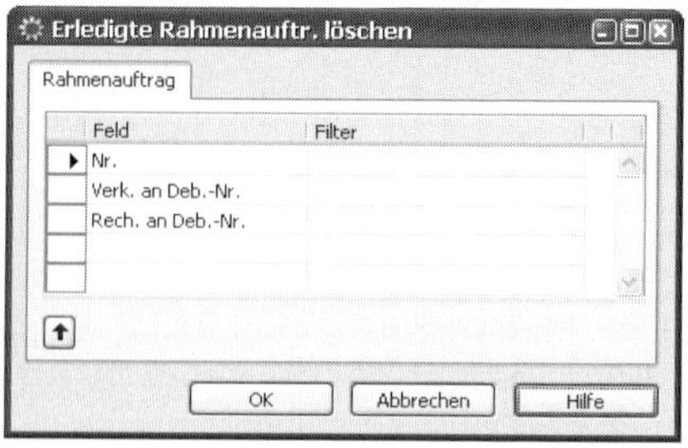

2-1	Register Rahmenauftrag	In diesem Register können Filter gesetzt werden, um so die zu löschenden Rahmenaufträge einzugrenzen.
2-2	OK	Die Stapelverarbeitung wird gestartet und die Rahmenaufträge werden gelöscht.
H	**HINWEIS:** Es werden nur die Rahmenaufträge gelöscht, in denen die Werte in den Spalten „Menge", „Menge geliefert" und „Menge fakturiert" in allen Zeilen übereinstimmen.	

3.2 Lieferung, Rechnung und Gutschrift

Das Buchen von Warenlieferungen, Rechnungen, Gutschriften und Reklamationen wird in den nächsten Ablaufschemata behandelt. Es wird außerdem gezeigt, wie Sammelrechnungen automatisch und manuell erstellt werden können.

3.2.1 Buchen von Warenlieferungen

Aus den Aufträgen heraus können die Lieferungen und Rechnungen gebucht werden. Dies kann zu unterschiedlichen Zeitpunkten oder gleichzeitig erfolgen. Darüber hinaus sind Teillieferungen und Teilrechnungen möglich. Im Folgenden wird nur die Buchung der Lieferung betrachtet.

Schritt	Aktion	Bemerkung
1	*Verkauf & Marketing / Auftragsabwicklung / Aufträge*	
2	Register Allgemein	
2-1	Feld „Nr."	Hier ist mit den Such- bzw. Filterfunktionen der Auftrag herauszusuchen, zu dem die Lieferung gebucht werden soll.
2-2	Feld „Buchungsdatum"	Das Datum in diesem Feld ist zu aktualisieren. Es bestimmt, mit welchem Datum die Buchung in der Finanzbuchhaltung erfolgt.
2-3	Feld „Belegdatum"	Dieses Datum erscheint auf dem Lieferschein und ist ebenfalls zu aktualisieren.
3	Register Fakturierung	
3-1	Felder „Kostenstelle Code" und „Kostenträger Code"	Soll die Rechnung einer Kostenstelle oder einem Kostenträger zugeordnet werden, so ist mit **F6** und OK eine Zuordnung vorzunehmen.
3-2	Felder „Zlg.-Bedingungscode" und „Zahlungsformcode"	Die Inhalte dieser Felder sind zu überprüfen und ggf. zu ändern.
4	Register Lieferung	
4-1	Feld „Lief. an Code"	Sind abweichende Lieferanschriften am Debitor hinterlegt, so kann hier mit **F6** und OK die zutreffende Anschrift ausgewählt werden.

4-2	Felder „Lagerortcode“ und „Lieferbedingungscode“	Der Inhalt dieser Felder ist zu überprüfen und ggf. zu ändern.
4-3	Feld „Warenausgangsdatum“	Hier ist das eingetragene Lieferdatum zu überprüfen.
4-4	Feld „Versandanweisung“	In diesem Feld ist hinterlegt, ob der Debitor Teillieferungen von Aufträgen akzeptiert. Mit **F6** und **Enter** kann zwischen <Teillieferung> und <Komplettlieferung> gewählt werden.
5	Register Außenhandel	
5-1	Feld „Währungscode“	Der Währungscode ist zu überprüfen und ggf. mit **F6** und OK zu ändern.
6	Auftragszeilen	
6-1	Spalte „Zu liefern“	In diese Spalte ist die aktuelle Liefermenge pro Artikel einzutragen. Soll eine Teillieferung erfolgen, so ist der vorgeschlagene Wert zu korrigieren. Erfolgt noch keine Lieferung, ist der Wert in dieser Spalte zu löschen.
6-2	Spalte „Zu fakturieren“	Diese Spalte wird mit den Werten aus der Spalte „Zu Liefern“ aktualisiert. Der Wert in dieser Spalte kann nicht größer sein als die Summe der Spalten „Zu liefern“ und „Menge geliefert“ abzüglich der Spalte „Menge fakturiert“.

Art	Nr.	Beschreibung	Menge	Einheit...	VK-Preis ohne MwSt.	Zeilenbetrag ohne MwSt.	Zeilenrabatt %	Zu liefern	Menge geliefert	Zu fakturieren	Menge fakturiert
Artikel	1896-S	ATHENS Schreibtisch	2	STÜCK	1.005,80	2.011,60		2		2	
Artikel	1980-S	MOSCOW Schreibtischstuhl, rot	6	STÜCK	191,00	1.146,00		3		3	
Artikel	1900-S	PARIS Gästestuhl, schwarz	4	STÜCK	193,70	774,80					

7	Auftrag ▼ / *Statistik* oder **F9**	Vor dem Buchen des Beleges sollte die Statistik mit **F9** aufgerufen werden, um die zu buchenden Werte zu prüfen.
7-1	Register Allgemein	Hier wird der Gesamtauftragswert in Bezug auf das Feld „Menge“ angezeigt. Dies ist zu prüfen.
7-2	Register Lieferung	In diesen Feldern wird anhand der Menge im Feld „Zu liefern“ der Wert der aktuellen Lieferung angezeigt.

7-3	**ESC**	Zurück zum Auftrag.
8	Buchen ▼ / *Buchen…* oder **F11**	Soll der Lieferschein mit gedruckt werden, ist Buchen ▼ / *Buchen und drucken…* oder **Groß** + **F11** zu wählen.
8-1	Da nur die Warenbewegung gebucht werden soll, ist beim Buchen die Option <Liefern> zu wählen.	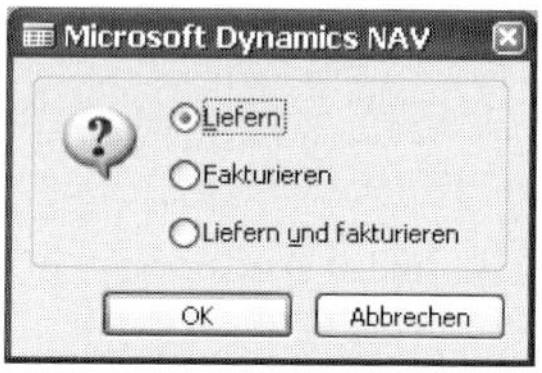
8-2	OK	Die Buchung wird im System durchgeführt und der Beleg der gebuchten Lieferung wird erstellt.
8-3	Spalte „Menge geliefert“	Nach der Buchung wird die Menge aus der Spalte „Zu liefern“, die nun gelieferte Menge, automatisch in die Spalte „Menge geliefert“ übertragen.
8-4	Spalte „Zu liefern“	Je nach gebuchter Liefermenge wird in dieser Spalte null, die noch verbleibende Restliefermenge oder Gesamtmenge angezeigt.
	Wurde ein Artikel vollständig geliefert, ist für diesen Artikel das Feld in der Spalte „Zu liefern“ leer. Erfolgte eine Teillieferung, wird in der Spalte „Zu liefern“ die Differenz zwischen „Menge“ und „Menge geliefert“ eingetragen. Wurde ein Artikel noch nicht geliefert, wird die Spalte „Zu liefern“ mit der „Menge“ aktualisiert.	
8-5	Spalte „Zu fakturieren“	Die Werte in dieser Spalte wurden entsprechend aktualisiert.

Art	Nr.	Beschreibung	Menge	Einheit…	VK-Preis ohne MwSt.	Zeilenbetrag ohne MwSt.	Zeilenrabatt %	Zu liefern	Menge geliefert	Zu fakturieren	Menge fakturiert
Artikel	1896-S	ATHENS Schreibtisch	2	STÜCK	1.005,80	2.011,60			2	2	
Artikel	1980-S	MOSCOW Schreibtischstuhl, rot	6	STÜCK	191,00	1.146,00		3	3	6	
Artikel	1900-S	PARIS Gästestuhl, schwarz	4	STÜCK	193,70	774,80		4		4	

H	**HINWEIS:** Ein Auftrag ist vollständig erledigt bzw. abgeschlossen und wird ggf. automatisch aus dem System gelöscht, wenn die Werte in den Spalten „Menge“, „Menge geliefert“ und „Menge fakturiert“ identisch sind.	
8-6	**ESC**	Zurück zum Hauptmenü.

9	*Verkauf & Marketing / Historie / Gebuchte Verkaufslieferungen*	Über die Such- bzw. Filterfunktion ist die entsprechende gebuchte Verkaufslieferung auszuwählen.

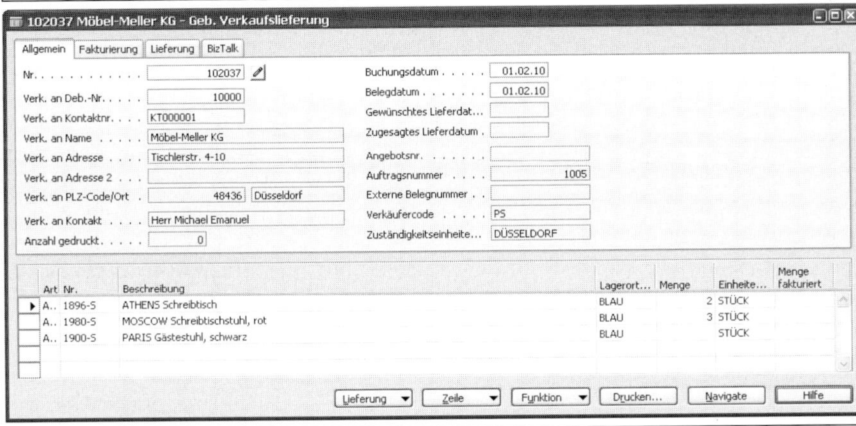

9-1	Drucken...	Der Beleg kann über diese Funktion zu jedem Zeitpunkt ausgedruckt werden.
9-2	Drucken... oder Seitenansicht	
9-3	2 x **ESC**	Zurück zum Hauptmenü.

3.2.2 Buchen einer Ausgangsrechnung über Aufträge

Nachdem die Lieferungen gebucht wurden, kann aus dem Auftrag die Ausgangsrechnung für den Debitor erzeugt werden.

Schritt	Aktion	Bemerkung
1	*Verkauf & Marketing / Auftragsabwicklung / Aufträge*	
2	Auftragskopf	
2-1	Felder „Nr.“ und „Verk. an Deb.-Nr.“	Mit den Such- bzw. Filterfunktionen ist der Auftrag auszuwählen, für den eine Rechnung geschrieben werden soll.
2-2	Feld „Buchungsdatum“	Hier ist das Datum einzugeben, unter welchem die Buchungen in der Finanzbuchhaltung gebucht werden sollen.
2-3	Feld „Belegdatum“	Das eingetragene Datum ist zu aktualisieren. Beim Buchen des Beleges wird anhand dieses Datums die Fälligkeit berechnet.
3	Auftragszeilen	
3-1	Spalte „Menge“	Es ist zu prüfen, ob Teillieferungen durchgeführt wurden. Ist dies der Fall, ist der Wert in der Spalte „Menge geliefert“ kleiner als der Wert in dieser Spalte.
3-2	Spalte „Zu fakturieren“	Diese Spalte ist mit dem Wert der Spalte „Menge“ gefüllt. Sind Teillieferungen erfolgt, ist der Wert mit dem Wert aus der Spalte „Menge geliefert“ zu überschreiben.

Art	Nr.	Beschreibung	Lager...	Menge	Einheit...	VK-Preis ...	Zeilenbetrag ...	Zei...	Zu lief...	Menge g...	Zu fak...	Menge f...
A..	1896-S	ATHENS Schreibtisch		2	STÜCK	1.005,80	2.011,60			2	2	
A..	1980-S	MOSCOW Schreibtischstuhl, rot		6	STÜCK	191,00	1.146,00		3	3	3	
A..	1900-S	PARIS Gästestuhl, schwarz		4	STÜCK	193,70	774,80		4			

4	**Buchen ▼** / *Buchen…* oder **F11**	Soll der Beleg mit gedruckt werden, ist **Buchen ▼** / *Buchen und drucken…* oder **Groß** + **F11** zu wählen.

4-1	Da nur die Rechnung erzeugt werden soll, ist beim Buchen die Option <Fakturieren> zu wählen.	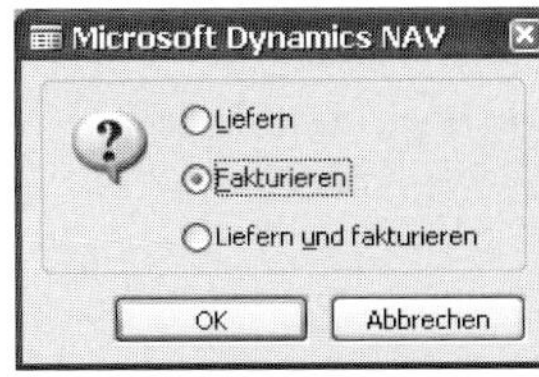
4-2	OK	Die Buchung wird im System durchgeführt und die Gebuchte Rechnung erstellt.
4-3	Spalte „Menge fakturiert“	Nach der Buchung wird die Menge aus der Spalte „Zu fakturieren“, automatisch in die Spalte „Menge fakturiert“ übertragen.
4-4	Spalte „Zu fakturieren“	Je nach gebuchter Menge wird in dieser Spalte null, die noch verbleibende Fakturamenge oder Gesamtmenge angezeigt.
	Wurde ein Artikel vollständig fakturiert, ist für diesen Artikel das Feld in der Spalte „Zu fakturieren“ leer. Erfolgte eine Teilberechnung, wird in der Spalte „Zu fakturieren“ die Differenz zwischen „Menge“ und „Menge fakturiert“ eingetragen. Wurde ein Artikel noch nicht fakturiert, wird die Spalte „Zu fakturieren“ mit der „Menge“ aktualisiert.	
H	**HINWEIS:** Wurde der Beleg (alle Zeilen) mit dieser Buchung vollständig fakturiert, wird der Auftrag automatisch gelöscht.	

Art	Nr.	Beschreibung	Menge	Einheit...	VK-Preis ohne MwSt.	Zeilenbetrag ohne MwSt.	Zeilenrabatt %	Zu liefern	Menge geliefert	Zu fakturieren	Menge fakturiert
Artikel	1896-S	ATHENS Schreibtisch	2	STÜCK	1.005,80	2.011,60			2		2
Artikel	1980-S	MOSCOW Schreibtischstuhl, rot	6	STÜCK	191,00	1.146,00		3	3	3	3
Artikel	1900-S	PARIS Gästestuhl, schwarz	4	STÜCK	193,70	774,80		4		4	

5	ESC	Zurück zum Hauptmenü.
6	*Verkauf & Marketing / Historie / Gebuchte Rechnungen*	Über die Such- bzw. Filterfunktion ist die entsprechende gebuchte Ausgangsrechnung auszuwählen.
6-1	Drucken...	Der Beleg kann über diese Funktion zu jedem Zeitpunkt ausgedruckt werden.
6-2	Drucken... oder Seitenansicht	
6-3	2 x ESC	Zurück zum Hauptmenü.

3.2.3 Buchen einer Ausgangsrechnung über Rechnungen

Die unter dem Menüpunkt Rechnungen aufgerufenen offenen Rechnungen bieten ähnliche Möglichkeiten wie das Handling bei den Aufträgen. Allerdings lassen sie keine Trennung von Lieferung und Faktura sowie keine Teilbuchungen zu. Sie können unter anderem zur Erstellung von Sammelrechnungen verwendet werden.

Schritt	Aktion	Bemerkung
1	*Verkauf & Marketing / Auftragsabwicklung / Rechnungen*	
2	Rechnungskopf	
2-1	Feld „Nr.“	Mit **F3** ist eine neue Rechnung zu erzeugen. Wurde eine Nummernserie hinterlegt, wird aus dieser mit **Enter** eine eingefügt.
2-2	Feld „Verk. an Deb.-Nr.“	Mit **F6** ist die Debitorenübersicht aufzurufen, dort der entsprechende Debitor, z.B. 30000, auszuwählen und mit OK zu übernehmen.
3a	Rechnungszeilen	
	Alle Spalten	Die Spalten können analog zum Ablaufschema 3.1.1 dem Schritt 5 gefüllt werden.
3b	Rechnungszeilen – manuelle Sammelrechnung	
3b-1	Funktion ▼ / *Lieferzeilen holen…*	Über diese Funktion werden alle Lieferzeilen für den Debitor im Feld „Verk. an Deb.-Nr.“ angezeigt, die noch nicht fakturiert sind.

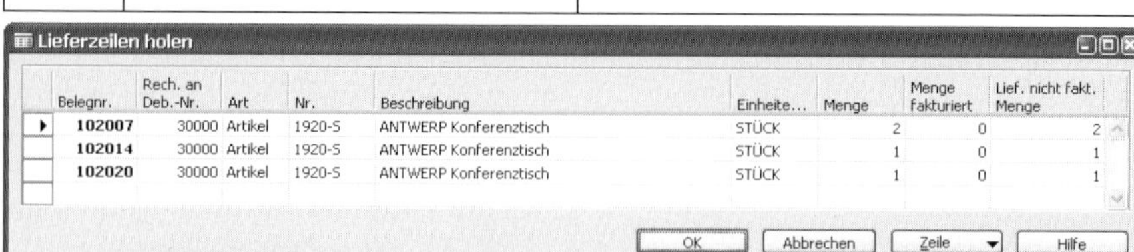

3b-2	In diesem Formular sind die zu fakturierenden Lieferungen zu markieren und mit OK zu übernehmen.	Für die einzelnen Lieferungen wird die Lieferscheinnummer vor der zu berechnenden Zeile mit eingefügt.

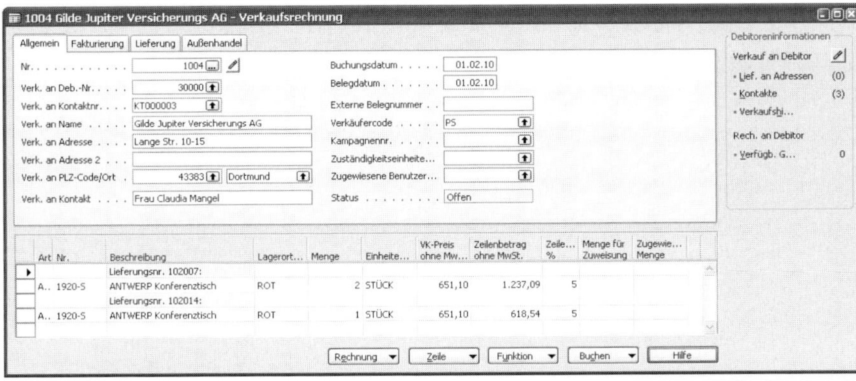

4	**Rechnung ▼** / *Statistik* oder **F9**	Vor dem Buchen des Beleges sollte die Statistik mit **F9** aufgerufen werden, um die zu buchenden Werte zu prüfen.
4-1	Register Allgemein	Hier werden der Gesamtrechnungswert und die Mehrwertsteuerspezifikation angezeigt.
4-2	Register Debitor	In diesen Feldern werden der aktuelle „Saldo (MW)“, das „Kreditlimit“ und deren Auslastung des Debitors angezeigt.
4-3	**ESC**	Zurück zur Rechnung.
5	**Buchen ▼** / *Buchen…* oder **F11**	Soll der Beleg mit gedruckt werden, ist **Buchen ▼** / *Buchen und drucken…* oder **Groß** + **F11** zu wählen.
5-1	Die Sicherheitsabfrage ist mit **Ja** zu beantworten.	
5-2	Nach der Buchung wird der erfasste Verkaufsrechnungsbeleg gelöscht.	Die nun erledigten offenen Aufträge sind noch vorhanden. Sie können über die Stapelverarbeitung Erledigte Aufträge löschen… gelöscht werden, siehe Ablaufschema 3.1.5.
5-3	**ESC**	Zurück zum Hauptmenü.

3.2.4 Erstellen einer Sammelrechnung

Wenn an einen Debitor mehrere erstellte Verkaufslieferungen in Rechnung gestellt werden sollen, dann kann die Funktion der Sammelrechnung in Microsoft Dynamics NAV angewendet werden.

Schritt	Aktion	Bemerkung
1	*Verkauf & Marketing / Auftragsabwicklung / Debitoren*	Es ist der Debitor aufzurufen, an den später Sammelrechnungen gestellt werden sollen, z.B. Debitor 50000.
1-1	Register Lieferung Feld „Sammelrechnung“	Wenn in diesem Feld ein Haken gesetzt ist, können für diesen Debitor Sammelrechnungen mit der Funktion erzeugt werden.
H	**HINWEIS:** Wurden bereits an den Debitor Aufträge bzw. Lieferungen erstellt, und der Haken im Feld „Sammelrechnung“ war nicht gesetzt, so müssen diese Lieferungen manuell zu Sammelrechnungen zusammengefasst werden, siehe Ablaufschema 3.2.3.	
1-2	**ESC**	Zurück zum Hauptmenü.
2	*Verkauf & Marketing / Auftragsabwicklung / Aufträge*	
2-1	Es sind im Vorfeld vier Aufträge für den Debitor 50000 anzulegen und nur die Lieferungen zu buchen.	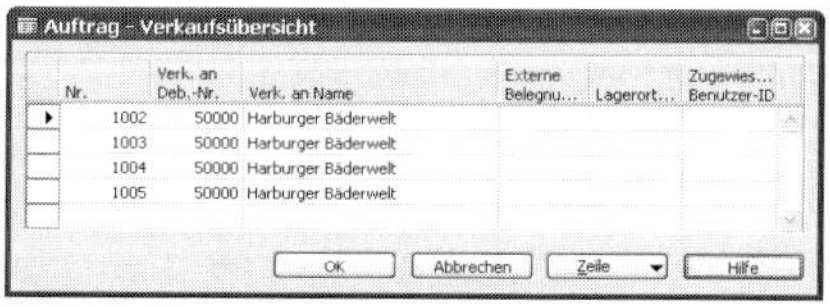
2-2	**ESC**	Zurück zum Hauptmenü.
3	*Finanzmanagement / Debitoren / Sammelrechnung…*	Das Anforderungsfenster zum Erstellen von Sammelrechnungen wird geöffnet.
3-1	Register Verkaufsauftrag	
3-1-1	Feld „Verk. an Deb.-Nr.“	In diesen Feldern kann mit **F6** in die Debitorenübersicht verzweigt werden. Dort kann eine oder mehrere Debitorennummer(n) ausgewählt und mit OK übernommen werden.
3-1-2	Feld „Rech. an Deb.-Nr.“	
3-2	Register Geb. Verkaufslieferung	
3-2-1	Feld „Buchungsdatum“	Sollen nur bestimmte Lieferungen berechnet werden, können diese hier abgegrenzt werden.

3-3	Register Optionen	
3-3-1	Feld „Buchungsdatum“	In dieses Feld wird das Datum eingegeben, unter dem die Rechnung in die Finanzbuchhaltung eingehen soll. Das Feld ist immer auszufüllen.
3-3-2	Feld „Belegdatum“	Dieses Datum wird zur Berechnung der Fälligkeit unter Berücksichtigung der Zahlungsbedingungen genutzt. Dieses Feld ist immer auszufüllen.
3-3-3	Feld „Rechnungsrab. berechnen“	Ist in diesem Feld ein Haken gesetzt, werden für die Rechnungen Rabatte berechnet.
3-3-4	Feld „Rechnungen buchen“	Wenn die erstellte Rechnung gleich gebucht (fakturiert) werden soll, ist hier ein Haken zu setzen.
3-3-5	Feld „Nur Std.-Zahlungsbedingungen“	Wird in diesem Feld ein Haken gesetzt, werden nur die Lieferungen berücksichtigt, die die gleiche Zahlungsbedingung haben, wie am Debitor im Feld „Rechn. an Deb.-Nr.“ festgelegt.
3-3-6	Feld „Textzeilen kopieren“	Wird dieser Haken nicht gesetzt, werden nur die Zeilen in die Rechnung übernommen, die in der Spalte „Art“ nicht <leer> sind.

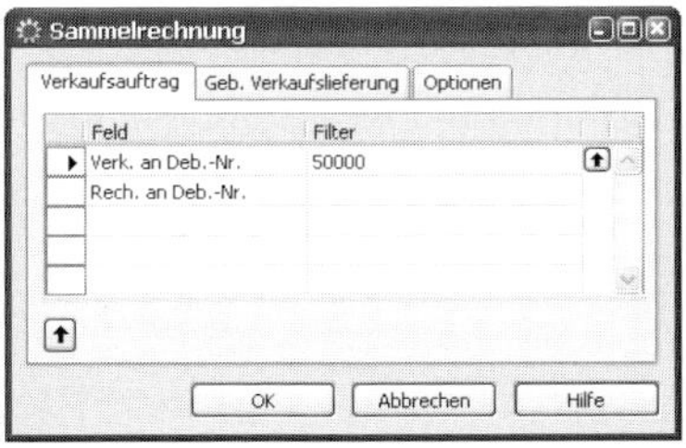

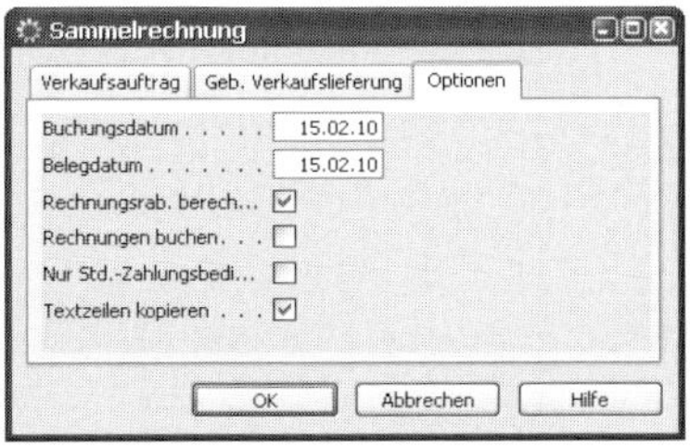

3-4	OK	Die Sammelrechnungen werden erstellt.
3-5	Diese Information ist mit OK zu bestätigen.	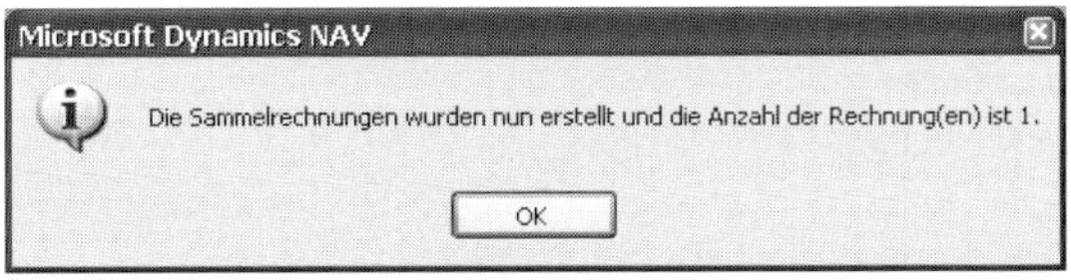

4	*Verkauf & Marketing / Auftragsabwicklung / Rechnungen*	Im Ergebnis hat das System eine Rechnung für den Debitor 50000 angelegt.
4-1	Es ist die entsprechende Rechnung herauszusuchen.	Wenn kein anderer User zwischenzeitlich eine Rechnung erstellt hat, ist die von der Sammelrechnung erstellte Rechnung die letzte.

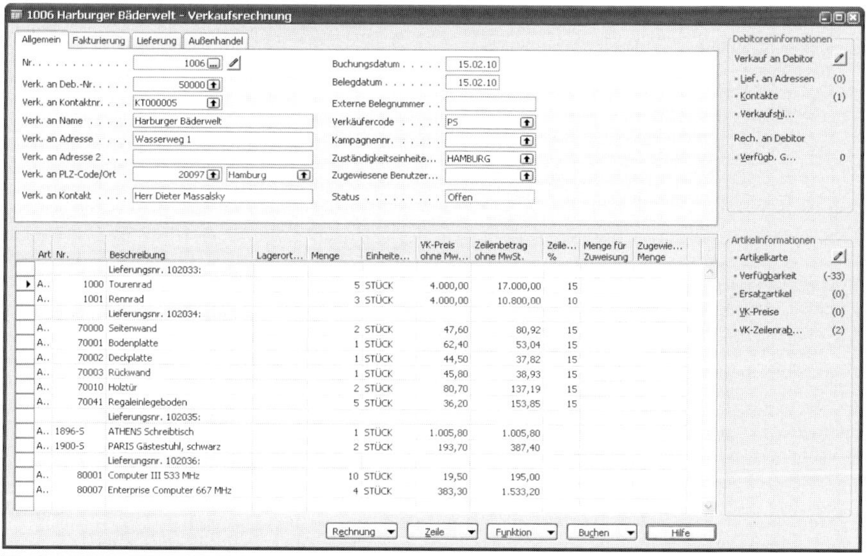

4-2	Rechnung ▼ / *Statistik* oder F9	Vor dem Buchen des Beleges sollte die Statistik mit F9 aufgerufen werden, um die zu buchenden Werte zu prüfen.
4-3	ESC	Zurück zur Rechnung.
4-4	Diese Rechnung kann über Buchen ▼ / *Buchen* oder F11 gebucht werden.	Die Frage: „Möchten Sie die Rechnung buchen?“ ist mit Ja zu beantworten.
4-5	Nach dem Buchen wird die Rechnung nicht mehr im Formular Verkaufsrechnungen angezeigt. Sie kann nun unter den Gebuchten Rechnungen erneut aufgerufen werden.	
4-6	ESC	Zurück zum Hauptmenü.

3.2.5 Darstellen von Reklamationen

Verkaufsreklamationen werden verwendet, um Warenrücksendungen der Kunden, durch z.B. Falschlieferungen oder beschädigte Ware, zu verwalten.

Schritt	Aktion	Bemerkung
BEARBEITEN DER REKLAMATIONSGRÜNDE		
1	*Verkauf & Marketing / Auftragsabwicklung / Einrichtung/ Reklamationsgründe*	In dieser Ansicht können die zu verwendenden Reklamationsgründe eingerichtet werden.
1-1	**F3**	Ist ein neuer Reklamationsgrund notwendig, so kann dieser mit **F3** angelegt werden.
1-2	Spalte „Code“	In dieser Spalte ist eine eindeutige Bezeichnung anzugeben.
1-3	Spalte „Beschreibung“	Hier können nähere Erläuterungen eingegeben werden.
1-4	Spalte „Standardlagerort-code“	Sollen die zurückgenommenen Artikel auf einen bestimmten Lagerort gebucht werden, so ist in dieser Spalte mit **F6** und **OK** dieser aus der Lagerortübersicht zu übernehmen.
1-5	Spalte „Ohne Lagerbewertung“	Wird hier ein Haken gesetzt, bewertet das System die Erhöhung des Lagerbestandes bei dem betroffenen Artikel durch Verkaufsreklamationen mit dem Einstandspreis 0 (Null). Ist der Haken nicht gesetzt, wird der Artikel zu den Originalkosten ins Lager übernommen.
	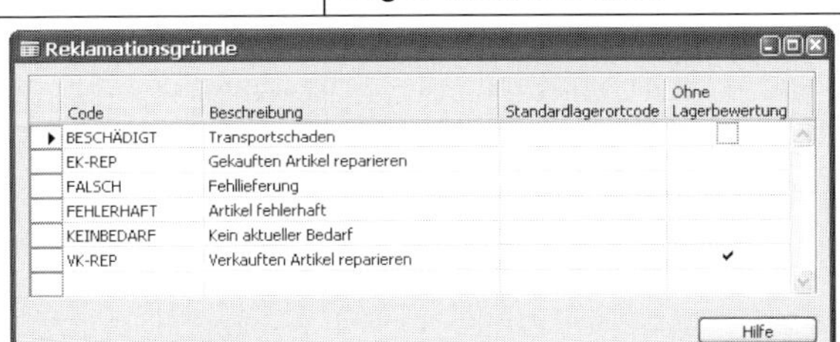	
1-6	Feld verlassen und **ESC**	Zurück zum Hauptmenü.

BEARBEITEN DER REKLAMATION		
2	*Verkauf & Marketing / Auftragsabwicklung / Reklamationen*	
	Register Allgemein	
2-1	Den Cursor im Feld „Nr." positionieren.	Mit F3 ist ein neuer Beleg zu erstellen.
2-2	Beim Verlassen des Feldes „Nr." wird eine neue Nummer vergeben.	Ist keine Nummerserie hintergelegt, muss die Reklamationsnummer manuell eingetragen werden.
2-3	Feld „Verk. an Deb.-Nr."	Hier ist mit der Taste F6 die Debitorenübersicht aufzurufen. Dort ist ein Debitor auszuwählen und mit OK zu übernehmen.
2-4	Nach Verlassen des Feldes „Verk. an Deb.-Nr." werden die Werte aus dem Debitorenstamm übernommen.	Die Inhalte der Felder in allen Registern sind zu prüfen und ggf. zu überarbeiten.
2-5	Feld „Buchungsdatum"	Hier ist das Datum einzugeben, unter dem die Buchung in der Finanzbuchhaltung erfolgen soll.
2-6	Feld „Belegdatum"	Dieses Feld ist mit dem Arbeitsdatum vorbelegt und kann geändert werden.
2-7	Feld „Externe Belegnummer"	Hier kann z.B. eine Referenznummer eingegeben werden.
	Register Fakturierung	
2-8	Felder „Kostenstelle Code" und „Kostenträger Code"	Die Felder wurden mit den Stammdaten des Debitors vorbelegt. Sollen die Eintragungen geändert werden, ist mit F6 die jeweilige Übersicht aufzurufen, eine neue Auswahl zu treffen und diese mit OK zu übernehmen.
2-9	Felder „Ausgleich-mit Belegart" und „Ausgleich-mit Belegnr."	Soll mit der Reklamation ein offener Rechnungsposten ausgeglichen werden, ist in diesen beiden Spalten jeweils mit F6, Enter bzw. OK die entsprechende Zuordnung vorzunehmen.

2-10	Feld „VK-Preise inkl. MwSt.“	Hier ist ein Haken zu setzen, wenn im Reklamationsbeleg die Beträge mit Mehrwertsteuer erfasst werden sollen.
3	Verkaufsreklamationszeilen	
3-1	Spalte „Art“	Es wird ein Artikel zurück geliefert, deshalb ist mit **F6** <Artikel> auszuwählen und mit **Enter** zu bestätigen.
3-2	Spalte „Nr.“	Mit **F6** ist hier in die Artikelübersicht zu verzweigen, der entsprechende Artikel auszuwählen und mit OK zu übernehmen.
3-3	Spalten „Beschreibung“, „Einheitencode“ und „VK-Preis“	Nach Verlassen der Spalte „Nr.“ werden diese Spalten mit den Werten für den Artikel gefüllt.
3-4	Spalte „Reklamationsgrundcode“	Hier ist mit **F6** in die Reklamationsgründe zu verzweigen, aus den Reklamationsgründen einer auszuwählen und mit OK zu übernehmen.
H	**HINWEIS:** Nach dem Verlassen der Spalte „Reklamationsgrund“ wird aus der Spalte „VK-Preis ohne MwSt.“ bzw. „VK-Preis mit MwSt.“ der voreingestellte Preis entfernt, wenn für den Reklamationsgrund in der Spalte „Ohne Lagerbewertung“ ein Haken gesetzt wurde.	
3-5	Spalte „Menge“	Hier ist die entsprechende Anzahl einzugeben.

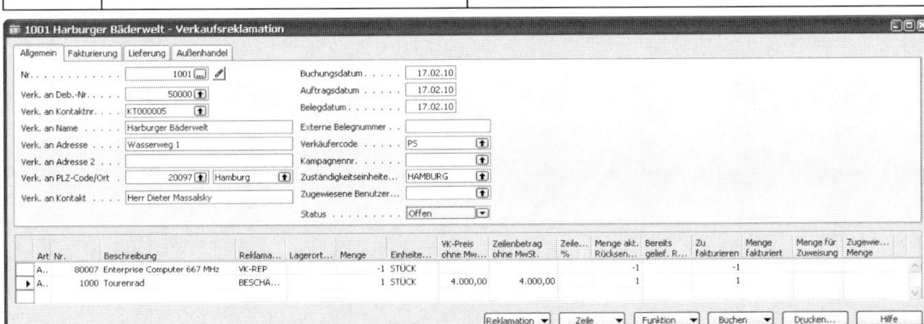

H	**HINWEIS:** Positive Menge der Art <Artikel> bedeutet eine Rücklieferung vom Kunden. Negative Menge repräsentiert Artikel, die ausgetauscht werden sollen.

3-6	Spalten „Menge akt. Rücksendung" und „Zu fakturieren"	Nach dem Verlassen der Spalte „Menge" werden diese Spalten mit der eingegebenen Menge automatisch gefüllt.
3-7	Spalte „VK-Preis ohne MwSt." bzw. „VK-Preis mit MwSt."	In diese Spalte ist ggf. der VK-Preis zu korrigieren.
3-8	Spalte „Zeilenbetrag ohne MwSt." bzw. „Zeilenbetrag mit MwSt."	Der „Zeilenbetrag" wird aus der Menge * VK-Preis berechnet. Wurde ein Rabatt hinterlegt, wird dieser in der Spalte „Zeilenrabatt %" ausgewiesen.
3-9	Spalte „Ausgegl. von Artikelposten" Über *Ansicht / Spalte anzeigen…* kann diese Spalte in die Reklamationszeilen eingeblendet werden. (Vor die Spalte einen Haken setzen und mit OK bestätigen.)	Eine Zuordnung zu einem Artikelposten ist nur möglich, wenn bei dem Reklamationsgrund in der Spalte „Ohne Lagerbewertung" kein Haken gesetzt wurde. Dann kann mit der Taste **F6** und OK der entsprechende Posten ausgewählt und übernommen werden. Dabei werden alle Artikelposten mit der reklamierten Artikelnummer angezeigt, die an den Kunden bereits geliefert worden sind.
H	**Hinweis:** Wurde in der *Verkauf & Marketing / Einrichtung / Debitoren & Verkauf Einr.* unter dem Register Allgemein im Feld „Einst.-Pr.-Rückverfolg. notw." ein Haken gesetzt und der Reklamationsbeleg über die Funktion ▼ */ Beleg kopieren…* (8.4.3) erstellt, wird in die Spalte „Ausgegl. von Artikelposten" die laufende Nummer des Artikelpostens geschrieben.	
4	Drucken…	Hier kann die Verkaufsreklamation auf einem Drucker oder auf dem Bildschirm ausgedruckt werden.
4-1	Drucken oder Seitenansicht	
4-2	aus der Seitenansicht **ESC**	Zurück zur Verkaufsreklamation.
5	Funktion ▼ */ Reklamationsbez. Belege erstellen…* Durch diese Funktion können Folgebelege erstellt werden, die aus der Kundenreklamation entstehen, z.B. Wiederbestellung beim Lieferanten.	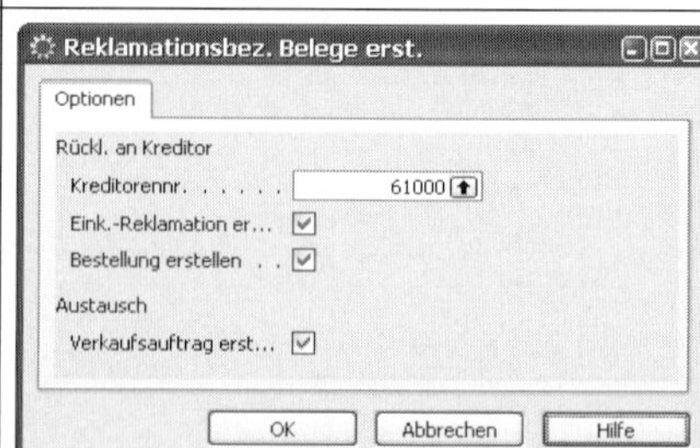

5-1	Feld „Kreditorennr."	Mit **F6** und OK kann aus der Kreditorenübersicht der Kreditor eingefügt werden, an den die Einkaufsreklamation und die erneute Bestellung gesendet werden sollen.
5-2	Feld „Eink.-Reklamation erstellen"	Wird hier ein Haken gesetzt, erzeugt das System eine Reklamation bei dem oben ausgewählten Lieferanten.
5-3	Feld „Bestellung erstellen"	Wird hier ein Haken gesetzt, wird eine neue Bestellung erzeugt.
5-4	Feld „Verkaufsauftrag erstellen"	Soll ein neuer Auftrag an den Kunden erzeugt werden, ist hier ein Haken zu setzen.
5-5	OK	Die ausgewählten Belege werden im System erstellt.
5-6	In der Übersicht werden die neu erzeugten Belege mit den jeweiligen Nummern aufgelistet.	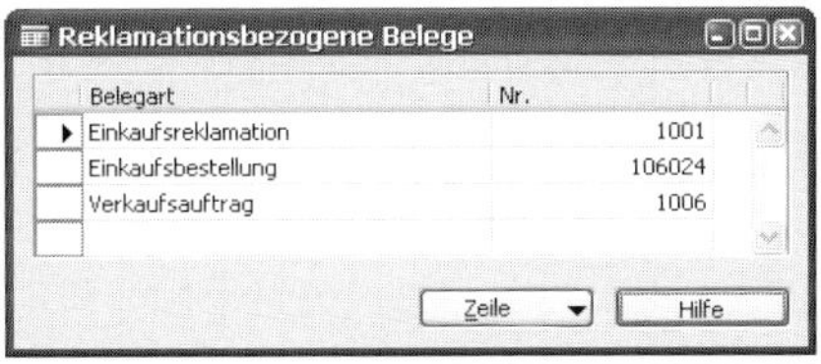
5-7	**ESC**	Zurück zur Verkaufsreklamation.
6	Funktion ▼ / *Negative Zeilen übertragen...*	Wurde bei der Reklamation über negative Mengenangaben signalisiert, dass ein Austausch des Artikels stattfindet, so kann diese Funktion zum Erstellen eines neuen Auftrags genutzt werden.
6-1	Feld „Belegart" Aus einer Verkaufsreklamation kann entweder ein <Auftrag> oder eine <Rechnung> mit den entsprechenden Artikeln erzeugt werden.	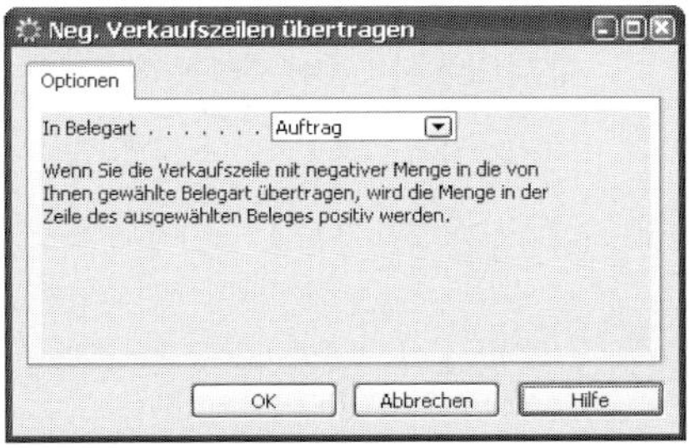
6-2	Soll der Auftrag angezeigt werden, ist die Frage mit Ja zu bestätigen.	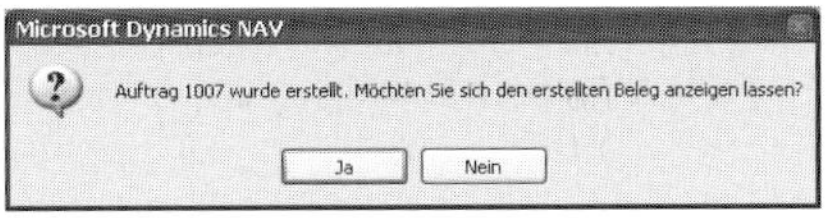

H	**HINWEIS:** Nach Beantwortung dieser Frage werden im Reklamationsbeleg die Zeilen mit negativen Mengen entfernt.	
6-3	Wenn der Auftrag angezeigt wurde, **ESC**	Zurück zur Verkaufsreklamation.
7	Reklamation ▼ / *Statistik* oder **F9**	Vor dem Buchen des Beleges sollte die Statistik aufgerufen werden, um die zu buchenden Werte zu prüfen.
7-1	Register Allgemein	Hier werden der Gesamtrechnungswert und die Mehrwertsteuerspezifikation angezeigt.
7-2	Register Rechnung	In diesem Register wird der Wert der aktuellen Rechnung anhand der Menge im Feld „Zu fakturieren" angezeigt.
7-3	Register Lieferung	In diesen Feldern wird anhand der Menge im Feld „Menge akt. Rücksendung" der Wert der aktuellen Lieferung angezeigt.
7-4	Register Debitor	In diesen Feldern werden der aktuelle „Saldo (MW)", das „Kreditlimit" und deren Auslastung des Debitors angezeigt.
7-5	**ESC**	Zurück zur Reklamation.
8	Buchen ▼ / *Buchen...* oder **F11**. Soll der Beleg mit gedruckt werden, ist Buchen ▼ / *Buchen und drucken...* zu wählen.	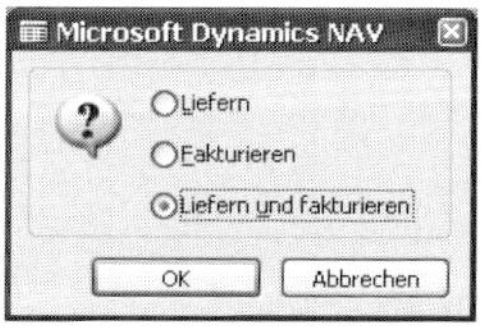
8-1	Hier kann die Option <Liefern und fakturieren> gewählt werden.	Das bedeutet, dass die Lieferung und die Rechnung in einem Durchgang erstellt werden.
8-2	OK	Die Buchung wird im System durchgeführt.
8-3	**ESC**	Zurück zum Hauptmenü.

3.2.6 Buchen einer Debitorengutschrift

Hier wird gezeigt, wie eine Gutschrift über die Funktion "Beleg kopieren..." erzeugt werden kann und wie diese im System zu buchen ist.

Schritt	Aktion	Bemerkung
1	*Verkauf & Marketing / Auftragsabwicklung / Gutschriften*	Öffnen der Verkaufsgutschriften.
2	Register Allgemein	
2-1	Den Cursor im Feld „Nr." positionieren.	Mit **F3** ist eine neue Gutschrift zu erzeugen.
2-2	Beim Verlassen des Feldes „Nr." wird eine neue Nummer vergeben.	Ist keine Nummernserie hinterlegt, muss die Gutschriftsnummer manuell eingetragen werden.
2-3	Funktion ▼ / *Beleg kopieren...*	
2-3-1	Feld „Belegart"	Mit **F6** und **Enter** ist hier <Geb. Rechnung> zu wählen.
2-3-2	Feld „Belegnr."	Mit **F6** sind die gebuchten Verkaufsrechnungen aufzurufen. Mit den Such- bzw. Filterfunktionen ist der gewünschte Beleg herauszusuchen und mit OK zu übernehmen.
2-3-3	Feld „Inklusive Kopf"	Da der Belegkopf mit in die Gutschrift kopiert werden soll, ist hier ein Haken zu setzen.
2-3-4	Feld „Zeilen neu berechnen"	Wenn der zu erstellende Beleg eine Stornierung einer Geb. Verkaufsrechnung darstellt, ist hier kein Haken zu setzen. Soll der Beleg mit neuen Preisen und Rabatten erstellt werden, ist der Haken zu setzen.
2-3-5	OK	Der Gutschriftskopf und die -zeilen werden mit den Werten aus der gebuchten Rechnung gefüllt.
2-4	Felder „Buchungsdatum" und „Belegdatum"	Diese Daten sind zu aktualisieren.

3	Register Ausgleich	
3-1	Feld „Ausgleich-mit Belegart“	Da bei der Funktion eine gebuchte Rechnung kopiert wurde, wurde in diesem Feld automatisch <Rechnung> eingetragen.
3-2	Feld „Ausgleich-mit Belegnr.“	Die entsprechende Belegnr. der gebuchten Rechnung wurde hier zugeordnet. Dadurch wird eine Verbindung zwischen Gutschrift und Rechnung sichergestellt. Das bedeutet, die Gutschrift wird gegen den offenen Rechnungsposten ausgebucht.
3-3	Über *Extras / Designer* ist das Feld „Storno“ im Formularkopf einzufügen.	Handelt es sich nicht um eine Gutschrift sondern um eine Stornierung, ist in diesem Feld ein Haken zu setzen. Die Jahresverkehrszahlen werden dann richtig erfasst.

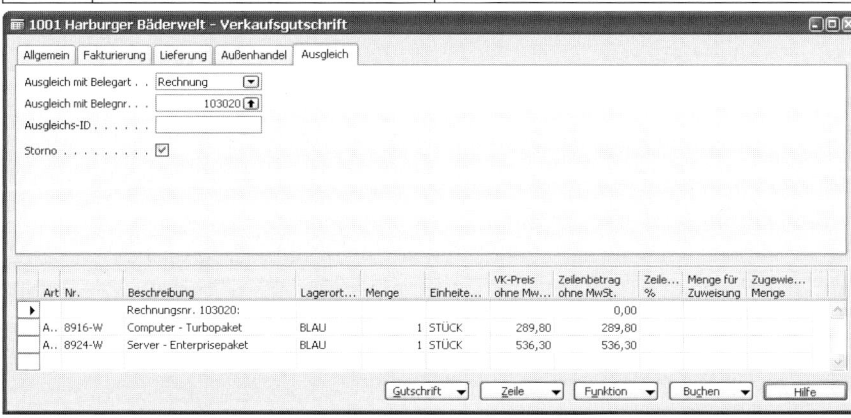

H	Buchung ohne Stornohaken S Forderungen H: Haben: BETRAG S Erlöse H: Soll: BETRAG Buchung mit Stornohaken S Forderungen H: Soll: - BETRAG S Erlöse H: Haben: - BETRAG	
4	**Buchen ▼** / *Buchen* oder **F11**	Die Frage: „Möchten Sie die Gutschrift buchen?“ ist zu beantworten.
5	**ESC**	Zurück zum Hauptmenü.

3.3 Mahnungen

In Microsoft Dynamics NAV können für jeden Debitor eigene Mahnbedingungen hinterlegt werden. Welche Arbeitsschritte dafür notwendig sind, wird in den nächsten drei Ablaufschemata beschrieben.

3.3.1 Mahnmethoden definieren

Damit Mahnungen erstellt werden können, sind zuvor Mahnmethoden mit Mahnstufen und Mahntexten zu definieren. Es muss außerdem festgelegt werden, ob mit Zinsen und Gebühren gearbeitet werden soll und wie diese im System abzubilden sind.

Schritt	Aktion	Bemerkung
1	*Finanzmanagement / Debitoren / Einrichtung / Mahnmethoden*	Hier können beliebig viele Mahnmethoden definiert werden.
2	Mit **F3** wird ein neuer Datensatz angelegt.	
2-1	Spalte „Code“	In dieser Spalte wird der entsprechende Mahnmethodencode eingesetzt, z.B. INLAND. Dieser Code ist in den Debitorenkarten im Register Zahlung zu hinterlegen.
2-2	Spalte „Beschreibung“	Hier können nähere Erläuterungen eingetragen werden.
2-3	Spalte „Maximale Anzahl Mahnungen“ Wird eine 0 eingegeben, ist die Anzahl der Mahnungen unbegrenzt.	Der Eintrag legt die Höchstanzahl von Mahnungen fest, die ein Debitor erhalten soll. Die Anzahl ist unabhängig von der Anzahl der Mahnstufen. Sind z.B. 3 Mahnstufen eingerichtet und als maximale Anzahl wurde 5 eingestellt, erhält der Kunde 1x Mahnung 1, 1x Mahnung 2 und 3x Mahnung 3.
2-4	Spalte „Zins buchen“	Ist hier ein Haken gesetzt, werden die auftretenden Zinsen beim Registrieren von Mahnungen in der Finanzbuchhaltung gebucht.
2-5	Spalte „Gebühren buchen“	Ist ein Haken gesetzt, werden beim Registrieren berechnete Gebühren in der Finanzbuchhaltung gebucht.

2-6	Spalte „Minimalbetrag (MW)“	Ist der fällige Saldo des Debitors kleiner als der hier eingetragene Betrag, wird mit der Stapelverarbeitung keine Mahnung erzeugt.

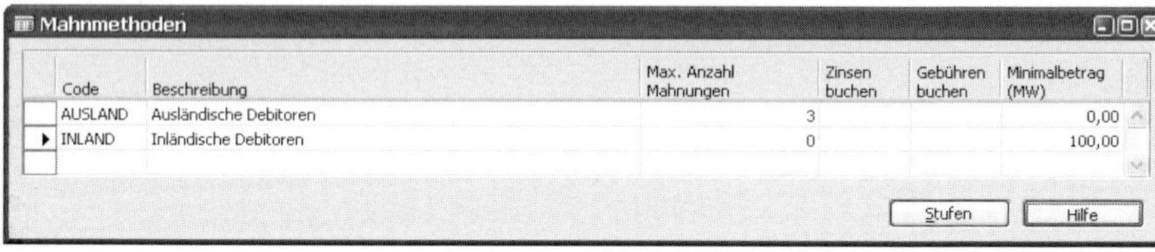

3	Sollen Mahnstufen eingerichtet werden, ist der Cursor auf der entsprechenden Mahnmethode zu positionieren und **Stufen** anzuklicken.	Es können pro Mahnmethode beliebig viele Mahnstufen erfasst werden.
4	Mit **F3** wird eine neue Mahnstufe angelegt.	

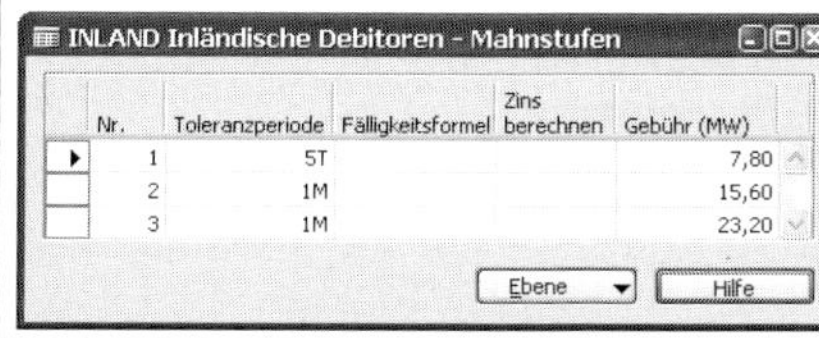

4-1	Spalte „Nr.“	In diese Spalte sind die Mahnstufen einzugeben, z.B. 1, 2, 3, …
4-2	Spalte „Toleranz Periode“ z.B. 5T bedeutet: 5 Tage nach der Fälligkeit des offenen Debitorenpostens wird dieser zur Mahnung vorgeschlagen.	Hier ist die Toleranzperiode anzugeben. Dies ist der Zeitraum, der ab dem Fälligkeitsdatum oder dem Datum der letzten Mahnung eingehalten werden soll, bevor der Posten zur Mahnung vorgeschlagen wird.
4-3	Spalte „Fälligkeitsformel“	Es ist der Zeitraum einzugeben, der die nächste Fälligkeit der offenen Posten festlegt. Das bedeutet, wenn das Belegdatum der Mahnung der 31.01.10 und die Fälligkeitsformel 10T ist, dann ist das neue Fälligkeitsdatum der 10.02.10.
4-4	Spalte „Zins berechnen“	Wird ein Haken gesetzt und wurden Zinskonditionen definiert, werden Zinsen berechnet und auf der Mahnung mit ausgewiesen.
4-5	Spalte „Gebühr (MW)“	Soll eine Mahngebühr erhoben werden, ist hier der entsprechende Wert in der Mandantenwährung einzugeben.

<table>
<tr><td>5</td><td>Ebene ▼ / Währungen</td><td>Soll für Fremdwährungen eine Mahngebühr hinterlegt werden, dann ist dies unter diesem Punkt möglich.</td></tr>
<tr><td>5-1</td><td>Spalte „Währungscode“</td><td>Mit F6 ist die entsprechende Währung aus dem Fenster Währungen auszuwählen und mit OK zu bestätigen.</td></tr>
<tr><td>5-2</td><td>Spalte „Gebühr“</td><td>In dieser Spalte ist die vorgesehene Gebühr einzutragen.</td></tr>
<tr><td>5-3</td><td>ESC

Zurück zur Mahnstufe.</td><td>
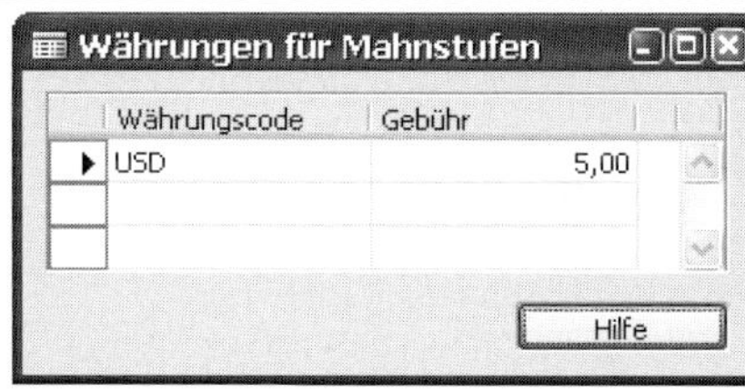

</td></tr>
<tr><td>6</td><td>Ebene ▼ / Vortext bzw. Nachtext</td><td>Für jede Mahnstufe kann ein Vortext und ein Nachtext definiert werden. Der Text darf dabei max. 100 Zeichen pro Zeile lang sein.</td></tr>
<tr><td>6-1</td><td colspan="2">
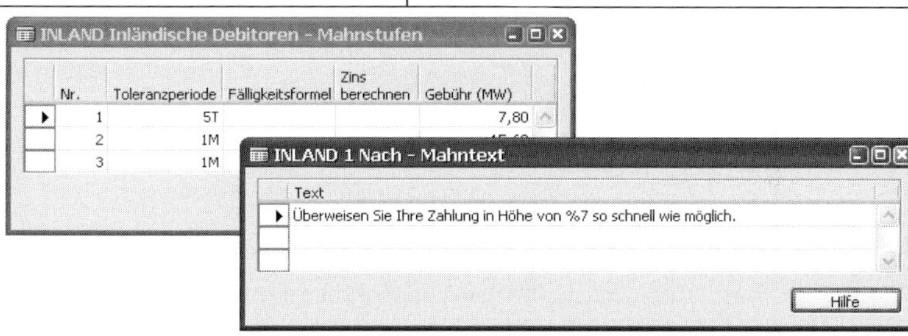

</td></tr>
<tr><td>6-2</td><td colspan="2">Innerhalb des Mahntextes können verschiedene Platzhalter verwendet werden. Diese werden beim Drucken durch die entsprechenden Daten ersetzt. Dabei sind folgende vordefinierten Variablen verfügbar:
%1 = Belegdatum (vom Mahnungskopf)
%2 = Fälligkeitsdatum (vom Mahnungskopf)
%3 = Zinssatz (aus den Zinskonditionen)
%4 = Restbetrag (vom Mahnungskopf)
%5 = Zinsbetrag (vom Mahnungskopf)
%6 = Gebühr (vom Mahnungskopf)
%7 = Summe (Restbetrag + Zinsbetrag + Gebühr + MwSt.)
%8 = Mahnstufe (vom Mahnungskopf)
%9 = Währungscode (vom Mahnungskopf)
%10 = Buchungsdatum (vom Mahnungskopf)</td></tr>
<tr><td>6-3</td><td>3 x ESC</td><td>Zurück zum Hauptmenü.</td></tr>
</table>

3.3.2 Zinskonditionen definieren

Das Anlegen von Zinskonditionen wird benötigt, um Zinsen auf erstellten Mahnungen mit ausgeben zu können und um eigene Zinsrechnungen zu erzeugen.

Schritt	Aktion	Bemerkung
1	*Finanzmanagement / Debitoren / Einrichtung / Zinskonditionen*	In diesem Formular werden die Zinskonditionen verwaltet.
1-1	Konditionen ▼ / *Karte*	Soll eine neue Zinskondition angelegt werden, ist ein neuer Datensatz mit F3 zu erzeugen.
1-2	Feld „Code“	Hier ist ein entsprechender Code zu definieren, z.B. 11,0, der dem Debitor in der Debitorenkarte im Register Zahlungen zugeordnet werden kann.
1-3	Feld „Beschreibung“	Hier wird eine nähere Erläuterung zum Code eingetragen, z.B. 11,0 %.
1-4	Feld „Zeilenbeschreibung“ Hier wird der Text eingegeben, der auf den Zinsrechnungen ausgedruckt wird. Hierbei können Platzhalter im Text verwendet werden: %1 = Beschreibung des Debitorenpostens %2 = Belegart %3 = Belegnummer des Debitorenpostens %4 = Zinssatz %5 = Betrag des Debitorenpostens %6 = Restbetrag des Debitorenpostens %7 = Fälligkeitsdatum des Debitorenposten %8 = Währungscode vom Zinsrechnungskopf	
1-5	Feld „Minimalbetrag (MW)“	Ist hier ein Betrag eingetragen und liegt der berechnete Zinswert unter diesem Betrag, wird keine Zinsrechnung erstellt.
1-6	Feld „Gebühr (MW)“	Dieser Betrag wird automatisch jeder erstellten Zinsrechnung hinzugefügt.
1-7	Feld „Zinssatz“	Hier ist der Prozentsatz anzugeben, auf dessen Grundlage die Zinsen zu berechnen sind, z.B. 11 für 11,0 %.
1-8	Feld „Zinsberechnung“	Hier ist <Offene Posten> voreingestellt, d.h. die Zinsen werden auf Basis aller offenen Posten im angegebenen Zeitraum errechnet.

1-9	Feld „Zinsberechnungs-methode“	Hier kann mit F6 und OK zwischen 2 Methoden gewählt werden:
	<Fälliger Saldo> Zins = überfälliger Betrag * (Zinssatz / 100) <Tagessaldo> Zins = überfälliger Betrag * (Tage überfällig / Zinsperiode) * (Zinssatz / 100)	
1-10	Feld „Zinsperiode (Tage)“	Hier ist die Anzahl einer Zinsperiode in Tagen anzugeben. (für 1 Jahr – 360)
1-11	Feld „Fälligkeitsformel“	Hier sind die Tage anzugeben, die nach der Erstellung der Zinsrechnung für die Berechnung des neuen Fälligkeitsdatums verwendet werden sollen. (Belegdatum Zinsrechnung + Fälligkeitsformel = neues Fälligkeitsdatum)
1-12	Feld „Toleranzperiode“	Sie legt fest, wann nach der Überfälligkeit der offenen Posten mit der Zinsrechnung begonnen werden soll.
1-13	Felder „Zins buchen“ und „Gebühren buchen“	Sind hier Haken gesetzt, werden bei der Registrierung der Zinsrechnung die Zinsen bzw. die Gebühren in der Finanzbuchhaltung gebucht.

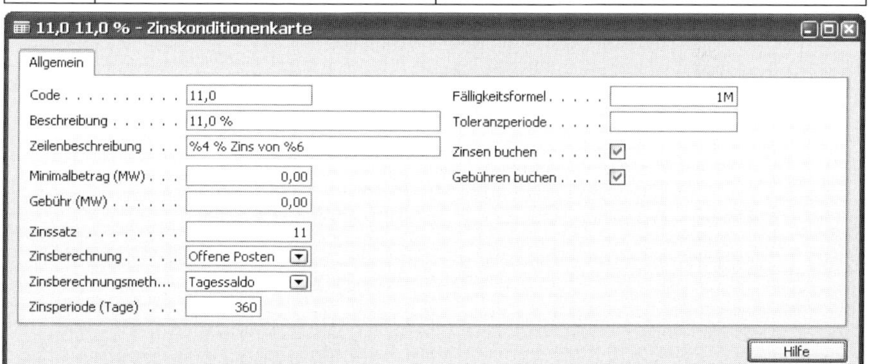

1-14	Feld verlassen und ESC	Zurück zu den Zinskonditionen.
2	Konditionen ▼ / *Währungen*	Analog zu Mahngebühren können auch Zinsgebühren für unterschiedliche Währungen angegeben werden.
2-1	Spalte „Währungscode“	Mit F6 ist in das Fenster Währungen zu verzweigen, die entsprechende Währung auszuwählen und mit OK zu bestätigen.

2-2	Spalte „Gebühr“	Hier ist der Betrag in der jeweiligen Währung einzugeben.
2-3	Feld verlassen und **ESC**	Zurück zu den Zinskonditionen.
3	**Konditionen ▼** / *Vortext* bzw. *Nachtext*	Hier können die Beschreibungstexte, die vor bzw. nach der Zinsrechnung stehen sollen, erfasst werden.
3-1	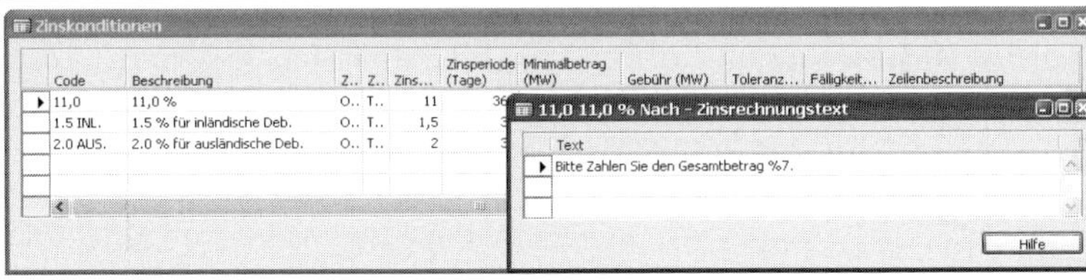	
3-2	Innerhalb des Textes können verschiedene Platzhalter verwendet werden. Diese werden beim Drucken durch die entsprechenden Daten ersetzt. Dabei sind folgende vordefinierten Variablen verfügbar: %1 = Belegdatum (vom Mahnungskopf) %2 = Fälligkeitsdatum (vom Mahnungskopf) %3 = Zinssatz (aus den Zinskonditionen) %4 = Restbetrag (vom Mahnungskopf) %5 = Zinsbetrag (vom Mahnungskopf) %6 = Gebühr (vom Mahnungskopf) %7 = Summe (Restbetrag + Zinsbetrag + Gebühr + MwSt.) %8 = Mahnstufe (vom Mahnungskopf) %9 = Währungscode (vom Mahnungskopf) %10 = Buchungsdatum (vom Mahnungskopf)	
3-3	Zeile verlassen und 2 x **ESC**	Zurück zum Hauptmenü.
4	*Finanzmanagement / Debitoren / Einrichtung / Mahnmethoden*	Es ist die Mahnmethode zu aktivieren, bei deren Stufen zusätzlich Zins berechnet werden soll.
4-1	**Stufen**	Die Mahnstufen der Mahnmethode sind zu öffnen.
4-2	Spalte „Zins berechnen“	Hier ist ein Haken zu setzen, wenn auf der Mahnung Zinsen ausgedruckt und berechnet werden sollen.
4-3	2 x **ESC**	Zurück zum Hauptmenü.

3.3.3 Mahnungen erstellen, registrieren und ausdrucken

Die Mahnungen werden in mehreren Teilschritten erzeugt. Zuerst werden die Mahnungszeilen vorgeschlagen. Anschließend können sie bearbeitet werden. Dann erfolgt die Registrierung der einzelnen Mahnungen. Danach können keine Veränderungen mehr vorgenommen werden.

Schritt	Aktion	Bemerkung
1	*Finanzmanagement / Debitoren / Periodische Aktivitäten / Mahnungen*	Das Formular zur Erstellung der Mahnungen wird geöffnet.
2	Funktion ▼ / *Mahnungen erstellen…*	Mit dieser Funktion werden mehrere Mahnungen gleichzeitig erstellt.
2-1	Register Debitor	
2-1-1	Bleibt das Feld „Nr." leer, werden Mahnungen über alle Debitoren erzeugt, die überfällige Posten haben.	Sollen nur für bestimmte Debitoren Mahnungen erstellt werden, ist hier der entsprechende Filter zu setzen, z.B. 10000..50000.
2-2	Register Debitorenposten	
2-2-1	Feld „Belegart"	Sollen die Mahnungen nur für bestimmte Belegarten erstellt werden, ist hier der erforderliche Filter mit **F6** und **Enter** zu setzen.
2-3	Register Optionen	
2-3-1	Feld „Buchungsdatum"	Dieses Datum wird in die erstellten Mahnungen übernommen. In der Finanzbuchhaltung werden die Mahnungen darunter erfasst.
2-3-2	Feld „Belegdatum"	Dieses Datum wird zur Berechnung der Zinsen und des nächsten Fälligkeitsdatums verwendet.
2-3-3	Feld „Nur Posten mit fälligen Beträgen"	Hier ist ein Haken zu setzen, wenn die Stapelverarbeitung nur die offenen Debitorenposten mit einem Fälligkeitsdatum einfügen soll, das vor dem Belegdatum liegt.
2-4	Die Eingaben sind mit OK zu bestätigen.	Es wurden alle Mahnungen, die dem gewählten Filter entsprechen, erzeugt. Die erste Mahnung wird auf dem Bildschirm angezeigt.

3	Mahnung ▼ / *Übersicht*	Hier werden alle Mahnungen in der Übersicht angezeigt.
3-1	Zur weiteren Bearbeitung ist die entsprechende Mahnung auszuwählen und mit OK zu bestätigen, z.B. Mahnung 1004.	
3-2	Register Allgemein	
	Die Stammdaten aus der Debitorenkarte werden in den Mahnungskopf in das Register Allgemein übertragen. „Buchungsdatum“ und „Belegdatum“ entsprechen den Werten des Registers Optionen aus Punkt 2-3. Im Feld „Mahnstufe“ wird automatisch die entsprechende Nummer eingetragen. Das System überprüft dabei die bisherigen Mahnposten und erhöht die Mahnstufe um 1, soweit die maximale Mahnstufe noch nicht erreicht ist.	
3-3	Register Buchung	
	Auch hier werden die Daten aus dem Debitorenstamm übernommen. Das „Fälligkeitsdatum“ ergibt sich aus dem „Belegdatum“ plus der Fälligkeitsformel aus den einzelnen Mahnstufen. z.B. Belegdatum + Fälligkeitsformel = Fälligkeitsdatum 30.07.2010 + 1M = 30.08.2010	
3-4	Mahnungszeilen	
	Hier werden die anzumahnenden Posten aufgelistet. Sollen für eine Mahnung Gebühren bzw. Zinsen gezahlt werden, werden diese mit angezeigt.	

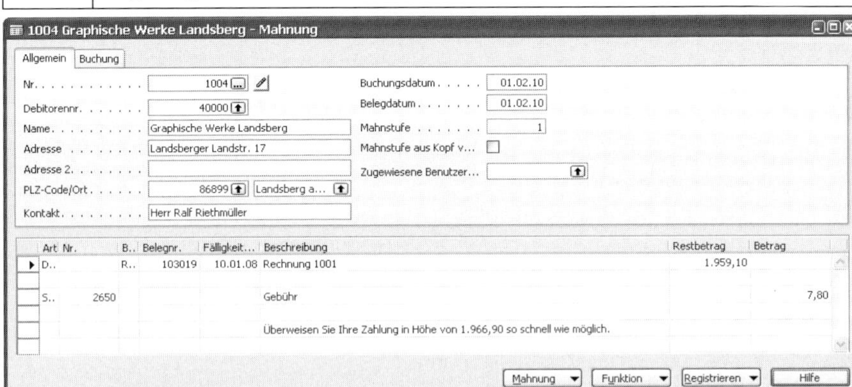

H	**HINWEIS:** In dieser Arbeitsstufe können die Mahnungen bearbeitet werden. Es können einzelne Mahnungszeilen oder die komplette Mahnung gelöscht werden.

4	Registrieren ▼ / *Testbericht…*	Die Mahnung wird als Testbericht ausgegeben.
4-1	Seitenansicht bzw. Drucken…	
4-2	**ESC**	Zurück zur Mahnung.
5	Registrieren ▼ / *Registrieren…* oder **F11**	Die Mahnungen werden zum Ausdruck vorbereitet. Gebühren und Zinsen werden gebucht, wenn dies bei der Einrichtung der Mahnstufen hinterlegt wurde.
5-1	Register Mahnung	
	Feld „Nr.“	Wird hier kein Filter angegeben, werden alle erstellten Mahnungen registriert.
5-2	Register Optionen	
5-2-1	Feld „Drucken“	Sollen die Mahnungen gleich ausgedruckt werden, ist hier ein Haken zu setzen.
5-2-2	Feld „Buchungsdatum ersetzen“	Hier ist ein Haken zu setzen, wenn das Buchungsdatum verändert werden soll. Das neue Datum ist im Feld „Buchungsdatum“ einzutragen.
5-2-3	Feld „Buchungsdatum“	
	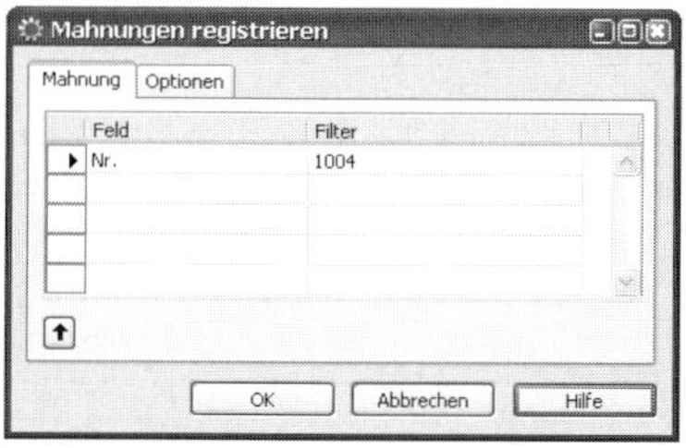	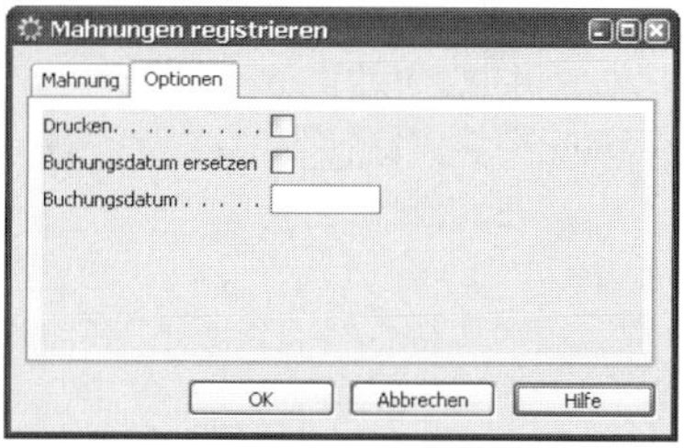
5-3	Die Eingaben sind mit OK zu bestätigen.	
H	**HINWEIS:** Nach dem Registrieren werden die erstellten Mahnungen aus diesem Formular entfernt. Unter Mahnung ▼ / *Übersicht* sind keine Mahnungen mehr vorhanden.	
5-4	**ESC**	Zurück zum Hauptmenü.

6	*Finanzmanagement / Debitoren / Periodische Aktivitäten / Registrierte Mahnungen*	Hier sind alle registrierten Mahnungen enthalten. Eine Bearbeitung ist nicht mehr möglich. Sie können hier erneut ausgedruckt werden.

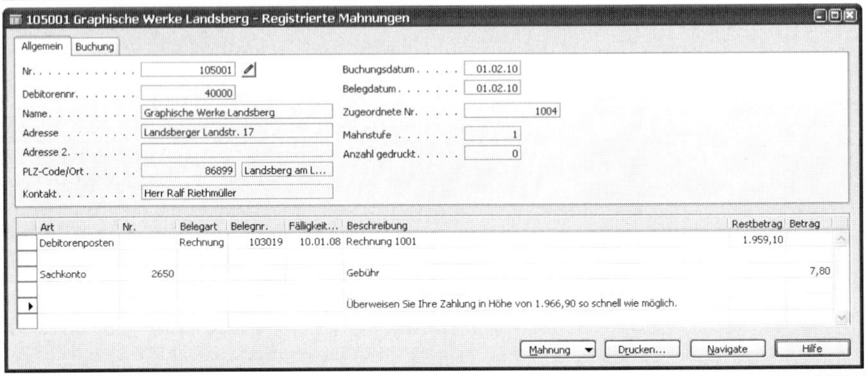

6-1	Feld „Anzahl gedruckt"	In diesem Feld wird vermerkt, wie oft die Mahnung gedruckt wurde.
6-2	Drucken...	
6-3	Drucken... oder Seitenansicht	Die registrierte Mahnung wird auf dem Bildschirm oder dem Drucker ausgegeben.
6-4	**ESC**	Zurück zu den registrierten Mahnungen.
7	Mahnung ▼ / *Übersicht*	Die Mahnungsübersicht wird geöffnet.
7-1	Drucken...	Die Mahnungen können auch aus der Übersicht heraus gedruckt werden. Dazu ist der Cursor auf die Mahnung zu setzen, die gedruckt werden soll.
7-2	Drucken... oder Seitenansicht	Die registrierte Mahnung wird auf dem Bildschirm oder dem Drucker ausgegeben.
7-3	3 x **ESC**	Zurück zum Hauptmenü.

3.4 Bearbeitung offener Posten

Bei jedem Buchungsvorgang in Microsoft Dynamics NAV werden Posten mit unterschiedlichen Eigenschaften erzeugt. Hier wird gezeigt, wie nachträglich Posten miteinander verknüpft werden können.

Eine weitere Möglichkeit Posten miteinander zu verbinden, ist das Arbeiten mit Zahlungsformcodes. Wird am Zahlungsformcode ein Gegenkonto hinterlegt, so können Rechnungs- und Zahlungsposten gleichzeitig erzeugt werden.

3.4.1 Nachträglicher Ausgleich offener Posten

Erfolgte bei der Buchung von Zahlungsausgängen oder Gutschriften keine Zuordnung zu vorhandenen offenen Rechnungsposten des Debitors, ist ein nachträglicher Ausgleich offener Posten erforderlich.

Schritt	Aktion	Bemerkung
1	*Finanzmanagement / Debitoren / Debitoren*	Es ist mit den Such- bzw. Filterfunktionen der Debitor auszuwählen, bei dem die Posten ausgeglichen werden sollen.
1-1	Debitor ▼ / *Posten*	Zahlungs-, Gutschrifts- und Rechnungsposten können miteinander ausgeglichen werden.
H	**HINWEIS:** in der Version Microsoft Dynamics NAV Classic Client ist bereits in den Debitorenposten der offene Posten auszuwählen, der ausgeglichen werden soll. Danach ist die Funktion / Posten ausgleichen aufzurufen. Der ausgewählte Posten wurde in den Debitorenausgleichskopf eingetragen. Jetzt kann die Ausgleichs-ID gesetzt und mit den Schritten 2-3 fortgefahren werden.	
2	Funktion ▼ / *Posten ausgleichen*	Es öffnet sich der Debitorenpostenausgleich des jeweiligen Debitors.
2-1	Der Cursor ist in der Zeile zu positionieren, die als Ausgleichsposten festgelegt werden soll.	
2-2	Ausgleich ▼ / *Ausgleichsposten festlegen*	Der Ausgleichsposten wird anschließend im Kopfbereich eingetragen.
H	**HINWEIS:** Soll beim nachträglichen OP-Ausgleich Skonto gezogen werden, so muss der Zahlungsposten (Belegart <Zahlung>) als Ausgleichsposten festgelegt werden, so dass er im Kopfbereich steht.	

2-3	**Ausgleich ▼** / *Ausgleichs-ID setzen*	Die auszugleichenden Posten werden im Zeilenbereich markiert. Wird im Netzwerk gearbeitet, erscheint in der Spalte „Ausgleichs ID“ die Benutzer ID. Ist das nicht der Fall, wird *** gesetzt.
2-4	Den Cursor in der nächsten Zeile positionieren, die zusätzlich ausgeglichen werden soll.	Diese beiden Schritte sind so lange zu wiederholen, bis bei allen offenen Posten, die miteinander ausgeglichen werden sollen, das Feld „Ausgleichs ID“ gesetzt wurde.

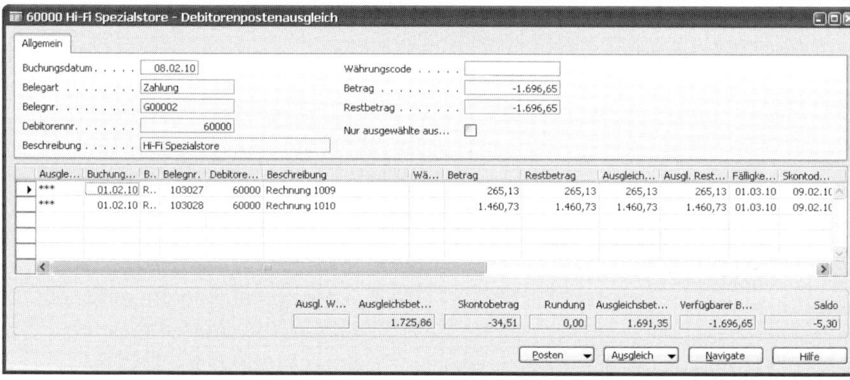

3	**Ausgleich ▼** / *Ausgleich buchen…* oder **F11**	Bleibt eine Differenz stehen und wurde in der Finanzbuchhaltung Einrichtung eine Skonto- bzw. Zahlungstoleranz eingerichtet, öffnet sich eine Maske, in der abgefragt wird, wie mit dem Restbetrag verfahren werden soll.
3-1	Hier ist die Frage: „Wie möchten Sie mit dem Restbetrag verfahren?“ zu beantworten. Wird die Option <Restbetrag als Zahlungstoleranz buchen> gewählt, wird der Betrag als Skonto bzw. Zahlungstoleranz gebucht. Die Debitorenposten werden geschlossen. Wird die Option <Restbetrag offen lassen> aktiviert, bleibt der Debitorenposten mit der	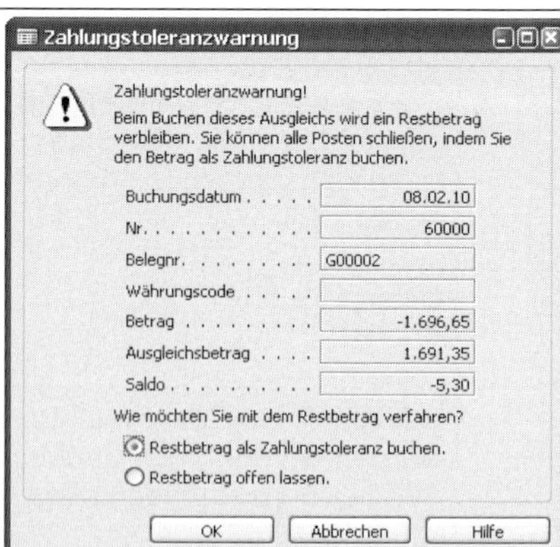

	Belegart <Rechnung> offen. Der Restbetrag ist vom Kunden noch zu zahlen.	
3-2	Die Eingaben sind mit OK zu bestätigen.	
4	Ausgleich ▼ / *Ausgleich buchen…*	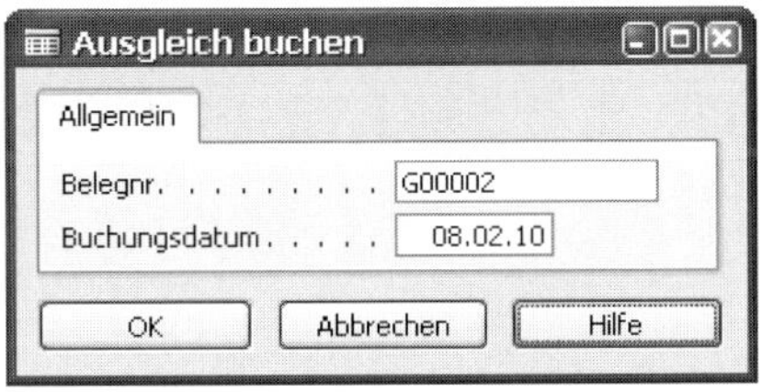
4-1	Feld „Belegnr."	Hier wird die Belegnr. aus dem Debitorenausgleichskopf vorgeschlagen. Diese kann geändert werden.
4-2	Feld „Buchungsdatum"	Hier wird das Datum aus dem Debitorenausgleichskopf vorgeschlagen. Dieses kann geändert werden.
4-3	OK	Der Ausgleich ist zu buchen.
4-4	OK	Die Information: „Der Ausgleich ist gebucht worden." ist zu bestätigen.
4-5	Die ausgewählten Posten werden nach dem Buchen aus dem Debitorenpostenausgleich entfernt.	
4-6	3 x **ESC**	Zurück zum Hauptmenü.
AUSWIRKUNGEN		
5	*Verkauf & Marketing / Auftragsabwicklung / Debitoren*	
5-1	Debitor ▼ / *Posten*	In der Spalte „Offen" ist bei den nachträglich ausgeglichenen Posten kein Haken mehr, wenn die Option <Restbetrag als Skonto- bzw. Zahlungstoleranz buchen> gewählt wurde. Die Posten sind nicht mehr offen.
5-2	2 x **ESC**	Zurück zum Hauptmenü.
6	*Finanzmanagement / Finanzbuchhaltung / Historie / Journale*	Hier ist das Journal herauszusuchen, das mit dem Herkunftscode VERKAUSGL gekennzeichnet wurde. Zum Filtern kann auch das „Errichtungsdatum" verwendet werden.

6-1	**Journal ▼** / *Sachposten*	Hier ist zu sehen, welche Buchungen durchgeführt wurden, wenn die Skontobuchung zugelassen wurde: • gewährte Skonti an Forderungen (Konto 8733 Konto 1401) • Umsatzsteuer an Forderungen (Konto 1775 Konto 1401)

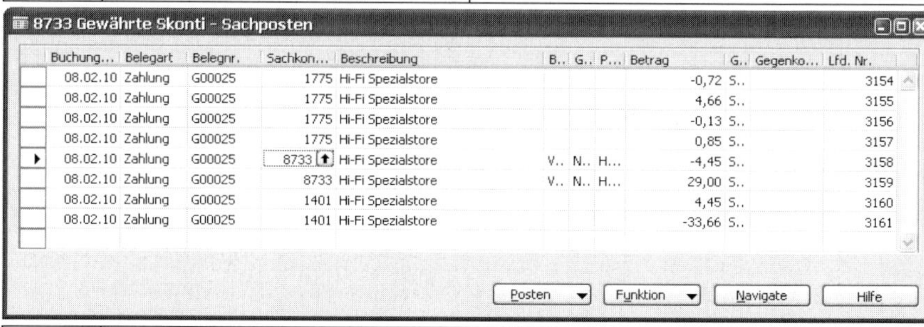
8733 Gewährte Skonti - Sachposten

Buchung...	Belegart	Belegnr.	Sachkon...	Beschreibung	B..	G..	P...	Betrag	G..	Gegenko...	Lfd. Nr.
08.02.10	Zahlung	G00025	1775	Hi-Fi Spezialstore				-0,72	S..		3154
08.02.10	Zahlung	G00025	1775	Hi-Fi Spezialstore				4,66	S..		3155
08.02.10	Zahlung	G00025	1775	Hi-Fi Spezialstore				-0,13	S..		3156
08.02.10	Zahlung	G00025	1775	Hi-Fi Spezialstore				0,85	S..		3157
08.02.10	Zahlung	G00025	8733	Hi-Fi Spezialstore	V..	N..	H...	-4,45	S..		3158
08.02.10	Zahlung	G00025	8733	Hi-Fi Spezialstore	V..	N..	H...	29,00	S..		3159
08.02.10	Zahlung	G00025	1401	Hi-Fi Spezialstore				4,45	S..		3160
08.02.10	Zahlung	G00025	1401	Hi-Fi Spezialstore				-33,66	S..		3161

Posten ▼ Funktion ▼ Navigate Hilfe

6-2	2 x **ESC**	Zurück zum Hauptmenü.
H	**HINWEIS:** Der nachträgliche offene Posten Ausgleich bei Kreditoren funktioniert analog zu den beschriebenen Schritten beim Debitor. Hier sind folgende Schritte zu tun: *Finanzmanagement / Kreditoren / Kreditoren* **Kreditor ▼** / *Posten* **Funktion ▼** / *Posten ausgleichen….* Nach dem Ausgleich der offenen Posten mit Skonto steht im Journal (*Finanzmanagement / Finanzbuchhaltung / Journale*) in der Spalte „Herkunftscode“ der Wert EINKAUSGL.	

3.4.2 Hinterlegen eines Zahlungsformcodes beim Erstellen einer Ausgangsrechnung

Ein Zahlungsformcode kann genutzt werden, wenn eine Ausgangsrechnung sofort bezahlt werden soll. Das bedeutet, der erzeugte Rechnungsposten wird mit dem Buchen sofort geschlossen.

Schritt	Aktion	Bemerkung
1	*Finanzmanagement / Debitoren / Einrichtung / Zahlungsformen*	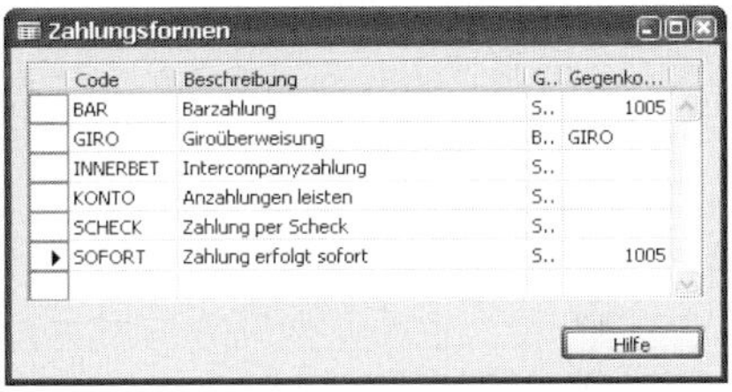
1-1	Spalte „Code“	Soll eine neue Zahlungsform angelegt werden, kann dies mit **F3** erfolgen und anschließend ist hier ein neuer Code einzugeben, z.B. SOFORT.
1-2	Spalte „Beschreibung“	Hier können nähere Erläuterungen eingegeben werden, z.B. Zahlung erfolgt sofort.
1-3	Spalte „Gegenkontoart“	Bei Barzahlungen ist mit **F6** <Sachkonto> auszuwählen und mit **Enter** zu bestätigen.
1-4	Spalte „Gegenkontonr.“	Die Sachkontoübersicht ist mit **F6** aufzurufen, das Sachkonto, z.B. 1005, auszuwählen und mit **OK** einzufügen.
1-5	**ESC**	Zurück zum Hauptmenü.
ANWENDUNG		
2	*Verkauf & Marketing / Auftragsabwicklung / Rechnungen*	Es ist an einen Kunden eine Rechnung zu erzeugen, die sofort zu bezahlen ist.
	Register Allgemein	
2-1	Den Cursor im Feld „Nr.“ positionieren.	Mit **F3** ist eine neue Rechnung zu erzeugen.
2-2	Beim Verlassen des Feldes „Nr.“, mit z.B. **Enter**, wird eine neue Nummer vergeben.	Ist keine Nummernserie hinterlegt, muss die Rechnungsnummer manuell eingetragen werden.

2-3	Feld „Verk. an Deb.-Nr.“	Hier ist mit **F6** die Debitorenübersicht aufzurufen. Dort ist ein Debitor auszuwählen und mit OK zu übernehmen.
2-4	Nach Verlassen des Feldes „Verk. an Deb.-Nr.“ werden die Werte aus dem Debitorenstamm übernommen.	Die Inhalte dieser Felder in allen Registern sind zu prüfen und ggf. zu überarbeiten.
2-5	Feld „Buchungsdatum“	Hier ist das Datum einzugeben, unter dem die Buchung in der Finanzbuchhaltung erfasst werden soll.
2-6	Feld „Belegdatum“	Dieses Feld ist mit dem Arbeitsdatum vorbelegt und kann geändert werden.
3	Register Fakturierung	
3-1	Feld „Zahlungsformcode“	Hier ist mit **F6** in die Zahlungsformen zu verzweigen. Es ist eine Zahlungsform auszuwählen und mit OK zu übernehmen.
4	Rechnungszeilen	
4-1	Spalte „Art“	Es soll ein Artikel verkauft werden, deshalb ist mit **F6** <Artikel> auszuwählen und mit **Enter** zu bestätigen.
4-2	Spalte „Nr.“	Mit **F6** ist hier in die Artikelübersicht zu verzweigen, der entsprechende Artikel auszuwählen und mit OK zu übernehmen.
4-3	Spalten „Beschreibung“, „Einheitencode“ und „VK-Preis“	Nach Verlassen der Spalte „Nr.“ werden diese Spalten mit den Werten aus dem Artikel gefüllt.
4-4	Spalte „Menge“	Hier ist die entsprechende Anzahl einzugeben. Der „Zeilenbetrag ohne MwSt.“ bzw. „Zeilenbetrag mit MwSt.“ wird aus Menge * VK-Preis berechnet. Wurde ein Rabatt hinterlegt, wird er in der Spalte „Zeilenrabatt %“ angezeigt.
4-5	Buchen ▼ / *Buchen* oder **F11**	Die Frage: „Möchten Sie die Rechnung buchen?“ ist mit Ja zu beantworten.

4-6	**ESC**	Zurück zum Hauptmenü.
AUSWIRKUNGEN		
5	*Finanzmanagement / Debitoren / Debitoren*	Über die Such- bzw. Filterfunktionen ist die entsprechende Debitorenkarte aufzurufen.
5-1	Debitor ▼ / *Posten*	Mit der Buchung wurden für den Kunden zwei Posten erzeugt, ein Posten mit der Belegart <Rechnung> und ein Posten mit <Zahlung>. Die Posten sind nicht mehr offen.

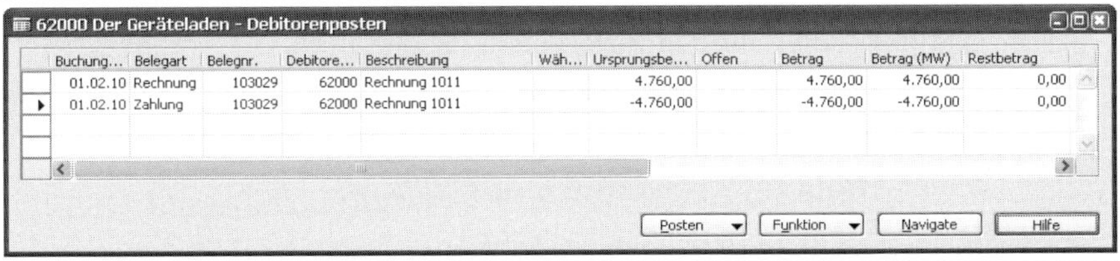

62000 Der Geräteladen - Debitorenposten

Buchung...	Belegart	Belegnr.	Debitore...	Beschreibung	Wäh...	Ursprungsbe...	Offen	Betrag	Betrag (MW)	Restbetrag
01.02.10	Rechnung	103029	62000	Rechnung 1011		4.760,00		4.760,00	4.760,00	0,00
01.02.10	Zahlung	103029	62000	Rechnung 1011		-4.760,00		-4.760,00	-4.760,00	0,00

Posten ▼ | Funktion ▼ | Navigate | Hilfe

5-2	2 x **ESC**	Zurück zum Hauptmenü.
6	*Finanzmanagement / Historie / Journale*	Hier ist das erzeugte Journal zu suchen, Herkunftscode: VERKAUF.
6-1	Journal ▼ / *Sachposten*	Das Buchungsjournal zeigt, dass mit der Buchung vom Rechnungsausgang gleichzeitig der Zahlungseingang gebucht worden ist.

6-2 Es sind folgende Buchungssätze gebucht worden:

1)	Forderungen (Debitor)	an Erlöse	4.000,00 €
2)	Forderungen (Debitor)	an MwSt.	760,00 €
3)	Kasse	an Debitor	4.760,00 €

S Umsatz (8400)	H
	1) 4.000,00

S MwSt. (1775)	H
	2) 760,00

S Ford. (1401)	H
1) 4.000,00	3) 4.760,00
2) 760,00	

S Kasse (1005)	H
3) 4.760,00	

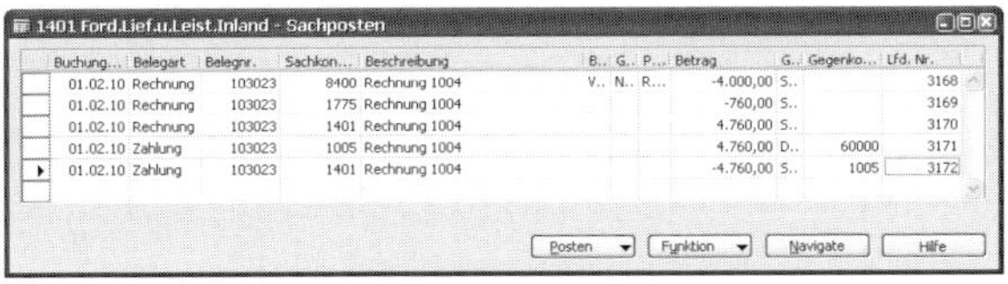

1401 Ford.Lief.u.Leist.Inland - Sachposten

Buchung...	Belegart	Belegnr.	Sachkon...	Beschreibung	B..	G..	P...	Betrag	G..	Gegenko...	Lfd. Nr.
01.02.10	Rechnung	103023	8400	Rechnung 1004	V..	N..	R...	-4.000,00	S..		3168
01.02.10	Rechnung	103023	1775	Rechnung 1004				-760,00	S..		3169
01.02.10	Rechnung	103023	1401	Rechnung 1004				4.760,00	S..		3170
01.02.10	Zahlung	103023	1005	Rechnung 1004				4.760,00	D..	60000	3171
01.02.10	Zahlung	103023	1401	Rechnung 1004				-4.760,00	S..	1005	3172

Posten ▼ | Funktion ▼ | Navigate | Hilfe

6-3	2 x **ESC**	Zurück zum Hauptmenü.

3.5 Rabatte

Um in Microsoft Dynamics NAV mit Rabatten arbeiten zu können, sind folgende Einstellungen notwendig:

- *Verkauf & Marketing / Einrichtung / Debitoren & Verkauf Einr.*
  Register Allgemein
  Im Feld „Rabattbuchung" ist <Alle Rabatte> einzustellen, wenn mit allen Rabatten gearbeitet werden soll. Ansonsten sind hier die entsprechenden Einschränkungen vorzunehmen.

- *Finanzmanagement / Einrichtung / Buchungsgruppen / Allgemein / Buchungsmatrix Einrichtung*
  Hier sind die Konten für den Zeilenrabatt (Spalte „Verk.-Zeilenrabattkonto") und den Rechnungsrabatt (Spalte „Verk.-Rechnungsrabattkonto") zu hinterlegen.

3.5.1 Rechnungsrabatte einrichten

Debitorenrechnungsrabatte werden auf den gesamten Rechnungsbetrag gewährt. Entsprechend der vorgenommenen Einrichtungen können sie automatisch oder über die Funktion Rechnungsrabatt berechnen ermittelt werden.

Schritt	Aktion	Bemerkung
1	*Verkauf & Marketing / Verkauf / Debitoren*	
2	Register Fakturierung	
2-1	Feld „Rechnungsrabattcode"	Das Feld wird standardmäßig mit der Debitorennummer vorbelegt. Soll für mehrere Debitoren der gleiche Rechnungsrabattcode hinterlegt werden, ist die Eintragung in diesem Feld manuell zu ändern, z.B. in ALLGEMEIN.
2-2	[Verkauf ▼] / *Rechnungsrabatte*	Hier werden die Bedingungen für den Debitorenrechnungsrabatt eingestellt.
2-2-1	Spalte „Code" Diese Spalte ist über *Ansicht / Spalte anzeigen…* einzublenden. (Einen Haken vor den Namen setzen und mit [OK] bestätigen.)	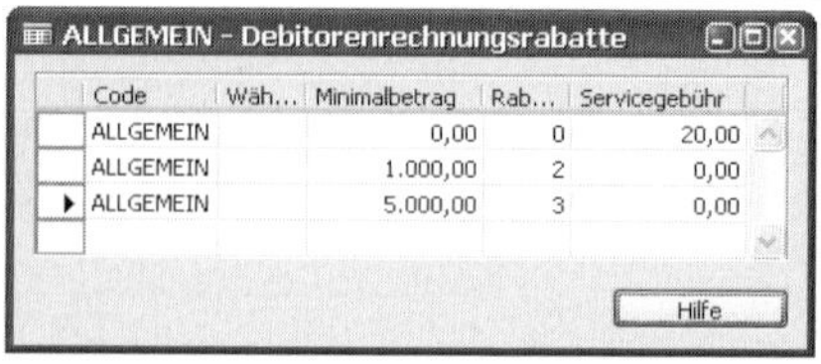

2-2-2	Felder „Minimalbetrag“, „Rabatt %“ und „Servicegebühr“	Im Beispiel bedeutet dies, der Debitor mit dem Rechnungsrabattcode ALLGEMEIN, der für einen Betrag von <1.000,00 € bestellt, zahlt eine Servicegebühr von 20,00 €. Wird ein Betrag zwischen 1.000,00 € und 4.999,99 € bestellt, wird ein Rechnungsrabatt von 2 % gewährt. Bei Bestellungen ab 5.000,00 € wird 3 % Rechnungsrabatt gewährt.
2-2-3	Feld „Währungscode“	Für Beträge in Mandantenwährung bleibt dieses Feld leer.
2-2-4	**ESC**	Schließen der Debitorenrechnungs-rabatte.
H	**HINWEIS:** Soll einem anderen Debitor der gleiche Rechnungsrabatt-code gewährt werden, ist das Feld „Rechnungsrabattcode“ manuell auf diesen Code zu ändern.	
2-3	**ESC**	Schließen der Debitorenkarte.
AUSWIRKUNGEN		
3	*Verkauf & Marketing / Auftragsabwicklung / Aufträge*	
3-1	**F3** und **Enter**	Es ist ein neuer Auftrag anzulegen.
3-2	Feld „Verk. an Deb.-Nr.“	Hier ist mit **F6** aus der Debitorenübersicht ein Debitor, dem ein Rechnungsrabattcode zugeordnet wurde, auszuwählen und mit OK zu bestätigen.
3-3	Auftragszeilen	In den Auftragszeilen sind Artikelpositionen auszuwählen und die Mengen einzutragen.
4	OHNE RECHNUNGSRABATT	
4-1	Buchen ▼ / *Testbericht…*	
4-2	Seitenansicht	

Art	Nr.	Beschreibung		Zu fakturier	VK-Preis	Zeilen Rabatt	Rech.-zulasse	MwSt.-Kenn	Betrag
Artikel	70102	Farbe, blau	1	1	2.380,00		Ja	MWST.19	2.380,00
							Total EUR ohne MwSt.		2.380,00
							19 % MwSt.		452,20
							Total EUR inkl. MwSt.		2.832,20

4-3	**ESC**	Zurück zum Auftrag.

5	MIT RECHNUNGSRABATT	
5-1	Funktion ▼ / *Rechnungsrab. berechnen*	Die Frage: „Möchten Sie den Rechnungsrabatt berechnen?“ ist mit Ja zu beantworten.
5-2	Buchen ▼ / *Testbericht…*	
5-3	Seitenansicht	

Art	Nr.	Beschreibung		Zu fakturier	VK-Preis	Zeilen Rabatt	Rech.-zulasse	MwSt.-Kenn	Betrag
Artikel	70102	Farbe, blau	1	1	2.380,00		Ja	MWST.19	2.380,00
						Zwischensumme			2.380,00
						Rechn.-Rabatt Betrag			-47,60
						Total EUR ohne MwSt.			2.332,40
						19 % MwSt.			443,16
						Total EUR inkl. MwSt.			2.775,56

5-4	2 x **ESC**	Zurück zum Hauptmenü.
6	*Verkauf & Marketing / Einrichtung / Debitoren & Verkauf Einr.*	
6-1	Register Allgemein	
6-2	Feld „Rechnungsrabatt berechnen“	Wird hier ein Haken gesetzt, so wird der Rechnungsrabatt automatisch ermittelt, ohne die Funktion unter Schritt 5-1 anzustoßen.
6-3	**ESC**	Zurück zum Hauptmenü.

3.5.2 Arbeiten mit Verkaufszeilenrabatten

Verkaufszeilenrabatte (Debitoren- und Artikelrabatte) zählen in Microsoft Dynamics NAV zu den Zeilenrabatten. Sie sind sowohl vom Debitor als auch vom Artikel abhängig. Dabei können Debitoren Debitorenrabattgruppen und Artikel Artikelrabattgruppen zugeordnet werden. In einer Matrix-Kombination können dann die Rabattgruppen oder Artikel und Debitoren direkt kombiniert und einzelne Rabattsätze definiert werden.

<table>
<tr><th>Schritt</th><th>Aktion</th><th>Bemerkung</th></tr>
<tr><td colspan="3">ANLEGEN DER ARTIKELRABATTGRUPPE</td></tr>
<tr><td>1</td><td>Verkauf & Marketing / Auftragsabwicklung / Einrichtung / Artikelrabattgruppen</td><td>

</td></tr>
<tr><td>1-1</td><td>F3</td><td>Ggf. ist eine neue Artikelrabattgruppe anzulegen.</td></tr>
<tr><td>1-2</td><td>Spalte „Code“</td><td>Mit dem Eintrag in dieser Spalte wird die Artikelrabattgruppe eindeutig festgelegt.</td></tr>
<tr><td>1-3</td><td>Spalte „Beschreibung“</td><td>Hier kann zusätzlich eine Beschreibung eingegeben werden.</td></tr>
<tr><td>1-4</td><td>Feld verlassen und 2 x ESC</td><td>Zurück zum Hauptmenü.</td></tr>
<tr><td colspan="3">ANLEGEN DER DEBITORENRABATTGRUPPE</td></tr>
<tr><td>2</td><td>Verkauf & Marketing / Auftragsabwicklung / Einrichtung / Debitorenrabattgruppen</td><td>

</td></tr>
<tr><td>2-1</td><td>F3</td><td>Eine neue Debitorenrabattgruppe ist anzulegen.</td></tr>
<tr><td>2-2</td><td>Spalte „Code“</td><td>Mit dem Eintrag in dieser Spalte wird die Debitorenrabattgruppe eindeutig festgelegt, z.B. NEU.</td></tr>
<tr><td>2-3</td><td>Spalte „Beschreibung“</td><td>Hier kann zusätzlich eine Beschreibung eingegeben werden, z.B. Neukunden.</td></tr>
</table>

2-4	Feld verlassen und 2 x ESC	Zurück zum Hauptmenü.
EINRICHTEN DER RABATTGRUPPEN-MATRIX		
H	**HINWEIS:** Die Einrichtung der Verkaufszeilenrabatte kann aus unterschiedlichen Formularen aufgerufen werden: *Verkauf & Marketing / Auftragsabwicklung / …* *… / Einrichtung / Artikelrabattgruppen* Art.-Rab.-Gr. ▼ */ VK-Zeilenrabatte* *… / Einrichtung / Debitorenrabattgruppen* Deb.-Rab.-Gr. ▼ */ VK-Zeilenrabatte* *… / Debitoren* Verkauf ▼ */ Zeilenrabatte* *Verkauf & Marketing / Lager & Preise / Artikel* Verkauf ▼ */ Zeilenrabatte* Je nach Aufruf sind in dem Formular bereits entsprechende Filter gesetzt. Hier wird die Einrichtung beispielhaft aus den Debitorenrabattgruppen beschrieben.	
3	*Verkauf & Marketing / Auftragsabwicklung / Einrichtung/ Debitorenrabattgruppen*	Öffnen der Verkaufszeilenrabatte aus der Debitorenrabattgruppensicht.
3-1	Deb.-Rab.-Gr. ▼ */ VK-Zeilenrabatte*	
3-2	Formularkopf	Hier kann durch die Auswahl der Filter die Anzeige in den Verkaufsrabattzeilen beeinflusst werden.
3-2-1	Felder „Verkaufsartenfilter" und „Verkaufscodefilter"	Je nach Auswahl im Feld „Verkaufsartenfilter" kann im „Verkaufscodefilter" eine Definition mit F6 getroffen werden. Die Felder sind mit <Debitorenrabattgruppe> und dem Code der Debitorenrabattgruppe auf der der Cursor positioniert war, vorbelegt.
3-2-2	Felder „Artenfilter" und „Codefilter"	Die Auswahl im Feld „Artenfilter" beeinflusst die Wahlmöglichkeit des „Codefilters" analog des Verkaufsartenfilters und Verkaufscodefilters.
3-2-3	Feld „Startdatumsfilter"	Hier kann das Startdatum als Filter für die Rabatte eingegeben werden.
3-2-4	Register Optionen Feld „Währungscodefilter"	Hier kann auf die Währung ein Filter gesetzt werden.
3-3	Formularzeilen	Im Zeilenbereich werden die bereits vorhandenen Rabattzeilen innerhalb der eingestellten Filter aus dem Formularkopf angezeigt.

3-3-1	Mit **F3** kann eine weitere Rabattzeile angelegt werden.	
3-3-2	Spalten „Verkaufsart“, „Verkaufscode“, „Art“ und „Code“	Beim Anlegen einer neuen Zeile werden die Filterinformationen automatisch übernommen und können noch geändert werden.
3-3-3	Spalte „Einheitencode“	Wird hier eine Einheit angegeben, gilt der Rabatt nur für diese Einheit. Soll er für alle Einheiten gelten, muss die Spalte leer bleiben.
3-3-4	Spalte „Mindestmenge“	Wird der Rabatt auf einzelne Artikel gewährt, enthält diese Spalte die Mindestmenge des Artikels, die der Debitor bestellen muss, um den vereinbarten Rabatt zu erhalten.
3-3-5	Spalte „Zeilenrabatt %“	In dieser Spalte wird der Rabattprozentsatz eingeben, der zur Berechnung des Verkaufszeilenrabatts verwendet wird.
3-3-6	Spalten „Startdatum“ und „Enddatum“	Wenn festgelegt werden soll, dass der Rabatt ab einem bestimmten Datum oder innerhalb eines bestimmten Zeitraums gelten soll, können hier die entsprechenden Eintragungen vorgenommen werden.

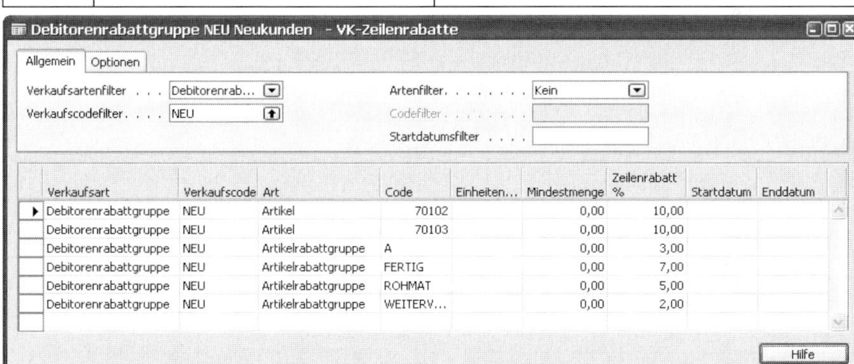

	Als Beispiel wurden für die Debitorenrabattgruppe NEU für Artikelrabattgruppen und zwei spezielle Artikel ohne Datumsbegrenzung Rabatte definiert.	
3-4	Feld verlassen und 2 x **ESC**	Zurück zum Hauptmenü

HINTERLEGEN EINER DEBITORENRABATTGRUPPE UND ARTIKELRABATTGRUPPE AN DEN STAMMDATEN		
4	*Verkauf & Marketing / Auftragsabwicklung / Debitoren*	Es ist der Debitor anzuzeigen, dem die Debitorenrabattgruppe zugewiesen werden soll, z.B. Debitor 10000.
4-1	Register Fakturierung	
4-1-1	Feld „Debitorenrabattgruppe"	Mit **F6** sind die Debitorenrabattgruppen aufzurufen, die gewünschte Gruppe, z.B. NEU, auszuwählen und mit OK dem Debitor zuzuweisen.
4-1-2	Feld „Zeilenrabatt zulassen"	Enthält dieses Feld ein Haken, wird beim Anlegen der Verkaufszeile der entsprechende Zeilenrabatt vom System berechnet. Fehlt der Haken, wird trotz angegebener Rabattgruppe kein Rabatt gegeben.
4-2	Feld verlassen und 2 x **ESC**	Zurück zum Hauptmenü.
5	*Verkauf & Marketing / Lager & Preise / Artikel*	
5-1	Register Fakturierung	
5-1-1	Feld „Artikelrabattgruppe"	Mit **F6** sind die Artikelrabattgruppen aufzurufen, die gewünschte Gruppe auszuwählen und mit OK dem Artikel zuzuweisen.
5-2	Feld verlassen und 2 x **ESC**	Zurück zum Hauptmenü.
ANWENDUNG		
6	*Verkauf & Marketing / Auftragsabwicklung / Aufträge*	
6-1	Auftragskopf	
6-1-1	Feld „Nr."	Mit **F3** und **Enter** ist ein neuer Auftrag anzulegen.
6-1-2	Feld „Verk. an Deb.-Nr."	In diesem Feld ist der Debitor auszuwählen, dem eine Debitorenrabattgruppe zugewiesen wurde, hier Debitor 10000.
6-1-3	Feld „Debitorenrabattgruppe"	In dieses Feld wurde die Rabattgruppe aus den Stammdaten übernommen.

H	**HINWEIS:** Das Feld „Debitorenrabattgruppe“ ist nur über den Zoom (Strg + F8) sichtbar. ESC Zurück zum Auftrag.	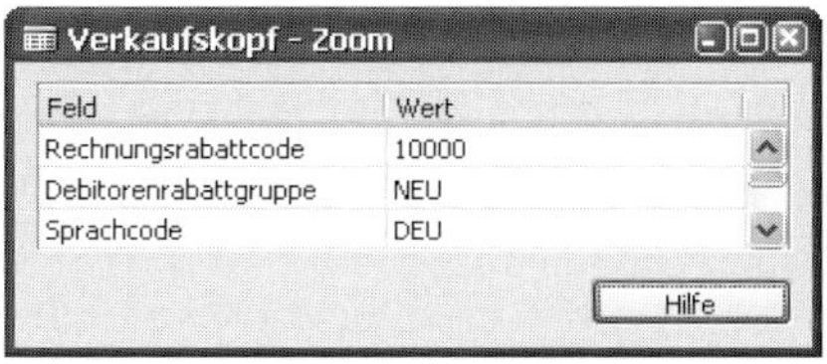
6-2	Auftragszeilen	
6-2-1	Spalte „Art“	Hier ist <Artikel> auszuwählen.
6-2-2	Spalte „Nr.“	Mit F6 ist in die Artikelübersicht zu verzweigen, ein Artikel, dem eine Artikelrabattgruppe zugeordnet wurde, herauszusuchen und mit OK zu bestätigen, z.B. Artikel 70060.
6-3	Drucken ▼ / *Verkauf-Auftragsbestätigung…*	Ausdruck der Auftragsbestätigung.
6-4	Seitenansicht	

Die Höhe des gewährten Rabattes wird in der Spalte „Rabatt %“ auf dem Beleg angezeigt, im Testbericht in der Spalte „Zeilenrabatt“.

Rech. an Deb.-Nr. 10000 — 20. Januar 2010

USt-IdNr. 789456278 — Warenausg.-Datum 20.04.10

Verkäufer Peter Schlösser — Auftragsnr. 1001

Preise inkl. MwSt. Nein

Nr.	Beschreibung	Menge	Einheit	VK-Preis	Raba %	Rech.-R zulasse	MwSt.-Ke	Betrag
70060	Beschläge	2	Stück	20,30	5	Ja	MWST.19	38,57
70103	Farbe, rot	10	Dose	4,20	10	Ja	MWST.19	37,80
				Total EUR ohne MwSt.				**76,37**
				19% MwSt.				14,51
				Total EUR inkl. MwSt.				**90,88**

6-5	2 x ESC	Zurück zum Hauptmenü.
H	**HINWEIS:** Der Verkaufszeilenrabatt ist sowohl vom Debitor als auch vom Artikel abhängig. Beim Anlegen einer Verkaufszeile wird Folgendes geprüft: • Gibt es speziell für diesen Debitor Rabatte? • Ist dem Debitor eine Debitorenrabattgruppe zugeordnet? • Ist dem Artikel eine Artikelrabattgruppe zugeordnet? • Gibt es für die Kombination von Debitoren- und Artikelrabattgruppe einen Rabatt? Sind die Voraussetzungen für die Bildung eines Rabattbetrages vorhanden, wird automatisch der Rabattprozentsatz ermittelt. Dabei wird immer der für den Debitor günstigste Rabatt wirksam.	

3.6 Verkaufspreise

In Microsoft Dynamics NAV ist es möglich, individuelle Preisinformationen zwischen dem Unternehmen und den Debitoren abzubilden und zu verwalten. So können z.B. alternative Verkaufspreise und ein mengenabhängiger Preis erfasst werden. Im Folgenden werden einige Punkte dazu erläutert.

3.6.1 Arbeiten mit Debitorpreisgruppen

Durch die Zuordnung von Debitoren zu Preisgruppen wird die Einrichtung von Verkaufspreisen erleichtert. Diese sind vom Kunden und vom Artikel abhängig.

Schritt	Aktion	Bemerkung
ANLEGEN DER DEBITORENPREISGRUPPEN		
1	*Verkauf & Marketing / Auftragsabwicklung / Einrichtung/ Debitorenpreisgruppen*	Die hier angelegten Preisgruppen können den Debitoren zugewiesen werden.
1-2	**F3**	Es ist eine neue Debitorpreisgruppe anzulegen.
1-3	Spalte „Code“	Mit dem Eintrag in dieser Spalte wird die Debitorenpreisgruppe eindeutig gekennzeichnet, z.B. MESSE.
1-4	Spalte „Beschreibung“	Hier kann zusätzlich eine Beschreibung eingegeben werden, z.B. Messekunden.
1-5	Spalten „Zeilenrabatt zulassen“ und „Rech.-Rabatt zulassen“	Ist in den Spalten ein Haken gesetzt, bedeutet dies, es wird der entsprechende Rabatt auch auf diesen Verkaufspreis gewährt.
1-6	Spalten „VK-Preis inkl. MwSt.“ und „MwSt.-Geschäftsbuch.-G.(Preis)“	Wird in der Spalte „VK-Preis inkl. MwSt.“ ein Haken gesetzt, beinhalten die angegebenen Preise die MwSt. und in der Spalte „MwSt.-Geschäftsbuch.-G.(Preis)“ muss dann eine Geschäftsbuchungsgruppe eingegeben werden, damit das System den MwSt.-Betrag berechnen kann.
	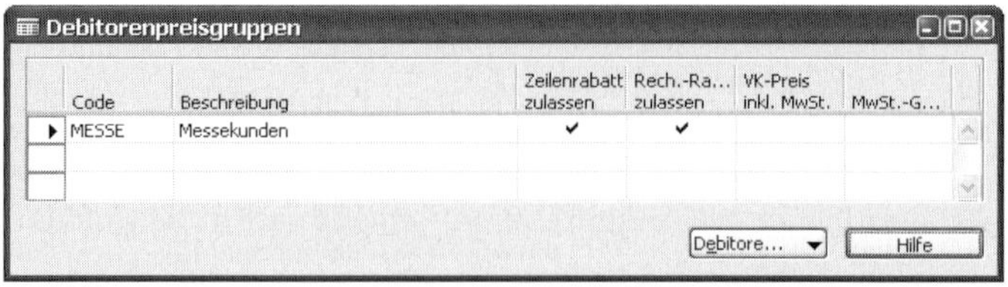	

VK-PREISE EINRICHTEN		
H	**HINWEIS:** Die Einrichtung der Verkaufspreise kann aus unterschiedlichen Formularen aufgerufen werden: *Verkauf & Marketing / Auftragsabwicklung / …* *… / Einrichtung / Debitorenpreisgruppen* Debitorenpreisgruppe ▼ */ VK-Preise* *… / Debitoren* Verkauf ▼ */ Preise* *Verkauf & Marketing / Lager & Preise / Artikel* Verkauf ▼ */ Preise* Je nach Aufruf sind in dem Formular bereits entsprechende Filter gesetzt.	
2	*Debitorenpreisgruppe / VK-Preise*	In diesem Formular können die alternativen VK-Preise definiert werden.
2-1	Register Allgemein	
2-1-1	Felder „Verkaufsartfilter" und „Verkaufscodefilter"	Da dieses Formular aus den Debitorenpreisgruppen aufgerufen wurde, sind hier <Debitorenpreisgruppe> und MESSE voreingestellt.
2-1-2	Feld „Artikelnr. Filter"	Hier können im Vorfeld Filter auf Artikel gesetzt werden.
2-1-3	Feld „Startdatumsfilter"	Hier kann ein Startdatum eingegeben werden.
2-2	Zeilen	
2-2-1	Spalten „Verkaufsart" und „Verkaufscode"	Beim Anlegen einer neuen Zeile werden die Filterinformationen automatisch übernommen und können noch geändert werden.
2-2-2	Spalte „Artikelnr."	Hier kann mit **F6** und OK aus der Artikelübersicht der Artikel ausgewählt werden, für den der alternative VK-Preis gelten soll.
2-2-3	Spalte „Einheitencode"	Wird hier eine Einheit angegeben, gilt der VK-Preis nur für diese Einheit. Soll er für alle Einheiten gelten, muss die Spalte leer bleiben.
2-2-4	Spalte „Mindestmenge"	Wird hier eine Menge eingetragen, gilt der VK-Preis erst ab dieser.
2-2-5	Spalte „VK-Preis"	In dieser Spalte wird der VK-Preis eingegeben, der zur Berechnung des Verkaufszeilenbetrages verwendet wird.

2-2-6	Spalten „Startdatum“ und „Enddatum“	Wenn festgelegt werden soll, dass der VK-Preis ab einem bestimmten Datum oder innerhalb eines bestimmten Zeitraums gelten soll, können hier die entsprechenden Eintragungen vorgenommen werden.
	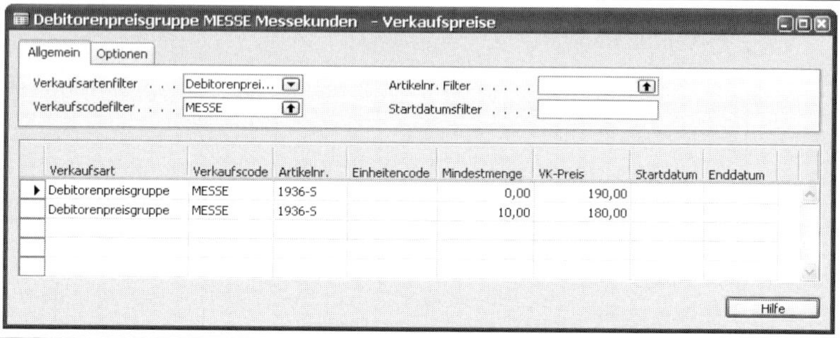	
2-3	2 x **ESC**	Zurück zum Hauptmenü.
HINTERLEGEN EINER DEBITORENPREISGRUPPE AM DEBITOR		
3	*Verkauf & Marketing / Verkauf / Debitoren*	Öffnen der Debitorenkarte.
3-1	Register Allgemein Feld „Nr.“	Hier ist mit den Such- bzw. Filterfunktionen der Debitor aufzurufen, dem die neue Debitorenpreisgruppe zugeordnet werden soll, z.B. Debitor 20000.
3-2	Register Fakturierung Feld „Debitorenpreisgruppe“	Mit **F6** und **OK** ist dem Debitor die entsprechende Preisgruppe zuzuordnen, hier MESSE.
3-3	Feld verlassen und **ESC**	Zurück zum Hauptmenü.
ANWENDUNG		
4	*Verkauf & Marketing / Auftragsabwicklung / Aufträge*	
4-1	Auftragskopf	
4-1-1	Den Cursor im Feld „Nr.“ positionieren.	Mit **F3** ist ein neuer Auftrag (ein neuer Datensatz) anzulegen.
4-1-2	Beim Verlassen des Feldes „Nr.“, mit z.B. **Enter**, wird eine neue Nummer vergeben.	Ist keine Nummernserie hinterlegt, muss die Angebotsnummer manuell eingetragen werden.

4-1-3	Feld „Verk. an Deb.-Nr.“	In diesem Feld kann mit **F6** die Debitorenübersicht aufgerufen werden. Dort ist der Debitor mit der hinterlegten Debitorpreisgruppe zu markieren und mit **OK** zu übernehmen, hier Debitor 20000.
4-2	Auftragszeilen	
4-2-1	Spalte „Art“	Hier ist <Artikel> auszuwählen.
4-2-2	Spalte „Nr.“	In dieser Spalte ist mit **F6** und **OK** der Artikel auszuwählen, für den der VK-Preis eingerichtet wurde, in diesem Beispiel Artikel 1936-S.
4-2-3	Spalten „Beschreibung“, „Lagerortcode“, „Einheitencode“ und „VK-Preis“	Diese Spalten werden mit den Daten aus der Artikelkarte gefüllt.
4-2-4	Spalte „VK-Preis“	In dieser Spalte wird der VK-Preis anhand des ausgewählten Artikels und des ausgewählten Debitors ermittelt.
4-2-5	Spalte „Menge“	Wird hier eine Menge eingegeben, wird der VK-Preis entsprechend der hinterlegten Verkaufspreise aktualisiert.
4-2-6	Spalte „Zeilenbetrag“	Dieser Betrag wird aus Menge und VK-Preis der Zeile errechnet.

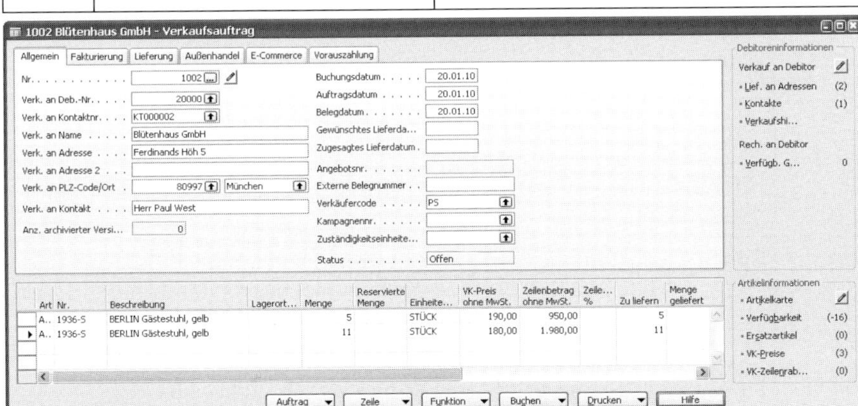

4-3	**ESC**	Zurück zum Hauptmenü.

3.6.2 Einrichten von Rundungsmethoden

Über die Einrichtung von Rundungsmethoden kann festgelegt werden nach welchen Regeln die errechneten neuen Artikelpreise gerundet werden.

Schritt	Aktion	Bemerkung
1	*Finanzmanagement / Lager / Einrichtung / Rundungsmethoden*	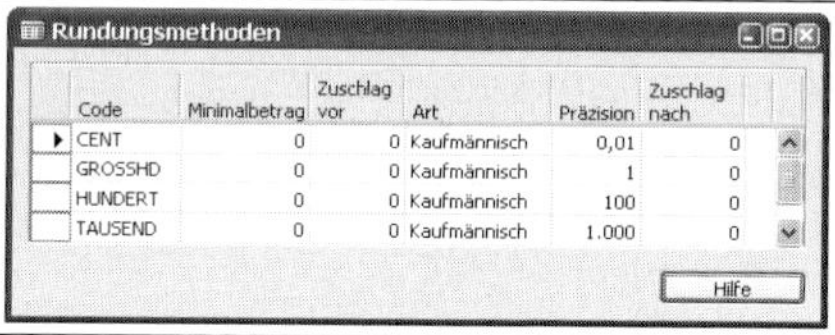
2	**F3**	Soll eine neue Rundungsmethode angelegt werden, kann das mit **F3** erfolgen.
2-1	Spalte „Code“	In dieser Spalte ist ein eindeutiger Code einzugeben, z.B. CENT.
2-2	Spalte „Minimalbetrag“	Der Betrag, ab dem gerundet werden soll, ist hier anzugeben. Soll erst ab 90 gerundet werden, ist 90 einzufügen. Sollen alle Beträge gerundet werden, bleibt die Spalte 0.
2-3	Spalte „Zuschlag vor“	Hier kann ein Betrag eingegeben werden, der zu dem korrigierten VK-Preis addiert wird, bevor die Betragsrundung erfolgt.
2-4	Spalte „Art“	Mit **F6** und **Enter** ist z.B. <Kaufmännisch> zu wählen.
2-5	Spalte „Präzision“	In diese Spalte ist das Rundungsintervall einzugeben, z.B. bedeutet 5, es wird immer zum nächsten Vielfachen von 5 gerundet.
H	**HINWEIS:** Die Spalten „Art“ und „Präzision“ bestimmen zusammen die Rundung.	
2-6	Spalte „Zuschlag nach“	Die Preise können nach der Rundung noch einmal bearbeitet werden. Sollen sie z.B. um 0,01 verringert werden, ist -0,01 einzutragen.
3	Zeile verlassen und **ESC**	Zurück zum Hauptmenü.

3.6.3 Erzeugen alternativer Verkaufspreise mit der Stapelverarbeitung Artikelpreis vorschlagen

Mit dieser Funktion können z.B. für Preisgruppen alternative VK-Preise erzeugt werden. Die Grundlage für die Berechnung bilden die Preise im Feld „VK-Preis“ auf der Artikelkarte. Diese werden nicht geändert.

Schritt	Aktion	Bemerkung
1	*Verkauf & Marketing / Lager & Preise / VK-Preisvorschlag*	Das zentrale Formular zur Pflege der VK-Preise ist das Formular VK-Preisvorschläge.
2	Funktion ▼ / *Artikelpreis vorschlagen…*	Basis der Erzeugung der neuen VK-Preise ist der „VK-Preis“ der Artikelkarte.
2-1	Register Artikel	
2-1-1	Hier können Filter gesetzt werden, die das Erzeugen der alternativen VK-Preise für Artikel einschränken.	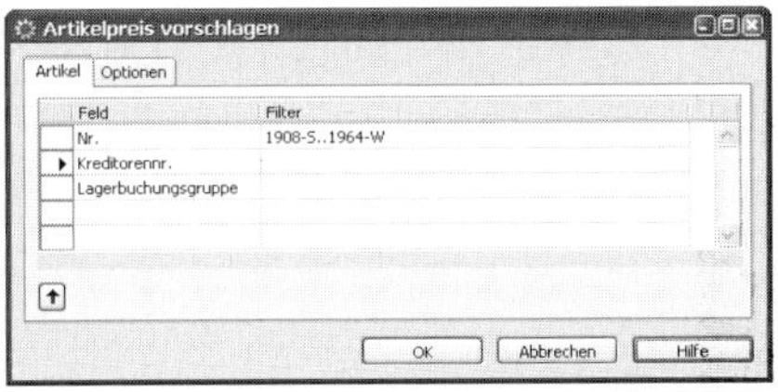
2-1-2	Feld „Nr.“	Mit F6 ist die Artikelübersicht zu öffnen, die entsprechenden Artikel auszuwählen und mit OK zu bestätigen. Bleibt das Feld leer, werden für alle Artikel VK-Preise vorgeschlagen.
2-2	Register Optionen	
2-2-1	Felder „Verkaufsart“ und „Verkaufscode“	Im Feld „Verkaufsart“ kann mit F6 und Enter die Verkaufsart, für die die neuen Preise gelten sollen, ausgewählt werden. Im Feld „Verkaufscode“ können weitere Einschränkungen vorgenommen werden.
2-2-2	Feld „Einheitencode“	Hier kann mit F6 und OK die entsprechende Einheit eingefügt werden, die zur Festlegung der neuen Preise verwendet werden soll.
2-2-3	Feld „Währungscode“	Sollen die alternativen VK-Preise für eine bestimmte Währung erzeugt werden, ist mit F6 und OK die entsprechende Auswahl zu treffen.

		Sind die Preise in Mandantenwährung zu generieren, bleibt das Feld leer.
2-2-4	Felder „Startdatum“ und „Enddatum“	Hier ist das Datum anzugeben, ab dem die VK-Preise gültig sind. Sind die Preise für einen bestimmten Zeitraum definiert, muss auch ein Enddatum angegeben werden.
2-2-5	Feld „Nur Beträge über“	Ein Mindest-VK-Preis kann hier angegeben werden. Nur Preise oberhalb dieses Betrages werden verändert.
2-2-6	Feld „Korrekturfaktor“	Hier ist anzugeben, um welchen Prozentsatz die VK-Preise der Artikelkarte verändert werden sollen. 1,1 = Erhöhung um 10 %, 0,98 = Senkung um 2 %.
2-2-7	Feld „Rundungsmethode“	Mit **F6** und OK ist die entsprechende Rundungsmethode auszuwählen. 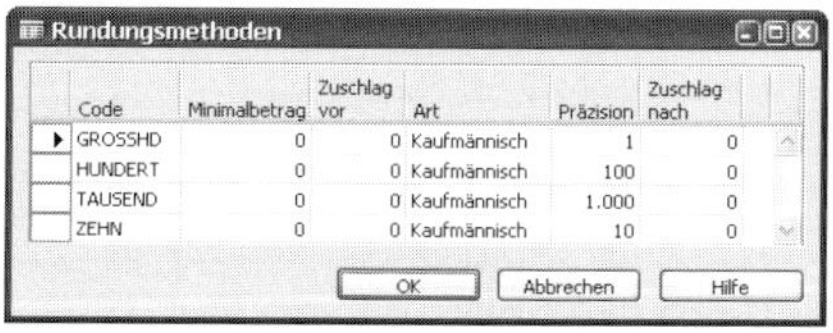
2-2-8	Feld „Neue Preise generieren“	Wird ein Haken gesetzt, werden neue VK-Preise entsprechend der eingestellten Kriterien generiert. Ist kein Haken gesetzt, werden nur bestehende Preise verändert.
	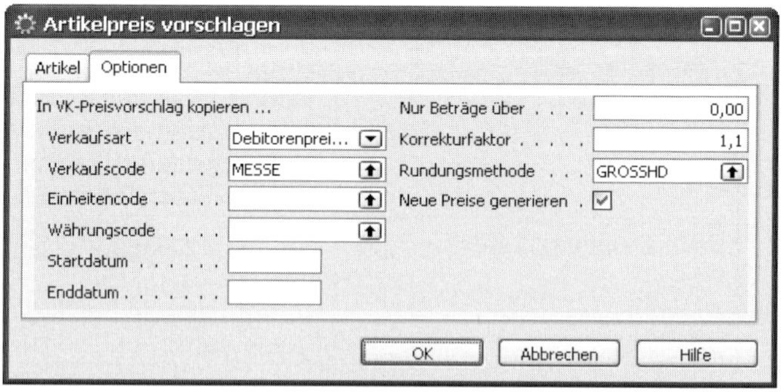 	
2-3	OK	Die neuen VK-Preise werden generiert und in das Formular VK-Preisvorschläge eingetragen.

3	Entsprechend den erfassten Bedingungen werden die neuen VK-Preise den vorhandenen VK-Preisen gegenübergestellt. Die neuen Preise können noch verändert werden. Nicht benötigte Zeilen können gelöscht werden.

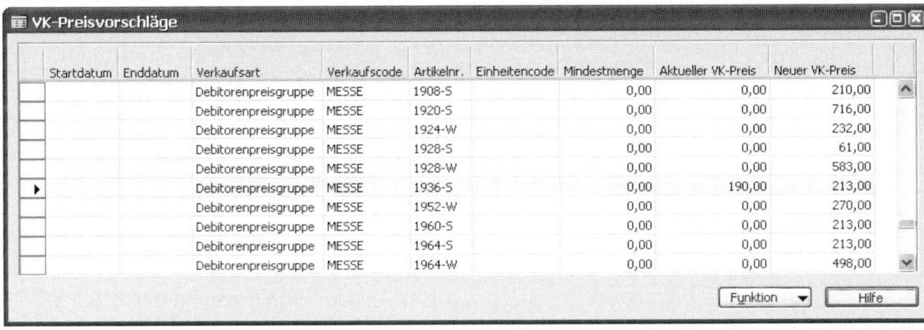
VK-Preisvorschläge

Startdatum	Enddatum	Verkaufsart	Verkaufscode	Artikelnr.	Einheitencode	Mindestmenge	Aktueller VK-Preis	Neuer VK-Preis
		Debitorenpreisgruppe	MESSE	1908-S		0,00	0,00	210,00
		Debitorenpreisgruppe	MESSE	1920-S		0,00	0,00	716,00
		Debitorenpreisgruppe	MESSE	1924-W		0,00	0,00	232,00
		Debitorenpreisgruppe	MESSE	1928-S		0,00	0,00	61,00
		Debitorenpreisgruppe	MESSE	1928-W		0,00	0,00	583,00
		Debitorenpreisgruppe	MESSE	1936-S		0,00	190,00	213,00
		Debitorenpreisgruppe	MESSE	1952-W		0,00	0,00	270,00
		Debitorenpreisgruppe	MESSE	1960-S		0,00	0,00	213,00
		Debitorenpreisgruppe	MESSE	1964-S		0,00	0,00	213,00
		Debitorenpreisgruppe	MESSE	1964-W		0,00	0,00	498,00

Funktion
Hilfe

3-1	Spalten „Verkaufsart“ und „Verkaufscode“	Hier werden die Einstellungen angezeigt, die bei der Stapelverarbeitung definiert wurden, im gewählten Beispiel Debitorenpreisgruppe und MESSE.
3-2	Spalte „Artikelnr.“	In dieser Spalte werden alle ausgewählten Artikel aufgelistet.
3-3	Spalte „Einheitencode“	Es werden nur die Artikel angezeigt, für die der Einheitencode definiert wurde, im Beispiel STÜCK.
3-4	Spalte „Startdatum“ und „Enddatum“	Ab diesem Datum sind die neuen Preise gültig, wenn der VK-Preisvorschlag angenommen wird.
3-5	Spalte „Aktueller VK-Preis“	Wurden bereits am Artikel alternative VK-Preise erfasst, wird hier der Wert zur Anzeige gebracht. Wurden bisher keine erfasst, ist der Wert 0,00.
3-6	Spalte „Neuer VK-Preis“	Hier werden die neuen VK-Preise eingetragen. Ausgangspreis ist der VK-Preis der Artikelkarte.
H	**HINWEIS:** Beim Artikel 1936-S wird dieser Preis wie folgt errechnet: VK-Preis der Artikelkarte: 193,70 Korrekturfaktor beim Artikelpreis vorschlagen: 1,1 Rundungsfaktor beim Artikelpreis vorschlagen: Präzision: 1,0 Neuer VK-Preis in VK-Preisvorschläge: 213,00 Aktueller VK-Preis in VK-Preisvorschläge: siehe Schema 3.6.1	

3.6.4 Erzeugen alternativer Verkaufspreise mit der Stapelverarbeitung VK-Preis vorschlagen

Mit dieser Funktion können bestehende alternative VK-Preise verändert oder neue erzeugt werden. Die Grundlage für die Berechnung bilden die vorhandenen alternativen VK-Preise.

Schritt	Aktion	Bemerkung
1	*Verkauf & Marketing / Lager & Preise / VK-Preisvorschlag*	Das zentrale Formular zur Pflege der VK-Preise ist das Formular VK-Preisvorschläge.
2	Funktion ▼ / *VK-Preis vorschlagen…*	Basis der Erzeugung der neuen VK-Preise sind die bereits existierenden alternativen VK-Preise. (*Artikelkarte* Verkauf ▼ / *Preise*)
2-1	Register Verkaufspreis	
2-1-1	Hier können Filter gesetzt werden, die das Erzeugen der alternativen VK-Preise für Artikel einschränken.	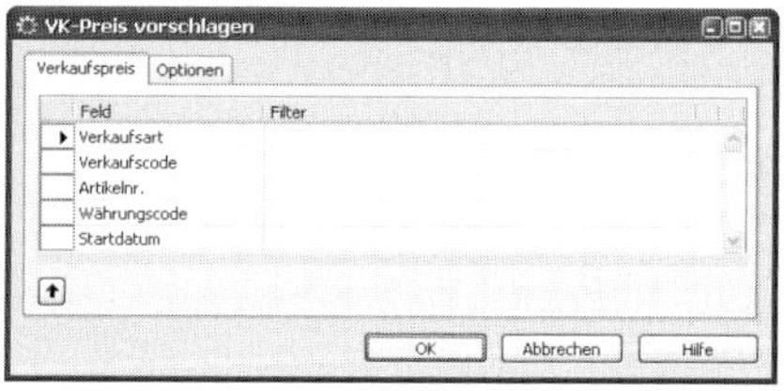
2-2	Register Optionen	
	Hier kann festgelegt werden, wem und unter welchen Bedingungen die Verkaufspreise zugewiesen werden.	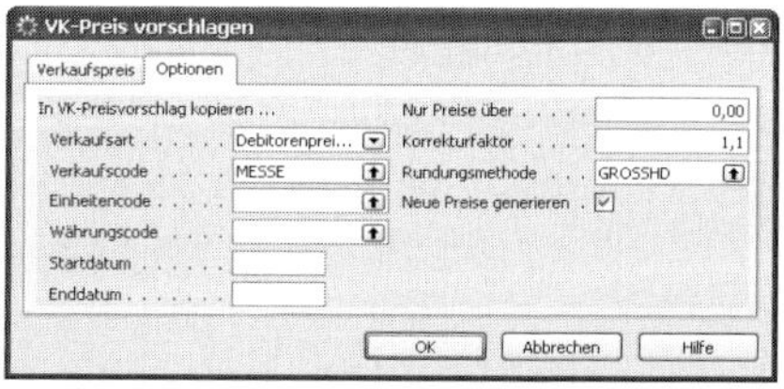
2-2-1	Felder „Verkaufsart" und „Verkaufscode"	Im Feld „Verkaufsart" kann mit **F6** und **Enter** die Verkaufsart für die die neuen Preise gelten sollen, ausgewählt werden. Im Feld „Verkaufscode" können dann noch Einschränkungen vorgenommen werden.
2-2-2	Feld „Einheitencode"	Hier kann mit **F6** und OK die entsprechende Einheit eingefügt werden, die zur Festlegung der neuen Preise verwendet werden soll.

<table>
<tr><td>2-2-3</td><td>Feld „Währungscode“</td><td>Sollen die alternativen VK-Preise für eine bestimmte Währung erzeugt werden, ist mit F6 und OK die entsprechende Auswahl zu treffen.

Sind die Preise in Mandantenwährung zu generieren, bleibt das Feld leer.</td></tr>
<tr><td>2-2-4</td><td>Felder „Startdatum“ und „Enddatum“</td><td>Hier ist das Datum anzugeben, ab dem die VK-Preise gültig sind. Sind die Preise für einen bestimmten Zeitraum definiert, muss auch ein Enddatum angegeben werden.</td></tr>
<tr><td>2-2-5</td><td>Feld „Nur Preise über“</td><td>Ein Mindest-VK-Preis kann hier angegeben werden. Nur Preise oberhalb dieses Betrages werden verändert.</td></tr>
<tr><td>2-2-6</td><td>Feld „Korrekturfaktor“</td><td>Hier ist anzugeben, um welchen Prozentsatz die alternativen VK-Preise verändert werden sollen.
(1,1 = Erhöhung um 10 %,
0,95 = Senkung um 5 %)</td></tr>
<tr><td>2-2-7</td><td>Feld „Rundungsmethode“</td><td>Mit F6 und OK ist die entsprechende Rundungsmethode auszuwählen.

</td></tr>
<tr><td>2-2-8</td><td>Feld „Neue Preise generieren“</td><td>Wird ein Haken gesetzt, werden neue VK-Preise entsprechend der eingestellten Kriterien generiert.
Ist kein Haken gesetzt, werden nur bestehende Preise verändert.</td></tr>
<tr><td>2-3</td><td>OK</td><td>Die Stapelverarbeitung ist zu starten.</td></tr>
<tr><td>H</td><td colspan="2">HINWEIS: Es werden nicht für alle Artikel neue VK-Preisvorschläge erzeugt (wie bei der Funktion Artikelpreis vorschlagen), sondern nur für die Artikel, für die bereits alternative VK-Preise existierten.</td></tr>
<tr><td>H</td><td colspan="2">HINWEIS: Die ersten beiden Zeilen resultieren aus dem Ablaufschema 3.6.1. Die beiden unteren Zeilen existierten bereits in der VK-Preis-Tabelle mit der Option <Alle Debitoren>. Sie wurden ebenfalls berücksichtigt, da der Haken im Feld „Neue Preise generieren“ bei der Stapelverarbeitung gesetzt wurde.</td></tr>
</table>

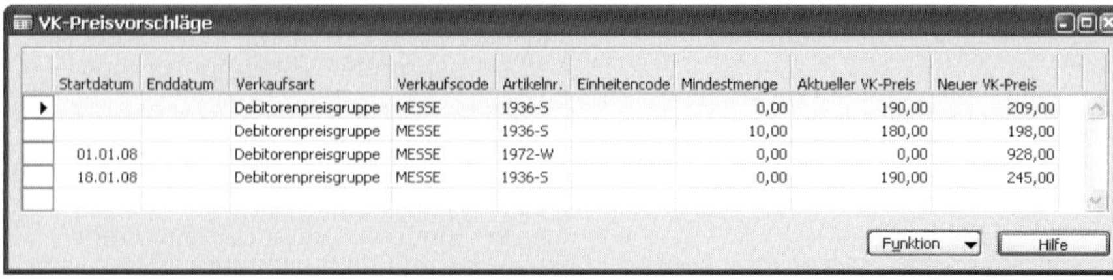

VK-Preisvorschläge

Startdatum	Enddatum	Verkaufsart	Verkaufscode	Artikelnr.	Einheitencode	Mindestmenge	Aktueller VK-Preis	Neuer VK-Preis
		Debitorenpreisgruppe	MESSE	1936-S		0,00	190,00	209,00
		Debitorenpreisgruppe	MESSE	1936-S		10,00	180,00	198,00
01.01.08		Debitorenpreisgruppe	MESSE	1972-W		0,00	0,00	928,00
18.01.08		Debitorenpreisgruppe	MESSE	1936-S		0,00	190,00	245,00

Funktion ▾ Hilfe

H	**HINWEIS:** Beim Artikel 1936-S wird dieser Preis wie folgt errechnet: VK-Preis aus den VK-Preisen: 190,00 Korrekturfaktor beim VK-Preis vorschlagen: 1,1 Rundungsfaktor beim VK-Preis vorschlagen: Präzision: 1,0 Neuer VK-Preis in VK-Preisvorschläge: 209,00 Aktueller VK-Preis in VK-Preisvorschläge: siehe Schema 3.6.1

3.6.5 VK-Preisvorschläge übernehmen

In dem Fenster VK-Preisvorschläge können die neu erzeugten Preise überarbeitet oder ggf. gelöscht werden, bevor diese zur Preisfindung in den Echtbetrieb übernommen werden.

Schritt	Aktion	Bemerkung
1	*Verkauf & Marketing / Lager & Preise / VK-Preisvorschlag*	Das zentrale Formular zur Pflege der VK-Preise ist das Formular VK-Preisvorschläge.
1-1	Funktion ▼ / *Preisvorschlag übernehmen…*	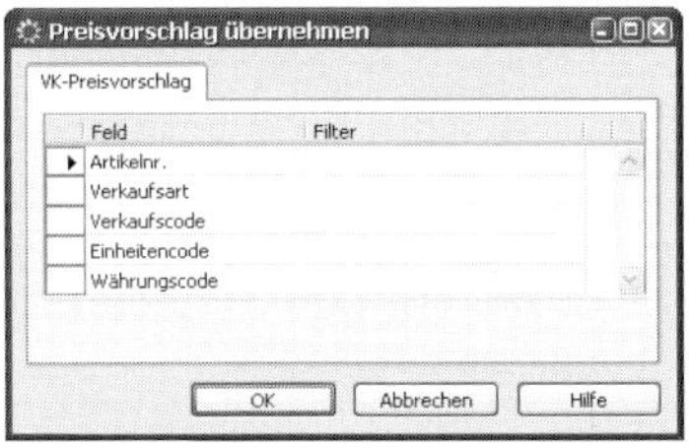
1-2	Hier können erneut Filterkriterien eingestellt werden, welche der Zeilen endgültig als alternative VK-Preise übernommen werden.	
1-3	OK	Die Stapelverarbeitung wird gestartet.
1-4	Sollen die VK-Preisvorschläge erhalten bleiben, um z.B. weitere Änderungen vorzunehmen, so ist die Frage: „Möchten Sie die vorgeschlagenen Preisänderungen löschen?“ mit Nein zu beantworten. Bei Ja werden nun die übernommenen alternativen VK-Preise aus der Ansicht gelöscht.	
1-5	**ESC**	Zurück zum Hauptmenü.
AUSWIRKUNG		
2	*Lager / Planung & Ausführung / Artikel*	Für die ausgewählten Artikel wurden neue alternative VK-Preise erzeugt. Diese VK-Preise übersteuern den VK-Preis auf der Artikelkarte, siehe Artikel 1936-S.
2-1	Verkauf ▼ / *Preise*	
	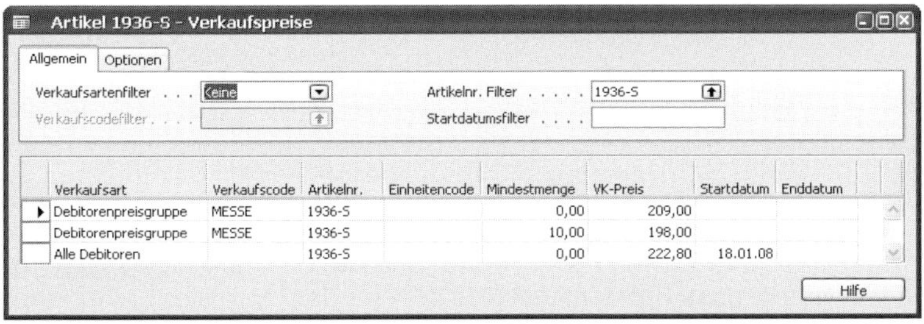	
2-2	2 x **ESC**	Zurück zum Hauptmenü.

3.6.6 Artikelpreise justieren

In Microsoft Dynamics NAV kann für jeden Artikel auf der Artikelkarte ein Verkaufs- bzw. Einkaufspreis eingetragen werden. Diese Stapelverarbeitung greift direkt auf die Angaben in der Artikelkarte (Register Fakturierung) zu und ändert dort die Preise.

Schritt	Aktion	Bemerkung
1	*Verkauf & Marketing / Lager & Preise / Artikelpreise justieren…*	
2	Register Artikel Hier können Filter gesetzt werden, die es ermöglichen, die Artikelpreise nur für ausgewählte Artikel zu verändern. Werden hier keine Filter gesetzt, verändert die Stapelverarbeitung die Preise für alle erfassten Artikel.	
2-1	Feld „Nr."	Mit **F6** kann in die Artikelübersicht verzweigt, die entsprechenden Artikel ausgewählt und mit OK bestätigt werden. Die Mehrfachauswahl ist durch die Eingabe von .. oder | möglich, z.B. 70000..70010.
2-2	Felder „Kreditorennr.", „Lagerbuchungsgruppe" und „Lagerabgangsmethode"	In diesen Feldern können weitere Filter gesetzt werden. Mit **F6** ist in die entsprechende Übersicht zu verzweigen und die Auswahl mit OK bzw. **Enter** zu bestätigen.
3	Register Optionen	
3-1	Feld „Regulieren"	Mit **F6** kann zwischen <Artikelkarte> und <Lagerhaltungsdatenkarte> unterschieden werden. Für den gewählten Vorgang ist hier <Artikelkarte> zu wählen.
3-2	Feld „Feld korrigieren"	Hier wird die Auswahl getroffen, welches Feld bearbeitet werden soll. Ist der VK-Preis zu korrigieren, ist die Option <VK-Preis> zu aktivieren.
H	**HINWEIS:** Soll der VK-Preis verändert werden, muss sichergestellt sein, dass auf der Artikelkarte unter dem Register Fakturierung im Feld „VK-Preis/DB-Rechnung" **nicht** <VK = EP + DB> eingestellt wurde.	

3-3	Feld „Korrekturfaktor“	Hier wird angegeben, um welchen Faktor das entsprechende Feld korrigiert werden soll. 1,1 bedeutet, die VK-Preise werden um 10 % erhöht. 0,95 bedeutet die Preise werden um 5 % gesenkt.
3-4	Feld „Rundungsmethode“	Mit **F6** und OK ist die entsprechende Rundungsmethode auszuwählen.

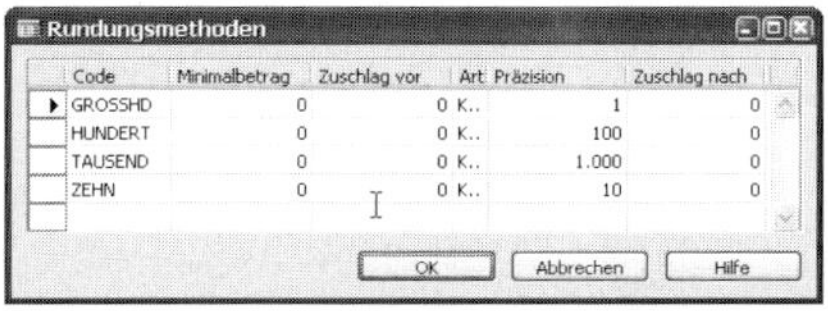

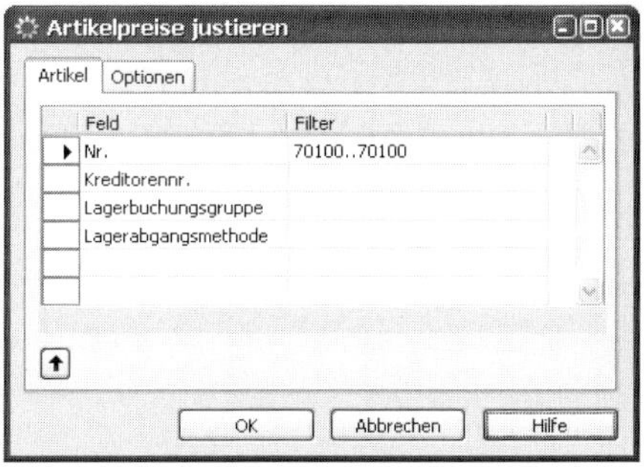

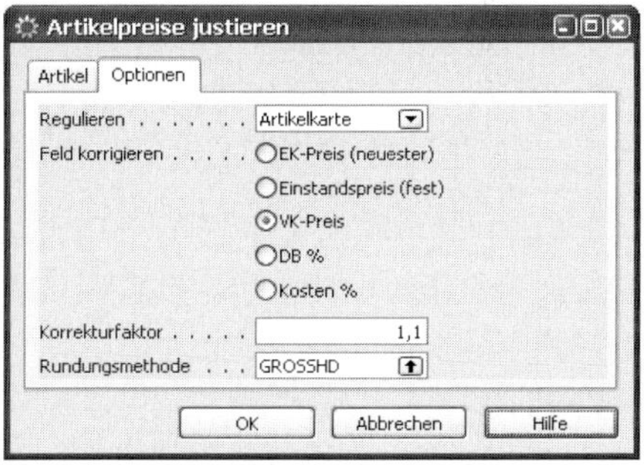

3-5	OK	Die die Stapelverarbeitung wird gestartet.
4	*Verkauf & Marketing / Lager & Preise / Artikel*	Hier sind über die Such- und Filterfunktionen die entsprechenden Artikel anzuzeigen.
4-1	Artikel ▼ / *Übersicht*	

VK-Preis vor der Stapelverarbeitung:

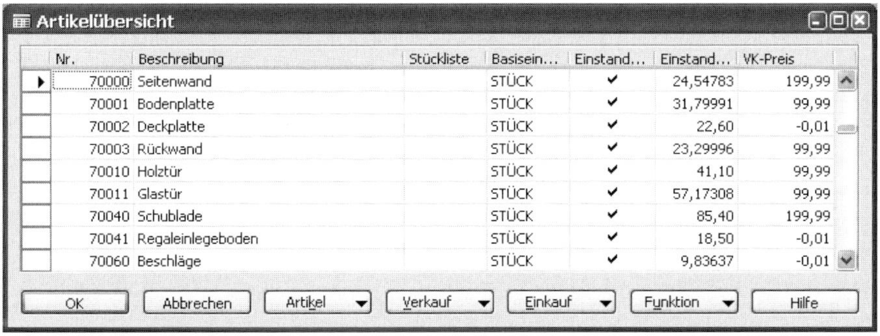

VK-Preis nach der Stapelverarbeitung

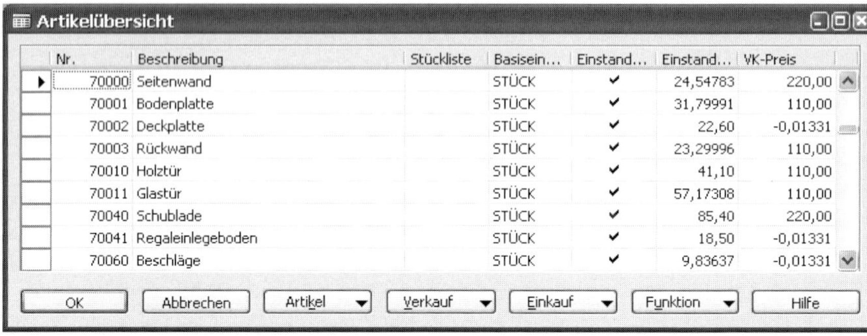
Artikelübersicht

Nr.	Beschreibung	Stückliste	Basisein...	Einstand...	Einstand...	VK-Preis
70000	Seitenwand		STÜCK	✔	24,54783	220,00
70001	Bodenplatte		STÜCK	✔	31,79991	110,00
70002	Deckplatte		STÜCK	✔	22,60	-0,01331
70003	Rückwand		STÜCK	✔	23,29996	110,00
70010	Holztür		STÜCK	✔	41,10	110,00
70011	Glastür		STÜCK	✔	57,17308	110,00
70040	Schublade		STÜCK	✔	85,40	220,00
70041	Regaleinlegeboden		STÜCK	✔	18,50	-0,01331
70060	Beschläge		STÜCK	✔	9,83637	-0,01331

H	**HINWEIS:** Beim Artikel 70000 wird dieser Preis wie folgt errechnet: VK-Preis auf der Artikelkarte: 199,99 Korrekturfaktor beim Artikelpreis justieren: 1,1 Rundungsfaktor beim Artikelpreis justieren: Präzision: 1,0 Neuer VK-Preis auf der Artikelkarte: 220,00	
4-2	2 x **ESC**	Zurück zum Hauptmenü.

Kapitel 4 - Kreditoren & Einkauf

Im Bereich Einkauf werden Anfragen und Bestellungen erzeugt und es werden Warenlieferungen und Einkaufsrechnungen gebucht. Es ist ebenso möglich, Rahmenbestellungen anzulegen und Teillieferungen sowie Teilrechnungen daraus zu generieren. Darüber hinaus können Kreditorengutschriften erfasst und gebucht werden. Die einzelnen Arbeitsschritte, die notwendig sind, um diese Geschäftsprozesse abzubilden, werden in diesem Kapitel beschrieben.

4.1 Bestellvorschlag, Anfrage und Bestellung

Hier werden die Arbeitsschritte zum Erzeugen einer Bestellung sowohl aus einer Anfrage als auch aus der Funktion Bestellungen betrachtet und es werden Rahmenbestellungen angelegt. Es wird gezeigt, wie Bestellvorschläge zu generieren sind und wie erledigte Bestellungen gelöscht werden.

4.1.1 Einen Bestellvorschlag erstellen

Im Bestellvorschlag werden die wiederzubeschaffenden Artikel als Vorauswahl zusammengefasst. Im Mittelpunkt steht dabei die automatische Ermittlung der zu bestellenden Artikelmengen, die sich aus dem Bedarf, z.B. aus Verkaufs- und Fertigungsaufträgen, und der Deckung, z.B. aus dem Lagerbestand und offenen Bestellungen, ergeben. Dabei werden auch die Eintragungen auf den Artikelkarten, wie Minimalbestand und Maximalbestand berücksichtigt.

Schritt	Aktion	Bemerkung
1	*Einkauf / Planung / Bestellvorschläge*	Hierbei können verschiedene Bestellvorschläge angelegt werden, um z.B. Artikel zu gruppieren bzw. zusammenzufassen.
1-1	Feld „Name“	Die Auswahl erfolgt analog zu den Buch.-Blättern über das Feld „Name“.
BESTELLVORSCHLAG FÜLLEN		
2	Funktion ▼ / *Planung berechnen...*	Die automatische Berechnung der zu bestellenden Mengen und damit das Füllen des Bestellvorschlages erfolgt durch die Stapelverarbeitung Planung ber. - Best.-Vorschlag.
2-1	Register Artikel	
2-1-1	Feld „Nr.“	Bleibt dieses Feld leer, wird ein Bestellvorschlag über alle Artikel erzeugt. Soll ein Bestellvorschlag nur für bestimmte Artikel erstellt werden, sind hier geeignete Filter zu setzen.

2-2	Register Optionen	
2-2-1	Feld „Startdatum“	Das „Startdatum“ gibt das Datum für die neu zu erstellende Bestellung vor. Gleichzeitig werden hierüber überfällige Bedarfe abgegrenzt und gesondert im Bestellvorschlag eingefügt.
2-2-2	Feld „Enddatum“	Im Bestellvorschlag werden keine Bedarfe und Deckungen berücksichtigt, die nach dem eingetragenen „Enddatum“ liegen.
2-2-3	Feld „Planung verwenden“	In diesem Feld kann mit **F6** und OK eine Absatzplanung ausgewählt werden, die berücksichtigt wird.
2-2-4	Feld „Planung vorher ausschließen“	Hier kann ein Datum angegeben werden, vor dem die Absatzplanung nicht berücksichtigt wird.

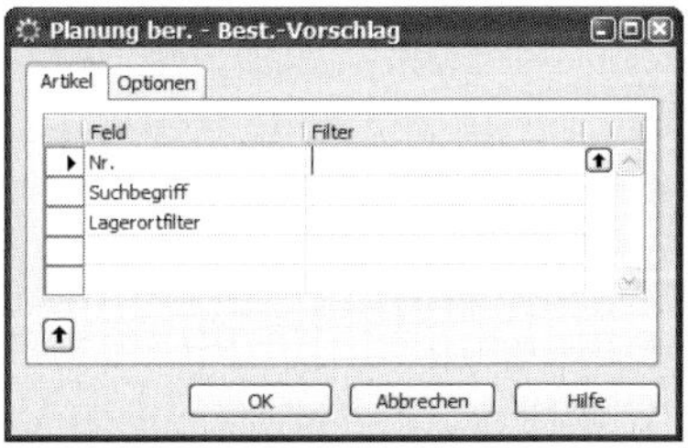

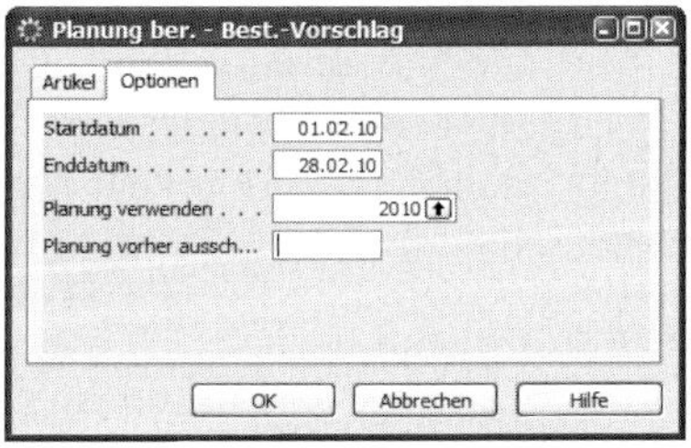

H	**HINWEIS:** Generell werden in einem Planungslauf nur die Artikel verarbeitet, die im Feld „Wiederbeschaffungsverfahren“ im Register Planung der Artikelkarte bzw. der Lagerhaltungsdatenkarte (Artikelkarte Artikel ▼ / *Lagerhaltungsdaten*) einen Eintrag enthalten.	
2-3	OK	Im Ergebnis der Stapelverarbeitung wird der Bestellvorschlag für die ausgewählten Artikel neu gefüllt.

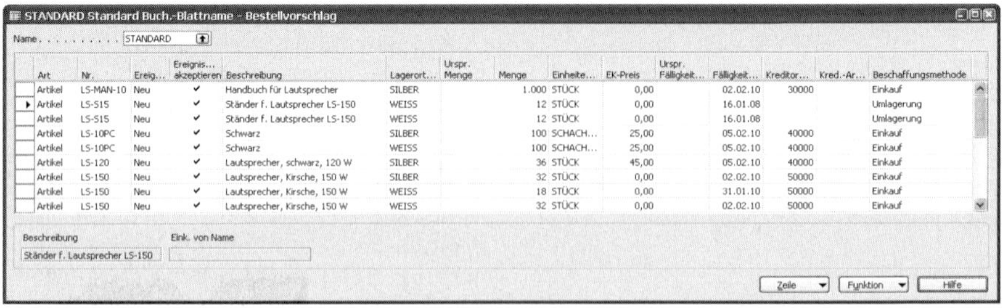

<table>
<tr><td>H</td><td colspan="2">HINWEIS: Abhängig von den Planungsparametern der Artikel und dem angegebenen Startdatum können pro Artikel eine oder mehrere Zeilen entstanden sein.</td></tr>
<tr><td colspan="3">BESTELLVORSCHLAG BEARBEITEN</td></tr>
<tr><td>3</td><td>Bestellvorschlag</td><td></td></tr>
<tr><td rowspan="2">3-1</td><td>Spalte „Ereignismeldung“</td><td>Bei der Neuanlage eines Bestellvorschlages wird die Spalte auf <Neu> gesetzt. Dieser Status kann mit F6 und Enter geändert werden.</td></tr>
<tr><td colspan="2">Es stehen folgende Auswahlen zur Verfügung:

<Neu> Bei dieser Option wird ein neuer offener Fertigungsauftrag oder eine neue Einkaufsbestellung angelegt.

<Menge ändern> Hierbei erfolgt eine Mengenänderung für den Artikel in einem bestehenden Fertigungsauftrag oder in einer bestehenden Zeile einer Bestellung.

<Neu berechnen> Diese Auswahl bewirkt die Neuplanung des Fälligkeitsdatums („Erwartetes Wareneingangsdatum“) bei einem bestehenden Fertigungsauftrag oder einer bestehenden Bestellung.

<Neu berechnen & Menge ändern> Die Auswahl dieser Option verbindet die beiden vorhergehenden und bewirkt damit die Neuplanung des Fälligkeitsdatums und eine Mengenänderung in einem bestehenden Fertigungsauftrag oder einer bestehenden Bestellung.

<Stornieren> Hierbei erfolgt eine Stornierung eines bestehenden Fertigungsauftrages oder einer bestehenden Bestellung.</td></tr>
<tr><td>3-2</td><td>Spalte „Ereignismeldung akzeptieren“</td><td>Wird der gesetzte Haken entfernt, werden bei der Stapelverarbeitung Ereignismeldung durchführen... diese Zeilen nicht mit berücksichtigt.</td></tr>
<tr><td>3-3</td><td>Spalte „Kreditorennr.“</td><td>Wurde auf der Artikelkarte im Register Beschaffung ein Kreditor hinterlegt, so wird dieser hier vorgeschlagen. Ist die Spalte „Kreditorennr.“ leer oder soll bei einem anderen Kreditor bestellt werden, so muss hier der gewünschte Kreditor hinterlegt werden.

Nach dem Verlassen der Spalte werden die Spalten „Kred.-Artikelnr.“, „EK-Preis“ und „Erwartetes Lieferdatum“ aktualisiert.</td></tr>
</table>

<table>
<tr><td>H</td><td colspan="2">HINWEIS: Über den LookUp in der Spalte „Kreditorennr.“ gelangt man nicht in die Kreditorenübersicht aller Kreditoren, sondern es wird die Kreditorenübersicht des Artikel-/Lieferantenkatalogs des entsprechenden Artikels aufgerufen.</td></tr>
<tr><td></td><td colspan="2">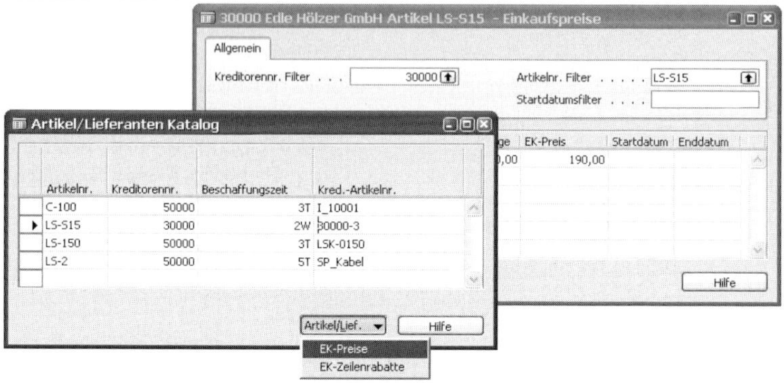
</td></tr>
<tr><td>3-4</td><td>Spalte „Fälligkeitsdatum“</td><td>Dieses Datum wird auf der Grundlage des Warenausgangsdatums des Auftrags unter Berücksichtigung der Transportzeit automatisch ermittelt und eingetragen.</td></tr>
<tr><td>H</td><td colspan="2">HINWEIS: Zeilen deren „Fälligkeitsdatum“ vor dem gewählten Startdatum liegen, sind überfällig. Diese Zeilen sollten im Bestellvorschlag nach der Stapelverarbeitung gefiltert und vorrangig behandelt werden.</td></tr>
<tr><td>H</td><td colspan="2">HINWEIS: Es empfiehlt sich, die entsprechenden Angaben zu den einzelnen Lieferanten schon am Artikel zu hinterlegen. Dadurch wird die Arbeit mit dem Bestellvorschlag wesentlich vereinfacht.</td></tr>
<tr><td colspan="3">EREIGNISMELDUNG DURCHFÜHREN</td></tr>
<tr><td>4</td><td>Funktion ▼ / Ereignismeldung durchführen…</td><td>Nach der Bearbeitung der Zeilen können über diesen Menüpunkt die Belege erstellt bzw. verändert werden.</td></tr>
<tr><td>4-1</td><td>Feld „Bestellungen/Aufträge drucken“

Wird hier ein Haken gesetzt, werden die erzeugten Bestellungen zusätzlich gedruckt.</td><td>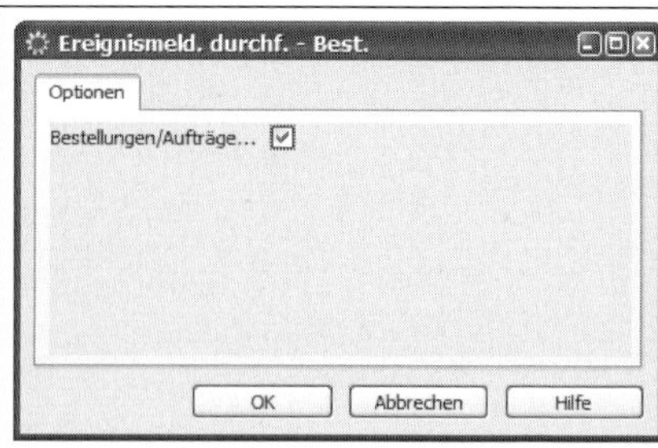
</td></tr>
</table>

4-2	Entsprechend der in der Spalte „Beschaffungsmethode“ ausgewählten Optionen wurden Bestellungen, Fertigungs- oder Umlagerungsaufträge für die Zeilen erstellt, bei denen im Feld „Ereignismeldung akzeptieren“ einen Haken gesetzt war. Die Bestellvorschlagszeilen werden aus dem Bestellvorschlag entfernt.	
4-3	**ESC**	Zurück zum Hauptmenü.
AUSWIRKUNG		
5	*Einkauf / Bestellungs-abwicklung / Bestellungen*	Die erstellten Bestellungen können hier weiter bearbeitet werden.
H	**HINWEIS:** Bei der Erstellung von Bestellungen werden die Bestellvorschlagszeilen eines Kreditors in einer Bestellung zusammengefasst, auch wenn diese in den Datumsangaben der Felder „Fälligkeitsdatum“ und „Bestelldatum“ abweichen.	
5-1	Spalte „Erwartetes Wareneingangsdatum“	Das Fälligkeitsdatum aus dem Bestellvorschlag wird hierher übernommen.
5-2	**ESC**	Zurück zum Hauptmenü.
6	*Einkauf / Bestellungs-abwicklung / Berichte / Lager - Wiederbestellung*	Dieser Bericht gibt eine Übersicht der zu bestellenden Artikel mit Angabe der Menge in Bestellung, des verfügbaren Lagerbestandes und der Bestellmenge aus. Sind Angaben zum Lieferanten hinterlegt, werden diese im Bericht ausgegeben.
H	**HINWEIS:** Es empfiehlt sich vor dem Start der Nachbestellfunktion diesen Bericht zu drucken, um dann gezielt Bestellungen vornehmen zu können.	

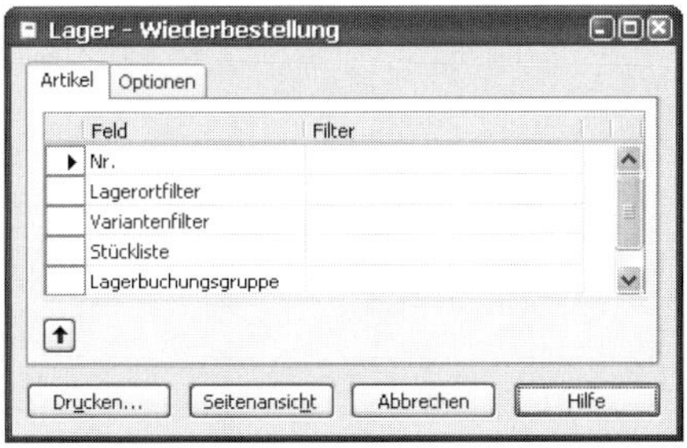

6-1	Register Artikel	In diesem Register können die zu betrachtenden Artikel mit entsprechenden Filtern eingegrenzt werden.

6-2	Register Optionen	
6-2-1	Feld „Lagerhaltungsdaten verwenden“	Wird in diesem Feld ein Haken gesetzt, so werden nicht die Daten von der Artikelkarte sondern aus den Lagerhaltungsdaten berücksichtigt.
6-2-2	Feld „Eink. von Kred.-Nr.“	Wird hier ein Kreditor ausgewählt, werden nur die Artikel bzw. Lagerhaltungsdaten berücksichtigt, in denen dieser Kreditor hinterlegt ist.
6-2-3	Feld „Umlag. von Code“	Werden die Lagerhaltungsdaten verwendet, kann in diesem Feld definiert werden, welcher Lagerort berücksichtigt werden soll.
6-3	Drucken... oder Seitenansicht	

Lager - Wiederbestellung 9. Februar 2010
CRONUS AG Seite 1

Nr.	Beschreibung	Basisein	Lagerortc	Variante	Kred.-Artike	Zeitberechn	Menge in Bestellu	Umlag.- Eingang (Menge)	Menge in Transi	Verfügbar Lagerbest	Bestellm	Bestell
Kreditor	**50000**											
	Elektronik Servicing GmbH											
	Telefonnr.											
LS-150	Lautsprecher, Kirsche, 150 W	STÜCK	SILBER				0	0	0	0	32	32
LS-150	Lautsprecher, Kirsche, 150 W	STÜCK	WEISS				60	0	0	-18	32	32

6-4	ESC	Zurück zum Hauptmenü.

4.1.2 Erstellen einer Anfrage und Umwandlung in eine Bestellung

Hier werden die Arbeitsschritte für das Erstellen einer Anfrage dargestellt. Dabei werden in den Anfragezeilen die Unterschiede zwischen den Arten Artikel, Sachkonto, WG/Anlage, Zu-/ Abschlag (Artikel) und leer erläutert. Anschließend wird aus der Anfrage eine Bestellung erzeugt.

Schritt	Aktion	Bemerkung
1	*Einkauf / Bestellungs-abwicklung / Anfragen*	
2	Register Allgemein	
2-1	Den Cursor im Feld „Nr." positionieren.	Mit **F3** ist eine neue Anfrage (ein neuer Datensatz) zu erzeugen.
2-2	Beim Verlassen des Feldes „Nr.", mit z.B. **Enter**, wird eine neue Nummer vergeben.	Sofern eine Nummernserie für Anfragen hinterlegt ist, wird beim Verlassen des Feldes automatisch eine neue Nummer vergeben. Sonst ist manuell eine Nummer einzutragen.
2-3	Feld „Eink. von Kred.-Nr."	Mit **F6** ist die Kreditorenübersicht aufzurufen, ein Kreditor zu markieren und mit OK zu übernehmen.
2-4	Nach dem Verlassen des Feldes werden die Daten des Kreditors in die Felder „Eink. von Kontaktnr.", „Eink. von Name", „Eink. von Adresse", „Eink. von Adresse2", „Eink. von PLZ Code / Ort", „Eink. von Kontakt" und „Einkäufercode" übernommen.	
2-5	Feld „Belegdatum"	Das Belegdatum wird mit dem Arbeitsdatum vorbelegt und kann geändert werden.
3	Register Fakturierung, Lieferung und Außenhandel	
3-1	alle Felder	Die Angaben unter diesen Registern werden ebenfalls aus der Kreditoren-karte übernommen und können, wenn notwendig, geändert werden.
3-2	Feld „Zahlung an Kred.-Nr."	Wurde beim Lieferanten auf der Kreditorenkarte im Feld „Zahlung an Kred.-Nr." ein Eintrag vorgenommen, so wird der dort hinterlegte Kreditor in das Register Fakturierung übernommen.

3-3	Felder „Zlg.-Bedingungscode“, „Lieferbedingungscode“ und „Währungscode“	Die Werte in diesen Feldern werden aus den Stammdaten des Lieferanten geholt, im Fall eines abweichenden Zahlungsempfängers, werden sie von diesem übernommen.
3-4	Feld „EK-Preise inkl. MwSt.“	Hier kann eingestellt werden, ob die Beträge mit oder ohne Mehrwertsteuer zu erfassen sind.
H	**HINWEIS:** In Microsoft Dynamics NAV kann in einem zu erfassenden Beleg zwischen dem Bestelladressat im Register Allgemein im Feld „Eink. von Kred.-Nr.“, dem Zahlungsempfänger im Register Fakturierung im Feld „Zahlung an Kred.-Nr.“ und der Lieferanschrift im Register Lieferung unterschieden werden. Bei Neuanlagen sind die Angaben in allen drei Registern gleich und können entsprechend für den Beleg angepasst werden.	
4	Kreditorinformationen rechts neben dem Anfragekopf	
4-1	Bereich „Einkauf von Kreditor“	In diesem Bereich werden zusätzliche Informationen zum Kreditor angezeigt, der im Feld „Eink. von Kred.-Nr.“ eingetragen wurde. Die Listeneinträge sind Links, mit denen die entsprechenden Übersichten aufgerufen werden.
4-1-1	Link „Einkaufshistorie“	Wird ein Angebot an einen Debitor erstellt, können über diesen Link alle bisherigen Vorgänge mit dem Debitor übersichtlich angezeigt werden.

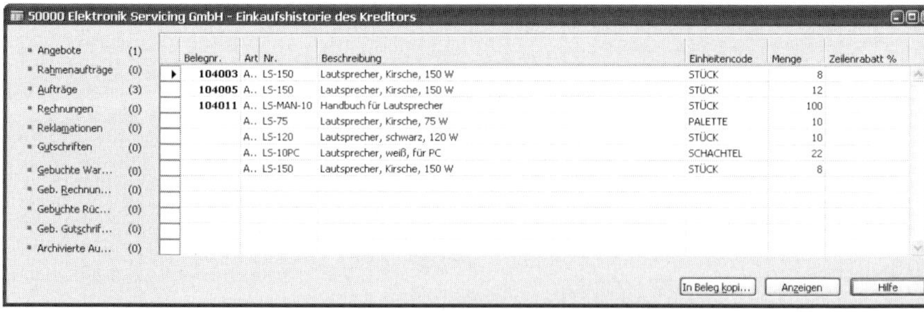

4-1-2	**ESC**	Zurück zur Anfrage.
4-2	Bereich „Zahlung an Kreditor“	In diesem Bereich werden entsprechende Informationen zum Kreditor im Feld „Zahlung an Kred.-Nr.“ angezeigt.

		Weicht dieser vom Kreditor im Feld „Eink. von Kred.-Nr." ab, so wird auch hier ein Link zu dessen Einkaufshistorie ermöglicht.
5	Anfragezeilen	
5-1	Spalte „Art"	In den Anfragezeilen werden die Einkaufspositionen eingegeben. Dabei gibt es fünf verschiedene Arten von Zeilen, die durch die unterschiedlichen Einträge in der Spalte „Art" definiert werden. Je nach Auswahl in der Spalte „Art", kann in der Spalte „Nr." mit **F6** eine Übersicht der entsprechenden Auswahl aufgerufen werden.
5-2	Spalte „Art" – Option <leer>	
5-2-1	Spalte „Nr."	Wird in der Spalte „Art" <leer> ausgewählt, gelangt man in dieser Spalte mit **F6** in die Standardtextcodes. Hier kann einer ausgewählt und mit OK in die Anfrage übernommen werden.
5-2-2	Spalte „Beschreibung"	Dieses Feld wird automatisch mit der Beschreibung des Standardtextcodes gefüllt, wenn die Spalte „Nr." verlassen wird. Bleibt die Spalte „Nr." leer, kann hier freier Text eingegeben werden, der auf dem Beleg mit ausgegeben wird.
5-3	Spalte „Art" – Option <Sachkonto>	
5-3-1	Spalte „Nr."	Bei der Auswahl der „Art" <Sachkonto>, gelangt man hier mit **F6** in die Sachkontenübersicht. Darin kann das gewünschte Konto markiert und mit OK übernommen werden. Dies kann dazu genutzt werden, Artikel oder Leistungen einzukaufen, die nicht in Microsoft Dynamics NAV als Artikel oder Ressourcen angelegt sind.
5-3-2	Spalte „Beschreibung"	Nach Verlassen der Spalte „Nr." wird die Beschreibung des Sachkontos in dieser Spalte vorgeschlagen und kann verändert werden.

5-3-3	Spalte „Menge“	Da bei dieser Einstellung keine Mengenbewegung sondern nur eine wertmäßige Bewegung im System stattfindet, ist hier eine 1 einzugeben. Der „Einheitencode“ bleibt leer.
5-3-4	Spalte „EK-Preis“	Hier ist der entsprechende Wert einzugeben, z.B. € 50,00.
5-3-5	Spalte „Zeilenbetrag ohne MwSt.“ bzw. „Zeilenbetrag mit MwSt.“	Diese Spalte wird automatisch gefüllt, wenn die Spalte „EK-Preis“ verlassen wird. (Betrag = Menge * EK-Preis)
5-3-6	Spalte „Zeilenrabatt %“	Diese Spalte bleibt leer.
5-4	Spalte „Art“ – Option <Artikel>	
5-4-1	Spalte „Nr.“	Wurde in der Spalte „Art“ <Artikel> ausgewählt, kann hier mit **F6** in die Artikelübersicht verzweigt und ein Artikel ausgewählt werden. Dies ist mit OK zu bestätigen.
5-4-2	Spalten „Beschreibung“, „Einheitencode“ und „EK-Preis“	Nach Verlassen der Spalte „Nr.“ werden diese Spalten mit den Angaben aus der Artikelkarte aktualisiert. Der „EK-Preis“ wird aus dem Feld „EK-Preis (neuester)“ bzw. mit dem für den betreffenden Kreditor hinterlegten Einkaufspreis gefüllt.
5-4-3	Spalte „Menge“	Hier ist die anzufragende Menge, z.B. 100, für den ausgewählten Artikel einzugeben.
5-4-4	Spalte „Zeilenbetrag ohne MwSt.“ bzw. „Zeilenbetrag mit MwSt.“	Diese Spalte wird automatisch gefüllt, wenn die Spalte „Menge“ verlassen wird.
5-4-5	Spalte „Zeilenrabatt %“	Wurde ein Rabatt für diesen Artikel bei dem ausgewählten Kreditor hinterlegt, so wird der Zeilenrabatt automatisch in dieser Spalte angezeigt. Wird der Zeilenbetrag manuell verändert, wird in diesem Feld der errechnete Zeilenrabatt eingetragen.
5-5	Spalte „Art“ – Option <WG/Anlage>	
5-5-1	Spalte „Nr.“	Wurde in der Spalte „Art“ <WG/Anlage> ausgewählt, wird hier mit **F6** in die Anlagenübersicht verzweigt.

		Hier ist die erforderliche Anlage zu markieren und mit OK in die Anfrage zu übernehmen.
5-5-2	Spalte „Beschreibung“	Diese Spalte wird nach Verlassen der Spalte „Nr.“ mit den Angaben aus der Anlagenkarte aktualisiert.
5-5-3	Spalte „Menge“	Hier ist eine 1 einzugeben, da nur ein Anschaffungswert erfasst werden soll.
5-5-4	Spalte „Einheitencode“	Diese Spalte bleibt leer.
5-5-5	Spalte „EK-Preis“	Hier ist der Einkaufspreis für die Anlage einzugeben.
5-5-6	Spalte „Zeilenbetrag ohne MwSt.“ bzw. „Zeilenbetrag mit MwSt.“	Diese Spalte wird automatisch gefüllt, wenn die Spalte „EK-Preis“ verlassen wird. (Betrag = Menge * EK-Preis)
5-5-7	Spalte „Zeilenrabatt %“	Diese Spalte bleibt leer.
5-6	Spalte „Art“ – Option <Zu-/ Abschlag (Artikel)>	
5-6-1	Spalte „Nr.“	Ist die Option <Zu-/ Abschlag (Artikel)> ausgewählt, gelangt man mit **F6** in die Artikel Zu-/ Abschläge. Hier ist eine Position auszuwählen und mit OK zu bestätigen.
5-6-2	Spalte „Beschreibung“	Nach Verlassen der Spalte „Nr.“ wird der Beschreibungstext vom Artikel Zu-/ Abschlag übernommen. Die Beschreibung kann geändert werden.
5-6-3	Spalte „Menge“	Hier ist für den Zuschlag eine 1 einzugeben. Der „Einheitencode“ bleibt leer.
5-6-4	Spalte „EK-Preis“	Hier ist der Einkaufspreis für den Zuschlag einzugeben.
5-6-5	Spalte „Zeilenbetrag ohne MwSt.“ bzw. „Zeilenbetrag mit MwSt.“	Diese Spalte wird automatisch gefüllt, wenn die Spalte „EK-Preis“ verlassen wird. (Betrag = Menge * EK-Preis). Die Spalte „Zeilenrabatt %“ bleibt leer.
6	Artikelinformationen rechts neben den Einkaufszeilen	
6-1	Artikelinformationen	Dieser Informationsbereich wird nur angezeigt, wenn in den Einkaufszeilen in der Spalte „Art“ <Artikel> ausgewählt ist.

		Gefüllt werden diese Links erst, wenn in der Spalte „Nr." ein Artikel eingefügt wurde.
6-2	alle Links	Analog zu den Kreditorinformationen werden hier Links zu dem ausgewählten Artikel in der Verkaufszeile bereitgestellt.

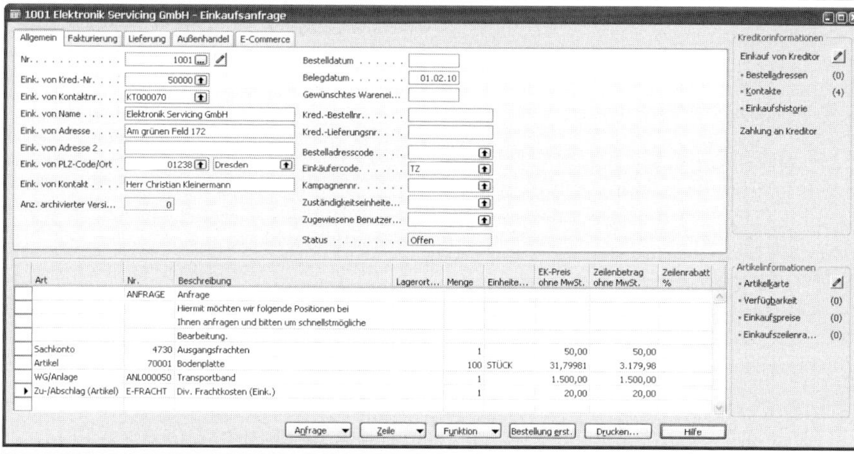

7	Drucken… und Drucken… oder Seitenansicht	Die Einkaufsanfrage wird auf dem Bildschirm oder dem Drucker ausgedruckt. Der Beleg enthält keine Beträge.
7-1	Wenn die Seitenansicht gewählt wurde **ESC**	Zurück zur Einkaufsanfrage.
7-2	Bestellung erst.	Diese Funktion ist aufzurufen, um aus der Anfrage eine Bestellung zu erstellen.
7-3	Die Frage: „Möchten Sie die Anfrage in eine Bestellung übernehmen?" ist mit Ja zu beantworten.	Die Information: „Anfrage … wurde in Bestellung … übernommen." Ist mit OK zu bestätigen.
7-4	Damit wurde die Anfrage aus dem Anfrageformular gelöscht.	Die Anfrage wurde in eine Bestellung umgewandelt. Diese ist nun unter dem Menüpunkt *Einkauf / Bestellungsabwicklung / Bestellungen* zu finden.
7-5	**ESC**	Zurück zum Hauptmenü.

4.1.3 Arbeiten mit Rahmenbestellungen

Rahmenbestellungen werden dazu verwendet, die Höhe eines vereinbarten Abnahmekontingents, die vereinbarten Preise sowie die bisher abgerufenen Mengen zu verwalten. Aus Rahmenbestellungen können weder Lieferungen noch Rechnungen erzeugt, sondern nur „normale“ Bestellungen erstellt werden. Die Vorgehensweise wird in diesem Ablaufschema beschrieben.

Schritt	Aktion	Bemerkung
1	*Einkauf / Bestellungsabwicklung / Rahmenbestellungen*	
2	Mit **F3** ist eine neue Rahmenbestellung zu erzeugen.	Die „Nr.“ der Rahmenbestellung wird automatisch vergeben, wenn das Feld verlassen wird und eine Nummernserie hinterlegt wurde. Ist dies nicht der Fall, muss die Nummer manuell eingetragen werden.
2-1	Im Feld „Eink. von Kred.-Nr.“ mit **F6** die Kreditorenübersicht aufrufen, den gewünschten Kreditor auswählen und mit OK bestätigen.	Beim Verlasen des Feldes werden die Felder in den Registern Allgemein, Fakturierung, Lieferung und Außenhandel automatisch mit den Daten aus der Kreditorenkarte gefüllt.
2-2	Alle Felder im Rahmenbestellungskopf	Die Felder sind analog zum Ablaufschema 4.1.2 in den Schritten 2-3 bis 3-4 auszufüllen.
2-3	Feld „Bestelldatum“	Dieses Datum wird in die aus der Rahmenbestellung erstellten Bestellungen übernommen und bleibt jetzt leer.
2-4	Feld „Belegdatum“	Das Feld „Belegdatum“ wird mit dem Arbeitsdatum vorbelegt. Der Eintrag ist ggf. zu aktualisieren.
3	Rahmenbestellungszeilen	
3-1	Spalte „Art“	In der Spalte „Art“ ist <Artikel> auszuwählen und mit **Enter** zu bestätigen.
H	**HINWEIS:** Da Rahmenaufträge meist für den Verkauf von Artikeln genutzt werden, werden die anderen Arten hier nicht näher erläutert.	

3-2	In der Spalte „Nr.“ ist mit **F6** die Artikelübersicht aufzurufen, der entsprechende Artikel auszuwählen und mit OK zu bestätigen.	z.B. 70100 für Farbe, schwarz. Beim Verlassen des Feldes werden der „Einheitencode“, der „EK-Preis“ und eventuell hinterlegte Rabatte des Artikels eingefügt.
3-3	In die Spalte „Menge“ ist die Gesamtanzahl der zu bestellenden Artikel einzutragen.	z.B. 200 (Gesamtstückzahl der Rahmenbestellung)
3-4	Nach dem Verlassen der Spalte „Menge“ wird der Wert in der Spalte „Zeilenbetrag ohne MwSt.“ bzw. „Zeilenbetrag mit MwSt.“ errechnet.	Betrag = Menge * VK-Preis 404,80 = 200 * 2,20 (abzüglich 8 % Rabatt)
3-5	Spalte „Menge akt. Lieferung“	Der Wert aus der Spalte „Menge“ wird in dieser Spalte vorgeschlagen.
3-6	Sind weitere Positionen in der Rahmenbestellung enthalten, so ist der Schritt 3 zu wiederholen.	
4	Drucken...	
4-1	Seitenansicht oder Drucken...	Hier kann die Rahmenbestellung auf einem Drucker oder auf dem Bildschirm ausgegeben werden.
4-2	2 x **ESC** aus der Seitenansicht	Zurück zum Hauptmenü.

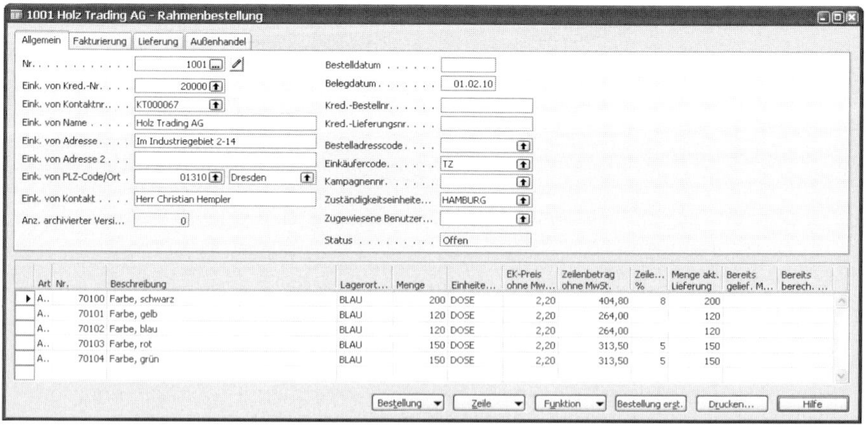

TEILMENGEN ABRUFEN		
5	*Einkauf / Bestellungsabwicklung / Rahmenbestellungen*	Die erforderliche Rahmenbestellung ist über die Such- und Filterfunktion anzuzeigen.
5-1	Feld „Bestelldatum“	Im Kopf der Rahmenbestellung ist in diesem Feld das aktuelle Datum des Abrufs einzugeben.
5-2	Spalte „Menge akt. Lieferung“	In diese Spalte ist nicht die gelieferte Menge einzutragen, sondern die Menge, über die eine Bestellung erstellt werden soll, von der aus dann die Lieferung erzeugt wird. Der angegebene Wert, hier z.B. 200, ist zu überschreiben und die Menge der Bestellung, z.B. 50, einzutragen.

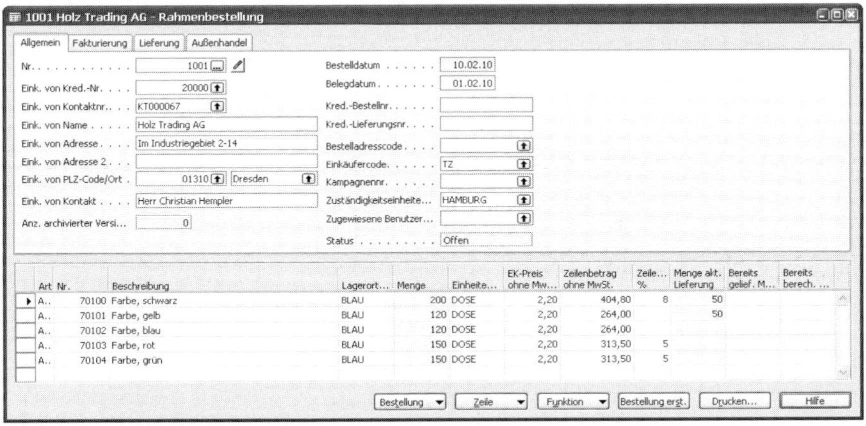

<table>
<tr><td>5-3</td><td>Bestellung erst.</td><td></td></tr>
<tr><td>H</td><td colspan="2">HINWEIS: Wird hier eine Menge eingetragen, die die Summe der bereits abgerufenen Menge („Bereits gelief. Menge“) und der abzurufenden Menge („Menge akt. Lieferung“) die Menge („Menge“) aus der Rahmenbestellung überschreitet, wird vom System eine Meldung mit der noch möglichen Restmenge ausgegeben.
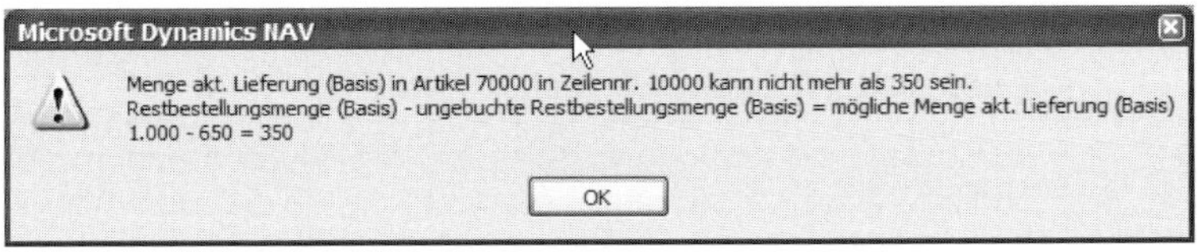
</td></tr>
</table>

5-4	Die Frage: „Möchten Sie eine Bestellung aus der Rahmenbestellung erstellen?“ ist mit [Ja] zu beantworten.	Danach erscheint eine Information, welche Bestellung aus der Rahmenbestellung erstellt wurde. Diese ist mit [OK] zu bestätigen.
AUSWIRKUNG		
6	[Zeile ▼] / *Nicht gebuchte Zeilen / Bestellungen*	Hier werden in den Einkaufszeilen die aus der Rahmenbestellung erzeugten Bestellungen aufgelistet.
6-1	[Zeile ▼] / *Beleg anzeigen*	Die aus der Rahmenbestellung erstellte Bestellung wird aufgerufen.
6-2	Bestellungszeilen Spalten „Rahmenbestellungsnr.“ und „Rahmenbestellungszeilennr.“	Diese Spalten können über *Ansicht / Spalte anzeigen…* eingeblendet werden, um den Zusammenhang zwischen Bestellung und Rahmenbestellung zu verdeutlichen.
H	**HINWEIS:** Anhand dieser Zuordnung einer Bestellungszeile zur Rahmenbestellung werden beim Buchen die Spalten „Bereits gelief. Menge“ und „Bereits berechn. Menge“ in der Rahmenbestellung aktualisiert.	

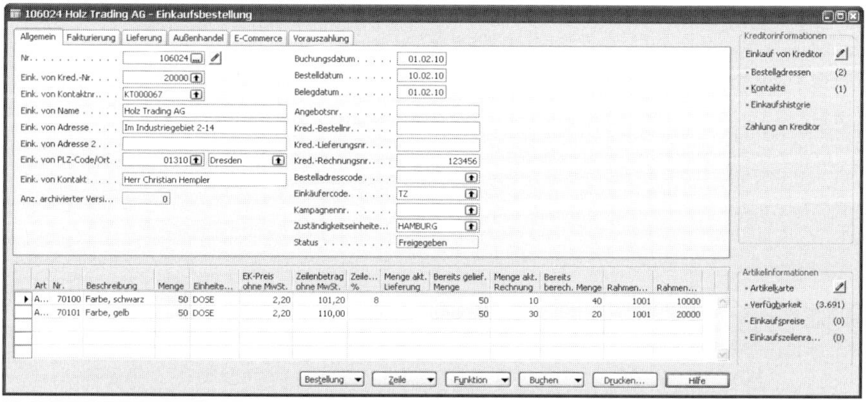

H	**HINWEIS:** Wird eine neue Bestellung direkt erstellt ohne über die Rahmenbestellung zu gehen oder wird in einer aus einer Rahmenbestellung erstellten Bestellung eine weitere Zeile hinzugefügt, so werden diese Spalten nicht automatisch gefüllt. Eine Verbindung zur Rahmenbestellung kann dann nachträglich über manuelle Einträge in diesen beiden Spalten hergestellt werden.
6-3	Die Bestellung kann nun weiter bearbeitet werden, wie im Ablaufschema 4.1.4 beschrieben. Ebenfalls können der Lieferschein und die Rechnung erstellt werden, wie im Ablaufschema 4.2.1 bzw. 4.2.2 beschrieben.

7	2 x **ESC**	Zurück zur Rahmenbestellung.
7-1	Spalte „Menge akt. Lieferung“	Nachdem die Bestellung geliefert und fakturiert wurde, wird in der Rahmenbestellung in der Spalte „Menge akt. Lieferung“ die noch mögliche Menge für Bestellungen angezeigt. Von der Gesamtmenge (Spalte „Menge“) wird die bereits gelieferte Menge der Bestellungen (Spalte „Bereits gelief. Menge“) abgezogen, nicht die Bestellungsmengen (Spalte „Menge“).
7-2	Spalten „Bereits gelief. Menge“ und „Bereits berechn. Menge“	In diesen Spalten wird die Summe der gleichnamigen Spalten aus den Bestellungen angezeigt. Das besagt, wie viele Artikel aus dieser Rahmenbestellung bereits geliefert bzw. fakturiert wurden - nicht wie viele in Bestellungen stehen.
7-3	**ESC**	Zurück zum Hauptmenü.

4.1.4 Bearbeiten einer Bestellung

Eine Bestellung kann nicht nur über eine Anfrage oder Rahmenbestellung erstellt werden, sie kann ebenso direkt erzeugt werden. In diesem Abschnitt werden die wichtigsten Felder erläutert, die bei der Nachbearbeitung berücksichtigt werden sollten.

Schritt	Aktion	Bemerkung
1	*Einkauf / Bestellungs-abwicklung / Bestellungen*	In der entstandenen Bestellung sind nun einzelne Felder zu prüfen und ggf. anzupassen.
1-1	Feld „Nr."	Mit den Such- bzw. Filterfunktionen ist die Bestellung anzuzeigen, die soeben erstellt wurde.
1-2	Feld „Angebotsnr."	Wurde die Bestellung aus einer Anfrage erstellt, so wird in diesem Feld die zugrunde liegende Nummer dieser Anfrage angezeigt.
1-3	Feld „Belegdatum"	Das „Belegdatum" wird auf dem Ausdruck ausgegeben. Beim Buchen des Beleges wird anhand dieses Datums die Fälligkeit berechnet.
1-4	Feld „Bestelldatum"	Das „Bestelldatum" ist das Datum, an dem die Bestellung ausgelöst wurde.
1-5	Feld „Buchungsdatum"	Zu diesem Datum wird der Beleg in der Finanzbuchhaltung gebucht.
1-6	Register Allgemein Feld „Eink. von Kred.-Nr." Register Fakturierung Feld „Zahlung an Kred.-Nr." Register Lieferung Feld „Lief. an Code"	Es kann zwischen dem Lieferanten, dem Zahlungsempfänger und der Lieferadresse unterschieden werden. Diese Angaben sind gesondert zu prüfen und ggf. anzupassen.
1-7	Register Allgemein Felder „Kred.-Bestellnummer", „Kred.-Lieferungsnr.", „Kred.-Rechnungsnr."	Diese sind für die Bestellung noch nicht auszufüllen. Die Felder sind für die Buchung der Warenlieferung und Eingangsrechnung erforderlich.
1-8	Register Lieferung Feld „Gewünschtes Wareneingangsdatum"	Hier ist das Datum einzutragen, an dem die Warenlieferung gewünscht wird.

1-9	Feld „Zugesagtes Wareneingangsdatum“	Hier kann das vom Lieferanten zugesagte Datum eingetragen werden.
1-10	Feld „Erwartetes Wareneingangsdatum“	Hier ist das erwartete Datum der Lieferung einzutragen. Dieses Datum beeinflusst die Artikelverfügbarkeit.
2	Kreditorinformationen rechts neben dem Anfragekopf	
2-1	Bereich „Einkauf von Kreditor“	In diesem Bereich werden zusätzliche Informationen zum Kreditor angezeigt, der im Feld „Eink. von Kred.-Nr.“ eingetragen wurde. Die Listeneinträge sind Links, mit denen die entsprechenden Übersichten aufgerufen werden.
2-2	Bereich „Zahlung an Kreditor“	In diesem Bereich werden entsprechende Informationen zum Kreditor im Feld „Zahlung an Kred.-Nr.“ angezeigt. Weicht dieser vom Kreditor im Feld „Eink. von Kred.-Nr.“ ab, so wird auch hier ein Link zu dessen Einkaufshistorie ermöglicht.
3	Bestellzeilen	
3-1	Spalte „Beschreibung“ und „Beschreibung 2“	Nach den Eingaben in den Spalten „Art“ und „Nr.“ können diese Spalten individuell angepasst werden.
3-2	Spalte „Lagerortcode“	Die Eintragung des Lagerortes wird aus dem Bestellkopf übernommen.
3-3	Spalte „Menge“	In dieser Spalte ist die Gesamtbestellmenge angegeben, die beim Lieferanten bestellt wurden.
3-4	Spalten „EK-Preis“ und „Zeilenrabatt %“	Als Einkaufspreis wird der Wert des Feldes „EK-Preis“ aus dem Artikelstamm vorgeschlagen. Sind Preisdifferenzierungen und/oder Rabatte hinterlegt, werden diese in die Felder „EK-Preis“ und „Zeilenrabatt %“ übertragen und mit berücksichtigt.
3-5	Spalten „Menge akt. Lieferung“ und „Menge akt. Rechnung“	Diese Spalten werden automatisch mit der Bestellmenge gefüllt, sofern auf der Lagerortkarte nicht „Wareneingang erforderlich“ eingestellt wurde. Die Mengen in diesen Spalten

		sind für die Buchung der Lieferung und Rechnung notwendig.
3-6	Spalten „Rahmenbestellungsnr.“ und „Rahmenbestellungszeilennr.“ Diese Spalten können über *Ansicht / Spalte anzeigen…* eingeblendet werden.	Anhand dieser Zuordnung einer Bestellzeile zur Rahmenbestellung werden beim Buchen die Spalten „Bereits gelief. Menge“ und „Bereits berechn. Menge“ in der Rahmenbestellung aktualisiert. Sie sollten ggf. angepasst werden.
4	Artikelinformationen rechts neben den Einkaufszeilen	
4-1	Artikelinformationen	Dieser Informationsbereich wird nur angezeigt, wenn in den Einkaufszeilen in der Spalte „Art“ <Artikel> ausgewählt ist. Gefüllt werden diese Links erst, wenn in der Spalte „Nr.“ ein Artikel eingefügt wurde.
4-2	alle Links	Analog zu den Kreditorinformationen werden hier Links zu dem ausgewählten Artikel in der Verkaufszeile bereitgestellt.

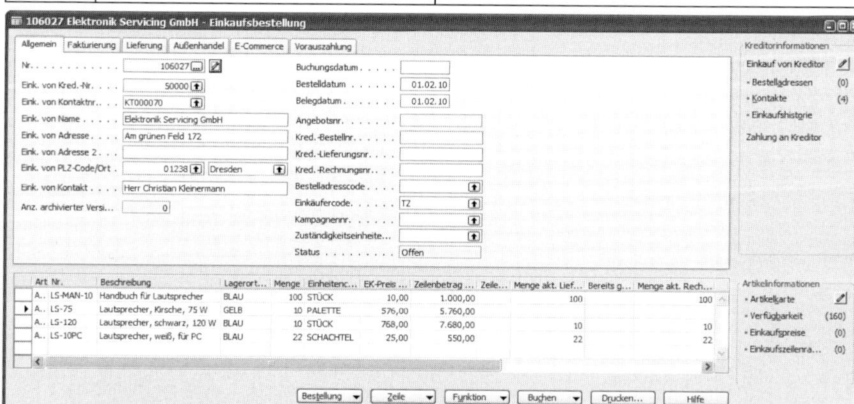

5	Drucken… Drucken… oder Seitenansicht	Hier kann die Bestellung ausgedruckt werden.
6	**ESC**	Zurück zum Hauptmenü.

4.1.5 Löschen erledigter Bestellungen

Normalerweise werden in Microsoft Dynamics NAV die Bestellungen nach der vollständigen Lieferung und Fakturierung gelöscht. Werden jedoch über die Funktion *Wareneingangszeilen holen* mehrere gebuchte Wareneingänge fakturiert, also Wareneingänge aus verschiedenen Bestellungen mit einer Rechnung fakturiert, erfolgt dies nicht automatisch.

Schritt	Aktion	Bemerkung
1	*Verwaltung / IT-Verwaltung / Daten löschen / Einkaufsbelege / Erledigte Bestellungen löschen…*	Das Formular Erledigte Bestellungen löschen wird geöffnet.
2	Register Einkaufsbestellung	
2-1	Feld „Nr.“	Ist die Nummer der Bestellung bekannt, so kann sie hier manuell eingetragen werden. Es ist auch eine Mehrfachauswahl (mit .. oder |) möglich.
2-2	Feld „Eink. von Kred.-Nr.“	Mit **F6** wird die Kreditorenübersicht aufgerufen. Hier können ein oder mehrere Kreditoren ausgewählt und mit OK übernommen werden.
2-3	Feld „Zahlung an Kred.-Nr.“	Hier kann ebenfalls mit **F6** in die Kreditorenübersicht verzweigt werden und eine Auswahl getroffen werden. Diese ist mit OK zu übernehmen.
2-4		Durch Klicken auf diese Schaltfläche wird das Ergebnis der gesetzten Filter für die zu löschenden Bestellungen angezeigt.
2-5	**ESC**	Schließen des Vorschaufensters und zurück zum Formular Erledigte Bestellungen löschen.
3	OK	Die Stapelverarbeitung wird gestartet und die ausgewählten Bestellungen werden gelöscht.
H	**HINWEIS:** Es werden nur die Bestellungen gelöscht, die vollständig fakturiert sind. Bestellungen, deren Lieferung und Fakturierung noch nicht abgeschlossen sind, können nicht gelöscht werden.	

4.1.6 Löschen erledigter Rahmenbestellungen

In Microsoft Dynamics NAV werden Rahmenbestellungen nicht automatisch gelöscht. Sie können, nachdem sie abgearbeitet sind, einzeln manuell oder über eine Stapelverarbeitung gelöscht werden.

Schritt	Aktion	Bemerkung
1	*Einkauf / Bestellungsabwicklung / Rahmenbestellungen*	Hier ist die entsprechende Rahmenbestellung anzuzeigen.

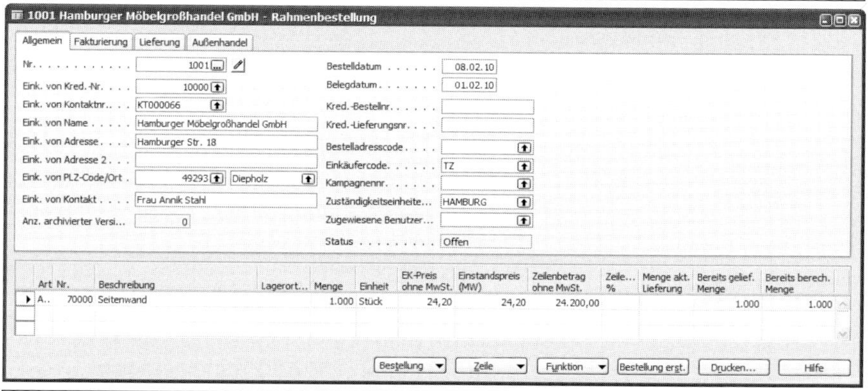

1-1	Spalten „Menge", „Bereits gelief. Menge" und „Bereits berechn. Menge"	Stimmen die Werte in diesen Spalten überein, ist die Rahmenbestellung abgearbeitet und kann gelöscht werden.
1-2	**F4**	Löschen des Rahmenauftrages. Nach einer Sicherheitsabfrage wird der Rahmenauftrag aus dem System gelöscht.
1-3	**ESC**	Zurück zum Hauptmenü.
LÖSCHEN MEHRERER RAHMENAUFTRÄGE GLEICHZEITIG		
2	*Verwaltung / IT-Verwaltung / Daten löschen / Einkaufsbelege / Erledigte Rahmenbestellungen löschen...*	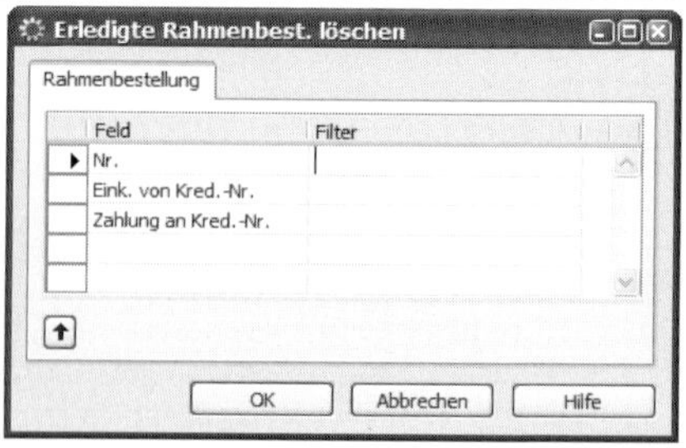

2-1	Register Rahmenbestellung	In diesem Register können Filter gesetzt werden, um so die zu löschenden Rahmenbestellungen einzugrenzen.
2-2	OK	Die Stapelverarbeitung wird gestartet und die Rahmenbestellungen werden gelöscht.
H	**HINWEIS:** Es werden nur die Rahmenbestellungen gelöscht, in denen die Werte in den Spalten „Menge“, „Bereits gelief. Menge“ und „Bereits berechn. Menge“ in allen Zeilen übereinstimmen.	

4.2 Lieferung, Rechnung und Gutschrift

Warenlieferungen und Eingangsrechnungen können sowohl über die Funktion Bestellungen als auch über Rechnungen gebucht werden. Hierzu werden im Folgenden die jeweiligen Schritte zusammengefasst und die Unterschiede herausgearbeitet. Es wird außerdem gezeigt, wie eine Kreditorengutschrift erstellt werden kann.

4.2.1 Buchen von Warenlieferungen

Buchungen auf der Einkaufsseite dienen unter anderem der Erfassung der Wareneingänge (Lieferungen), um den Lagerbestand zu aktualisieren. Aus den Bestellungen heraus können Lieferungen und Rechnungen erzeugt werden. Dabei können Lieferung und Rechnung wahlweise gleichzeitig oder getrennt, also zu unterschiedlichen Zeitpunkten gebucht werden. Darüber hinaus sind Teillieferungen und Teilrechnungen möglich. Im Folgenden wird nur die Lieferung betrachtet.

Schritt	Aktion	Bemerkung
1	*Einkauf / Bestellungs-abwicklung / Bestellungen*	
2	Register Allgemein	
2-1	Feld „Nr."	Hier ist mit den Such- bzw. Filterfunktionen die Bestellung herauszusuchen, zu der die Lieferung gebucht werden soll, z.B. 106009.
2-2	Feld „Buchungsdatum"	Das Datum in diesem Feld ist zu aktualisieren. Es bestimmt, mit welchem Datum die Buchung in die Finanzbuchhaltung eingeht. Standardmäßig wird das Arbeitsdatum verwendet.
2-3	Feld „Belegdatum"	Dieses Datum ist aus dem Einkaufslieferschein zu übernehmen, das Feld ist ebenfalls zu aktualisieren.
3	Register Fakturierung	
3-1	Felder „Kostenstelle Code" und „Kostenträger Code"	Soll die Lieferung einer Kostenstelle oder einem Kostenträger zugeordnet werden, so ist mit **F6** und OK eine Zuordnung vorzunehmen.
3-2	Felder „Zlg.-Bedingungscode" und „Zahlungsformcode"	Die Inhalte dieser Felder sind zu überprüfen und ggf. zu ändern.

4	Register Lieferung	
4-1	Felder „Lief. an Name", „Lief. an Adresse", „Lief. an Adresse 2" und „Lief. an PLZ Code / Ort"	Wenn die Lieferanschrift von der Firmenanschrift abweicht, sind diese Felder zu aktualisieren.
4-2	Felder „Lagerortcode" und „Lieferbedingungscode"	Der Inhalt dieser Felder ist zu überprüfen und ggf. zu ändern. Dabei ist darauf zu achten, dass beim Lagerort im Register Logistik „Wareneingang erforderlich" nicht aktiviert ist.
4-3	Feld „Erwartetes Wareneingangsdatum"	Hier ist das erwartete Lieferdatum einzutragen.
5	Register Außenhandel	
5-1	Feld „Währungscode"	Der Währungscode ist zu überprüfen und ggf. mit **F6** und OK zu ändern.
6	Bestellzeilen	
6-1	Spalte „Menge akt. Lieferung"	In diese Spalte ist die aktuelle Liefermenge pro Artikel einzutragen. Soll eine Teillieferung erfolgen, so ist der vorgeschlagene Wert zu korrigieren. Erfolgt für einen Artikel noch keine Lieferung, ist der Wert in dieser Spalte zu löschen.
6-2	Spalte „Menge akt. Rechnung"	Diese Spalte wird mit den Werten aus der Spalte „Menge akt. Lieferung" aktualisiert. Der Wert in dieser Spalte kann nicht größer sein als die Summe der Spalten „Menge akt. Lieferung" und „Menge geliefert" abzüglich der Spalte „Menge fakturiert".

Art	Nr.	Beschreibung	Menge	Einheite...	EK-Preis ohne MwSt.	Zeilenbetrag ohne MwSt.	Zeilenrabatt %	Menge akt. Lieferung	Bereits gelief. Menge	Menge akt. Rechnung	Bereits berech. Menge
A...	1896-S	ATHENS Schreibtisch	20	STÜCK	784,60	15.692,00		20		20	
A...	1936-S	BERLIN Gästestuhl, gelb	15	STÜCK	151,10	2.266,50		7		7	
A...	1900-S	PARIS Gästestuhl, schwarz	10	STÜCK	151,10	1.511,00					

6-3	Buchen ▼ / *Buchen…* oder **F11**	Da nur die Warenbewegung gebucht werden soll, ist die Option <Liefern> zu wählen.
7	OK	Die Buchung wird im System durchgeführt und der Beleg der gebuchten Lieferung wird erstellt.

7-1	Feld „Status“	Der Status im Register „Allgemein“ wurde von <Offen> in <Freigegeben> geändert.
7-2	Spalte „Bereits gelief. Menge“	Nach der Buchung wird die Menge aus der Spalte „Menge akt. Lieferung“, die nun gelieferte Menge, automatisch in die Spalte „Bereits gelief. Menge“ übertragen.
7-3	Spalte „Menge akt. Lieferung“	Je nach gebuchter Liefermenge wird in dieser Spalte null, die noch verbleibende Restliefermenge oder Gesamtmenge angezeigt.
	Wurde ein Artikel vollständig geliefert, ist für diesen Artikel das Feld in der Spalte „Menge akt. Lieferung“ leer. Erfolgte eine Teillieferung, wird in der Spalte „Zu liefern“ die Differenz zwischen „Menge“ und „Bereits gelief. Menge“ eingetragen. Wurde ein Artikel noch nicht geliefert, wird die Spalte „Menge akt. Lieferung“ mit der „Menge“ aktualisiert.	
7-4	Spalte „Menge akt. Rechnung“	Die Werte in dieser Spalte wurden entsprechend aktualisiert.

Art	Nr.	Beschreibung	Menge	Einheite...	EK-Preis ohne MwSt.	Zeilenbetrag ohne MwSt.	Zeilenrabatt %	Menge akt. Lieferung	Bereits gelief. Menge	Menge akt. Rechnung	Bereits berech. Menge
A...	1896-S	ATHENS Schreibtisch	20	STÜCK	784,60	15.692,00			20	20	
A...	1936-S	BERLIN Gästestuhl, gelb	15	STÜCK	151,10	2.266,50		8	7	15	
A...	1900-S	PARIS Gästestuhl, schwarz	10	STÜCK	151,10	1.511,00		10		10	

H	**HINWEIS:** Eine Bestellung ist vollständig erledigt bzw. abgeschlossen und wird ggf. automatisch aus dem System gelöscht, wenn die Werte in den Spalten „Menge“, „Bereits gelief. Menge“ und „Bereits berechn. Menge“ identisch sind.	
7-5	**ESC**	Zurück zum Hauptmenü.
8	*Einkauf / Historie / Gebuchte Eingänge*	Über die Such- bzw. Filterfunktion ist die entsprechende gebuchte Verkaufslieferung auszuwählen.
8-1	Drucken...	Der Beleg kann über diese Funktion zu jedem Zeitpunkt ausgedruckt werden.
8-2	Drucken... oder Seitenansicht	
8-3	2 x **ESC**	Zurück zum Hauptmenü.

4.2.2 Buchen einer Eingangsrechnung über Bestellungen

Nachdem die Lieferung erfasst und gebucht wurde, kann direkt im Menüpunkt Bestellungen, also direkt in der Einkaufsbestellungskarte, die Eingangsrechnung gebucht werden.

Schritt	Aktion	Bemerkung
1	*Einkauf / Bestellungs-abwicklung / Bestellungen*	
2	Bestellungskopf	
2-1	Felder „Nr." und „Eink. von Kred.-Nr."	Mit der Such- bzw. Filterfunktion ist die Bestellung auszuwählen, für die eine Rechnung gebucht werden soll.
2-2	Feld „Buchungsdatum"	Das Datum in diesem Feld ist zu aktualisieren. Es bestimmt, mit welchem Datum die Buchung in die Finanzbuchhaltung eingeht. In der Regel wird hierfür das aktuelle Arbeitsdatum verwendet.
2-3	Feld „Belegdatum"	Das eingetragene Datum ist mit dem Belegdatum der Eingangsrechnung zu aktualisieren.
2-4	Feld „Kred.-Rechnungsnr."	In dieses Feld wird die Rechnungs-nummer der Eingangsrechnung eingetragen.
3	Bestellzeilen	
3-1	Spalte „Menge"	Es ist zu prüfen, ob Teillieferungen durchgeführt wurden. Ist dies der Fall, so ist der Wert in der Spalte „Bereits gelief. Menge" kleiner als der Wert in dieser Spalte.
3-2	Spalte „Menge akt. Rechnung"	Diese Spalte ist mit dem Wert der Spalte „Menge" gefüllt. Werden Teillieferungen in Rechnung gestellt, ist der Wert mit dem Wert aus der Spalte „Bereits gelief. Menge" zu überschreiben.

Art	Nr.	Beschreibung	Menge	Einheite...	EK-Preis ohne MwSt.	Zeilenbetrag ohne MwSt.	Zeilenrabatt %	Menge akt. Lieferung	Bereits gelief. Menge	Menge akt. Rechnung	Bereits berech. Menge
A...	1896-S	ATHENS Schreibtisch	20	STÜCK	784,60	15.692,00			20	20	
A...	1936-S	BERLIN Gästestuhl, gelb	15	STÜCK	151,10	2.266,50		8	7	7	
A...	1900-S	PARIS Gästestuhl, schwarz	10	STÜCK	151,10	1.511,00		10			

4	Buchen ▼ / *Buchen…* oder F11	Da es hier um die Buchung der Rechnung geht, ist die Option <Fakturieren> zu wählen.
4-1	Die Buchung ist mit OK durchzuführen.	
4-2	Spalte „Bereits berechn. Menge“	Nach der Buchung wird mit der Menge aus der Spalte „Menge akt. Rechnung“ automatisch diese Spalte aktualisiert.
4-3	Spalte „Menge akt. Rechnung“	Je nach gebuchter Menge wird in dieser Spalte null, die noch verbleibende Fakturamenge oder Gesamtmenge angezeigt.
		Wurde ein Artikel vollständig fakturiert, ist für diesen Artikel das Feld in der Spalte „Menge akt. Rechnung“ leer. Erfolgte eine Teilberechnung, wird in der Spalte „Menge akt. Rechnung“ die Differenz zwischen „Menge“ und „Bereits berechn. Menge“ eingetragen. Wurde ein Artikel noch nicht fakturiert, wird die Spalte „Menge akt. Rechnung“ mit der „Menge“ aktualisiert.
H	**HINWEIS:** Wurde der Beleg (alle Zeilen) mit dieser Buchung vollständig fakturiert, wird die Bestellung automatisch gelöscht.	

Art	Nr.	Beschreibung	Menge	Einheite…	EK-Preis ohne MwSt.	Zeilenbetrag ohne MwSt.	Zeilenrabatt %	Menge akt. Lieferung	Bereits gelief. Menge	Menge akt. Rechnung	Bereits berech. Menge
A…	1896-S	ATHENS Schreibtisch	20	STÜCK	784,60	15.692,00			20		20
A…	1936-S	BERLIN Gästestuhl, gelb	15	STÜCK	151,10	2.266,50		8	7	8	7
A…	1900-S	PARIS Gästestuhl, schwarz	10	STÜCK	151,10	1.511,00		10		10	

4-4	ESC	Zurück zum Hauptmenü.
5	*Einkauf / Historie / Gebuchte Rechnungen*	Über die Such- bzw. Filterfunktion ist die entsprechende gebuchte Eingangsrechnung auszuwählen.
5-1	Drucken…	Der Beleg kann über diese Funktion zu jedem Zeitpunkt ausgedruckt werden.
5-2	Drucken… oder Seitenansicht	
5-3	2 x ESC	Zurück zum Hauptmenü.

4.2.3 Buchen einer Eingangsrechnung über Rechnungen

Sollen mehrere Lieferungen aus unterschiedlichen Bestellungen mit einer Eingangsrechnung fakturiert werden, so ist dies über die Funktion Rechnungen abzubilden.

Schritt	Aktion	Bemerkung
1	*Einkauf / Bestellungs-abwicklung / Rechnungen*	
2	Rechnungskopf	
2-1	Feld „Nr."	Mit **F3** ist eine neue Rechnung zu erzeugen. Wurde eine Nummernserie hinterlegt, wird beim Verlassen des Feldes automatisch eine Nummer vergeben.
2-2	Im Feld „Eink. von Kred.-Nr." ist mit **F6** in die Kreditoren-übersicht zu verzweigen, der entsprechende Kreditor aus-zuwählen und dieser mit OK zu übernehmen.	Beim Verlassen dieses Feldes werden die Eintragungen in den Registern Allgemein, Fakturierung und Außen-handel mit den Stammdaten des ausgewählten Kreditors vorbelegt. Diese sind zu prüfen und ggf. zu ändern.
2-3	Feld „Buchungsdatum"	Hier ist das Datum einzugeben, an dem die Buchung in die Finanzbuch-haltung übertragen werden soll.
2-4	Feld „Belegdatum"	In dieses Feld ist das Datum der Einkaufsrechnung einzugeben.
2-5	Feld „Kred.-Rechnungsnr."	Die Belegnummer der Einkaufsrech-nung ist einzutragen.
Rechnungszeilen: ⇒ Wenn mehrere Lieferungen in einer Rechnung fakturiert werden sollen, weiter mit Schritt 3. ⇒ Für die Buchung einer Einkaufsrechnung für ein Anlagegut, weiter mit Schritt 4. ⇒ Bei einer gleichzeitigen Buchung von Lieferung und Rechnung von Artikeln, weiter mit Schritt 5. ⇒ Für die Buchung auf Sachkonten, weiter mit Schritt 6.		

3	Fakturierung mehrerer Lieferungen in einer Rechnung	
3-1	Funktion ▼ / *Wareneingangszeilen holen…*	Über die Such- und Filterkriterien sind die entsprechenden Lieferungen auszuwählen, zu markieren und mit OK in die Rechnung zu übernehmen.
3-2	Rechnung ▼ / *Statistik* oder **F9**	Hier können die eingegebenen Netto-, Mehrwertsteuer- und Bruttowerte mit den Angaben auf dem Rechnungsbeleg abgestimmt werden.
3-3	**ESC**	Zurück zu den Rechnungen.
3-4	Buchen ▼ / *Buchen* oder **F11**	Die Frage: „Möchten Sie die Rechnung buchen?" ist mit Ja zu beantworten.
H	**HINWEIS:** Nachdem die Buchung durchgeführt wurde, werden der Rechnungskopf und die Rechnungszeilen gelöscht. Der gebuchte Beleg kann nach der Buchung über *Einkauf / Historie / Gebuchte Rechnungen* angezeigt werden.	
3-5	**ESC**	Zurück zum Hauptmenü.
4	Buchen von Anlagen	
4-1	Spalte „Art"	Es ist mit **F6** <WG/Anlage> auszuwählen und mit **Enter** zu bestätigen.
4-2	Spalte „Nr."	Hier ist mit **F6** in die Anlagenübersicht zu verzweigen, die Anlage auszuwählen und mit OK zu übernehmen.
4-3	Spalte „Beschreibung"	Nach Verlassen der Spalte „Nr." wird die Beschreibung der Anlage in diese Spalte übertragen. Der Text kann verändert werden.
4-4	Spalte „Lagerortcode"	Der Lagerortcode wird automatisch aus dem Rechnungskopf in die Rechnungszeilen übertragen.
H	**HINWEIS:** Bevor hier eine Anlage ausgewählt werden kann, muss im Anlagenmodul eine Anlagenkarte mit den entsprechenden Einstellungen angelegt worden sein (*Finanzmanagement / Anlagen / Anlagen*).	
4-5	Spalte „Menge"	Hier ist eine 1 einzutragen, wenn eine Anlage gebucht werden soll.
4-6	Spalte „Einheitencode"	Diese Spalte bleibt leer.

4-7	Spalte „EK-Preis“	Hier ist der EK-Preis der Rechnung einzugeben.
4-8	Spalte „Zeilenbetrag ohne MwSt.“ bzw. „Zeilenbetrag mit MwSt.“	Diese Spalte wird automatisch gefüllt, wenn die Spalte „EK-Preis“ verlassen wird (Betrag = Menge * EK-Preis).
4-9	Die Spalte „Anlage Buchungsart“ ist über *Ansicht / Spalte anzeigen…* einzufügen. (Vor der Spalte einen Haken setzen und mit OK anzeigen)	Diese Spalte ist mit <Anschaffung> vorbelegt.
4-10	Buchen ▼ / *Buchen* oder **F11**	Die Frage: „Möchten Sie die Rechnung buchen?“ ist mit Ja zu beantworten.
4-11	**ESC**	Zurück zum Hauptmenü.
5	Gleichzeitiges Buchen von Lieferung und Rechnung bei Artikeln	
5-1	Spalte „Art“	Hier ist mit **F6** <Artikel> auszuwählen und mit **Enter** zu bestätigen.
5-2	Spalte „Nr.“	Mit **F6** in die Artikelübersicht verzweigen, den entsprechenden Artikel auswählen und mit OK bestätigen.
5-3	Spalten „Einheitencode“ und „EK-Preis“	Nach Verlassen der Spalte „Nr.“ werden diese Spalten mit den Werten aus der Artikelkarte aktualisiert. Die Werte können geändert werden.
5-4	Spalte „Lagerortcode“	Der Lagerort wird aus dem Rechnungskopf übernommen.
5-5	Spalte „Menge“	In die Spalte „Menge“ ist die Artikelmenge einzutragen.
5-6	Spalte „Zeilenbetrag ohne MwSt.“ bzw. „Zeilenbetrag mit MwSt.“	Nach Verlassen der Spalte „Menge“ wird hier automatisch ein Wert eingetragen. (Betrag = Menge * EK-Preis)
5-7	Spalte „Zeilenrabatt %“	Wurden Rabatte hinterlegt, so werden diese in die Spalte „Zeilenrabatt %“ eingetragen.

5-8	Buchen ▼ / *Buchen* oder F11	Die Frage: „Möchten Sie die Rechnung buchen?“ ist mit Ja zu beantworten.
5-9	ESC	Zurück zum Hauptmenü.
6	Buchung auf Sachkonten	
6-1	Spalte „Art“	Hier ist mit F6 <Sachkonto> auszuwählen und mit Enter zu bestätigen.
6-2	Spalte „Nr.“	Mit F6 aus der Sachkontenübersicht das entsprechende Konto auswählen und mit OK bestätigen.
6-3	Spalte „Beschreibung“	Nach Verlassen der Spalte „Nr.“ wird in diese Spalte automatisch der Name des Sachkontos eingetragen, der Text kann geändert werden.
6-4	Spalte „Menge“	Hier ist eine 1 einzugeben, da das Sachkonto nur mit einem Wert bebucht werden soll.
6-5	Spalte „Einheitencode“	Diese Spalte muss nicht ausgefüllt werden.
6-6	Spalte „EK-Preis“	Hier ist der EK-Preis der Rechnung einzugeben. Nach Verlassen dieser Spalte wird die Spalte „Zeilenbetrag ohne MwSt.“ bzw. „Zeilenbetrag mit MwSt.“ aktualisiert. (Betrag = Menge * EK-Preis)
6-7	Buchen ▼ / *Buchen* oder F11	Die Frage: „Möchten Sie die Rechnung buchen?“ ist mit Ja zu beantworten.
H	**HINWEIS:** Soll im Rechnungsmodul direkt auf Sachkonten zugegriffen werden, müssen in der Sachkontokarte die entsprechenden Einstellungen vorgenommen worden sein. Das heißt, das Konto muss direkt bebuchbar und die Produkt- und MwSt.-Produktbuchungsgruppen müssen eingetragen sein.	
6-8	ESC	Zurück zum Hauptmenü.

4.2.4 Buchen einer Kreditorengutschrift

Wenn Artikel an einen Lieferanten zur Gutschrift zurückgesendet wurden, so ist die dafür erhaltene Gutschrift auch in Microsoft Dynamics NAV zu buchen. Dies erfolgt über Gutschriften. Dieser Beleg kann auch dazu verwendet werden, um eine irrtümlich falsch gebuchte Rechnung zu stornieren. Im Folgenden wird beschrieben, wie eine Kreditorengutschrift erstellt und gebucht wird.

Schritt	Aktion	Bemerkung
1	*Einkauf / Bestellungsabwicklung / Gutschriften*	
2	Register Allgemein	
2-1	Den Cursor im Feld „Nr." positionieren.	Mit **F3** ist eine neue Gutschrift zu erzeugen.
2-2	Beim Verlassen des Feldes „Nr." mit z.B. **Enter** wird eine neue Nummer vergeben.	Ist keine Nummernserie hinterlegt, muss die Gutschriftnummer manuell eingetragen werden.
2-3	Funktion ▼ / *Beleg kopieren…*	
2-3-1	Feld „Belegart"	Mit **F6** und **Enter** ist hier <Geb. Rechnung> zu wählen.
2-3-2	Feld „Belegnr."	Mit **F6** sind die gebuchten Einkaufsrechnungen aufzurufen, mit den Such- bzw. Filterfunktionen ist der gewünschte Beleg herauszusuchen und mit OK zu übernehmen.
2-3-3	Feld „Inklusive Kopf"	Da der Belegkopf auch in die Gutschrift kopiert werden soll, ist hier ein Haken zu setzen.
2-3-4	Feld „Zeilen neu berechnen"	Wenn der Gutschriftbetrag mit der gebuchten Rechnung übereinstimmt, sollte hier kein Haken gesetzt werden.
2-3-5	OK	Der Gutschriftskopf und die -zeilen werden mit den Werten aus der gebuchten Rechnung gefüllt.
2-4	Felder „Buchungsdatum" und „Belegdatum"	Diese Daten sind zu aktualisieren.
2-5	Feld „Kred.-Gutschriftsnr."	Hier ist die Nummer der Kreditorengutschrift einzugeben.

3	Register Ausgleich	
3-1	Feld „Ausgleich mit Belegart“	<Rechnung> wurde automatisch eingetragen.
3-2	Feld „Ausgleich mit Belegnr.“	Die Belegnummer der gebuchten Rechnung wurde hier zugeordnet. Dadurch wird eine Verbindung zwischen Gutschrift und Rechnung sichergestellt.
3-3	Über *Extras / Designer* ist das Feld „Storno“ im Formularkopf einzufügen.	Soll eine Stornobuchung erfolgen, ist in diesem Feld ein Haken zu setzen.
H	**HINWEIS:** Handelt es sich um eine „echte“ Gutschrift seitens des Lieferanten, z.B. für einen zurück gesendeten Artikel, so ist kein Stornohaken zu setzten. Im Gegensatz dazu ist bei einer versehentlichen Falschbuchung dieser Stornohaken zu setzten, so können die Jahresverkehrszahlen richtig erfasst werden.	

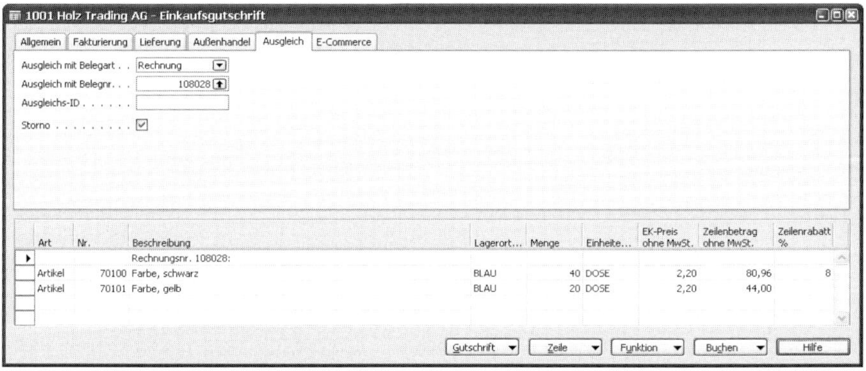

H	Buchung ohne Stornohaken S Wareneinkauf H: Haben BETRAG S Verbindlichkeiten H: Soll BETRAG Buchung mit Stornohaken S Wareneinkauf H: Soll - BETRAG S Verbindlichkeiten H: Haben - BETRAG	
4	Buchen ▼ / *Buchen* oder F11	Die Frage: „Möchten Sie die Gutschrift buchen?“ ist mit Ja zu beantworten.
5	ESC	Zurück zum Hauptmenü.

Kapitel 5 - Lager & Artikel

In diesem Kapitel werden die Lagerfunktionalität und der Umgang mit Artikeln in Microsoft Dynamics NAV erläutert. Es wird erklärt, wie Artikel Zu- und Abgänge, Umlagerungen und Inventurbuchungen über verschiedene Buch.-Blätter durchzuführen sind. Weiterhin werden die Arbeitsschritte für das Durchführen der Lagerregulierung dargestellt.

Es werden Stapelverarbeitungen für die Veränderung von Verkaufspreisen beschrieben und es wird erläutert, wie Mengenrabatte angelegt und angewendet werden.

5.1 Durchführen der Lagerregulierung

Damit der Lagerwert ermittelt werden kann, müssen folgende Bedingungen erfüllt sein:

- Die Artikelbewegungen müssen über Artikel Buch.-Blätter, Einkaufs- bzw. Verkaufsrechnungen gebucht worden sein.
    - *Lager / Lager / Artikel Buch.-Blätter* bzw. *Inventur Buch.-Blätter*
    - *Lager / Aufträge & Kontakte / Aufträge*
    - *Lager / Aufträge & Kontakte / Bestellungen*
    - *Verkauf & Marketing / Auftragsabwicklung / Rechnungen* oder *Gutschriften*
    - *Einkauf / Bestellungsabwicklung / Rechnungen* oder *Gutschriften*
- Jedem Artikel muss eine Lagerbuchungsgruppe zugeordnet sein und jeder Lagerbuchungsgruppe ist ein Sachkonto (Lagerkonto) zuzuweisen.
    - *Lager / Planung & Ausführung / Artikel* Register Fakturierung
    - *Finanzmanagement / Einrichtung / Buchungsgruppen / Lager / Lagerbuchungsgruppen*
    - *Finanzmanagement / Einrichtung / Buchungsgruppen / Lager / Lagerbuchung Einrichtung*
- In der Buchungsmatrix Einrichtung sind die Konten für „Lagerverbrauchskonto“, „Lagerkorrekturkonto“, „Direkte Kosten Verrech.-Konto“ zuzuweisen. Ist das Produktionsmodul angebunden, sind auch das „Gemeinkostenverrechnungskonto“ und das „Einkaufsabweichungskonto“ anzugeben.
    - *Finanzmanagement / Einrichtung / Buchungsgruppen / Allgemein / Buchungsmatrix Einrichtung*

5.1.1 Erläuterung der Lagerregulierung anhand von Beispielen

Die Lagerregulierung erfolgt in Microsoft Dynamics NAV durch die Stapelverarbeitungen Lagerreg. fakt. Einst. Preise… und Lagerreg. buchen. Im Folgenden wird anhand von Beispieldaten die Lagerregulierung erläutert.

Dazu ist ein neuer Artikel „CRONUS 1“ mit der Basiseinheit STÜCK, der Produktbuchungsgruppe HANDEL, der MwSt.-Produktbuchungsgruppe MWST.19, der Lagerbuchungsgruppe WEITERVERK und der Lagerabgangsmethode FIFO anzulegen. Als Beispiele werden folgende Geschäftsvorfälle angenommen:

1.) Am 01.02.10 werden zehn Artikel CRONUS 1 von Kreditor 10000 eingekauft. Es wird die Lieferung und die Rechnung gebucht.

Menge: 10 Stück

EK-Preis: 100,00 € pro Artikel

2.) Am 06.02.10 werden vier weitere Artikel CRONUS 1 von Kreditor 10000 bestellt und nur geliefert. Es wird die Lieferung gebucht.

Menge: 4 Stück

3.) Am 11.02.10 werden elf Artikel CRONUS 1 an Debitor 10000 verkauft. Es erfolgt die Lieferung und die Erstellung der Ausgangsrechnung.

Menge: 11 Stück

VK-Preis: 150,00 € pro Artikel

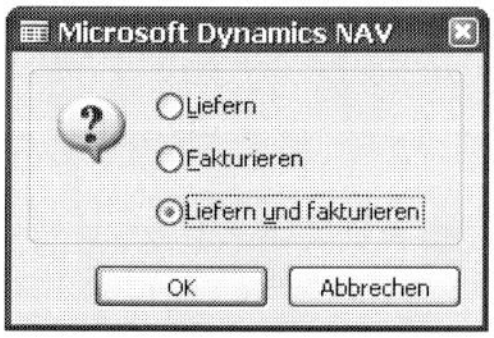

4.) Am 12.02.10 werden wiederum zwei Artikel CRONUS 1 an Debitor 10000 ausgeliefert.

Menge: 2 Stück

5.) Am 17.02.10 wird die Eingangsrechnung für die vier bereits am 06.02.10 gelieferten Artikel von Kreditor 10000 (Bsp. 2) gebucht.

Menge: 4 Stück

EK-Preis: 200,00 € pro Artikel

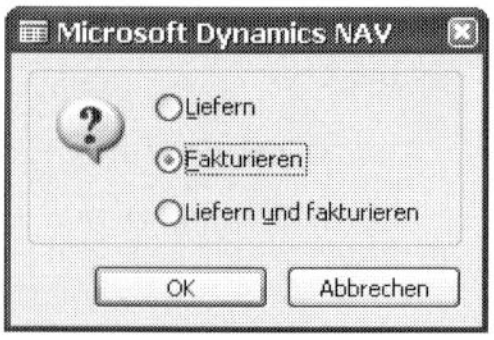

6.) Die Lagerregulierung wird mit den Funktionen *Lagerreg. fakt. Einst. Preise…* und *Lagerreg. buchen* am 20.02.10 durchgeführt.

<table>
<tr><td>Schritt</td><td>Aktion</td><td>Bemerkung</td></tr>
<tr><td>1</td><td>Lager / Aufträge & Kontakte / Bestellungen</td><td>Es werden die Eingangslieferungen und Eingangsrechnungen im System eingebucht.</td></tr>
<tr><td>nach Bsp. 1</td><td colspan="2">Bei Einkaufsrechnungen wird der Einstandspreis wie folgt ermittelt:

Einstandspreis = EK-Preis – Rabatte + Kosten

Beim Fakturieren der Einkaufsrechnung wird die zu fakturierende Menge mit dem Einkaufspreis multipliziert und als fakturierter Wert angesetzt.

Einstandsbetrag (tatsächlich) = 10 * 100,00 € = 1.000,00 €</td></tr>
<tr><td>nach Bsp. 2</td><td colspan="2">Der Einstandspreis wird auf der Artikelkarte eingetragen. Erfolgt nur eine Lieferung ohne Rechnung, wird die gelieferte Menge mit dem Einstandspreis aus der Karte multipliziert und in den Wertposten in die Spalte „Einstandspreis (erwartet) eingetragen. Das ist die Grundlage für den Lagerwert.

Einstandsbetrag (erwartet) = 4 * 100,00 € = 400,00 €</td></tr>
<tr><td>2</td><td>Lager / Aufträge & Kontakte / Aufträge</td><td>Es werden die Ausgangslieferung und die Ausgangsrechnung gebucht.</td></tr>
<tr><td>nach Bsp. 3 und 4</td><td colspan="2">Für die Lieferung und Rechnung im Verkauf wird unabhängig von der Lagerabgangsmethode der Einstandspreis auf der Artikelkarte, d.h. ein durchschnittlicher Einstandspreis, herangezogen.

Bsp. 3:
11 * 100,00 € = 1.100,00 €

Bsp. 4:
2 * 100,00 € = 200,00 €</td></tr>
<tr><td>3</td><td>Lager / Planung & Ausführung / Artikel</td><td>Der Artikel CRONUS 1 ist in der Artikelkarte anzuzeigen.</td></tr>
<tr><td>3-1</td><td>Artikel ▼ / Posten / Posten

oder Strg + F5</td><td rowspan="2">Für alle Artikelposten, für die in der Spalte „Fakturierte Menge“ ein Wert ungleich 0 (Null) steht, wird in die Spalte „Einstandsbetrag (tatsächl.)“ der entsprechende Betrag automatisch ermittelt.</td></tr>
<tr><td>3-1-1</td><td>Spalte „Einstandsbetrag (tatsächl.)“</td></tr>
</table>

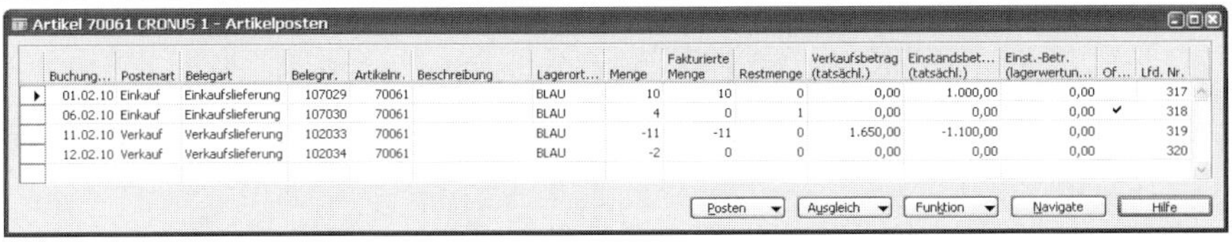
Artikel 70061 CRONUS 1 - Artikelposten

Buchung...	Postenart	Belegart	Belegnr.	Artikelnr.	Beschreibung	Lagerort...	Menge	Fakturierte Menge	Restmenge	Verkaufsbetrag (tatsächl.)	Einstandsbet... (tatsächl.)	Einst.-Betr. (lagerwertun...	Of...	Lfd. Nr.
01.02.10	Einkauf	Einkaufslieferung	107029	70061		BLAU	10	10	0	0,00	1.000,00	0,00		317
06.02.10	Einkauf	Einkaufslieferung	107030	70061		BLAU	4	0	1	0,00	0,00	0,00	✔	318
11.02.10	Verkauf	Verkaufslieferung	102033	70061		BLAU	-11	-11	0	1.650,00	-1.100,00	0,00		319
12.02.10	Verkauf	Verkaufslieferung	102034	70061		BLAU	-2	0	0	0,00	0,00	0,00		320

Posten ▼ | Ausgleich ▼ | Funktion ▼ | Navigate | Hilfe

zu Bsp. 1, 2 und 4	Für Beispiel 1 wird 1.100,00 € eingetragen. Ist für die Artikelposten die fakturierte Menge gleich 0 (Null), ist der Betrag in der Spalte „Einstandsbetrag (tatsächl.)“ ebenfalls 0 (Null). Für Beispiel 2 und 4 wird 0,00 € eingetragen.	
3-2	**ESC**	Zurück zur Artikelkarte.
3-3	**Artikel ▼** / *Posten / Wertposten*	Bei den Wertposten steht für fakturierte Artikelposten in der Spalte „Einstandsbetrag (tatsächl.)“ der gleiche Betrag wie unter Schritt 3-1 beschrieben. Für gelieferte Artikelposten wird hier ebenfalls kein Wert eingetragen, dieser steht in der Spalte „Einstandsbetrag (erwartet)“.
3-3-1	Spalte „Einstandsbetrag (tatsächl.)“	
zu Bsp. 1, 2, 3 und 4	Bsp. 1: “Einstandsbetrag (tatsächlich)” 1.000,00 € Bsp. 3: “Einstandsbetrag (tatsächlich)” - 1.100,00 € Bsp. 2: “Einstandsbetrag (erwartet)” 400,00 € Bsp. 4: “Einstandsbetrag (erwartet)” - 200,00 €	

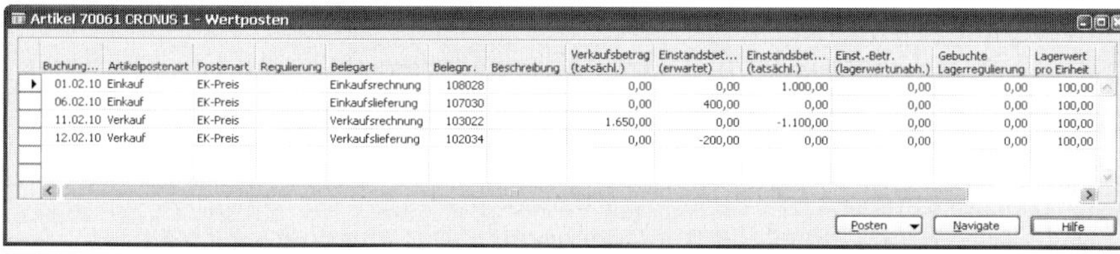
Artikel 70061 CRONUS 1 - Wertposten

Buchung...	Artikelpostenart	Postenart	Regulierung	Belegart	Belegnr.	Beschreibung	Verkaufsbetrag (tatsächl.)	Einstandsbet... (erwartet)	Einstandsbet... (tatsächl.)	Einst.-Betr. (lagerwertunabh.)	Gebuchte Lagerregulierung	Lagerwert pro Einheit
01.02.10	Einkauf	EK-Preis		Einkaufsrechnung	108028		0,00	0,00	1.000,00	0,00	0,00	100,00
06.02.10	Einkauf	EK-Preis		Einkaufslieferung	107030		0,00	400,00	0,00	0,00	0,00	100,00
11.02.10	Verkauf	EK-Preis		Verkaufsrechnung	103022		1.650,00	0,00	-1.100,00	0,00	0,00	100,00
12.02.10	Verkauf	EK-Preis		Verkaufslieferung	102034		0,00	-200,00	0,00	0,00	0,00	100,00

3-4	2 x **ESC**	Zurück zum Hauptmenü.
4	*Lager / Aufträge & Kontakte / Bestellungen*	Die Bestellung aus Beispiel 2 ist aufzurufen.
4-1	Feld „Status“	Der Status der Bestellung steht auf <Freigegeben>.
4-2	**Funktion ▼** / *Status zurücksetzen*	Um die Bestellung mit einem anderen EK-Preis fakturieren zu können, muss der Status <Offen> sein.
nach Bsp. 5	Am 17.02.10 wird die Eingangsrechnung für die bereits 4 gelieferten Artikel gebucht. EK-Preis = 200,00 € pro Artikel	
5	*Lager / Planung & Ausführung / Artikel*	Der Artikel CRONUS 1 ist in der Artikelkarte anzuzeigen.

5-1	**Artikel ▼** / *Posten / Posten* Spalte „Einstandsbetrag (tatsächl.)“	Nach der Buchung wird bei den Artikelposten die Zeile für die Lieferung aktualisiert, d.h. in die Spalte „Fakturierte Menge“ wird die entsprechende Menge eingetragen. Die Spalte „Einstandsbetrag (tatsächl.)“ wird ebenfalls aktualisiert.
Zu Bsp. 5	Für Beispiel 5 wird in die Spalte „Fakturierte Menge“ 4 und in die Spalte „Einstandsbetrag (tatsächlich)“ 800,00 € eingetragen.	

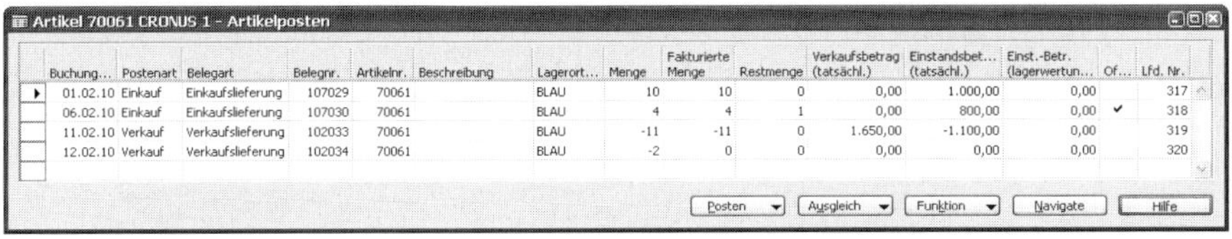

Artikel 70061 CRONUS 1 - Artikelposten

Buchung...	Postenart	Belegart	Belegnr.	Artikelnr.	Beschreibung	Lagerort...	Menge	Fakturierte Menge	Restmenge	Verkaufsbetrag (tatsächl.)	Einstandsbet... (tatsächl.)	Einst.-Betr. (lagerwertun...	Of...	Lfd. Nr.
01.02.10	Einkauf	Einkaufslieferung	107029	70061		BLAU	10	10	0	0,00	1.000,00	0,00		317
06.02.10	Einkauf	Einkaufslieferung	107030	70061		BLAU	4	4	1	0,00	800,00	0,00	✔	318
11.02.10	Verkauf	Verkaufslieferung	102033	70061		BLAU	-11	-11	0	1.650,00	-1.100,00	0,00		319
12.02.10	Verkauf	Verkaufslieferung	102034	70061		BLAU	-2	0	0	0,00	0,00	0,00		320

5-2	**ESC**	Zurück zur Artikelkarte.
5-3	**Artikel ▼** / *Posten / Wertposten* Spalte „Einstandsbetrag (tatsächl.)“	Bei den Wertposten erzeugte die Buchung der Einkaufsrechnung einen weiteren Wertposten.
Zu Bsp. 5	Für Beispiel 5 wurde in die Spalte „Einstandsbetrag (tatsächl.)“ ein Wert von 800,00 € eingetragen.	

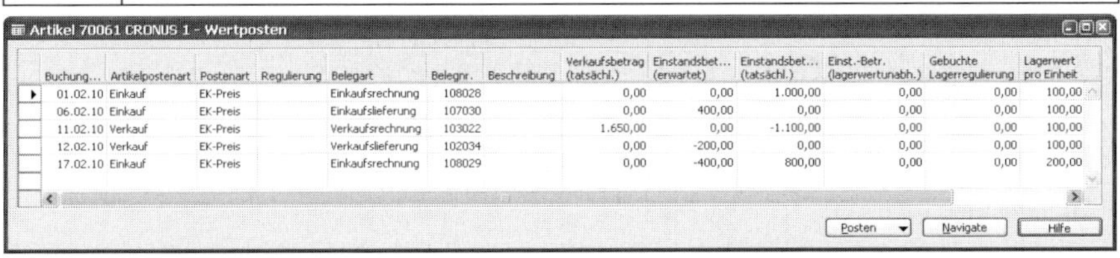

Artikel 70061 CRONUS 1 - Wertposten

Buchung...	Artikelpostenart	Postenart	Regulierung	Belegart	Belegnr.	Beschreibung	Verkaufsbetrag (tatsächl.)	Einstandsbet... (erwartet)	Einstandsbet... (tatsächl.)	Einst.-Betr. (lagerwertunabh.)	Gebuchte Lagerregulierung	Lagerwert pro Einheit
01.02.10	Einkauf	EK-Preis		Einkaufsrechnung	108028		0,00	0,00	1.000,00	0,00	0,00	100,00
06.02.10	Einkauf	EK-Preis		Einkaufslieferung	107030		0,00	400,00	0,00	0,00	0,00	100,00
11.02.10	Verkauf	EK-Preis		Verkaufsrechnung	103022		1.650,00	0,00	-1.100,00	0,00	0,00	100,00
12.02.10	Verkauf	EK-Preis		Verkaufslieferung	102034		0,00	-200,00	0,00	0,00	0,00	100,00
17.02.10	Einkauf	EK-Preis		Einkaufsrechnung	108029		0,00	-400,00	800,00	0,00	0,00	200,00

5-4	2 x **ESC**	Zurück zum Hauptmenü.

5.1.2 Lagerregulierung - fakturierte Einstandspreise

Die Stapelverarbeitung Lagerreg. fakt. Einst. Preise passt im Einkauf den Lagerwert dem tatsächlichen Lagerwert der Fakturierung an und ordnet im Verkauf entsprechend der Lagerabgangsmethode dem Verkaufsposten den zugehörigen Einkaufsposten zu.

<table>
<tr><th>Schritt</th><th>Aktion</th><th>Bemerkung</th></tr>
<tr><td>1</td><td>Finanzmanagement / Lager / Bewertung / Lagerreg. fakt. Einst. Preise</td><td></td></tr>
<tr><td>1-1</td><td>Feld „Artikelnr. Filter“</td><td>Hier ist bei Bedarf eine Artikelnr. einzutragen.</td></tr>
<tr><td>1-2</td><td>Die Stapelverarbeitung ist mit OK auszuführen.</td><td>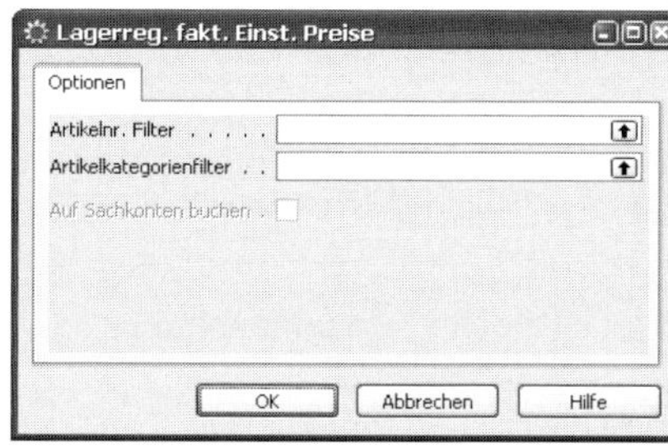
</td></tr>
<tr><td colspan="3">AUSWIRKUNGEN</td></tr>
<tr><td>2</td><td colspan="2">Die Bewertung der Verkäufe und Abgänge zu Einstandspreisen erfolgt mit Hilfe der Stapelverarbeitung Lagerreg. fakt. Einst. Preise. Diese überträgt den Wert der Einkaufs-Wertposten anhand des Artikelausgleichs in die Verkaufs-Wertposten. Über die Differenz zu den bestehenden Verkaufs-Wertposten wird ein neuer Wertposten erstellt.</td></tr>
<tr><td>3</td><td>Lager / Planung & Ausführung / Artikel</td><td>Der Artikel CRONUS 1 ist in der Artikelkarte anzuzeigen.</td></tr>
<tr><td>3-1</td><td>Artikel ▼ / Posten / Artikelposten</td><td>Die Auswirkungen der Stapelverarbeitung werden in den Artikelposten in der Spalte „Einstandsbetrag (tatsächl.)“ sichtbar.</td></tr>
<tr><td>3-2</td><td>ESC</td><td>Zurück zur Artikelkarte.</td></tr>
<tr><td>3-3</td><td>Artikel ▼ / Posten / Wertposten</td><td>Die Auswirkungen der Stapelverarbeitung werden in den Wertposten durch zusätzliche Regulierungszeilen sichtbar.</td></tr>
<tr><td>3-4</td><td>2 x ESC</td><td>Zurück zum Hauptmenü.</td></tr>
</table>

Artikelposten **vor** der Stapelverarbeitung *Lagerreg. fakt. Einst. Preise*

Artikel 70061 CRONUS 1 - Artikelposten

Buchung...	Postenart	Belegart	Belegnr.	Artikelnr.	Beschreibung	Lagerort...	Menge	Fakturierte Menge	Restmenge	Verkaufsbetrag (tatsächl.)	Einstandsbet... (tatsächl.)	Einst.-Betr. (lagerwertun...	Of...	Lfd. Nr.
01.02.10	Einkauf	Einkaufslieferung	107029	70061		BLAU	10	10	0	0,00	1.000,00	0,00		317
06.02.10	Einkauf	Einkaufslieferung	107030	70061		BLAU	4	4	1	0,00	800,00	0,00	✔	318
11.02.10	Verkauf	Verkaufslieferung	102033	70061		BLAU	-11	-11	0	1.650,00	-1.100,00	0,00		319
12.02.10	Verkauf	Verkaufslieferung	102034	70061		BLAU	-2	0	0	0,00	0,00	0,00		320

Posten | Ausgleich | Funktion | Navigate | Hilfe

Artikelposten **nach** der Stapelverarbeitung *Lagerreg. fakt. Einst. Preise*

Artikel 70061 CRONUS 1 - Artikelposten

Buchung...	Postenart	Belegart	Belegnr.	Artikelnr.	Beschreibung	Lagerort...	Menge	Fakturierte Menge	Restmenge	Verkaufsbetrag (tatsächl.)	Einstandsbet... (tatsächl.)	Einst.-Betr. (lagerwertun...	Of...	Lfd. Nr.
01.02.10	Einkauf	Einkaufslieferung	107029	70061		BLAU	10	10	0	0,00	1.000,00	0,00		317
06.02.10	Einkauf	Einkaufslieferung	107030	70061		BLAU	4	4	1	0,00	800,00	0,00	✔	318
11.02.10	Verkauf	Verkaufslieferung	102033	70061		BLAU	-11	-11	0	1.650,00	-1.200,00	0,00		319
12.02.10	Verkauf	Verkaufslieferung	102034	70061		BLAU	-2	0	0	0,00	0,00	0,00		320

Posten | Ausgleich | Funktion | Navigate | Hilfe

Wertposten **vor** der Stapelverarbeitung *Lagerreg. fakt. Einst. Preise*

Artikel 70061 CRONUS 1 - Wertposten

Buchung...	Artikelpostenart	Postenart	Regulierung	Belegart	Belegnr.	Beschreibung	Verkaufsbetrag (tatsächl.)	Einstandsbet... (erwartet)	Einstandsbet... (tatsächl.)	Einst.-Betr. (lagerwertunabh.)	Gebuchte Lagerregulierung	Lagerwert pro Einheit
01.02.10	Einkauf	EK-Preis		Einkaufsrechnung	108028		0,00	0,00	1.000,00	0,00	0,00	100,00
06.02.10	Einkauf	EK-Preis		Einkaufslieferung	107030		0,00	400,00	0,00	0,00	0,00	100,00
11.02.10	Verkauf	EK-Preis		Verkaufsrechnung	103022		1.650,00	0,00	-1.100,00	0,00	0,00	100,00
12.02.10	Verkauf	EK-Preis		Verkaufslieferung	102034		0,00	-200,00	0,00	0,00	0,00	100,00
17.02.10	Einkauf	EK-Preis		Einkaufsrechnung	108029		0,00	-400,00	800,00	0,00	0,00	200,00

Posten | Navigate | Hilfe

Wertposten **nach** der Stapelverarbeitung *Lagerreg. fakt. Einst. Preise*

Artikel 70061 CRONUS 1 - Wertposten

Buchung...	Artikelpostenart	Postenart	Regulierung	Belegart	Belegnr.	Beschreibung	Verkaufsbetrag (tatsächl.)	Einstandsbet... (erwartet)	Einstandsbet... (tatsächl.)	Einst.-Betr. (lagerwertunabh.)	Gebuchte Lagerregulierung	Lagerwert pro Einheit
01.02.10	Einkauf	EK-Preis		Einkaufsrechnung	108028		0,00	0,00	1.000,00	0,00	0,00	100,00
06.02.10	Einkauf	EK-Preis		Einkaufslieferung	107030		0,00	400,00	0,00	0,00	0,00	100,00
11.02.10	Verkauf	EK-Preis		Verkaufsrechnung	103022		1.650,00	0,00	-1.100,00	0,00	0,00	100,00
11.02.10	Verkauf	EK-Preis	✔	Verkaufsrechnung	103022		0,00	0,00	-100,00	0,00	0,00	9,09091
12.02.10	Verkauf	EK-Preis		Verkaufslieferung	102034		0,00	-200,00	0,00	0,00	0,00	100,00
12.02.10	Verkauf	EK-Preis	✔	Verkaufslieferung	102034		0,00	-200,00	0,00	0,00	0,00	100,00
17.02.10	Einkauf	EK-Preis		Einkaufsrechnung	108029		0,00	-400,00	800,00	0,00	0,00	200,00

Posten | Navigate | Hilfe

H	**HINWEIS:** Mit der Stapelverarbeitung *Lagerreg. fakt. Einst. Preise* erfolgen noch keine Buchungen in der Finanzbuchhaltung. Bei allen Wertposten ist der gebuchte Lagerwert (Spalte „Gebuchte Lagerregulierung“) immer noch 0,00 €. Die Buchung erfolgt erst durch die Stapelverarbeitung *Lagerreg. buchen*.

5.1.3 Lagerregulierung buchen

Mit der Stapelverarbeitung *Lagerreg. buchen* werden die Lagerwerte in der Finanzbuchhaltung erfasst und gebucht. Bei den fakturierten Wertposten wird der gebuchte Lagerwert in der Spalte „Gebuchte Lagerregulierung“ angezeigt.

Schritt	Aktion	Bemerkung
H	**Hinweis:** Vor der Stapelverarbeitung *Lagerregulierung buchen* ist immer erst die Stapelverarbeitung *Lagerreg. fakt. Einst. Preise…* durchzuführen. Nur so kann sichergestellt werden, dass der korrekte Warenwert ermittelt wird.	
1	*Finanzmanagement / Lager / Bewertung / Buchen / Lagerregulierung buchen*	
1-1	Register Wertposten in Sachposten buchen	
1-1-1	Feld „Buchungsdatum“	Wird hier kein Filter eingegeben, werden alle noch nicht regulierten Posten berücksichtigt.
1-1-2	Feld „Artikelnr.“ Das Feld ist mit F6 aus der Artikelposten-Field-List auszuwählen und mit OK zu übernehmen.	Sollen nicht alle Artikel in die Stapelverarbeitung einbezogen werden, so ist hier die entsprechende Einschränkung vorzunehmen. Bleibt das Feld leer, werden alle Artikel verwendet.
	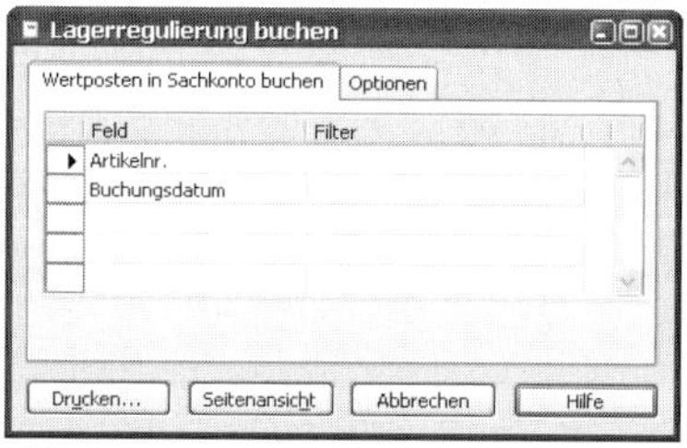	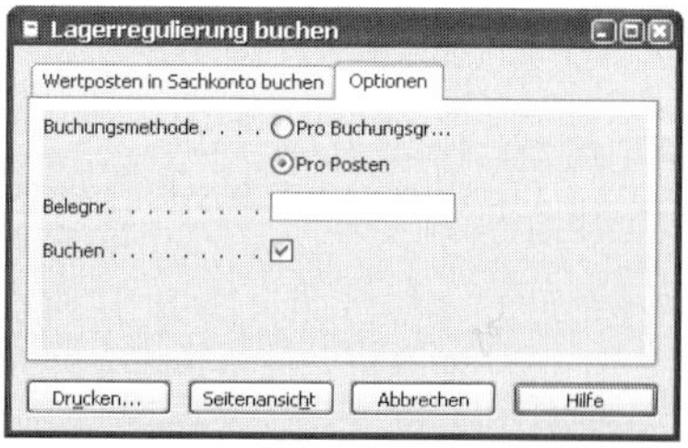
1-2	Register Optionen	
1-2-1	Feld „Buchungsmethode“ <Pro Buchungsgruppe>	Wird <Pro Buchungsgruppe> aktiviert, werden die Buchungen in der Finanzbuchhaltung für jede Lagerbuchungsgruppe summiert gebucht.
1-2-2	Feld „Buchungsmethode“ <Pro Posten>	Wird <Pro Posten> aktiviert, erfolgen die Buchungen einzeln.
1-2-3	Feld „Belegnr.“	Hier ist nur eine Nummer anzugeben, wenn <Pro Buchungsgruppe> gebucht werden soll.

	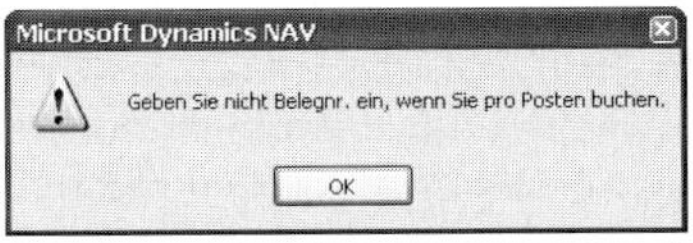 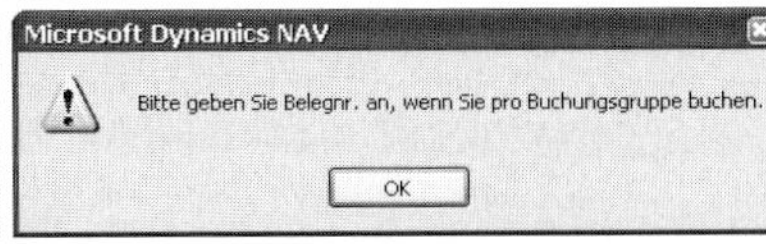

1-2-4	Feld „Buchen“	Wird in dieses Feld kein Haken gesetzt und der Bericht gedruckt, kann das zu erwartende Ergebnis im Testbericht (ungebucht) vorab eingesehen werden. Wird der Haken in diesem Feld gesetzt, erfolgen die Buchungen auf den Sachkonten der Finanzbuchhaltung.
1-3	Drucken... oder Seitenansicht	

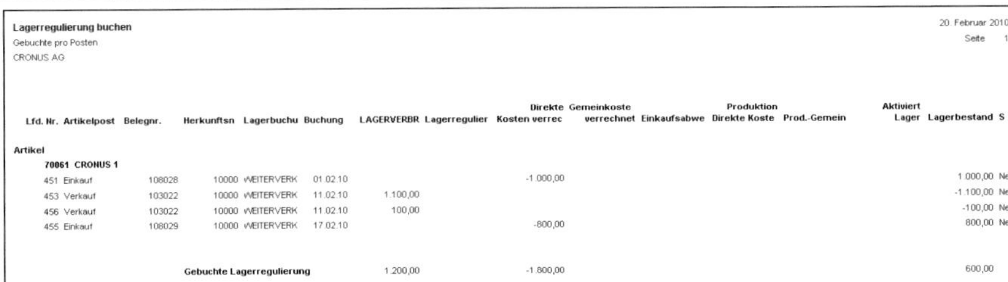

Lagerregulierung buchen
Gebuchte pro Posten
CRONUS AG

20. Februar 2010
Seite 1

Lfd. Nr.	Artikelpost	Belegnr.	Herkunftsn	Lagerbuchu	Buchung	LAGERVERBR	Lagerregulier	Direkte Kosten verrec	Gemeinkoste verrechnet	Einkaufsabwe	Produktion Direkte Koste	Prod.-Gemein	Aktiviert Lager	Lagerbestand	S
Artikel															
70061	**CRONUS 1**														
451	Einkauf	108028	10000	WEITERVERK	01.02.10			-1.000,00						1.000,00	Ne
453	Verkauf	103022	10000	WEITERVERK	11.02.10	1.100,00								-1.100,00	Ne
456	Verkauf	103022	10000	WEITERVERK	11.02.10	100,00								-100,00	Ne
455	Einkauf	108029	10000	WEITERVERK	17.02.10			-800,00						800,00	Ne
		Gebuchte Lagerregulierung				1.200,00		-1.800,00						600,00	

AUSWIRKUNG 1		
2	*Lager / Planung & Ausführung / Artikel*	Für die fakturierten Wertposten wird der Lagerwert in der Spalte „Gebuchte Lagerregulierung“ abgebildet.
2-1	Artikel ▼ / *Posten / Wertposten*	

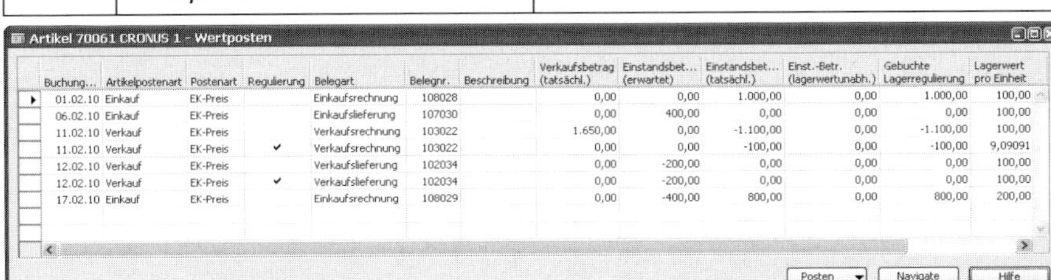

Artikel 70061 CRONUS 1 - Wertposten

Buchung...	Artikelpostenart	Postenart	Regulierung	Belegart	Belegnr.	Beschreibung	Verkaufsbetrag (tatsächl.)	Einstandsbet... (erwartet)	Einstandsbet... (tatsächl.)	Einst.-Betr. (lagerwertunabh.)	Gebuchte Lagerregulierung	Lagerwert pro Einheit
01.02.10	Einkauf	EK-Preis		Einkaufsrechnung	108028		0,00	0,00	1.000,00	0,00	1.000,00	100,00
06.02.10	Einkauf	EK-Preis		Einkaufslieferung	107030		0,00	400,00	0,00	0,00	0,00	100,00
11.02.10	Verkauf	EK-Preis		Verkaufsrechnung	103022		1.650,00	0,00	-1.100,00	0,00	-1.100,00	100,00
11.02.10	Verkauf	EK-Preis	✔	Verkaufsrechnung	103022		0,00	0,00	-100,00	0,00	-100,00	9,09091
12.02.10	Verkauf	EK-Preis		Verkaufslieferung	102034		0,00	-200,00	0,00	0,00	0,00	100,00
12.02.10	Verkauf	EK-Preis	✔	Verkaufslieferung	102034		0,00	-200,00	0,00	0,00	0,00	100,00
17.02.10	Einkauf	EK-Preis		Einkaufsrechnung	108029		0,00	-400,00	800,00	0,00	800,00	200,00

2-2	2 x **ESC**	Zurück zum Hauptmenü.

AUSWIRKUNG 2		
3	*Finanzmanagement / Finanzbuchhaltung / Historie / Journale*	Hier ist das entsprechende Journal herauszusuchen. Der Herkunftscode ist LWERTBUCH.
3-1	Journale ▼ / *Sachposten*	

In der Finanzbuchhaltung wurden die Konten des Warenbestandes (#3981) und die Bestandsveränderungskonten (#4090 - Lagerverbrauchskonto und #4091 - Direkte Kosten Verrechnungskonto) angesprochen. Der Warenbestand beträgt in der Summe 600,00 €. Ein Artikel ist noch am Lager, zwei Artikel wurden ausgeliefert, jedoch noch nicht fakturiert.

S	Warenbestand (#3981 Wiederverkauf)		H
1.) 01.02.10 (Einkauf 10 * 100,00)	1.000,00	3.) 11.02.10 (Verkauf 11 Stück)	1.200,00
2 + 5.) 17.02.10 (Einkauf 4 * 200,00)	800,00		
	1.800,00		**1.200,00**

SALDO: 600,00

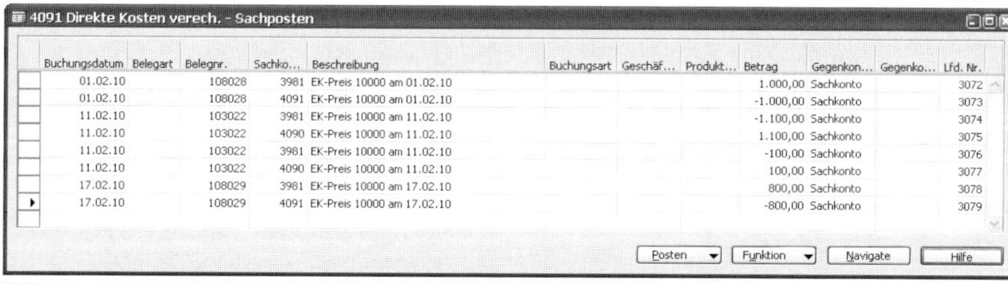
4091 Direkte Kosten verech. - Sachposten

Buchungsdatum	Belegart	Belegnr.	Sachko...	Beschreibung	Buchungsart	Geschäf...	Produkt...	Betrag	Gegenkon...	Gegenko...	Lfd. Nr.
01.02.10		108028	3981	EK-Preis 10000 am 01.02.10				1.000,00	Sachkonto		3072
01.02.10		108028	4091	EK-Preis 10000 am 01.02.10				-1.000,00	Sachkonto		3073
11.02.10		103022	3981	EK-Preis 10000 am 11.02.10				-1.100,00	Sachkonto		3074
11.02.10		103022	4090	EK-Preis 10000 am 11.02.10				1.100,00	Sachkonto		3075
11.02.10		103022	3981	EK-Preis 10000 am 11.02.10				-100,00	Sachkonto		3076
11.02.10		103022	4090	EK-Preis 10000 am 11.02.10				100,00	Sachkonto		3077
17.02.10		108029	3981	EK-Preis 10000 am 17.02.10				800,00	Sachkonto		3078
17.02.10		108029	4091	EK-Preis 10000 am 17.02.10				-800,00	Sachkonto		3079

3-2	ESC	Zurück zum Journal.
4	Journale ▼ / *Sachposten*	Hier wird die Verbindung der Artikelposten zu den Sachposten detailliert dargestellt.

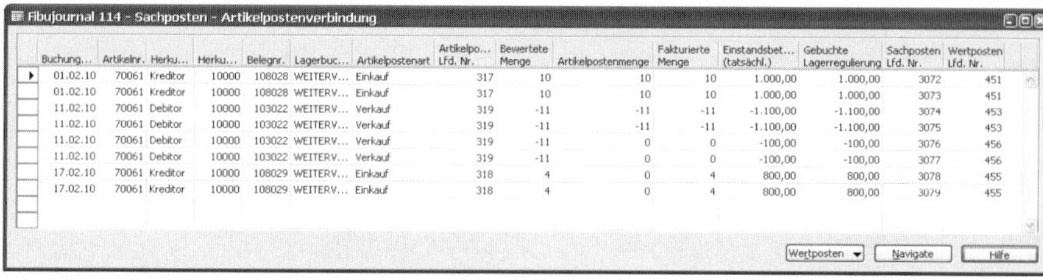
Fibujournal 114 - Sachposten - Artikelpostenverbindung

Buchung...	Artikelnr.	Herku...	Herku...	Belegnr.	Lagerbuc...	Artikelpostenart	Artikelpo... Lfd. Nr.	Bewertete Menge	Artikelpostenmenge	Fakturierte Menge	Einstandsbet... (tatsächl.)	Gebuchte Lagerregulierung	Sachposten Lfd. Nr.	Wertposten Lfd. Nr.
01.02.10	70061	Kreditor	10000	108028	WEITERV...	Einkauf	317	10	10	10	1.000,00	1.000,00	3072	451
01.02.10	70061	Kreditor	10000	108028	WEITERV...	Einkauf	317	10	10	10	1.000,00	1.000,00	3073	451
11.02.10	70061	Debitor	10000	103022	WEITERV...	Verkauf	319	-11	-11	-11	-1.100,00	-1.100,00	3074	453
11.02.10	70061	Debitor	10000	103022	WEITERV...	Verkauf	319	-11	-11	-11	-1.100,00	-1.100,00	3075	453
11.02.10	70061	Debitor	10000	103022	WEITERV...	Verkauf	319	-11	0	0	-100,00	-100,00	3076	456
11.02.10	70061	Debitor	10000	103022	WEITERV...	Verkauf	319	-11	0	0	-100,00	-100,00	3077	456
17.02.10	70061	Kreditor	10000	108029	WEITERV...	Einkauf	318	4	0	4	800,00	800,00	3078	455
17.02.10	70061	Kreditor	10000	108029	WEITERV...	Einkauf	318	4	0	4	800,00	800,00	3079	455

5.2 Arbeiten mit Artikel Buchungsblättern

Artikelbewegungen können in verschiedenen Buchungsblättern erfasst werden: Zu- und Abgänge werden in Artikel Buch.-Blättern, Umlagerungen in Umlager. Buch.-Blättern und Inventurbuchungen werden in Inventur Buch.-Blättern erfasst und gebucht.

5.2.1 Zugänge von Artikeln über das Artikel Buch.-Blatt

Hier werden die Arbeitsschritte für das Buchen von Artikelzugängen und deren Auswirkungen beschrieben.

Schritt	Aktion	Bemerkung
1	*Lager / Lager / Artikel Buch.-Blätter*	
2	Feld „Buch.-Blattname“	Hier ist mit **F6** ein Buch.-Blattname auszuwählen und mit OK zu bestätigen.
3	Buchungszeilen	
3-1	Spalte „Buchungsdatum“	Das Datum, unter dem die Buchung im System erfasst wird, ist hier einzutragen.
3-2	Spalte „Belegdatum“ Diese Spalte ist über *Ansicht / Spalte anzeigen…* einzublenden.	Das hier vorgeschlagene Datum entspricht dem Buchungsdatum. Der Eintrag kann geändert werden.
3-3	Spalte „Postenart“	Mit **F6** ist <Zugang> auszuwählen und mit OK zu übernehmen.
3-4	Spalte „Belegnr.“	Wurde eine Nummernserie hinterlegt, wird automatisch eine Nummer aus dieser vorgeschlagen. Ansonsten muss die Belegnr. manuell eingegeben werden.
3-5	Spalte „Artikelnr.“	Hier ist mit **F6** die Artikelübersicht zu öffnen, der erforderliche Artikel auszuwählen und mit OK einzufügen.
3-6	Spalten „Beschreibung“, „Einheitencode“, „Stückpreis“ und „Einstandspreis“	Nach dem Verlassen der Spalte „Artikelnr.“ werden diese Spalten mit den Daten aus der Artikelkarte gefüllt. Sie können jedoch geändert werden.

3-7	Spalte „Lagerortcode“	Mit **F6** ist der entsprechende Lagerort auszuwählen und mit OK zu übernehmen.
3-8	Spalte „Menge“	Hier ist die Anzahl der zugegangenen Artikel einzutragen. Nach Verlassen dieser Spalte wird der Wert in der Spalte „Betrag“ aktualisiert (Menge * Stückpreis).
3-9	Spalte „Geschäftsbuchungsgruppe“ Diese Spalte ist ggf. über *Ansicht / Spalte anzeigen…* in das Buch.-Blatt einzublenden.	In dieser Spalte sind mit **F6** die Geschäftsbuchungsgruppen aufzurufen, z.B. NATIONAL auszuwählen und mit OK zu übernehmen. Diese Einstellung ist für die Stapelverarbeitung *Lagerreg. buchen* notwendig, damit aus der Buchungsmatrix die Konten entsprechend der Kombination von Geschäfts- und Produktbuchungsgruppe zugeordnet werden können.

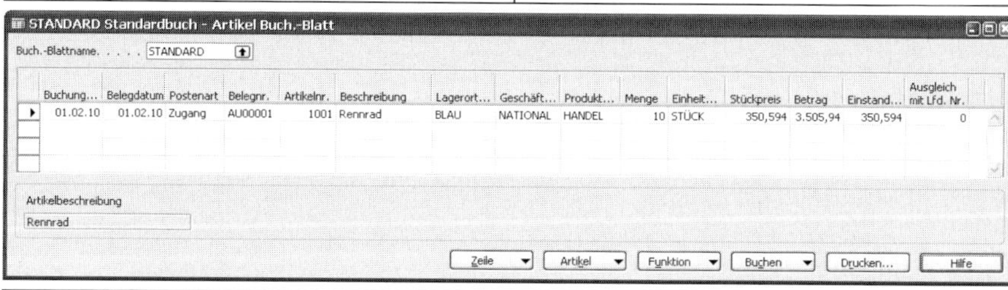

4	Buchen ▼ / *Buchen* oder **F11**	
4-1	Die Frage: „Möchten Sie die Buch.-Blattzeilen buchen?“ ist mit Ja zu beantworten.	Die Buch.-Blattzeilen werden automatisch aus dem Buchungsblatt entfernt.
4-2	Die Information: „Die Buch.-Blattzeilen sind gebucht worden.“ Ist mit OK zu quittieren.	
4-3	**ESC**	Zurück zum Hauptmenü.

AUSWIRKUNGEN		
5	*Lager / Historie / Journale / Artikeljournale*	Mit den Such- bzw. Filterfunktionen ist das aktuelle Artikeljournal auszuwählen, Herkunftscode: ARTBUCHBL
5-1	Journal ▼ / *Artikelposten*	Beim Buchen wurden Artikelposten mit der Postenart <Zugang> erzeugt. Die Sachkonten in der Finanzbuchhaltung wurden mit diesem Buchungslauf noch nicht angesprochen.
5-2	2 x **ESC**	Zurück zum Hauptmenü.
6	*Finanzmanagement / Lager / Bewertung / Lagerreg. fakt. Einst. Preise…*	Die Stapelverarbeitung ist mit OK zu starten, siehe Ablaufschema 5.1.2.
7	*Finanzmanagement / Lager / Bewertung / Buchen / Lagerreg. buchen*	siehe Ablaufschema 5.1.3
7-1	Register Wertposten in Sachposten buchen	Sollen alle Posten reguliert werden, sind in diesem Register keine Filter zu setzen.
7-2	Register Optionen	Die Option <Pro Posten> ist im Feld „Buchen“ zu aktivieren. Ebenso ist der Haken im Feld „Buchen“ zu setzen.
7-3	Drucken… oder Seitenansicht	
7-4	**ESC**	Zurück zum Hauptmenü.
8	*Finanzmanagement / Finanzbuchhaltung / Historie / Journale*	Das aktuelle Artikeljournal ist hier auszuwählen, Herkunftscode: LWERTBUCH.
8-1	Journal ▼ / *Sachposten*	Der Warenbestand (#3982) hat sich im Beispiel um 3.505,94 € erhöht. Die Bestandsveränderung (#3960 - Lagerkorrekturkonto) hat sich um 3.505,94 € verringert.

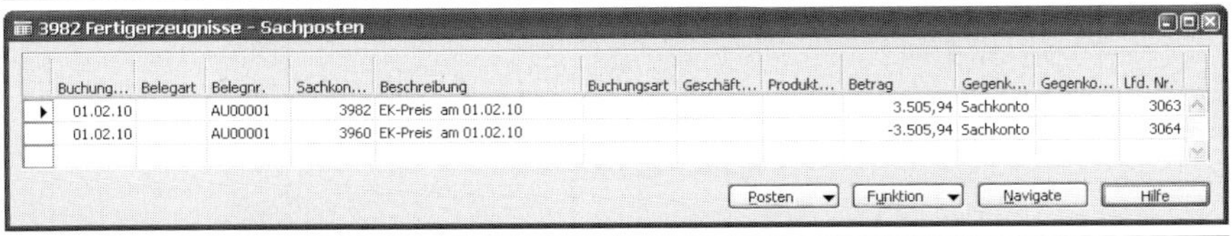

Buchung…	Belegart	Belegnr.	Sachkon…	Beschreibung	Buchungsart	Geschäft…	Produkt…	Betrag	Gegenk…	Gegenko…	Lfd. Nr.
01.02.10		AU00001	3982	EK-Preis am 01.02.10				3.505,94	Sachkonto		3063
01.02.10		AU00001	3960	EK-Preis am 01.02.10				-3.505,94	Sachkonto		3064

8-2	2 x **ESC**	Zurück zum Hauptmenü.

5.2.2 Abgänge von Artikeln über das Artikel Buch.-Blatt

Die Abgänge von Artikeln können im gleichen Buchungsblatt erfasst werden, wie die Zugänge von Artikeln. Deshalb werden hier die Unterschiede detailliert dargestellt. Die anderen Arbeitsschritte erfolgen analog den Darstellungen im Ablaufschema 5.2.1.

Schritt	Aktion	Bemerkung
1	Schritt 1 aus 5.2.1 *Lager / Lager / Artikel Buch.-Blätter*	Öffnen der Artikel Buch.-Blätter.
2	Schritt 2 aus 5.2.1 Im Feld „Buch.-Blattname“ ist mit **F6** aus den Buch.-Blattnamen einer auszuwählen und mit OK zu bestätigen.	Auswahl des erforderlichen Artikel Buch.-Blattnamens.
3	Schritt 3 aus 5.2.1 Die beschriebenen Felder sind auszufüllen.	Die Artikel Buch.-Blattzeilen sind entsprechend mit Artikeln, Mengen und Preisen zu erfassen.
Änderungen treten nur im Schritt 3-3 auf.		
3-1	Spalte „Postenart“	In dieser Spalte ist mit **F6** die Postenart <Abgang> auszuwählen und mit OK zu übernehmen.

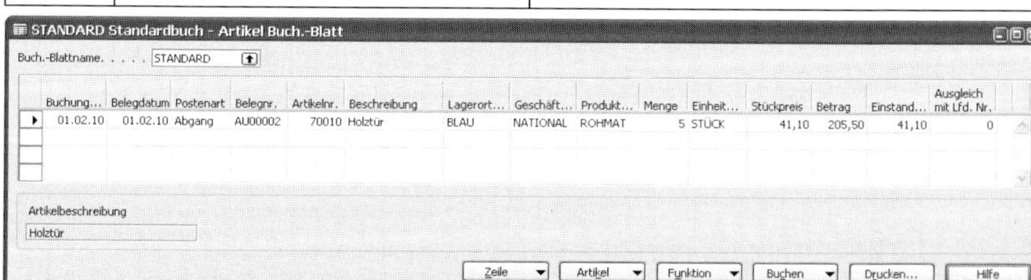

3-2	Schritt 4 aus 5.2.1 Buchen ▼ / *Buchen* oder **F11**	Die Artikel Buch.-Blattzeilen sind zu buchen.
3-3	**ESC**	Zurück zum Hauptmenü.

AUSWIRKUNGEN		
4	*Lager / Historie / Journale / Artikeljournale*	Mit den Such- bzw. Filterfunktionen ist das aktuelle Artikeljournal auszuwählen, Herkunftscode: ARTBUCHBL
4-1	Journal ▼ / *Artikelposten*	Beim Buchen wurden Artikelposten mit der Postenart <Abgang> erzeugt. Die Sachkonten in der Finanzbuchhaltung wurden mit diesem Buchungslauf noch nicht angesprochen.
4-2	2 x **ESC**	Zurück zum Hauptmenü.
5	*Finanzmanagement / Lager / Bewertung / Lagerreg. fakt. Einst. Preise…*	Die Stapelverarbeitung ist mit OK zu starten, siehe Ablaufschema 5.1.2.
6	*Finanzmanagement / Lager / Bewertung / Buchen / Lagerreg. buchen*	siehe Ablaufschema 5.1.3
6-1	Register Wertposten in Sachposten buchen	Sollen alle Posten reguliert werden, sind in diesem Register keine Filter zu setzen.
6-2	Register Optionen	Die Option <Pro Posten> im Feld „Buchen" ist zu aktivieren.
6-3	Drucken… oder Seitenansicht	
6-4	**ESC**	Zurück zum Hauptmenü.
7	*Finanzmanagement / Finanzbuchhaltung / Historie / Journale*	Das aktuelle Artikeljournal ist hier auszuwählen, Herkunftscode: LWERTBUCH.
7-1	Journal ▼ / *Sachposten*	Der Warenbestand (#3983) hat sich im Beispiel um 205,50 € verringert. Die Bestandsveränderung (#3960 - Lagerkorrekturkonto) wurde um 205,50 € erhöht.

7-2	2 x **ESC**	Zurück zum Hauptmenü.

5.2.3 Umlagerungen von Artikeln

Umlagerungen von Artikeln werden im Umlagerungs Buch.-Blatt erfasst. Die Unterschiede zum Ablaufschema 5.2.1 werden hier näher dargestellt.

Schritt	Aktion	Bemerkung
1	*Lager / Lager / Umlagerungs Buch.-Blätter*	Öffnen des Umlagerungs Buch.-Blattes.
2	Schritt 2 aus 5.2.1 Im Feld „Buch.-Blattname“ ist mit **F6** aus den Buch.-Blattnamen einer auszuwählen und mit OK zu bestätigen.	Auswahl des erforderlichen Umlagerungs Buch.-Blattnamens.
3	Schritt 3 aus 5.2.1 Die beschriebenen Felder ausfüllen.	Erfassen der Buchungszeilen.
Änderungen treten in den Schritten 3-6 und 3-8 auf. Zusätzlich sind die Spalten „Neuer Lagerortcode“ und „Lagerortcode“ auszufüllen (Schritt 3-10).		
3-1	Spalten „Beschreibung“ und „Einheitencode“	Nach dem Verlassen der Spalte „Artikelnr.“ werden diese Spalten mit den Daten aus der Artikelkarte gefüllt. Sie können jedoch geändert werden.
3-2	Spalte „Menge“	Hier ist die Anzahl einzutragen, die umgelagert werden soll.
3-3	Spalten „Neuer Lagerortcode“ und „Neuer Lagerfachcode“	In dieser Spalte ist mit **F6** der neue Lagerort bzw. das Lagerfach auszuwählen und mit OK zu bestätigen.

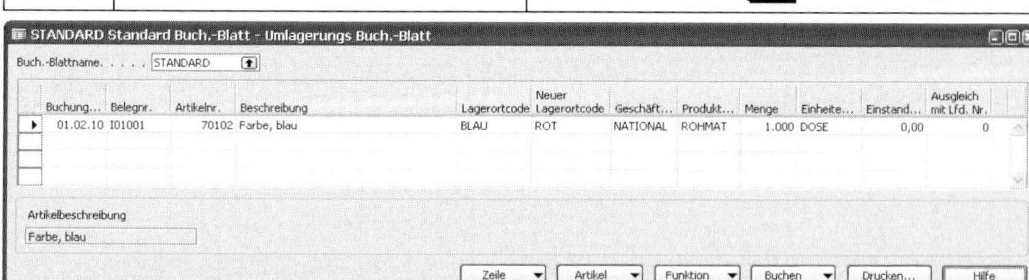

4	Buchen ▼ / *Buchen…* oder **F11**	Buchen der Umlagerung.
4-1	OK	Die Meldung ist mit OK zu bestätigen.

AUSWIRKUNGEN		
5	*Lager / Historie / Journale / Artikeljournale*	Mit den Such- und Filterfunktionen ist das aktuelle Artikeljournal auszuwählen, Herkunftscode: UMLAGBUBL
5-1	Journal ▼ / *Artikelposten*	Beim Buchen wurden die Artikelposten mit der Postenart <Umlagerung> erzeugt. Die Sachkonten in der Finanzbuchhaltung wurden mit diesem Buchungslauf noch nicht angesprochen.
5-2	2 x **ESC**	Zurück zum Hauptmenü.
6	*Finanzmanagement / Lager / Bewertung / Lagerreg. fakt. Einst. Preise…*	Die Stapelverarbeitung ist mit OK zu starten.
7	*Finanzmanagement / Lager / Bewertung / Buchen / Lagerreg. buchen*	Die Einstellungen sind in den Registern wie unter Schritt 7 aus Punkt 5.2.1 vorzunehmen.
8	*Finanzmanagement / Finanzbuchhaltung / Historie / Journale*	Mit den Such- bzw. Filterfunktionen ist das aktuelle Artikeljournal auszuwählen, Herkunftscode: LWERTBUCH.
8-1	Journal ▼ / *Sachposten*	In der Finanzbuchhaltung wurde Bestandsveränderung (#3960 - Lagerkorekturkonto) an Warenbestand (#3983) und Warenbestand (#3983) an Bestandsveränderung (#3960 - Lagerkorrekturkonto) gebucht. Im Ergebnis der Buchung hat sich der Warenbestand nicht verändert, es hat eine Umlagerung von vorhandenen Waren stattgefunden.

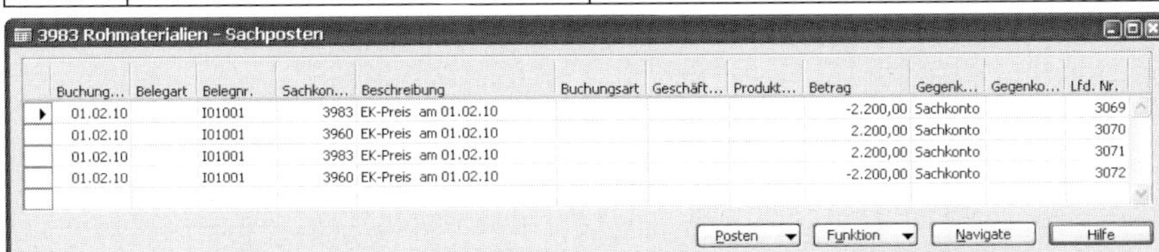

3983 Rohmaterialien - Sachposten

Buchung…	Belegart	Belegnr.	Sachkon…	Beschreibung	Buchungsart	Geschäft…	Produkt…	Betrag	Gegenk…	Gegenko…	Lfd. Nr.
01.02.10		I01001	3983	EK-Preis am 01.02.10				-2.200,00	Sachkonto		3069
01.02.10		I01001	3960	EK-Preis am 01.02.10				2.200,00	Sachkonto		3070
01.02.10		I01001	3983	EK-Preis am 01.02.10				2.200,00	Sachkonto		3071
01.02.10		I01001	3960	EK-Preis am 01.02.10				-2.200,00	Sachkonto		3072

8-2	2 x **ESC**	Zurück zum Hauptmenü.

5.2.4 Neubewertung von Artikeln

Diese Buchungsblätter können verwendet werden, um den Wert von Artikeln zu verändern, z.B. nach einer Inventur. Im Neubewertungsbuchungsblatt wird der aktuelle Wert eines Artikels angezeigt und ein neuer Wert zugewiesen werden.

Damit alle Artikel vor Beginn der Neubewertung reguliert sind, sollten zunächst die Stapelverarbeitungen *Lagerreg. fakt. Einst. Preise…* und *Lagerreg. buchen* durchgeführt werden, siehe dazu Ablaufschema 5.1.2 und 5.1.3.

Schritt	Aktion	Bemerkung
1	*Lager / Lager / Neubewertungs Buch.-Blätter*	Öffnen des Neubewertungs-buchblattes.
1-1	Im Feld „Buch.-Blattname“ ist mit **F6** aus den Buch.-Blatt-namen einer auszuwählen und mit OK zu bestätigen.	Auswahl des erforderlichen Buchungsblattnamens.
1-2	Funktion ▼ / *Lagerwert berechnen…*	Soll der gesamte Lagerbestand ange-passt werden oder sind viele Artikelposten zu korrigieren, kann das Buch.-Blatt durch diese Stapelver-arbeitung gefüllt werden. Hier wird der Lagerwert der Artikel zu einem bestimmten Datum berechnet.
1-3	Register Artikel	Sollen alle Artikel neu bewertet werden, sind in diesem Register keine Filter zu setzen.
1-4	Register Optionen	
1-4-1	Feld „Buchungsdatum“	Das eingegebene Datum dient sowohl als Vorgabe für das Buchungsdatum in den Zeilen als auch als Filter zur Abgrenzung des Lagerbestandes und der Artikelposten, die in das Buchungsblatt übernommen werden können. In den Zeilen kann das Buchungsdatum nicht mehr verändert werden.
1-4-2	Feld „Belegnr.“	Wurde im Artikelbuchblattnamen eine Nummernserie hinterlegt, wird in diesem Feld automatisch eine Nummer vergeben.

1-4-3	Feld „Berechnung pro“ <Artikelposten>	Mit dieser Option wird pro Artikelposten eine Summe für den Lagerwert gebildet.
1-4-4	Feld „Berechnung pro“ <Artikel>	Wird diese Option gewählt, wird pro Artikel summiert. Dabei können noch durch Setzen von Haken in den Feldern „Nach Lagerort“, „Nach Variante“ Gruppierungen vorgegeben werden.
1-4-5	Feld „Einst.-Preis (fest) aktual.“	Wird in diesem Feld ein Haken gesetzt, aktualisiert das System im Rahmen der Neubewertung das Feld „Einstandspreis (fest)“ auf der Artikelkarte.
H	**HINWEIS:** Ist der Haken gesetzt und ist der Artikel zum Zeitpunkt des angegebenen Buchungsdatums nicht am Lager, wird der Wert im Feld „Einstandspreis (fest)“ auf der Artikelkarte sofort aktualisiert.	
1-4-6	Feld „Berechnungsgrundlage“	Je nach der Auswahl in diesem Feld, wird im Neubewertungs Buch.-Blatt der Wert in der Spalte „Einstandspreis (neu bewertet)“ vorgeschlagen.
	<Leer>: Es wird der gleiche Wert eingetragen, wie in die Spalte „Einstandspreis (berechnet)“. <Letzter EK-Preis>: Basis für die Berechnung ist das Feld „Letzter EK-Preis“ der Lagerhaltungsdatenkarte oder der Artikelkarte. <Einst.-Preis. - Stückliste>: Basis für die Berechnung ist die Stückliste. <Einst.-Preis - Produktion>: Basis für die Berechnung ist die Fertigungsstückliste.	
1-5	Die Stapelverarbeitung wird mit OK gestartet.	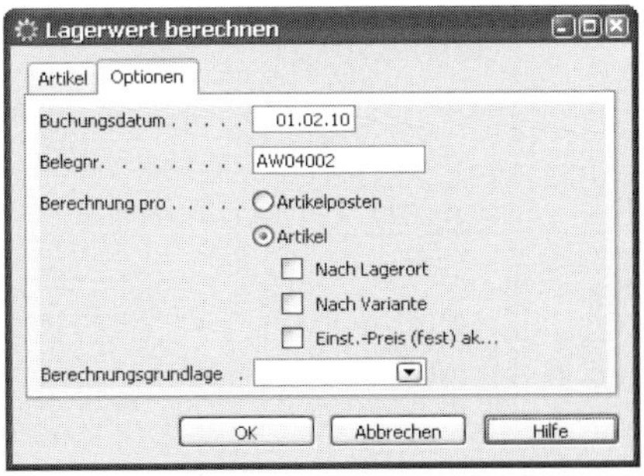
2	Im Neubewertungs Buch.-Blatt	Die Buchblattzeilen wurden entsprechend der Angaben erzeugt.

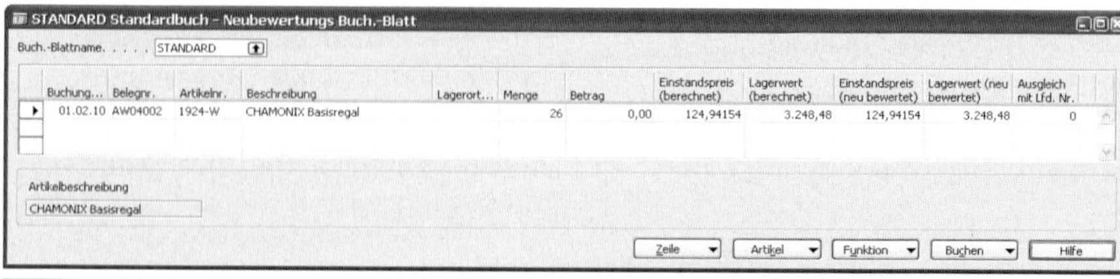

2-1	Spalte „Menge“	Hier wurde die Anzahl eingetragen, die zurzeit am Lager ist und neu bewertet werden soll.
2-2	Spalten „Einstandspreis (neu bewertet)“ und „Lagerwert (neu bewertet)“	In diese beiden Spalten wurden der neue Einstandspreis und Lagerwert vorgeschlagen. Diese Vorgaben können nun durch die korrigierten Werte überschrieben werden.

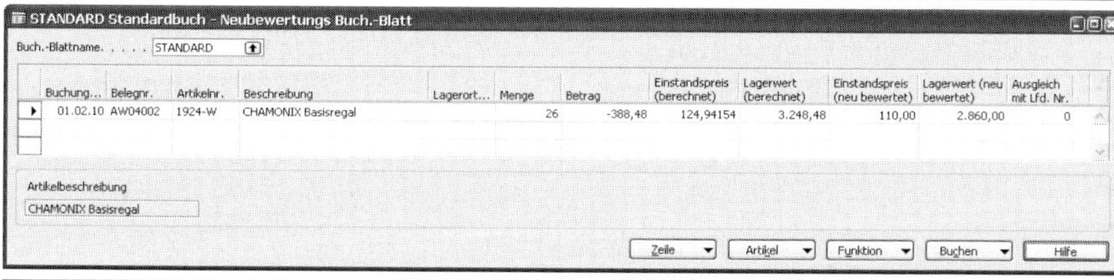

3	**Buchen ▼** / *Buchen…* oder **F11**	Buchen der Neubewertung.
3-1	**OK**	Die Meldung ist mit **OK** zu bestätigen.
AUSWIRKUNGEN		
4	*Lager / Historie / Journale / Artikeljournale*	Mit den Such- und Filterfunktionen ist das aktuelle Artikeljournal auszuwählen, Herkunftscode: NEUBWBUBL.
4-1	**Journal ▼** / *Wertposten*	Beim Buchen wurden Wertposten mit der Postenart <Neubewertung> erzeugt. Die Sachkonten in der Finanzbuchhaltung wurden mit diesem Buchungslauf noch nicht angesprochen.
4-2	2 x **ESC**	Zurück zum Hauptmenü.
5	*Lager / Planung & Ausführung / Artikel*	Hier ist für das Beispiel der Artikel 1924-W anzuzeigen.

5-1	Register Fakturierung Feld „Einstandspreis (fest)“	In diesem Feld kann mit **F6** die Übersicht der Einstandspreise aufgerufen werden.

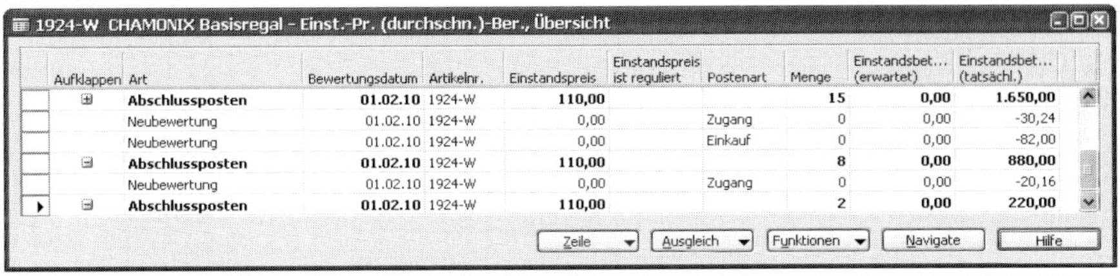

1924-W CHAMONIX Basisregal - Einst.-Pr. (durchschn.)-Ber., Übersicht

Aufklappen	Art	Bewertungsdatum	Artikelnr.	Einstandspreis	Einstandspreis ist reguliert	Postenart	Menge	Einstandsbet... (erwartet)	Einstandsbet... (tatsächl.)
⊞	**Abschlussposten**	**01.02.10**	1924-W	**110,00**			**15**	**0,00**	**1.650,00**
	Neubewertung	01.02.10	1924-W	0,00		Zugang	0	0,00	-30,24
	Neubewertung	01.02.10	1924-W	0,00		Einkauf	0	0,00	-82,00
⊟	**Abschlussposten**	**01.02.10**	1924-W	**110,00**			**8**	**0,00**	**880,00**
	Neubewertung	01.02.10	1924-W	0,00		Zugang	0	0,00	-20,16
⊟	**Abschlussposten**	**01.02.10**	1924-W	**110,00**			**2**	**0,00**	**220,00**

Zeile ▼ | Ausgleich ▼ | Funktionen ▼ | Navigate | Hilfe

5-2	In dieser Ansicht wird nach dem Aufklappen der letzten Abschlussposten deutlich, dass die Zugänge und Einkäufe zu dem eingetragenen „Einstandspreis“ im Neubewertungs Buch.-Blatt neu bewertet wurden. In der Spalte „Einstandsbetrag (tatsächl.)“ ist die Korrekturdifferenz ersichtlich.	
5-3	2 x **ESC**	Zurück zum Hauptmenü.
6	*Finanzmanagement / Lager / Bewertung / Lagerreg. fakt. Einst. Preise…*	Die Stapelverarbeitung ist mit **OK** zu starten.
7	*Finanzmanagement / Lager / Bewertung / Buchen / Lagerreg. buchen*	Die Einstellungen sind in den Registern wie unter Schritt 7 aus Punkt 5.2.1 vorzunehmen.
8	*Finanzmanagement / Finanzbuchhaltung / Historie / Journale*	Mit den Such- bzw. Filterfunktionen ist das aktuelle Artikeljournal auszuwählen, Herkunftscode LWERTBUCH.
8-1	**Journal ▼** / *Sachposten*	Der Warenbestand (#3983) hat sich im Beispiel durch die Neubewertung um 388,48 € verringert. Die Bestandsveränderung (#3960 - Lagerkorrekturkonto) wurde um 388,48 € erhöht.

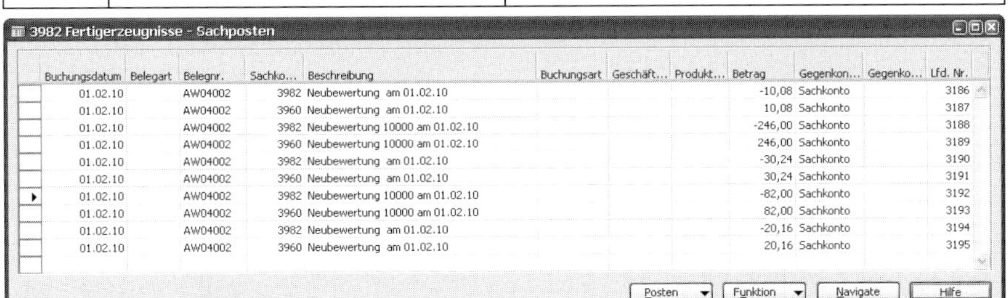

3982 Fertigerzeugnisse - Sachposten

Buchungsdatum	Belegart	Belegnr.	Sachko...	Beschreibung	Buchungsart	Geschäft...	Produkt...	Betrag	Gegenkon...	Gegenko...	Lfd. Nr.
01.02.10		AW04002	3982	Neubewertung am 01.02.10				-10,08	Sachkonto		3186
01.02.10		AW04002	3960	Neubewertung am 01.02.10				10,08	Sachkonto		3187
01.02.10		AW04002	3982	Neubewertung 10000 am 01.02.10				-246,00	Sachkonto		3188
01.02.10		AW04002	3960	Neubewertung 10000 am 01.02.10				246,00	Sachkonto		3189
01.02.10		AW04002	3982	Neubewertung am 01.02.10				-30,24	Sachkonto		3190
01.02.10		AW04002	3960	Neubewertung am 01.02.10				30,24	Sachkonto		3191
01.02.10		AW04002	3982	Neubewertung 10000 am 01.02.10				-82,00	Sachkonto		3192
01.02.10		AW04002	3960	Neubewertung 10000 am 01.02.10				82,00	Sachkonto		3193
01.02.10		AW04002	3982	Neubewertung am 01.02.10				-20,16	Sachkonto		3194
01.02.10		AW04002	3960	Neubewertung am 01.02.10				20,16	Sachkonto		3195

Posten ▼ | Funktion ▼ | Navigate | Hilfe

8-2	2 x **ESC**	Zurück zum Hauptmenü.

5.2.5 Durchführen der Inventur

In Microsoft Dynamics NAV wird die Inventur zur Ermittlung der korrekten Lagerbestände und zur Ermittlung des Wertes des Umlaufvermögens für die Buchhaltung genutzt.

Schritt	Aktion	Bemerkung
FÜLLEN DES INVENTUR BUCH.-BLATTES		
1	*Lager / Lager / Inventur Buch.-Blätter*	Öffnen der Inventurbuchungsblätter.
1-1	Spalte „Geschäftsbuchungs-gruppe", „Produktbuchungs-gruppe"	Diese beiden Spalten sind über *Ansicht / Spalte anzeigen...* in das Buch.-Blatt einzufügen.
2	Funktion ▼ / *Lagerbestand berechnen…*	Das System berechnet mit dieser Funktion die Lagerbestände zu dem Zeitpunkt, an dem die Stapelverar-beitung ausgeführt wird.
H	**HINWEIS:** Hier ist unbedingt zu beachten, dass nachträgliche Lieferungen sowohl verkaufs- als auch einkaufsseitig nicht berücksichtigt werden. Die nach dem Füllen des Inventur Buch.-Blattes und vor dem tatsächlichen Zählen gebuchten Artikelbewegungen treten somit als Differenzen auf.	
2-1	Register Artikel	
	Alle Felder	Hier kann mit Filterkriterien gearbeitet werden. Wenn keine Filter gesetzt sind, berechnet das System den Lagerbestand über alle erfassten Artikel.
2-2	Register Optionen	
2-2-1	Feld „Buchungsdatum"	Hier ist das Datum einzugeben, z.B. 17.02.10, zu dem die Inventur-buchung in der Finanzbuchhaltung berücksichtigt werden soll.
2-2-2	Feld „Belegnr."	Ist eine Nummernserie für das Buchungsblatt hinterlegt, erscheint automatisch eine Nummer, sonst muss eine Belegnummer manuell eingegeben werden, z.B. INV2010.
2-2-3	Feld „Artikel nicht auf Lager"	Wird in diesem Feld ein Haken ge-setzt, so werden auch Artikel berücksichtigt, die im System einen Lagerbestand von Null ausweisen.

H	**HINWEIS:** In keinem Fall werden Artikel in die Inventur einbezogen, auf denen noch keine Bewegungen stattgefunden haben, bei denen demnach keine Artikelposten existieren.	
2-2-4	Feld „Nach Dimensionen“	Sollen die Inventurzeilen nach Dimensionen getrennt werden, ist mit **F6** in die Dimensionsauswahl zu verzweigen, in die Spalte „Ausgewählt“ ein Haken für die gewählten Dimensionen zu setzen und mit OK zu bestätigen.

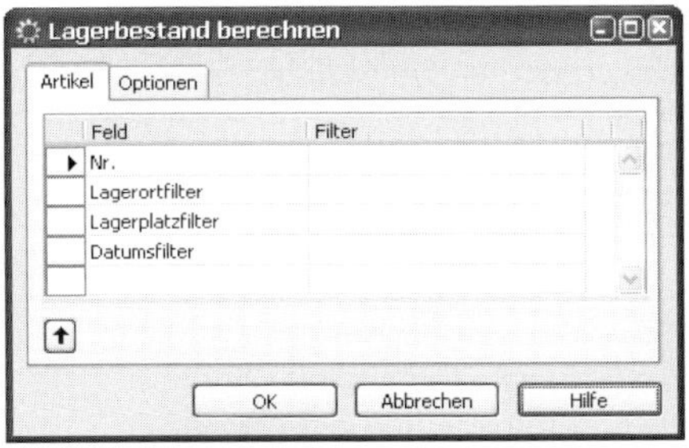

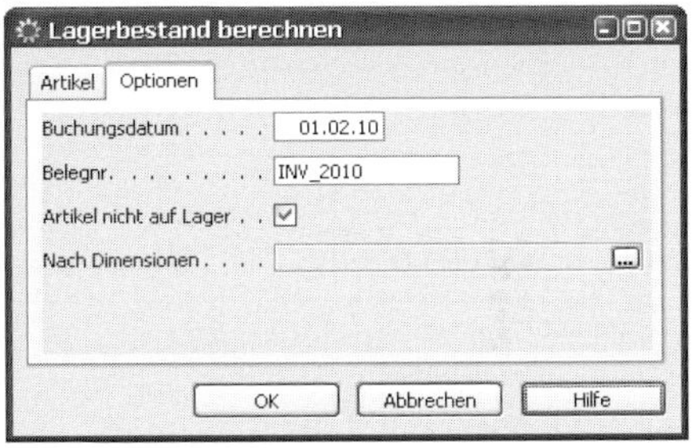

2-3	OK	Das Inventur Buch.-Blatt wird gefüllt.
H	**HINWEIS:** Im Inventur Buch.-Blatt werden die Zeilen mit den entsprechenden Artikelnummern automatisch gefüllt. Die Lagerbestände werden getrennt nach Lagerorten ausgewiesen. Die Postenart wird für alle Artikel auf <Zugang> gesetzt. Die Spalte „Menge berechnet“ zeigt den berechneten Inventurbestand an. Die Spalte „Inventurmenge“ wurde ebenfalls mit dem berechneten Inventurbestand gefüllt.	

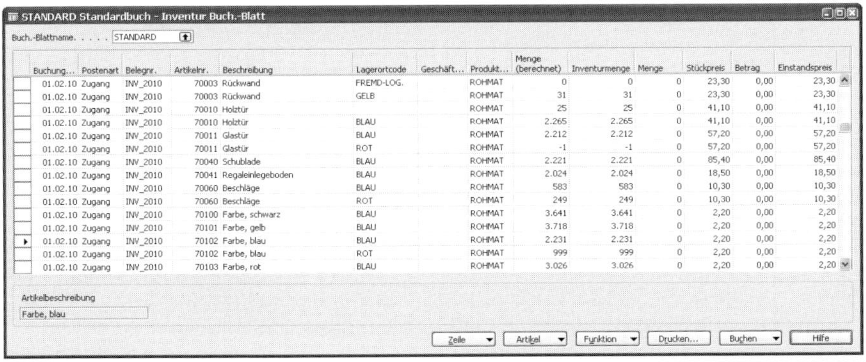

2-4	**ESC**	Zurück zum Hauptmenü.

INVENTURLISTE AUSDRUCKEN		
3	*Lager / Lager / Inventur Buch.-Blatt*	
3-1	Drucken...	Mit diesem Bericht kann die Inventurliste ausgedruckt werden.
3-2	Register Artikel Buch.-Blattname	
3-2-1	Feld „Buch.-Blattvorlagenname“	Hier ist die Buch.-Blattvorlage INVENTUR mit **F6** und OK zu übernehmen.
3-2-2	Feld „Name“	In diesem Feld ist das Buchungsblatt auszuwählen, das gedruckt werden soll.
3-3	Register Artikel Buch.-Blattzeile	
3-3-1	Felder „Kostenstelle Code“, „Kostenträger Code“, „Lager-ortcode“, „Lagerplatzcode“	Sollen Inventurlisten pro Lagerort, Lagerplatz, Kostenstelle oder Kostenträger gedruckt werden, so sind hier die entsprechenden Filterkriterien einzugeben.
3-4	Register Optionen	
3-4-1	Feld „Menge (berechnet) anzeigen“	Wird hier ein Haken gesetzt, wird die berechnete Menge in der Inventurliste angezeigt.
3-4-2	Feld „Seriennr./Chargennr. anzeigen“	Ein Haken in diesem Feld bewirkt, dass die Serien- bzw. Chargen-nummern zu den entsprechenden Artikeln ausgegeben werden.
H	**HINWEIS:** Auf eine Ausgabe der berechneten Mengen in den Zähllisten und der Serien- bzw. Chargennummern sollte in der Regel verzichtet werden, da die Sorgfalt der Inventur darunter leiden könnte.	
3-5	Seitenansicht oder Drucken...	Es wird eine Liste der im Inventur Buch.-Blatt erfassten Artikel ausge-druckt, die den Filterkriterien entsprechen.
H	**HINWEIS:** Die Zählmenge kann direkt in die ausgedruckten Inventurlisten eingetragen werden, so dass diese mit Unterschriften versehen, später als Buchungsbelege dienen. In diesem Fall dürfen weder die berechneten Mengen noch Serien- und Chargennummern ausgedruckt worden sein.	

Inventurliste 1. Februar 2010
CRONUS AG Seite 2

Buchung	Belegnr.	Artikelnr.	Beschreibung	Kostenstell Code	Kostenträg Code	Lagerortco	Lagerplatzc	Inventurmeng
01.02.10	INV_2010	70000	Seitenwand			BLAU		________
01.02.10	INV_2010	70001	Bodenplatte					________
01.02.10	INV_2010	70001	Bodenplatte			BLAU		________
01.02.10	INV_2010	70001	Bodenplatte			FREMD-LOG.		________
01.02.10	INV_2010	70001	Bodenplatte			GELB		________
01.02.10	INV_2010	70002	Deckplatte			BLAU		________
01.02.10	INV_2010	70002	Deckplatte			FREMD-LOG.		________
01.02.10	INV_2010	70002	Deckplatte			GELB		________
01.02.10	INV_2010	70003	Rückwand					________

3-6	2 x **ESC**	Zurück zum Hauptmenü.
EINTRAGEN DER INVENTURWERTE UND BUCHEN DER INVENTUR		
4	*Lager / Lager / Inventur Buch.-Blatt*	Die in den Zähllisten angegebenen Mengen werden in das Inventur Buch.-Blatt eingetragen.
4-1	Spalte „Inventurmenge“	Nachdem der tatsächliche Inventurbestand ermittelt wurde, ist dieser für jeden Artikel in dieser Spalte manuell zu übertragen.
4-2	Spalte „Menge“	Die Differenz zwischen „Menge berechnet“ und „Inventurmenge“ wird hier automatisch angezeigt.
4-3	Spalte „Betrag“	Der Betrag wird aus der „Menge“ mal dem „Stückpreis“ berechnet.
4-4	Spalte „Postenart“	Ist die Inventurmenge kleiner als die berechnete Menge, wird die Postenart automatisch in <Abgang> geändert.

STANDARD Standardbuch - Inventur Buch.-Blatt

Buch.-Blattname. . . . . STANDARD

Buchung...	Postenart	Belegnr.	Artikelnr.	Beschreibung	Lagerortcode	Geschäft...	Produkt...	Menge (berechnet)	Inventurmenge	Menge	Stückpreis	Betrag	Einstandspreis
01.02.10	Zugang	INV_2010	70003	Rückwand	BLAU		ROHMAT	2.094	2.100	6	23,30	139,80	23,30
01.02.10	Zugang	INV_2010	70003	Rückwand	FREMD-LOG.		ROHMAT	0	5	5	23,30	116,50	23,30
01.02.10	Abgang	INV_2010	70003	Rückwand	GELB		ROHMAT	31	25	6	23,30	139,80	23,30
01.02.10	Abgang	INV_2010	70010	Holztür			ROHMAT	25	20	5	41,10	205,50	41,10
01.02.10	Zugang	INV_2010	70010	Holztür	BLAU		ROHMAT	2.265	2.265	0	41,10	0,00	41,10
01.02.10	Zugang	INV_2010	70011	Glastür	BLAU		ROHMAT	2.212	2.212	0	57,20	0,00	57,20
01.02.10	Zugang	INV_2010	70011	Glastür	ROT		ROHMAT	-1	5	6	57,20	343,20	57,20
01.02.10	Zugang	INV_2010	70040	Schublade	BLAU		ROHMAT	2.221	2.221	0	85,40	0,00	85,40
01.02.10	Zugang	INV_2010	70041	Regaleinlegeboden	BLAU		ROHMAT	2.024	2.024	0	18,50	0,00	18,50
01.02.10	Zugang	INV_2010	70060	Beschläge	BLAU		ROHMAT	583	583	0	10,30	0,00	10,30
01.02.10	Zugang	INV_2010	70060	Beschläge	ROT		ROHMAT	249	249	0	10,30	0,00	10,30

Artikelbeschreibung
Regaleinlegeboden

Zeile | Artikel | Funktion | Drucken... | Buchen | Hilfe

4-5	Spalte „Stückpreis“	Bei Zugangsbuchungen muss geprüft werden, ob der eingetragene Wert korrekt ist, da die Zugänge nach der Lagerregulierung mit diesem Wert in den Buchbestand eingehen.

4-6	Zeile ▼ / *Artikelverfolgungszeilen*	Bei serien- oder chargennummernpflichtigen Artikeln muss die Serien- bzw. Chargennummer des Zugangs oder Abgangs erfasst werden.
H	**HINWEIS:** Die Geschäftsbuchungsgruppe muss manuell eingetragen werden, damit das System aufgrund der zugehörenden Matrix-Kombinationen die Konten für Lagerverbrauch und Lagerkorrektur zuordnen kann. Im Beispiel ist die Geschäftsbuchungsgruppe für alle Artikel auf NATIONAL zu setzen.	
5	Buchen ▼ / *Buchen* oder F11	Wurden alle Zeilen ausgefüllt und die Werte über den Testbericht geprüft, wird das Inventur Buch.-Blatt gebucht.
5-1	Die Frage „Möchten Sie die Buch.-Blattzeilen buchen?“ ist mit Ja zu beantworten.	Die Meldung „Die Buch.-Blattzeilen sind gebucht worden.“ ist mit OK zu bestätigen.
H	**HINWEIS:** Damit werden die mengenmäßigen Lagerbestände korrigiert. Der Lagerbestand auf der Artikelkarte im Register Allgemein wurde aktualisiert. Eine Korrektur der wertmäßigen Lagerbestände erfolgt im Rahmen der Lagerregulierung.	
H	**HINWEIS:** Werden Artikel manuell in das Inventur Buch.-Blatt eingetragen, so wird das Systemfeld „Inventur“ nicht auf <Ja> gesetzt und es kommt beim Buchen bzw. beim Füllen der Spalte „Inventurmenge“ zu einer Fehlermeldung. Weitere Artikel können nur über die Funktion „Lagerbestand berechnen“ hinzugefügt werden. Neue Artikel, die noch nicht bebucht wurden, können den Anfangsbestand über die „normalen“ Artikel Buch.-Blätter erhalten.	
INVENTURPOSTEN		
6	*Lager / Historie / Journale / Artikeljournale*	Mit den Such- bzw. Filterfunktionen ist das aktuelle Artikeljournal auszuwählen, Herkunftscode: INVEBUCHBL.
6-1	Journal ▼ / *Artikelposten*	Treten Änderungen zum berechneten Bestand in Microsoft Dynamics NAV auf, so werden für diese Artikel Artikelposten mit der entsprechenden Postenart erzeugt.

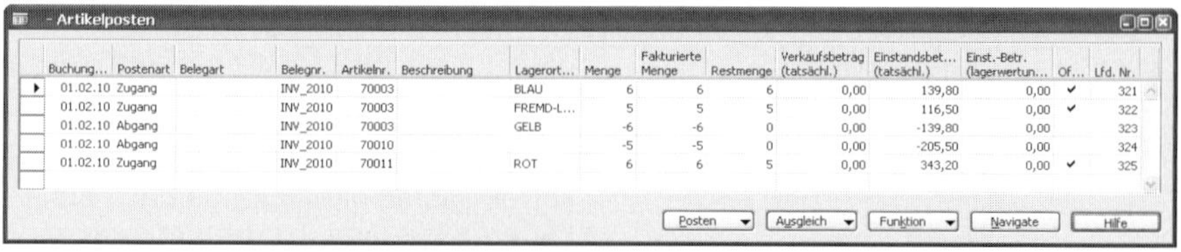
- Artikelposten

Buchung...	Postenart	Belegart	Belegnr.	Artikelnr.	Beschreibung	Lagerort...	Menge	Fakturierte Menge	Restmenge	Verkaufsbetrag (tatsächl.)	Einstandsbet... (tatsächl.)	Einst.-Betr. (lagerwertun...	Of...	Lfd. Nr.
01.02.10	Zugang		INV_2010	70003		BLAU	6	6	6	0,00	139,80	0,00	✔	321
01.02.10	Zugang		INV_2010	70003		FREMD-L...	5	5	5	0,00	116,50	0,00	✔	322
01.02.10	Abgang		INV_2010	70003		GELB	-6	-6	0	0,00	-139,80	0,00		323
01.02.10	Abgang		INV_2010	70010			-5	-5	0	0,00	-205,50	0,00		324
01.02.10	Zugang		INV_2010	70011		ROT	6	6	5	0,00	343,20	0,00	✔	325

Posten ▼ | Ausgleich ▼ | Funktion ▼ | Navigate | Hilfe

6-2	**ESC**	Zurück zum Artikeljournal.
6-3	Journal ▼ / *Inventurposten*	Um auch zu einem späteren Zeitpunkt nachvollziehen zu können, welche Bestände bei einer Inventur gezählt wurden, werden Inventurposten erzeugt, in denen die Inventurergebnisse gespeichert werden.

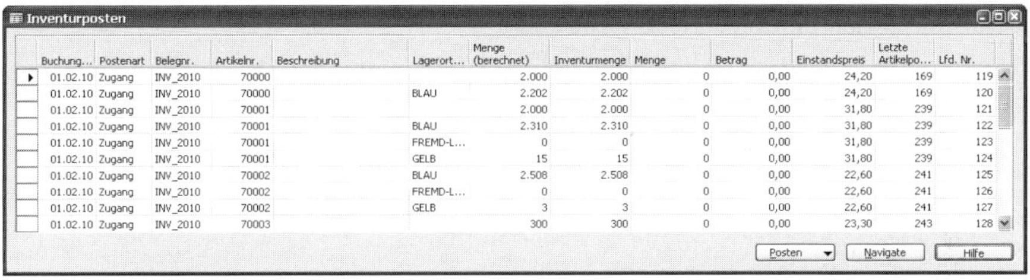
Inventurposten

Buchung...	Postenart	Belegnr.	Artikelnr.	Beschreibung	Lagerort...	Menge (berechnet)	Inventurmenge	Menge	Betrag	Einstandspreis	Letzte Artikelpo...	Lfd. Nr.
01.02.10	Zugang	INV_2010	70000			2.000	2.000	0	0,00	24,20	169	119
01.02.10	Zugang	INV_2010	70000		BLAU	2.202	2.202	0	0,00	24,20	169	120
01.02.10	Zugang	INV_2010	70001			2.000	2.000	0	0,00	31,80	239	121
01.02.10	Zugang	INV_2010	70001		BLAU	2.310	2.310	0	0,00	31,80	239	122
01.02.10	Zugang	INV_2010	70001		FREMD-L...	0	0	0	0,00	31,80	239	123
01.02.10	Zugang	INV_2010	70001		GELB	15	15	0	0,00	31,80	239	124
01.02.10	Zugang	INV_2010	70002		BLAU	2.508	2.508	0	0,00	22,60	241	125
01.02.10	Zugang	INV_2010	70002		FREMD-L...	0	0	0	0,00	22,60	241	126
01.02.10	Zugang	INV_2010	70002		GELB	3	3	0	0,00	22,60	241	127
01.02.10	Zugang	INV_2010	70003			300	300	0	0,00	23,30	243	128

H	**HINWEIS:** Nach dem Füllen des Inventur Buch.-Blattes können sich die Bestände durch nachträgliche Artikel-, Einkaufs- und Verkaufslieferungen noch verändern. Aus diesem Grund werden in den Inventurposten auch der berechnete Bestand zum Inventurzeitpunkt und die Nummer des letzten berücksichtigten Artikelpostens erfasst.

6-4	2 x **ESC**	Zurück zum Hauptmenü.

5.3 Arbeiten mit Lagerorten

In Microsoft Dynamics NAV ist es möglich, mehrere Lagerorte zu verwalten. In Verbindung mit Einkäufen, Verkäufen und der Produktion kann dann bei den Artikel Zugangs- und Abgangsbuchungen der jeweilige Lagerort angesprochen werden.

5.3.1 Einrichtungen zum Arbeiten mit Lagerorten

Wird mit mehreren Lagerorten gearbeitet, so muss in der Einrichtung festgelegt werden, ob bei einer Buchung, z.B. über Artikel Buch.-Blätter oder über Einkaufs- und Verkaufsbelege, die Angabe eines Lagerortes notwendig ist.

Schritt	Aktion	Bemerkung
1	*Lager / Einrichtung / Lager Einrichtung*	Die Lagereinrichtung wird geöffnet.
1-1	Register Lagerort Feld „Lagerort notwendig“	Wird in diesem Feld ein Haken gesetzt, verlangt das System bei jeder Artikelbuchung einen Lagerort. Somit ist sichergestellt, dass Buchungen ohne Lagerort nicht möglich sind.
H	**HINWEIS:** Wird mit mehreren Lagerorten gearbeitet, sollte diese Einrichtung vorgenommen werden, da in einigen Auswertungen und Darstellungen ein leerer Lagerort nicht berücksichtigt wird.	
1-2	**ESC**	Zurück zum Hauptmenü.
2	*Lager / Aufträge & Kontakte / Debitoren*	Für Debitoren kann ein Standardlagerort festgelegt werden.
2-1	Register Lieferung Feld „Lagerortcode“	In diesem Feld ist der Lagerort einzutragen, von dem der Kunde standardmäßig beliefert wird.
2-2	**ESC**	Zurück zum Hauptmenü.
3	*Lager / Aufträge & Kontakte / Kreditoren*	Auch für Kreditoren kann ein Standardlagerort festgelegt werden.
3-1	Register Lieferung Feld „Lagerortcode“	In diesem Feld ist der Lagerort einzutragen, auf den die Waren von diesem Lieferanten standardmäßig gebucht werden sollen.
3-2	**ESC**	Zurück zum Hauptmenü.

5.3.2 Einrichten von Lagerorten

Die Lagerorte in Microsoft Dynamics NAV bilden die verschiedenen Lager ab, die ein Unternehmen besitzt. Dabei kann es sich z.B. um ein Hauptlager, Außenlager, Sperrlager, Wareneingangslager, Baustellenlager usw. handeln.

Schritt	Aktion	Bemerkung
1	*Lager / Einrichtung / Lagerorte*	
2	Register Allgemein	
2-1	Den Cursor im Feld „Code“ positionieren. Mit **F3** wird ein neuer Lagerort erzeugt.	In diesem Feld ist ein Code für den neuen Lagerort einzugeben.
2-2	Feld „Name“	Hier ist die korrekte Bezeichnung des Lagers einzugeben.
2-3	Felder „Adresse“, „Adresse 2“ und „PLZ-Code/Ort“	In diese Felder ist die Anschrift des Lagers einzutragen.
2-4	Feld „Länder-/Regionscode“	Mit **F6** und OK ist der entsprechende Ländercode einzutragen. Für Lager in Deutschland wird DE eingetragen.
2-5	Feld „Kontakt“	Hier kann eine Kontaktperson eingetragen werden.
2-6	Feld „Als Transitlager verwenden“	Dauert der Transport der Ware mehrere Tage, Wochen oder Monate, so können dafür Transitlagerorte eingerichtet werden. Dann ist in dieses Feld ein Haken zu setzen.

3	Register Kommunikation	
3-1	Alle Felder	Hier sind die entsprechenden Daten für Telefon, Fax, E-Mail und Homepage einzutragen.

4	Register Logistik	
4-1	Felder „Wareneingang erforderlich“ und „Einlagerung erforderlich“	Sollen Wareneingänge und Einlagerungen über den Punkt Wareneingänge bzw. Einlagerungen des Moduls Logistik erfasst werden, so ist hier ein Haken zu setzen.
H	**HINWEIS:** Ist in einem der Felder „Wareneingang erforderlich“ oder „Einlagerung erforderlich“ ein Haken gesetzt und wird dieser Lagerort in den Einkaufs- bzw. Verkaufsbelegen (*Lager / Aufträge & Kontakte)* verwendet, so werden bei der Eingabe der Menge in die Spalte „Menge“ die Werte in den Spalten „Menge akt. Lieferung“ und „Menge akt. Rechnung“ nicht übernommen. Werden die Werte dann manuell eingetragen erscheint folgender Hinweis:  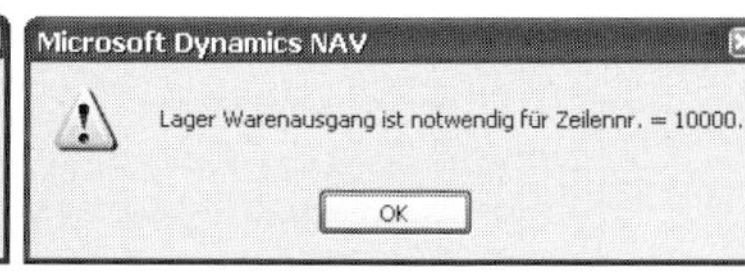 Die Buchung der Lieferung muss in diesem Fall im Modul Logistik (Lager / *Logistikmanagement / Einlagerungen bzw. Lager / Auftragsbezogene Logistik / Lagereinlagerungen*) erfolgen.	
4-2	Feld „Einlagerungsvorschl. verwenden“	Hier kann festgelegt werden, ob beim Buchen von Wareneingängen Einlagerungsanweisungen erzeugt werden sollen (Feld ist nicht aktiviert) oder ob die Zeilen im Einlagerungsvorschlag verfügbar gemacht werden sollen (Feld ist aktiviert).
4-3	Feld „Kommissionierung erforderlich“	Wird das Modul Kommissionierungen in diesem Lager verwendet, ist ein Haken zu setzen. Dann bucht das System automatisch den Verbrauch und erzeugt Artikelposten, wenn die Kommissionierung gebucht wird.
4-4	Feld „Lagerplatz notwendig“	Ist hier ein Haken gesetzt, so ist bei jedem Vorgang zwingend ein Lagerplatz zu verwenden.
4-5	Feld „Gesteuerte Einlag. u. Kommiss.“	Wurde „Lagerplatz notwendig“ aktiviert, ist eine Eingabe in diesem Feld möglich. Dies ist die Voraussetzung dafür, dass das Feld „MDE verwenden“ editierbar ist und die Felder in den Registern Lagerplätze und Lagerplatzprüfung für weitere Eingaben zur Verfügung stehen.

	Darüber hinaus wurden die Felder „Wareneingang erforderlich“, „Warenausgang erforderlich“, „Einlagerung erforderlich“ und „Kommissionierung erforderlich“ automatisch auf Ja gesetzt.	
4-6	Feld „MDE verwenden“	Ist hier ein Haken gesetzt, so ist im Lager ein mobiles Datenerfassungssystem zwingend im Einsatz.
4-7	Feld „Vorg.-Lagerplatzauswahl“	Wurde im Feld „Lagerplatz notwendig“ ein Haken gesetzt und ist das Feld „Gesteuerte Einlag. u. Kommiss.“ nicht aktiv, kann hier die Methode für die Standardzuweisung eines Lagerplatzes für einen Artikel ausgewählt werden.
	<Standardlagerplatz> bedeutet, dass den Artikeln ein Standardlagerplatz zugewiesen wird, der immer gleich bleibt. <Zuletzt verw. Lagerplatz> zeigt an, dass die Standardlagerplätze basiert auf dem letzen Lagerplatz des Artikels eingerichtet werden. <leer> bedeutet, dass die gesteuerte Einlagerung und Kommissionierung verwendet wird.	
4-8	Felder „Ausgeh. Lagerdurchlaufzeit“ und „Eingeh. Lagerdurchlaufzeit“	Diese Felder enthalten die ausgehende bzw. eingehende Lagerdurchlaufzeit. Die Eingaben werden dann bei der Berechnung des geplanten bzw. erwarteten Lieferdatums in einem Verkaufsauftrag oder in einer Einkaufsbestellung verwendet.
4-9	Feld „Basiskalendercode“	Hier kann mit **F6** und OK der gültige Kalender für dieses Lager eingetragen werden, auf dessen Basis dann die Lieferdaten berechnet werden.
4-10	Feld „Zuordnung verwenden“	Die Zuordnungsfunktionalität für Artikel ist nur verfügbar, wenn die Funktionen des Warenein-, Warenausgangs und der Einlagerung aktiviert wurden.
4-11	Feld „Zuord.-Fälligkeitsdatum ber.“	Dieses Feld ist aktiv, wenn im Feld „Zuordnung verwenden“ ein Haken gesetzt wurde. Der hier eingegebene Zeitraum gibt an, wie weit in die Zukunft nach Möglichkeiten der Zuordnung gesucht werden soll.

	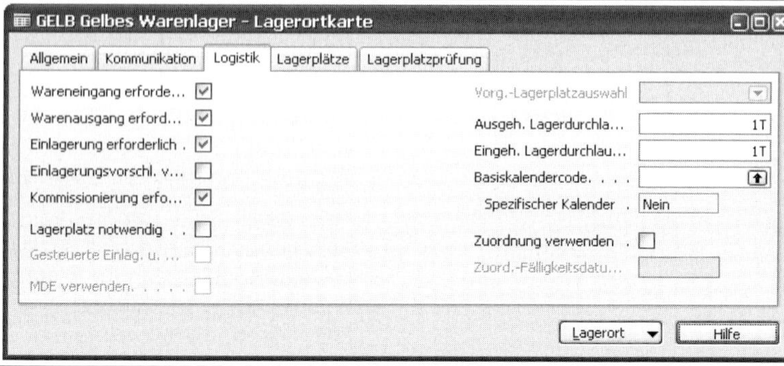	
5	Register Lagerplätze	
5-1	Wareneingang Felder „Wareneingangslager-platzcode" und Warenausgang „Warenausgangslager-platzcode"	Wurden für dieses Lager unter Lagerort ▼ / *Lagerplätze*, Lager-plätze eingerichtet, kann hier mit F6 und OK der Lagerplatz ausgewählt werden, an dem die Lieferung eintrifft bzw. von dem geliefert wird. Beim Erstellen eines Wareneingangs oder Warenausgangs wird dann dieser Lagerplatzcode standardmäßig in den Wareneingangskopf bzw. Warenausgangskopf in das Feld „Lagerplatzcode" übernommen.
5-2	Produktion Feld „Off. Fert.-Ber.-Lagerpl.-Code"	Dieses Feld enthält für die Produktion den Lagerplatzcode für den offenen Fertigungsbereitstellungslagerplatz.
5-3	Feld „Fert.-Bereitst.-Lager-platzcode"	Hier kann mit F6 und OK der Lagerplatz ausgewählt werden, der die bereits kommissionierten Artikel für die Produktion enthält.
5-4	Feld „Fert.-Ausgangslager-platzcode"	Hier wird der Standardlagerplatzcode für bereits gefertigte Artikel mit F6 und OK hinterlegt.
5-5	Ausgleich Feld „Ausgleichslagerplatz-code"	Hier kann der Lagerplatzcode für die Erfassung von festgestellten Differenzen mit F6 und OK einge-tragen werden. Auf diesen Lagerplatz kann keine Einlagerung von Artikeln erfolgen.

5-6	Zuordnung Feld „Zuordnungslagerplatz-code“	Wird hier mit **F6** und **OK** ein Lagerplatzcode eingetragen, wird dieser bei der Erstellung eines neuen Wareneingangs als Vorgabelagerplatz für die Zuordnung der Artikel verwendet.
5-7	Stückliste Feld „Eingeh. Stückl.-Lagerplatzcode“ Feld „Ausgeh. Stückl.-Lagerplatzcode“	Wird hier mit **F6** und **OK** ein Lagerplatzcode eingetragen, wird dieser Lagerplatz als Vorgabe für Artikel verwendet, die als Komponenten über das Stücklisten Buch.-Blatt verbraucht werden.
	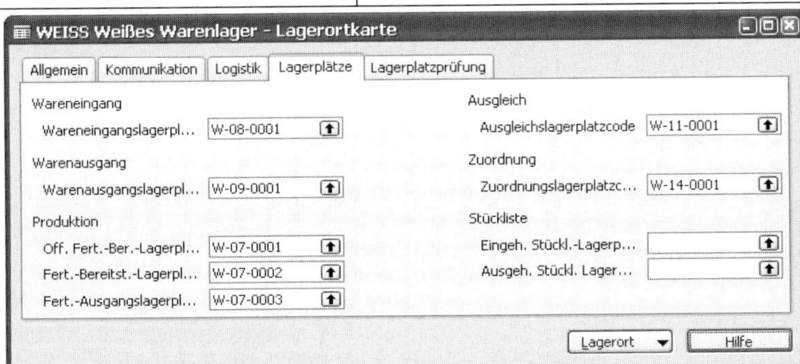	
6	Register Lagerplatzprüfung	
6-1	Feld „Lagerhilfsmittel“	In diesem Feld kann mit **F6** und **Enter** eingestellt werden, wo das System bei der Zuweisung von Lagerhilfsmitteln zu Lageraktivitäten zuerst sucht: <Nach Lagerplatz> oder <Nach Lagerhaltungsdaten/Artikel>. Wenn <leer> gewählt wird, wird das Feld „Lagerhilfsmittel“ für die Lageraktivität nicht gefüllt.
6-2	Feld „Lagerplatzkapazitätsprüfung“	Dieses Feld gibt an, ob Kapazitätsprüfungen durchgeführt werden. Folgende Optionen stehen zur Verfügung: <Kapazität nie prüfen>, <Kapazitätsüberschreitung zulassen> und <Kapazitätsüberschreitung verhindern>.
6-3	Feld „Gebindeanbruch zulassen“	Ist in diesem Feld ein Haken gesetzt, kann ein Auftrag mit Artikeln bedient werden, die in einer anderen Mengeneinheit gelagert werden als der im Auftrag angegebenen.

6-4	Feld „Einlagerungsvorlagen-code“	Hier ist mit **F6** und OK die Einlagerungsvorlage auszuwählen, die für diesen Lagerort gelten soll.
6-5	Felder „Einlag.-Zeilen immer erstellen“ und „Komm.-Zeilen immer erstellen“	Ist in diesen Feldern ein Haken gesetzt, werden auch dann für die Einlagerung Einlagerungsanforderungszeilen bzw. für die Kommissionierung Kommissionierzeilen erstellt, wenn keine passende Zone und kein Lagerplatz gefunden wird. Diese Felder bleiben dann leer und müssen manuell gefüllt werden, bevor die Zeilen registriert werden können.
6-6	Feld „Gemäß FEFO kommissionieren“	FEFO (First-Expired-First-Out) bestimmt die Methode, die das Auswählen von Artikeln aus dem Lager in Abhängigkeit von ihrem Ablaufdatum festlegt. Sie bestimmt welche Artikel als erste kommissioniert werden. Wenn hier der Haken gesetzt ist, muss für eine korrekte Funktionsweise gewährleistet sein, dass die Artikelverfolgung für die betroffenen Artikel eingerichtet ist und die Artikelposten mit Ablaufdaten registriert und gebucht sind.
	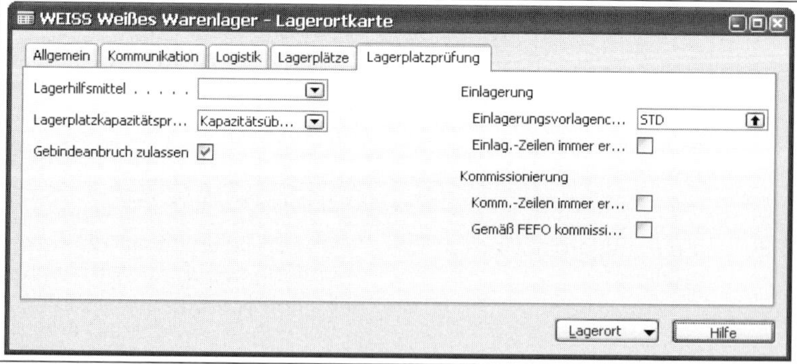	
7	**ESC**	Zurück zum Hauptmenü.

Kapitel 6 - Verkauf & Marketing

Im Modul Verkauf & Marketing können alle Aktivitäten durchgeführt werden, die für eine stabile Kundenbeziehung notwendig sind. Hier können Kontakte, Debitoren, Verkäufer, Teams, Aufgaben und Kampagnen verwaltet werden.

In der Auftragsabwicklung wird der Belegfluss mit dem Kunden realisiert. Ergänzt werden diese Vorgänge durch die verschiedenen Möglichkeiten der Preisgestaltung am Artikel und die Gegenüberstellung von Plan- und Ist-Zahlen für Artikel und Kunden, siehe Kapitel 3.

6.1 Kampagnen, Aktivitäten und Segmente

In Microsoft Dynamics NAV bilden die Kampagnen den Rahmen für die Marketing- und Verkaufsaktionen eines Unternehmens. Eine weitere Grundlage sind die Aktivitätenvorlagen, die in die Segmente eingebunden werden. Aus den Segmenten werden die Aktivitäten erstellt.

6.1.1 Einrichten von Aktivitätenvorlagen

Aktivitätenvorlagen sind Muster zum Erstellen von Aktivitäten, die den Segmenten später zugeordnet werden können. Sie können bereits Dateianhänge enthalten.

Schritt	Aktion	Bemerkung
1	*Verkauf & Marketing / Einrichtung / Aktivität / Vorlagen*	Öffnen der Übersicht Aktivitätenvorlagen.
2	Allgemeine Informationen	
2-1	Spalte „Code“	Mit F3 ist eine neue Zeile anzulegen und ein eindeutiger Code für die Aktivitätenvorlage zu vergeben.
2-2	Spalte „Aktivitätengruppe“	Hier kann mit F6 und OK die Aktivitätenvorlage einer Aktivitätengruppe zugeordnet werden.
2-3	Spalte „Beschreibung“	In dieser Spalte kann eine kurze Beschreibung der Vorlage eingetragen werden.
2-4	Spalten „Einstandspreis“ und „Vorgabedauer (Min.)“	Sind die Kosten bzw. die übliche Dauer für die Aktivität bekannt, können sie hier entsprechend angegeben werden.

2-5	Spalte „Veranlasst durch“	Hier kann ausgewählt werden, durch wen die aus der Vorlage erstellten Aktivitäten normalerweise veranlasst werden.
2-6	Spalte „Informationsfluss“	Die Richtung des Informationsflusses kann in dieser Spalte gewählt werden.
3	Kampagnenspezifische Informationen	
3-1	Spalte „Kampagnennr.“	Soll die Aktivitätenvorlage genau einer Kampagne zugeordnet werden, ist diese mit **F6** und **OK** in die Zeile einzutragen.
3-2	Spalte „Kampagnenziel“	Wenn die aus dieser Vorlage entstehenden Aktivitäten der Kontakte das Ziel der Kampagne darstellen, ist hier ein Haken zu setzen, siehe Schema 6.1.4.
3-3	Spalte „Kampagnenreaktion“	Hier ist für statistische Zwecke ein Haken zu setzen, wenn die Aktivitäten eine Reaktion auf eine Kampagne darstellen, wie z.B. Einladungsbestätigungen (siehe Schema 6.1.4).

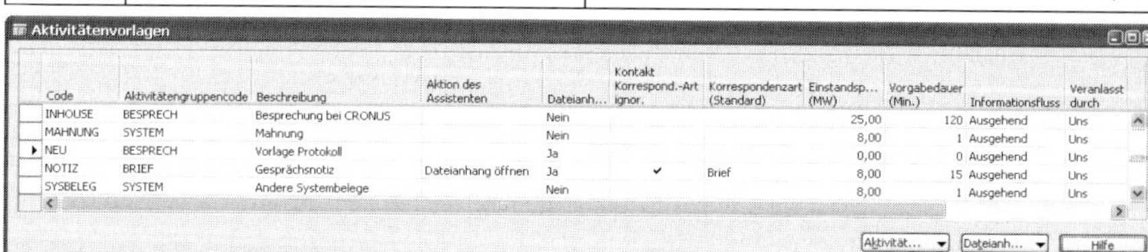
Aktivitätenvorlagen

Code	Aktivitätengruppencode	Beschreibung	Aktion des Assistenten	Dateianh...	Kontakt Korrespond.-Art ignor.	Korrespondenzart (Standard)	Einstandsp... (MW)	Vorgabedauer (Min.)	Informationsfluss	Veranlasst durch
INHOUSE	BESPRECH	Besprechung bei CRONUS		Nein			25,00	120	Ausgehend	Uns
MAHNUNG	SYSTEM	Mahnung		Nein			8,00	1	Ausgehend	Uns
NEU	BESPRECH	Vorlage Protokoll		Ja			0,00	0	Ausgehend	Uns
NOTIZ	BRIEF	Gesprächsnotiz	Dateianhang öffnen	Ja	✓	Brief	8,00	15	Ausgehend	Uns
SYSBELEG	SYSTEM	Andere Systembelege		Nein			8,00	1	Ausgehend	Uns

Aktivität... Dateianh... Hilfe

4	Dateianhangsspezifische Informationen	
4-1	Spalte „Korrespondenzart“	In diese Spalte kann mit **F6** und **Enter** die vorwiegende Art eingetragen werden, wie der Dateianhang an die Kunden übermittelt wird. Es kann zwischen den Optionen <Brief>, <E-Mail>, <Fax> und <leer> unterschieden werden.
4-2	Spalte „Dateianhang“	Wurde dieser Vorlage ein Dateianhang zugewiesen, so ist hier <Ja> eingetragen. Mit **F6** kann die angefügte Datei geöffnet werden. Wie ein Dateianhang erzeugt wird, wird ab Schritt 5 beschrieben.

4-3	Spalte „Aktion des Assistenten“	Beim Verwenden des verfügbaren Assistenten wird eine Aktion ausgelöst, sobald die Schaltfläche Weiter > gedrückt wird. Welche Aktion hier ausgelöst wird, kann in dieser Spalte mit **F6** festgelegt werden.
H	**HINWEIS:** Die eingegebenen Werte werden bei der Erstellung von Aktivitäten mit dem Assistenten, bzw. über Segmente, als Standardwerte übernommen und können dann noch bearbeitet werden.	
5	Dateianhang der Aktivitätenvorlage zuweisen.	
5-1	Dateianhang ▼ / *Importieren…*	Dieser Menüpunkt ist auszuwählen, um ein bereits existierendes Word-Dokument als Dateianhang zu importieren.
5-2	Entsprechende Datei auswählen und mit Öffnen übernehmen.	In der Spalte „Dateianhang“ wird automatisch die Option von <Nein> auf <Ja> geändert.
5-3	Dateianhang ▼ / *Erstellen…*	Dieser Punkt ist zu wählen, wenn ein neues Word-Dokument erzeugt werden soll.
5-4	Ein neues Word-Dokument wird geöffnet.	Dieses Dokument ist als Serienbriefdokument einzurichten. (Text und Seriendruckfelder definieren)
5-5	Dokument schließen	
5-6	Nebenstehende Frage sollte mit Ja beantwortet werden.	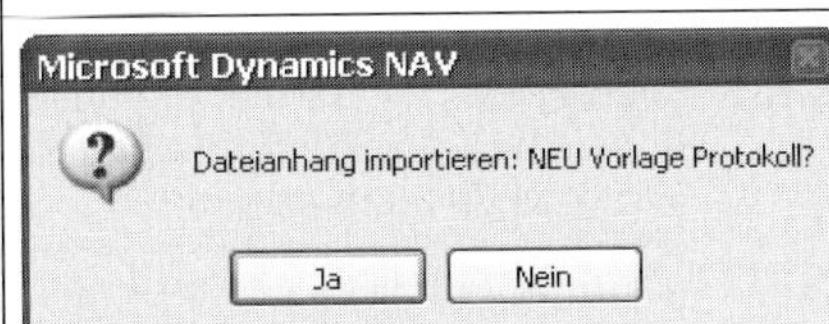
6	**ESC**	Zurück zum Hauptmenü.

6.1.2 Einfügen von Dateianhängen in Aktivitätenvorlagen

Als Dateianhänge können alle Arten von Dokumenten verwendet werden, z. B. Microsoft Excel Dateien oder Textdateien. Aus Microsoft Dynamics NAV heraus ist es möglich, Dokumente in Microsoft Word zu erstellen.

Schritt	Aktion	Bemerkung
1	*Verkauf & Marketing / Einrichtung / Aktivität / Vorlagen*	Öffnen der Aktivitätenvorlage der ein Dateianhang zugewiesen werden soll.
1-1	Spalte „Code“	Mit den Such- bzw. Filterfunktionen ist die Aktivitätenvorlage zu aktivieren, der ein Dateianhang zugewiesen werden soll.
⇒ Zum Erstellen von Microsoft Word Dokumenten aus Microsoft Dynamics NAV weiter mit Schritt 2 ⇒ Zum Importieren von bestehenden Dokumenten als Dateianhang weiter mit Schritt 3 ⇒ Zum Kopieren eines bereits existierenden Dateianhangs einer anderen Aktivitätenvorlage weiter mit Schritt 4		
ERSTELLEN VON MICROSOFT WORD DOKUMENTEN		
2	[Dateianhang ▼] / *Erstellen…*	Microsoft Word wird automatisch gestartet und es wird ein neues Dokument geöffnet. Der Name des Dokumentes setzt sich aus der Spalte „Code“ und „Beschreibung“ zusammen.
H	**HINWEIS:** Ist bereits ein Dateianhang angefügt, folgt eine Abfrage, ob der bereits bestehende Dateianhang ersetzt werden soll. Diese Frage ist mit [JA] zu beantworten.	
2-1	Bearbeiten des Dokumentes	Das Dokument ist wie gewohnt zu bearbeiten. Soll daraus ein Serienbrief erstellt werden, sind Seriendruckfelder einzufügen.
2-2	In Microsoft Word *Extras / Briefe und Sendungen / Serienbrieferstellung*	Durch diesen Aufruf wird die Symbolleiste für den Seriendruck aktiviert.
2-3	Schaltfläche  (Seriendruckfelder einfügen)	Die Auswahl beinhaltet als Seriendruckfelder die Felder aus Microsoft Dynamics NAV.

2-4	*Datei / Schließen*	Das Dokument wird geschlossen und die Änderungen werden gespeichert.
2-5	Soll das Dokument als Anhang importiert werden, ist nebenstehende Frage mit Ja zu beantworten.	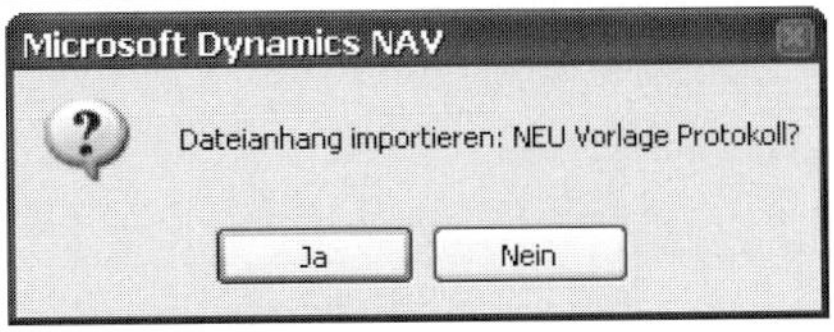
H	**HINWEIS:** Solange das Dokument, das von Microsoft Dynamics NAV aus in Microsoft Word geöffnet wurde, geöffnet ist, kann in Microsoft Dynamics NAV nicht gearbeitet werden.	
⇒ weiter mit Schritt 5		
IMPORTIEREN VON DOKUMENTEN		
3	Dateianhang ▼ / *Importieren…*	Bereits vorhandene Dokumente können nach Microsoft Dynamics NAV importiert werden.
H	**HINWEIS:** Ist bereits ein Dateianhang angefügt, so erscheint die Abfrage, ob der bereits bestehende Dateianhang ersetzt werden soll. Diese Frage ist mit JA zu beantworten.	
3-1	Laufwerk, Pfad und Dateiname sind im Dialogfenster „Dateianhang importieren" auszuwählen.	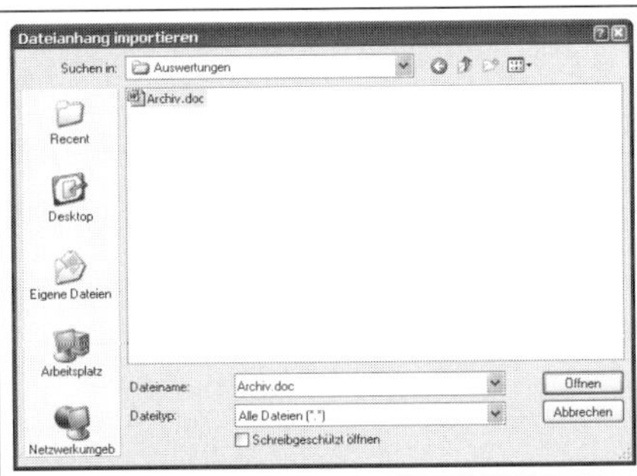
3-2	Öffnen	Das Dokument wird importiert.
⇒ weiter mit Schritt 5		
KOPIEREN VON DATEIANHÄNGEN		
4	Dateianhang ▼ / *Kopieren von…*	Es ist auch möglich, Dateianhänge aus anderen Aktivitätenvorlagen zu kopieren.
H	**HINWEIS:** Ist bereits ein Dateianhang angefügt, so erscheint die Abfrage, ob der bereits bestehende Dateianhang ersetzt werden soll. Diese Frage ist mit JA zu beantworten.	

4-1	Der Cursor ist in der Aktivitätenvorlage zu positionieren, von der der Dateianhang übernommen werden soll.	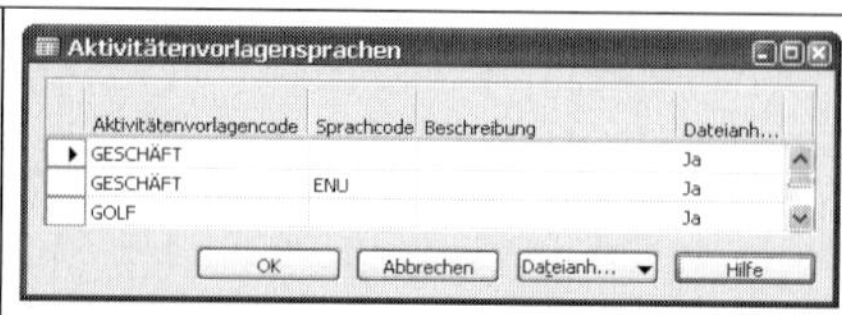

4-2	OK	Der Dateianhang wird in die Aktivitätenvorlage eingefügt.
5	Spalte „Dateianhang“	Hier wurde der Wert automatisch auf <Ja> geändert. Über den Assist-Button wird der Dateianhang geöffnet und kann weiter bearbeitet werden.

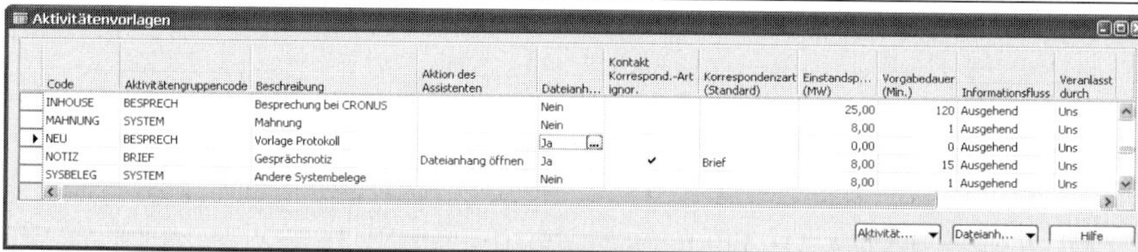

5-1	ESC	Zurück zum Hauptmenü.

6.1.3 Erstellen einer Kampagne

Für die Steuerung von Verkaufs- und Marketingaktionen können in Microsoft Dynamics NAV entsprechende Kampagnen erstellt werden. Diese Kampagnen sind in der Regel zeitlich befristete Aktionen. Kampagnen enthalten alle Aktivitäten, die für die Durchführung erforderlich sind. Nachfolgend wird die Erstellung einer Kampagne beschrieben.

Schritt	Aktion	Bemerkung
1	*Verkauf & Marketing / Marketing / Kampagnen*	Öffnen der Kampagnenkarte.
2	Register Allgemein	
2-1	Den Cursor im Feld „Nr." positionieren.	Mit **F3** ist eine neue Kampagne zu erzeugen.
2-2	Beim Verlassen des Feldes „Nr.", mit z.B. **Enter**, wird eine neue Nummer vergeben.	Ist keine Nummernserie hinterlegt, muss die Kampagnennummer manuell eingetragen werden.
2-3	Feld „Beschreibung"	In diesem Feld kann eine nähere Erläuterung zur Kampagne eingegeben werden.
2-4	Feld „Statuscode"	Hier kann mit **F6** und OK der Status der Kampagne festgelegt werden. Er ist nach jeder Aktion neu zu prüfen.
2-5	Felder „Startdatum" und „Enddatum"	Da Kampagnen eine zeitliche Begrenzung haben, kann sie in diesen Feldern erfasst werden.
2-6	Feld „Verkäufercode"	Hier kann der Kampagne mit **F6** und OK ein verantwortlicher Verkäufer zugeordnet werden.

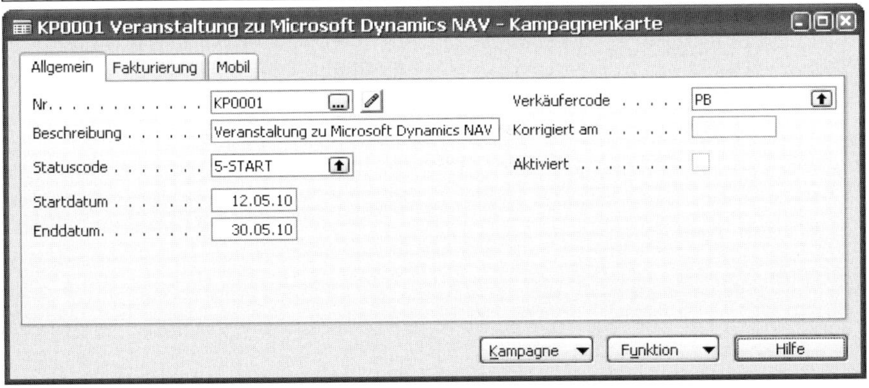

2-7	Feld „Korrigiert am“	Dieses Feld wird vom System gefüllt und kann nicht geändert werden.
3	Register Fakturierung	
3-1	Felder „Kostenstelle Code“ und „Kostenträger Code“	Diese Felder sind nach Bedarf zu füllen, wenn die Kampagne genau zugeordnet werden soll.
4	Register Mobil	
4-1	Felder „Sichtbares Datum“ und „Startdatum Verkauf“ und „Enddatum Verkauf“	Hier können weitere Datumsangaben direkt für Verkaufsaktivitäten eingetragen werden.
5	Kampagne ▼ / *Statistik* oder **F9**	
5-1	Feld „Anzahl Kontaktaufnahmen“	Dieses Feld enthält die Anzahl der in den Segmenten erzeugten Zielkontakte, wenn dort im Register Kampagne das Feld „Kampagnenziel“ aktiviert wurde. Mit **F6** kann eine Übersicht der angesprochenen Kontakte und der damit verbundenen Aktivitäten aufgerufen werden.
5-2	Feld „Anzahl Kontaktantworten“	Dieses Feld enthält die Anzahl der Kontakte, die auf die Kampagne reagiert haben. Mit **F6** kann eine Übersicht der Kontakte, die auf die Kampagne reagiert haben, aufgerufen werden.
5-3	**ESC**	Zurück zur Kampagne.
6	Kampagne ▼ / *Segmente*	Über diesen Button können die der Kampagne zugeordneten Segmente aufgerufen werden.
7	2 x **ESC**	Zurück zum Hauptmenü.

6.1.4 Anlegen eines Segmentes

Segmente bilden die Grundlage der Marketingaktionen. Mit ihnen können Unternehmen und Kontaktpersonen in einer Marketingaktion angesprochen werden. Ein Segment kann mit einer Kampagne verknüpft werden. Dabei werden bestimmte Aktionen direkt vom Segment aus durchgeführt.

Schritt	Aktion	Bemerkung
1	*Verkauf & Marketing / Marketing / Segmente*	Öffnen der Segmente.
2	Register Allgemein	
2-1	Feld „Nr."	Mit **F3** ist ein neues Segment zu erzeugen.
2-2	Beim Verlassen des Feldes „Nr.", mit z.B. **Enter**, wird eine neue Nummer vergeben.	Ist keine Nummernserie hinterlegt, muss die Segmentnummer manuell vergeben werden.
2-3	Feld „Beschreibung"	In diesem Feld kann eine nähere Erläuterung zum Segment eingegeben werden.
2-4	Feld „Verkäufercode"	Mit **F6** und **OK** kann ein verantwortlicher Verkäufer aus der Verkäuferübersicht ausgewählt werden.
2-5	Feld „Datum"	Hier kann ein Datum festgelegt werden. Vom System wird hier das Arbeitsdatum vorgeschlagen.

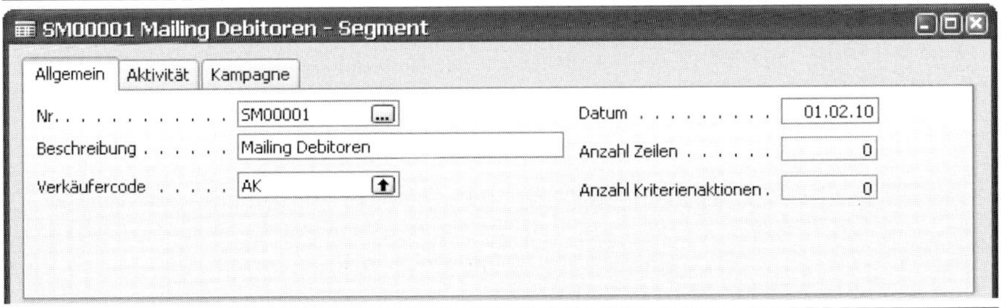

2-6	Feld „Anzahl Zeilen"	Dieses Feld wird automatisch vom System gefüllt, wenn die Funktion Kontakt hinzufügen bzw. Kontakt entfernen ausgeführt wurde.

2-7	Feld „Anzahl Kriterienaktionen“	Dieses Feld wird ebenfalls vom System gefüllt. Mit F6 können die Kriterien angezeigt werden, nach denen die Kontakte ausgewählt wurden.
3	Register Aktivität	
3-1	Feld „Aktivitätenvorlagen-code“	Hier kann mit F6 und OK eine Aktivitätenvorlage ausgewählt werden. Die Inhalte der Felder aus der Vorlage werden automatisch in die des Segments übernommen.
3-2	Feld „Betreff (Standard)“	Der Eintrag in diesem Feld wird als Betreff in den zu erstellenden E-Mails und Word Dokumenten verwendet.
3-3	Felder „Kontakt Korrespond.-Art ignor.“ und „Korrespondenzart (Standard)“	Wird im Feld „Kontakt Korrespond.-Art ignor.“ ein Haken gesetzt, wird die Korrespondenzart des Kontaktes ignoriert und die Angabe im Feld „Korrespondenzart (Standard)“ verwendet.
3-4	Feld „Word-Dokumente als Anh. senden“	Ist der hinterlegte Dateianhang ein Word-Dokument und wird in dieses Feld ein Haken gesetzt, so wird das Dokument als Anhang der E-Mail versendet. Dabei muss als Korrespondenzart <E-Mail> hinterlegt sein.

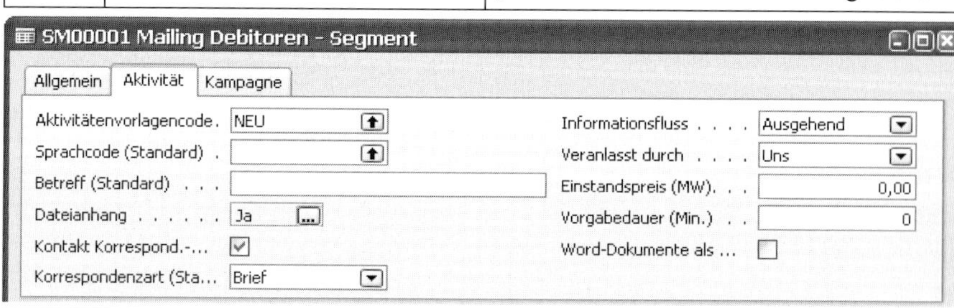

4	Register Kampagne	
4-1	Spalte „Kampagnennr.“	Ist das Segment Teil einer Kampagne, kann diese mit F6 und OK in diesem Feld zugewiesen werden. Anschließend wird das Feld „Kampagnenbeschreibung“ automatisch gefüllt.

4-2	Spalte „Kampagnenziel“	Wenn die Kontakte zu einer Zielgruppe der Kampagne gehören, ist hier ein Haken zu setzen. Das Feld „Anzahl Kontaktaufnahmen“ der Tabelle Kampagne wird daraufhin automatisch aktualisiert.
4-3	Spalte „Kampagnenreaktion“	Hier ist für statistische Zwecke ein Haken zu setzen, wenn Kontakte auf eine Aktion reagiert haben, z.B. durch Rückmeldung auf ein Mailing, und sie eine Bestätigung erhalten sollen. Das Feld „Anzahl Kontaktantworten“ der Tabelle Kampagne wird daraufhin automatisch aktualisiert.

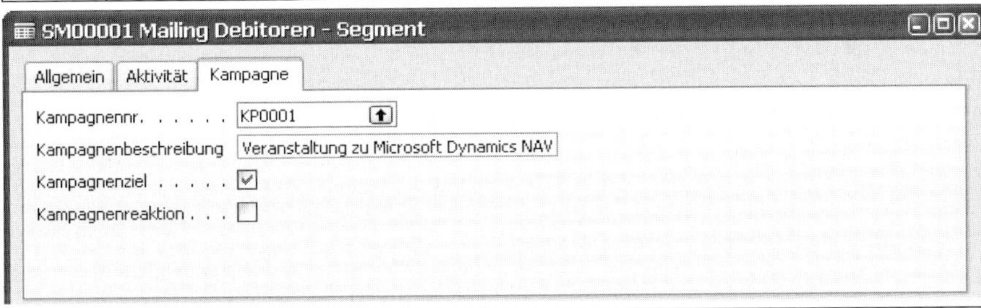

5	Kontakte auswählen	
5-1	**Funktion ▼** / *Segment / Kontakte hinzufügen…*	Über diese Funktion können dem Segment Kontakte hinzugefügt werden.
5-2	Register Kontakt, Profil, Verteiler, Aktivitätenprotokollposten, Verantwortlichkeit, Branche, Geschäftsbeziehung, Wertposten	
5-2-1	Alle Felder	Hier können über Filtereingaben die Kontakte ausgewählt werden, die berücksichtigt werden sollen.
H	**HINWEIS:** Bei manchen Registern kann mit einem Klick auf die Übersichts-Schaltfläche (⬆) das Ergebnis der gesetzten Filter für das jeweilige Register angezeigt werden. Mit **ESC** wird die Übersicht wieder verlassen.	
5-3	Register Optionen	
5-3-1	Feld „Bestehende Kontakte zulassen“	Wird in diesem Feld ein Haken gesetzt, werden auch die Kontakte eingefügt, die bereits in den Segmentzeilen vorhanden sind. Die Kontakte können dann doppelt vorhanden sein.

5-3-2	Feld „Mandanten erweitern“	Wenn alle Kontaktpersonen eines Unternehmens hinzugefügt werden sollen, unabhängig von den Filterkriterien der anderen Register, dann ist hier ein Haken zu setzen.
5-3-3	Feld „Verknüpfte Mandanten zulassen“	Wird der Haken gesetzt, werden auch die Unternehmen, deren Kontaktpersonen dem Segment zugeordnet werden, in dieses Segment eingefügt.
5-3-4	Feld „Ausschlüsse ignorieren“	Sollen Kontakte hinzugefügt werden, bei denen auf der Kontaktkarte das Feld „Nicht segmentieren“ aktiviert wurde, so ist ein Haken zu setzen.

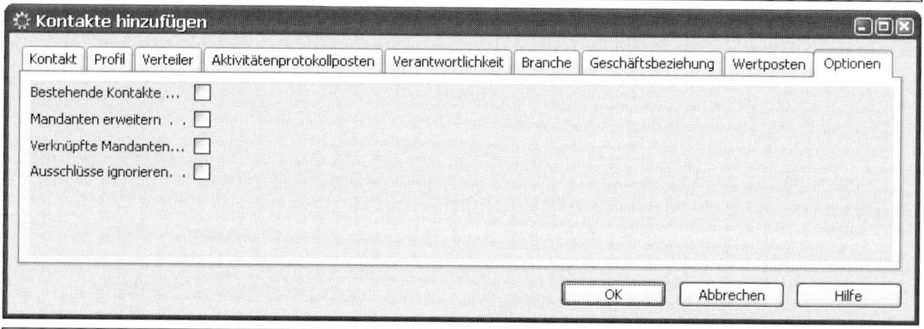

5-4	OK	Die Stapelverarbeitung wird gestartet und die Kontakte in das Segment eingefügt.
6	Register Allgemein	
6-1	Feld „Anzahl Zeilen“	In diesem Feld ist nun abzulesen, wie viele Kampagnenzeilen eingefügt wurden.
6-2	Feld „Anzahl Kriterienaktionen“	Mit **F6** können hier die Filterkriterien angezeigt werden. 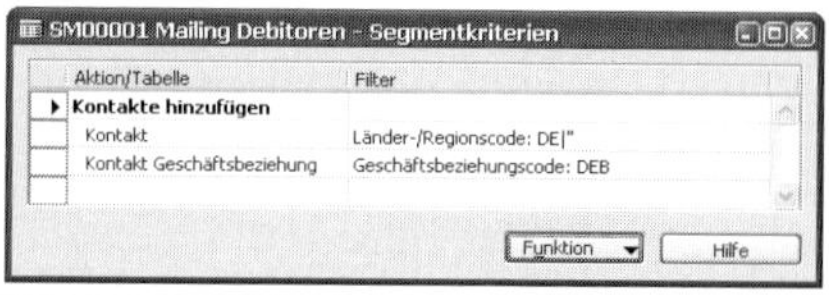
H	**HINWEIS:** Über die Funktion ▼ / *Segment / Ein Kriterium zurück* kann die letzte Aktion rückgängig gemacht werden.	

7	Kontakte reduzieren	
7a	Funktion ▼ / *Segment / Kontakte entfernen / Entfernen…*	Mit dieser Stapelverarbeitung werden die Segmentzeilen reduziert. Dabei werden die Kriterien der Kontakte festgelegt, die aus dem Segment entfernt werden sollen.
7b	Funktion ▼ / *Segment / Kontakte entfernen / Neu definieren…*	Mit dieser Stapelverarbeitung werden die Segmentzeilen reduziert. Dabei werden die Kriterien der Kontakte festgelegt, die im Segment verbleiben sollen.
7-1	Alle Register, alle Felder	Die Abarbeitung erfolgt analog der Funktion *Kontakte hinzufügen…*, siehe Schritt 5. Die Segmentzeilen, die den Filterkriterien entsprechen werden gelöscht.
7-2	Register Optionen Feld „Gesamte Mandanten“	Wird hier ein Haken gesetzt, entfernt das System zusätzlich zu dem Unternehmen, alle Personen des Unternehmens.
7-3	OK	Durch die Stapelverarbeitung werden die entsprechenden Segmentzeilen entfernt.

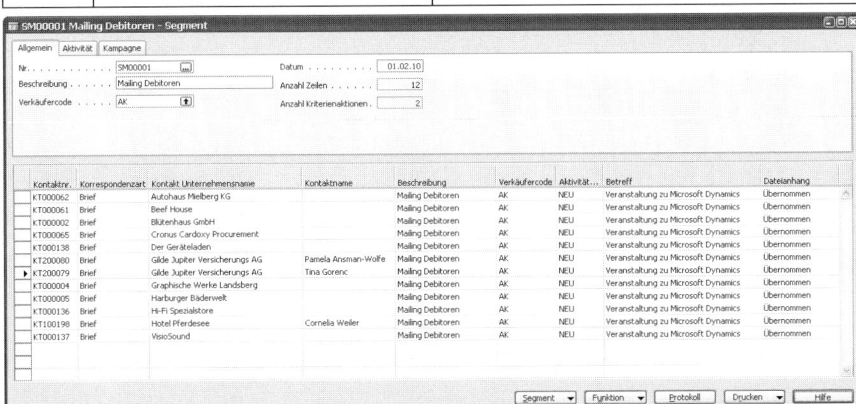

SPEICHERN DER SEGMENTIERUNGSKRITERIEN		
8	Funktion ▼ / *Segment / Kriterien speichern…*	Soll ein Segment bei späteren Kampagnen noch einmal verwendet werden, können die Segmentierungs-kriterien gespeichert werden.

8-1	Feld „Code“	In diesem Feld ist ein eindeutiger Code für die zu speichernden Kriterien zu vergeben. Dafür stehen 10 Zeichen zur Verfügung.
8-2	Feld „Beschreibung“	Hier kann eine genauere Beschreibung erfasst werden.
8-3	OK	Die Segmentkriterienkarte wird angelegt.
8-4	Funktion ▼ / *Segment / Wieder verwenden / Gespeicherte Kriterien…*	Wird eine neue Kampagne erstellt, können über diese Funktion die gespeicherten Kriterien abgerufen werden.
H	**HINWEIS:** Nach der Anwendung dieser Funktion werden die gespeicherten Kriterien ausgeführt und die Kontakte in die Segmentzeilen eingefügt.	
8-5	ESC	Zurück zum Hauptmenü.

6.2 Erstellen von Seriendokumenten

Ausgangspunkt für die Erstellung von Seriendokumenten sind die Segmente. Aus ihnen können Serienbriefe, Serien-E-Mails bzw. Serienfaxe erstellt werden. Dies wird in den folgenden Ablaufschemata beschrieben.

6.2.1 Erzeugen einer *.txt-Datei aus Microsoft Navision

Eine *.txt-Datei kann die Grundlage für die Erstellung von Serienbriefen bilden. Hier wird gezeigt, wie aus vorhandenen Segmenten eine solche Datei erstellt werden kann.

Schritt	Aktion	Bemerkung
1	*Verkauf & Marketing / Marketing / Segmente*	Mit den Such- bzw. Filterfunktionen ist das Segment anzuzeigen, das die Grundlage für die Serienbrief-erstellung bildet.
2	Funktion ▼ / *Datei exportieren*	
2-1	Feld „Dateiname“	In diesem Feld kann entweder der Name der Datei mit Pfadangabe eingetragen oder über den Assist-Button ausgewählt werden, z.B. D:\temp\Buch\Serienbrief_2010.txt.
2-2	OK	Es wird eine Text-Datei mit der Dateierweiterung *.txt erzeugt, in der die Adressinformationen der Kontakte und die Überschriftenzeile enthalten sind.
3	ESC	Zurück zum Hauptmenü.

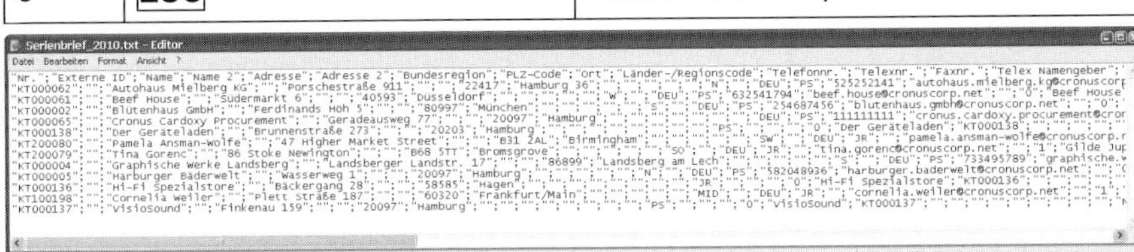

6.2.2 Drucken von Serienbriefen, Senden von E-Mails und Faxen aus Microsoft Dynamics NAV

In Microsoft Dynamics NAV können Serienbriefe direkt im System erzeugt und ausgedruckt werden. Welche Schritte dafür erforderlich sind, wird im Folgenden beschrieben.

Schritt	Aktion	Bemerkung
1	*Verkauf & Marketing / Marketing / Segmente*	Mit den Such- bzw. Filterfunktionen ist das Segment anzuzeigen, das als Serienbrief versendet werden soll.
1-1	Register Aktivität Feld „Korrespondenzart (Standard)“	Hier ist darauf zu achten, dass die erforderliche Option ausgewählt wurde.
1-2	Feld „Word-Dokumente als Anh. senden“	Soll das Word-Dokument als Anhang zur E-Mail versendet werden, ist ein Haken zu setzen. Ansonsten wird das Word-Dokument als E-Mail-Text verwendet.
1-3	Alle Felder	Die Inhalte der Felder sind noch einmal zu prüfen und ggf. anzupassen, z.B. der Dateianhang.
2	Protokoll	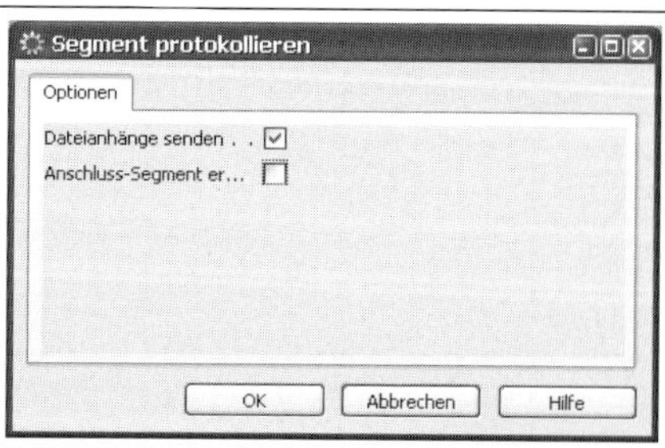
2-1	Feld „Dateianhänge senden“	Wird hier ein Haken gesetzt, werden die Dateianhänge versendet: Briefe auf dem Drucker gedruckt; E-Mails versendet; Faxe gefaxt.
2-2	Feld „Anschluss-Segment erstellen“	Soll ein neues Segment nach dem Senden mit den gleichen Kontakten angelegt werden, ist hier ein Haken zu setzen.
2-3	OK	Die Dateianhänge werden je nach Wahl gesendet.

2-4	OK	Die Information: „Segment …wurde protokolliert." ist zu bestätigen.
2-5	**ESC**	Zurück zum Hauptmenü.
AUSWIRKUNG 1		
3	*Verkauf & Marketing / Marketing / Protokollierte Segmente*	Das ursprüngliche Segment mit den Kontakten wurde aus den Segmenten entfernt und ist jetzt als protokolliertes Segment erfasst.

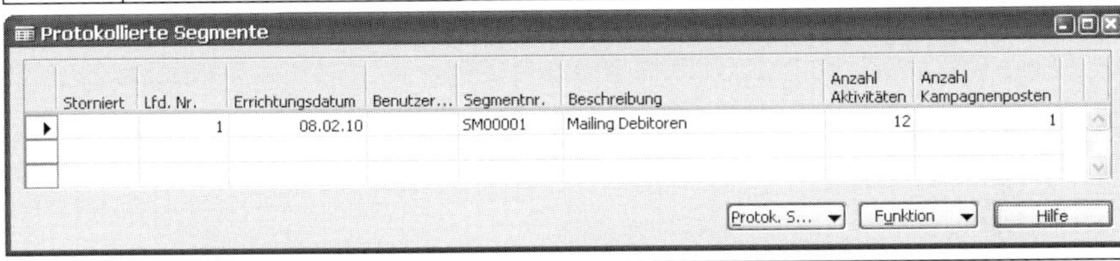

3-1	Funktion ▼ / *Erneut senden…*	Mit dieser Funktion können die Dateianhänge erneut gesendet werden.
3-2	Protok. Segment ▼ / *Aktivitätenprotokollposten*	Um einzelne Dokumente noch einmal zu versenden, sind die Aktivitätenprotokollposten des protokollierten Segments aufzurufen.

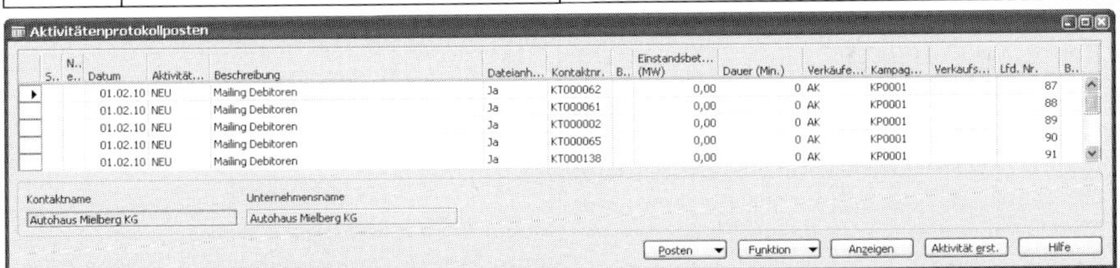

3-3	In die gewünschte Zeile den Cursor positionieren.	
3-4	Funktion ▼ / *Erneut senden…*	Das einzelne Dokument wird erneut gesendet.
3-5	**ESC**	Zurück zum Hauptmenü.
AUSWIRKUNG 2		
4	*Verkauf & Marketing / Marketing / Kontakte*	Es ist ein Kontakt aufzurufen, der in dem protokollierten Segment enthalten war.

4-1	**Kontakt ▼** / *Aktivitätenprotokollposten*	Für den Kontakt ist ein neuer Aktivitätenprotokollposten entstanden.

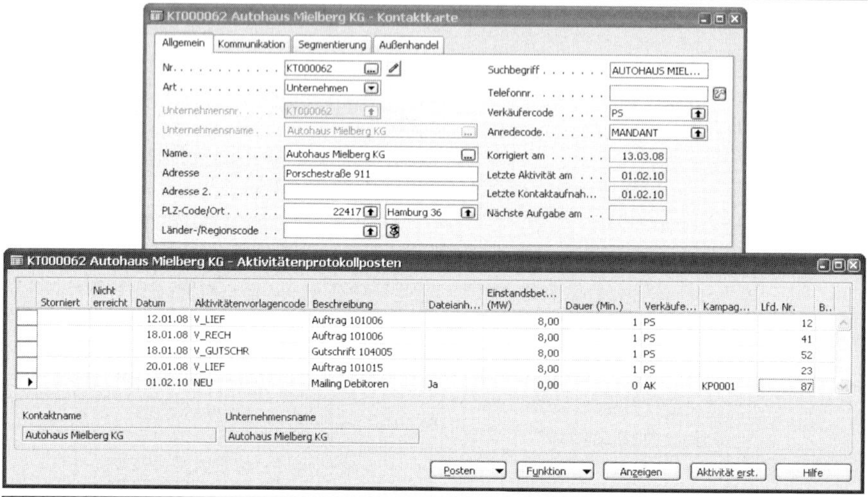

4-2	Um den Posten, erneut zu senden, ist der Cursor auf diesem zu positionieren.	
4-3	**Funktion ▼** / *Erneut senden*	Im Register Aktivitätenprotokollposten wurde bereits ein Filter auf den aktuellen Datensatz gesetzt.
4-4	Im Register Optionen kann eine Korrespondenzart erneut ausgewählt werden.	<Wie Posten> ist voreingestellt.
4-5	**OK**	Das Dokument wird erneut versendet.
4-6	2 x **ESC**	Zurück zum Hauptmenü.

6.2.3 Erstellen von Deckblättern und Etiketten

Microsoft Dynamics NAV gibt den Anwendern die Möglichkeit, Deckblätter oder Adressetiketten für die ausgewählten Kontakte zu drucken.

Schritt	Aktion	Bemerkung
1	*Verkauf & Marketing / Marketing / Segmente*	Mit den Such- bzw. Filterfunktionen ist das Segment anzuzeigen, für deren Kontakte Deckblätter oder Etiketten erstellt werden sollen.
ERSTELLEN VON DECKBLÄTTERN		
2	Drucken ▼ / *Deckblätter drucken*	
2-1	Felder „Text“	In diese Zeilen kann ein Text eingegeben werden. Dieser wird auf dem Deckblatt mit ausgedruckt. Pro Zeile stehen 250 Zeichen zur Verfügung.
2-2	Felder „Bemerkungen“	Hier ist bei der zutreffenden Kurzbemerkung ein Haken zu setzen. Eine Mehrfachauswahl ist möglich.
2-3	Feld „Aktivität protokollieren“	Wird hier ein Haken gesetzt, entsteht für den Kontakt beim Drucken ein Aktivitätenprotokollposten.
2-4	Drucken... oder Seitenansicht	Es wird für jeden Kontakt des Segmentes ein Deckblatt ausgedruckt.
2-5	2 x **ESC**	Zurück zu den Segmenten bzw. zum Hauptmenü.

ERSTELLEN VON ADRESSETIKETTEN		
3	Drucken ▼ / *Etiketten drucken*	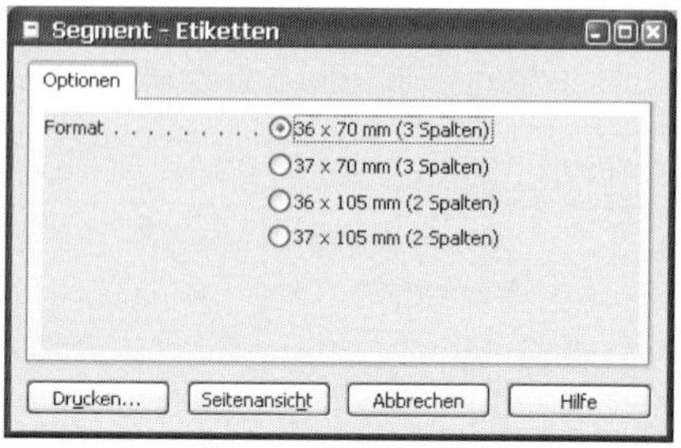
3-1	Feld „Format“	Hier ist die zutreffende Etikettengröße als Option auszuwählen. Die Etiketten werden auf A4-Format-Papier gedruckt.
3-2	Drucken... oder Seitenansicht	Es wird für jeden Kontakt des Segmentes ein Adressetikett ausgedruckt.
3-3	2 x **ESC**	Zurück zu den Segmenten bzw. zum Hauptmenü.

6.3 Serienbriefe über Microsoft Excel und Word

Handelt es sich um eine große Anzahl von Kontakten, für die ein Mailing erstellt werden soll, kann es vorteilhaft sein, den Serienbrief über Microsoft Excel und Microsoft Word zu erstellen, was im Folgenden gezeigt wird.

6.3.1 Erzeugen der Datenquelle in Microsoft Excel

Die aus Microsoft Dynamics NAV erzeugte *.txt-Datei (Ablaufschema 6.2.1) muss nun in Microsoft Excel in eine Tabellenstruktur eingelesen werden. Diese Datei ist dann die Datenquelle für den Serienbrief.

Schritt	Aktion	Bemerkung
1a	*Start / Programme / Microsoft Office 2003 / Microsoft Excel*	Microsoft Excel 2003 ist wie gewohnt zu öffnen.
1b	*Start / Programme / Microsoft Office / Microsoft Office Excel 2007*	Microsoft Excel 2007 ist wie gewohnt zu öffnen.
2a	*Datei / Öffnen…*	
2b	*Office / Öffnen*	
2-1	Feld „Dateityp“	Die Option <Alle Dateien (*.*)> ist auszuwählen.
2-2	*.txt-Datei auswählen	Die zuvor erstelle Datei mit der Dateierweiterung .txt auswählen.
3	[Öffnen]	Mit Hilfe des Textkonvertierungs-Assistenten werden die Daten aus der *.txt-Datei in Tabellenform gebracht.

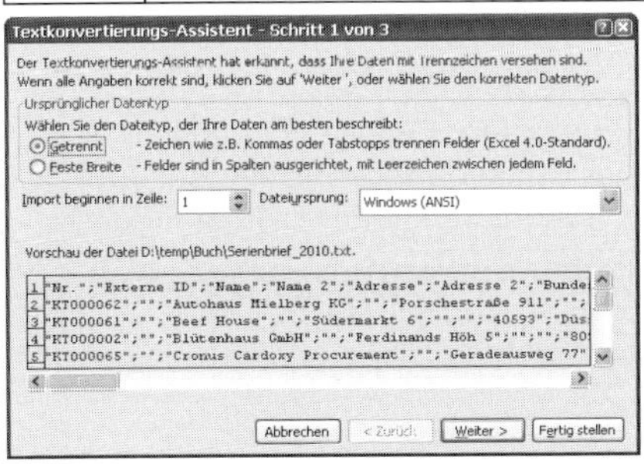

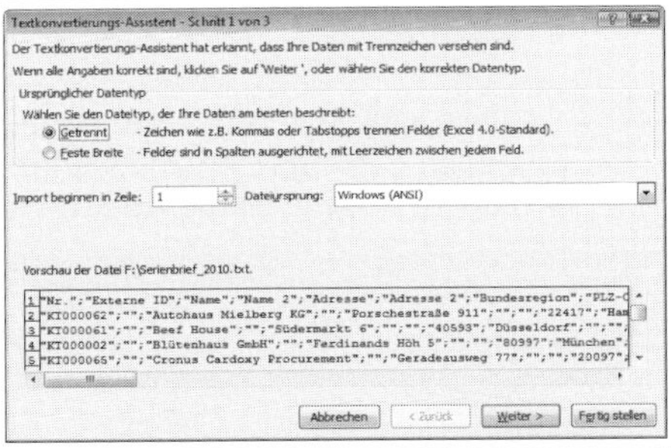

3-1	Der „Ursprüngliche Datentyp“ steht standardgemäß auf <Getrennt>. Ansonsten muss er auf <Getrennt> gesetzt werden. Der Wert des Feldes „Dateiursprung“ muss auf <Windows (ANSI)> gestellt werden, damit die Umlaute richtig wiedergegeben werden.	
3-2	[Weiter >]	

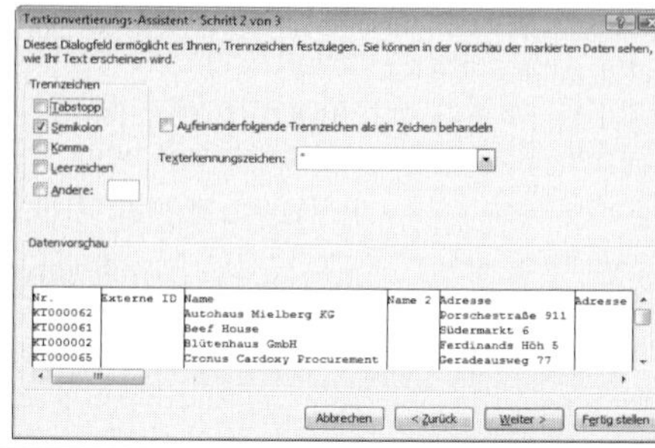

3-3	Bei diesem Schritt ist die Einstellung des richtigen Trennzeichens wichtig. Bei Microsoft Dynamics NAV *.txt-Dateien ist es das Semikolon. Texterkennungszeichen sind Anführungsstriche.	
3-4	Weiter >	

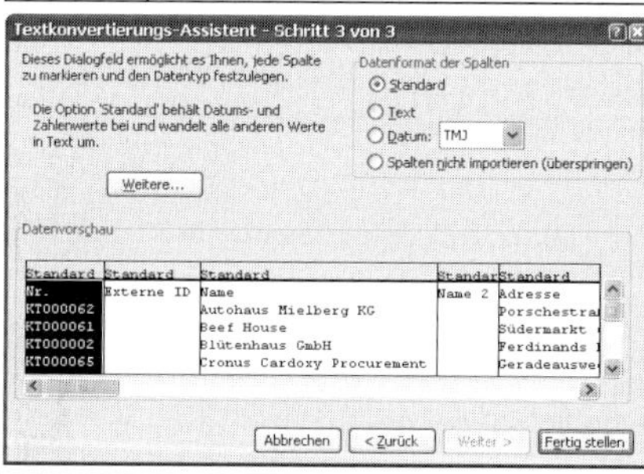

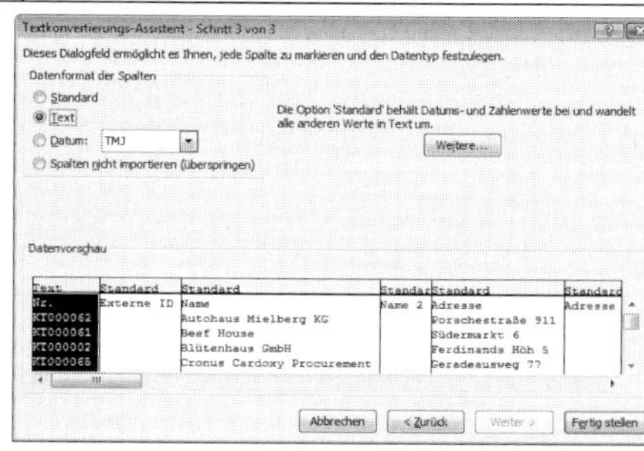

3-5	Im letzten Schritt können noch die Datenformate der Spalten festgelegt werden.	
3-6	Fertig stellen	Die *.txt-Datei wird in Microsoft Excel eingefügt, pro Spalte ein Wert.
4	Die Einträge können nun bearbeitet werden. Es ist z.B. möglich, Zeilen oder Spalten zu löschen oder Spaltenüberschriften umzubenennen, damit ist die Auswahl der Seriendruckfelder besser möglich.	

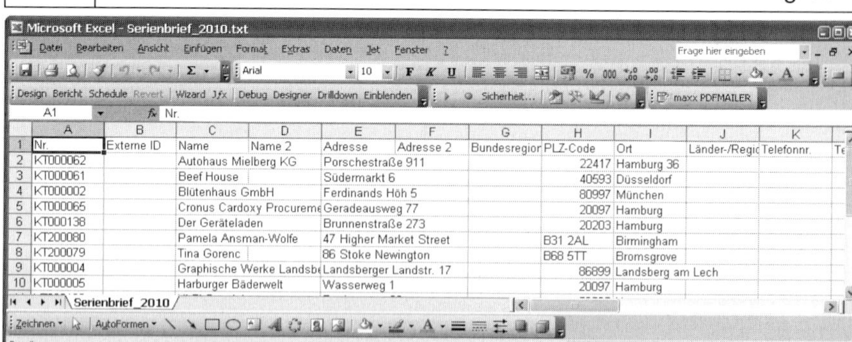

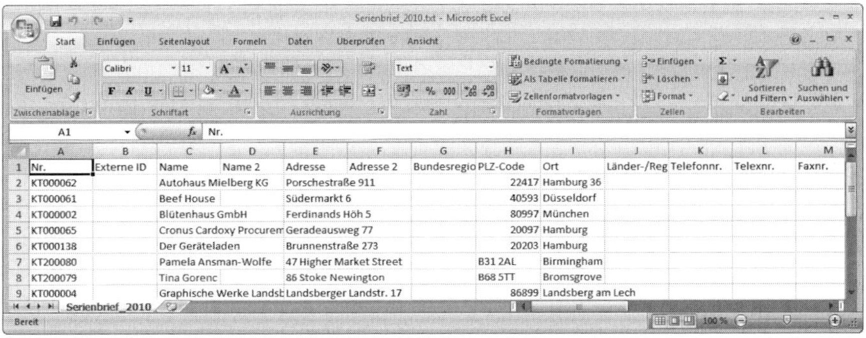

5a	*Datei / Speichern unter...*	Abspeichern als Excel-Datei mit der Dateierweiterung *.xls .
5b	*Office / Speichern unter...*	Abspeichern als Excel-Datei mit der Dateierweiterung *.xlsx .
6	Microsoft Excel schließen.	

6.3.2 Erstellen des Serienbriefes in Microsoft Word

In Microsoft Word wird die Serienbriefvorlage mit den Seriendruckfeldern erstellt, so dass für jeden in Microsoft Dynamics NAV ausgewählten Kontakt ein Brief ausgedruckt werden kann.

Schritt	Aktion	Bemerkung
1a	*Start / Alle Programme / Microsoft Office / Microsoft Word 2003*	Microsoft Word 2003 ist wie gewohnt zu öffnen.
1b	*Start / Programme / Microsoft Office / Microsoft Office Word 2007*	Microsoft Word 2007 ist wie gewohnt zu öffnen.
2a	*Datei / Öffnen…* (Dateiendung *.dot oder *.doc)	Öffnen einer bereits vorhandenen Datei, die als Vorlage für den Serienbrief dienen soll.
2b	*Office / Öffnen* (Dateiendung *.dotx oder *.docx)	Öffnen einer bereits vorhandenen Datei, die als Vorlage für den Serienbrief dienen soll.
H	**HINWEIS:** Es kann ebenso eine neue Vorlage für den Serienbrief erstellt werden. Anschließend erfolgt das Schreiben des Inhaltstextes, die Formatierungen etc. Für Namen, Adresse und Anrede werden nachfolgend die Seriendruckfelder eingefügt.	
3a	*Extras / Briefe und Sendungen / Seriendruck Symbolleiste einblenden*	Einblenden der benötigten Schaltflächen zur Serienbrieferstellung.
3-1a	Datenquelle öffnen	
3b	*Sendungen / Empfänger auswählen / Vorhandene Liste verwenden…*	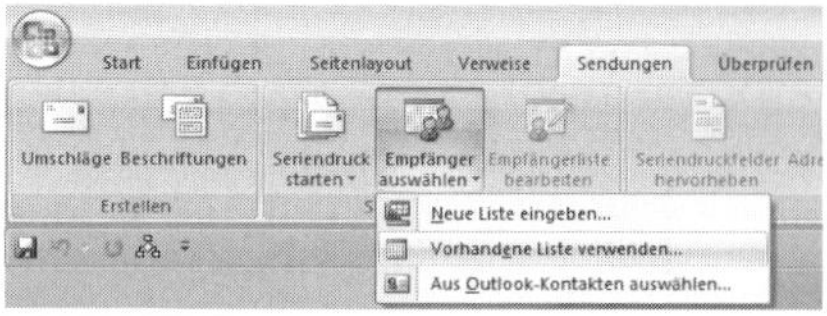
4	Explorerfenster Datenquelle auswählen Feld „Dateiname“	Hier wird die Exceldatei angeben die zuvor erstellt wurde.

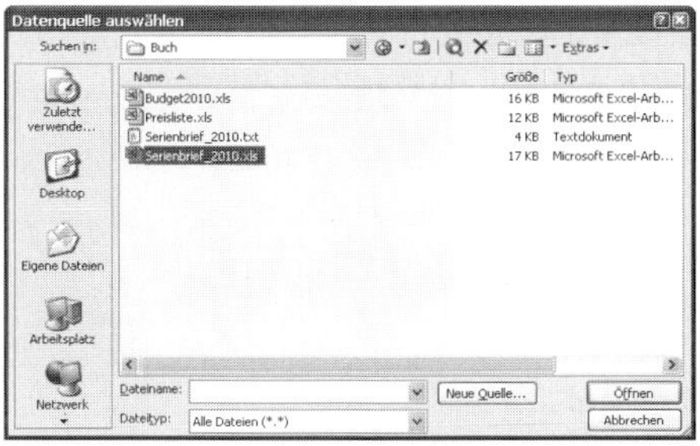

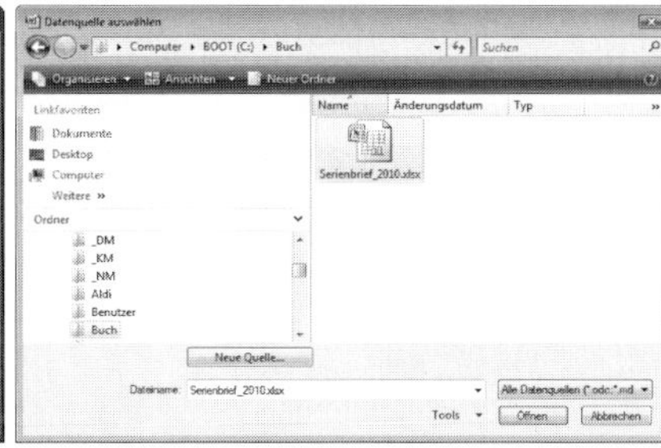

4-1	Öffnen	Wenn die Excel-Datei mehrere Tabellenblätter hat, folgt die Anzeige eines weiteren Auswahlfensters. Hier kann das Tabellenblatt gewählt werden, auf das der Serienbrief zurückgreifen soll.
4-2	Feld „Erste Datenreihe enthält Spaltenüberschriften“	Standardmäßig ist hier ein Haken gesetzt.

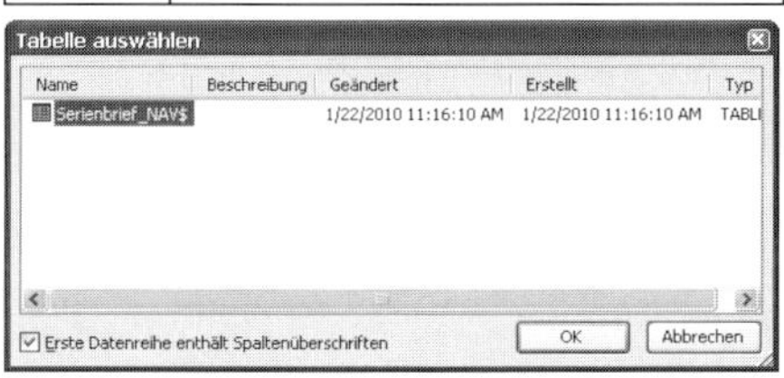

4-3	OK	Die Datenquelle wird für den Serienbrief geöffnet.
5	Wenn im zugrundeliegenden Word-Dokument noch keine Seriendruckfelder eingefügt wurden, müssen nun die entsprechenden Seriendruckfelder im Dokument platziert werden.	

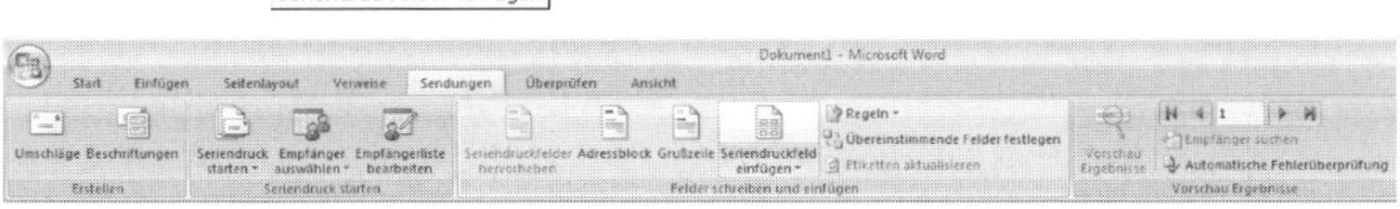

5-1	Mit der Schaltfläche Seriendruckfelder einfügen können die Adressfelder aus dem Excel-Dokument in das Word-Dokument eingefügt werden.
5-2	Die Namen der Seriendruckfelder entsprechen den Spaltenüberschriften (Zeile1) der Excel-Tabelle. In der Liste werden die Felder ausgewählt, die in das Dokument eingefügt werden sollen, durch markieren des betreffenden Feldes und betätigen der Schaltfläche

<table>
<tr><td></td><td colspan="2">Einfügen. Sind alle benötigten Felder eingefügt wird der Vorgang durch betätigen der Schaltfläche Abbrechen beendet.

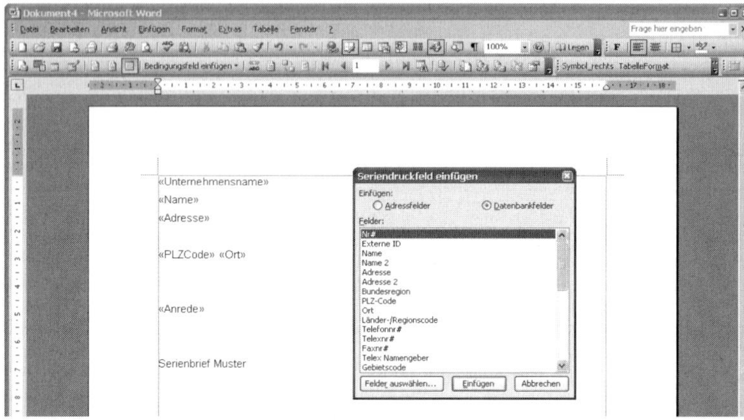

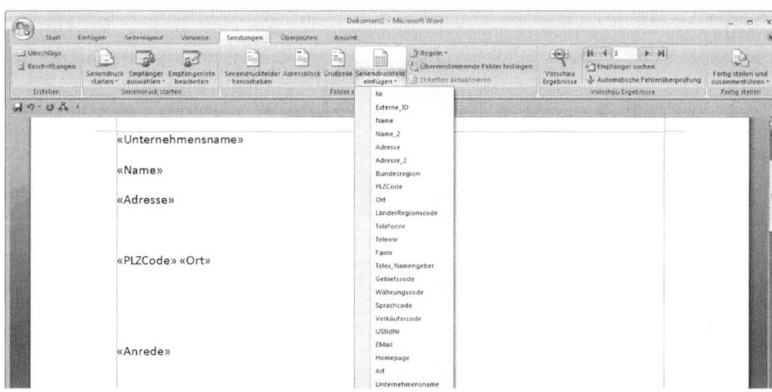

</td></tr>
<tr><td>6a</td><td> Button - Seriendruck-Vorschau</td><td>Mit diesem Button werden die Seriendruckfelder durch Daten ersetzt und die Briefe vor dem Druck auf dem Bildschirm angezeigt.</td></tr>
<tr><td>6b</td><td>

Button - Seriendruck-Vorschau</td><td>Mit diesem Button werden die Seriendruckfelder durch Daten ersetzt und die Briefe vor dem Druck auf dem Bildschirm angezeigt.</td></tr>
<tr><td>7</td><td colspan="2">Mit der Schaltfläche Seriendruck an Drucker wird der Serienbrief an den Drucker gesandt.

</td></tr>
</table>

<table>
<tr><td></td><td colspan="2">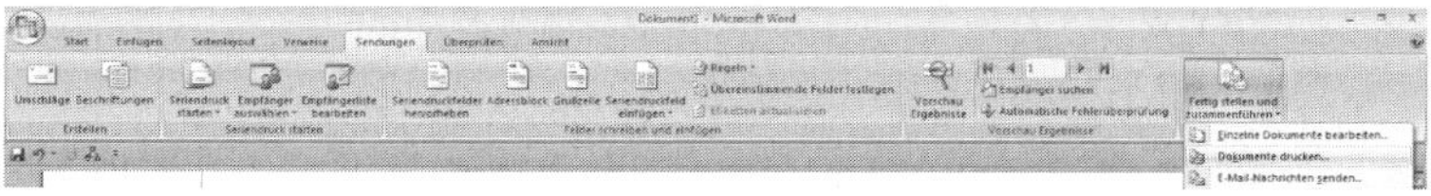</td></tr>
<tr><td>7-1</td><td>Datensatzauswahl</td><td>Hier können noch Selektionen vorgenommen werden, um z.B. einen einzelnen Datensatz zur Layout-Verprobung zu drucken.</td></tr>
<tr><td></td><td colspan="2">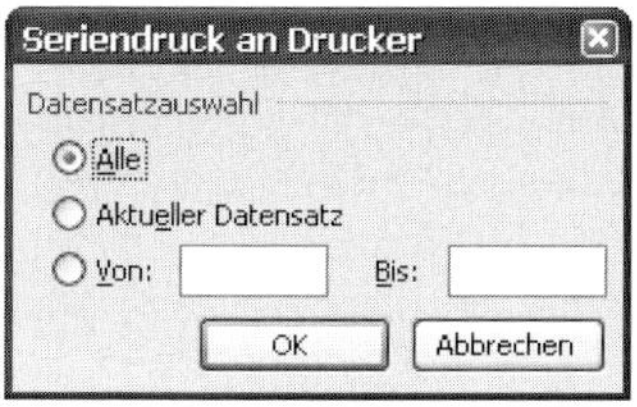

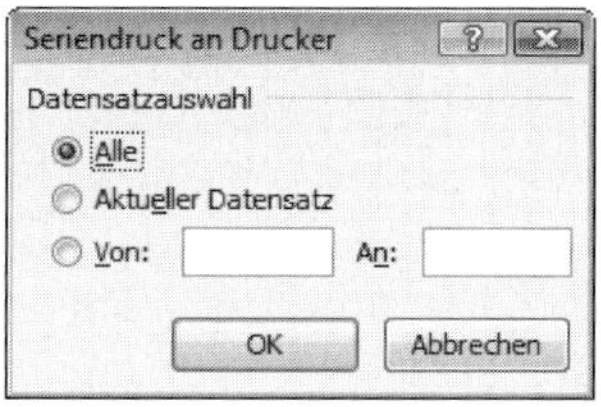
</td></tr>
<tr><td>8</td><td>OK</td><td>Die Dokumente werden an den Drucker geendet und gedruckt.</td></tr>
</table>

Kapitel 7 - Administration

Im nachfolgenden Kapitel werden Abläufe zur Handhabung der Microsoft Dynamics NAV Datenbank beschrieben. Insbesondere geht es um die Erstellung von Datensicherungen, den Export und Import von Objekten sowie die Einrichtung von Benutzern im System und deren Zugriffsrechte.

7.1 Datensicherung

Um in einem Havariefall sicher zu sein, dass die Datensicherung verwendbar ist, gehören dazu vier Schritte: Erstellen einer Datensicherung der Datenbank, Anlegen einer neuen Datenbank, das Rücklesen der Datensicherung in die neue Datenbank und das Prüfen der Datenbank. Diese Punkte werden im Folgenden erläutert.

7.1.1 Erstellen einer Datensicherung

Die Sicherung einer Datenbank erfolgt in eine *.fbk-Datei (**F**inancials **B**ac**k**up) und kann auch durchgeführt werden, wenn in der Datenbank gearbeitet wird. Durch das Versionsprinzip wird gewährleistet, dass ein konsistenter Datenbankstand gesichert wird. Dabei werden alle Vorgänge gesichert, die zum Zeitpunkt des Starts der Datensicherung vollständig abgeschlossen waren.

Schritt	Aktion	Bemerkung
1	Öffnen der Datenbank, die gesichert werden soll.	
2	*Extras / Datensicherung erstellen…*	Dieser Menüpunkt ist nur aktiv, wenn der Anwender die Rechte dafür hat.
2-1	Die Datensicherung kann mit den folgenden Optionen gestartet werden: <Ganze Datenbank> bedeutet, dass für alle Mandanten die Daten und Applikationsobjekte gesichert werden. <Alle Mandanten> bedeutet, dass die Daten aller Mandanten gesichert werden. <Benutzerdefiniert> bedeutet, dass die folgenden Auswahlen verwendet werden:	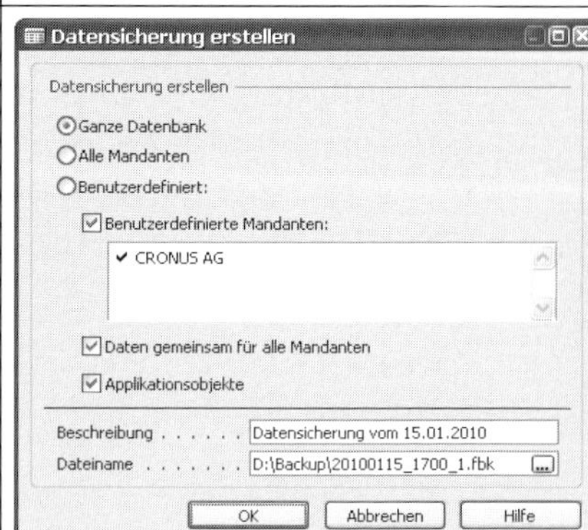

	Im Feld „Benutzerdefinierte Mandanten“ können, wenn mehrere Mandanten in der Datenbank vorhanden sind, genau die Mandanten ausgewählt werden, die gesichert werden sollen. Ist das Feld „Daten gemeinsam für alle Mandanten“ aktiviert, so werden auch diese Daten gesichert. Ist das Feld „Applikationsobjekte“ aktiviert, so werden auch die Objekte gesichert. Soll eine Datensicherung sowohl die Daten als auch die Objekte der ausgewählten Mandanten enthalten, so sind die Felder „Daten gemeinsam für alle Mandanten“ und „Applikationsobjekte“ zu wählen.	
H	**HINWEIS:** Es ist grundsätzlich zu empfehlen, die Option <Ganze Datenbank> zu nutzen. Nur so ist gewährleistet, dass eine Rücksicherung der Datenbank völlig unabhängig vom vorhandenen System möglich ist.	
2-2	Feld „Beschreibung“	Der in diesem Feld eingegebene Text wird vor der Rücksicherung angezeigt und sollte einen Hinweis auf den Inhalt bzw. den Stand der Datensicherung enthalten.
2-3	Feld „Dateiname“	Hier kann mit F6 ausgewählt werden, wo und unter welchem Dateinamen die Datensicherung gespeichert werden soll, z.B. D:\Backup\20100115_1700_1.fbk.
H	**HINWEIS:** Ist die Datenbank so groß, dass die Datensicherung eine Größe von 2 GB überschreitet, wird eine weitere Sicherungsdatei erstellt. Der Name dieser Datei wird automatisch mit einer fortlaufenden Nummer gebildet. Ist schon eine Nummer im Namen vorhanden, wird diese automatisch um eins erhöht. Um einer Verfälschung des Namens der Datensicherung vorzubeugen, sollte der Zusatz „_1“ im Namen verwendet werden.	
H	**HINWEIS:** Die Datensicherung einer Microsoft Dynamics NAV Datenbank verfügt nach dem Rücklesen und vor dem ersten Schließen nicht über den Zugriffsschutz des Benutzer- und Kennwortsystems. Aus diesem Grund sollte die Datensicherung in einem Verzeichnis gespeichert werden, auf das nur berechtigte Personen Zugriffsrechte besitzen.	
3	Mit OK wird die Datensicherung gestartet.	

4	Der Fortschritt der Datensicherung wird im nebenstehenden Fenster angezeigt. Darin ist im oberen Teil ersichtlich, welcher Mandant und welches Objekt der Datenbank gerade gesichert wird. Im unteren Teil werden Informationen zur Datensicherungsdatei angezeigt.	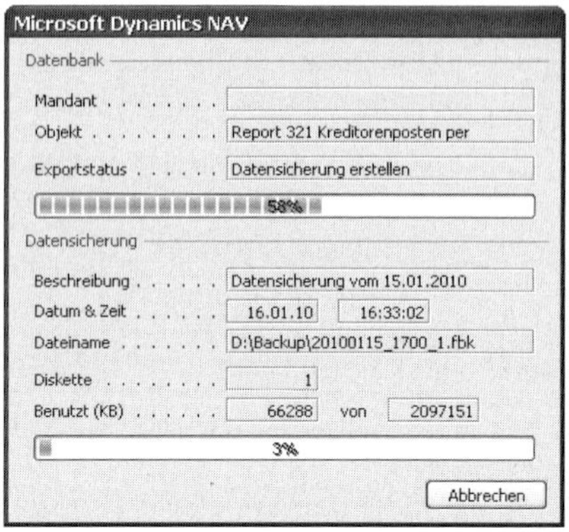
5	Die Meldung: „Die Datensicherung wurde erfolgreich beendet." ist mit OK zu bestätigen.	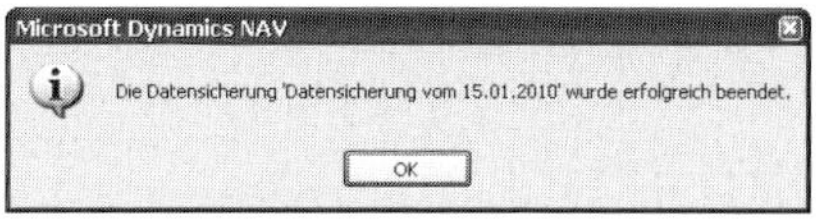

7.1.2 Anlegen einer neuen Datenbank

Eine Datensicherungsdatei kann sowohl in eine vorhandene Datenbank als auch in eine neue Datenbank eingelesen werden. Hier wird beschrieben, welche Schritte durchzuführen sind, um eine neue Datenbank zu erstellen.

Schritt	Aktion	Bemerkung
1	Navision Client öffnen	
2	*Datei / Datenbank / Neu…*	Der Menüpunkt ist nur aktiviert, wenn der Anwender die Rechte dazu hat.
2-1	Im Feld „Datenbankname“ ist mit **F6** die neue Datenbank inkl. dem Pfad anzugeben. Der Dateiname muss mit *.fdb enden, z.B. D:\temp\NeueDatenbank.fdb. Die Auswahl ist mit Speichern zu bestätigen.	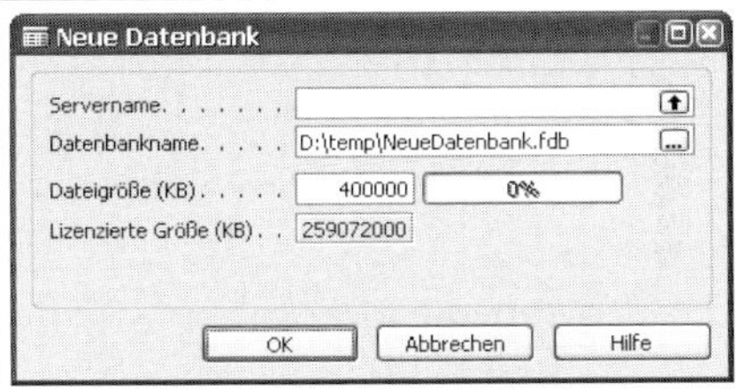
2-2	Im Feld „Dateigröße (KB)“ wird die Größe der neuen Datenbank festgelegt. Die Standardgröße für die CRONUS AG ist 400.000 KB.	Soll später eine Datensicherung eingelesen werden, so muss die Datenbankgröße um mindestens 20% größer sein als die Größe der Datenbank der Datensicherung.
H	**HINWEIS:** Es ist immer möglich, eine Datenbank zu vergrößern, eine nachträgliche Verkleinerung ist jedoch ausgeschlossen. Wird mit mehreren Datenbankteilen gearbeitet, darf die Gesamtgröße aller Datenbankteile den Wert im Feld „Lizenzierte Größe (KB)“ nicht überschreiten (256 GB).	
2-3	OK	Die Datenbank wird im angegebenen Verzeichnis erstellt und geöffnet. 
3	*Datei / Mandant / Öffnen…* oder **Strg** + **O**	Oder **F12** zum Öffnen des Hautmenüs betätigen.
3-1	In der Datenbank sind noch keine Mandanten vorhanden.	In diese leere Datenbank kann jetzt eine Datensicherung eingelesen werden, siehe Schema 7.1.3.
3-2	**ESC**	Schließen des Mandantenauswahl-fensters.

7.1.3 Einlesen einer Datensicherung in eine Datenbank

Das Rücklesen einer Datensicherung in eine Datenbank beinhaltet nicht nur das Einlesen der Daten und Objekte, sondern auch den Neuaufbau der Schlüssel in den Tabellen. Dadurch kann eine Datenrücksicherung erhebliche Zeit in Anspruch nehmen.

Für das Rücksichern einer Datensicherung in eine nicht leere Datenbank sind einige Punkte zu beachten: So kann ein Mandant nicht in eine Datenbank importiert werden, wenn dieser bereits existiert. Hier wird in eine neue leere Datenbank zurückgesichert.

Schritt	Aktion	Bemerkung
1	Öffnen der Datenbank, in die rückgesichert werden soll.	Z.B. in die NeueDatenbank.fdb aus Punkt 7.1.2.
2	*Extras / Datensicherung importieren…*	Dieser Menüpunkt ist nur aktiv, wenn der Anwender die Rechte dafür hat.
3	Auswählen der Datensicherungsdatei, die in die Datenbank eingelesen werden soll.	Hier ist darauf zu achten, dass die Datensicherungsdatei mit *.fbk endet, z.B. 20100115_1700_1.fbk aus Schema 7.1.1.
4	Mit [Öffnen] ist die Auswahl zu bestätigen.	
5	Die Datensicherung kann mit den folgenden Optionen importiert werden: <Ganze Datenbank> bedeutet, dass für alle Mandanten alle Daten und Applikationsobjekte rückgesichert werden. <Alle Mandanten> bedeutet, dass nur die Daten der Mandanten importiert werden. <Benutzerdefiniert> hier ist nur die Auswahl nach den in der Datensicherung befindlichen Mandanten möglich.	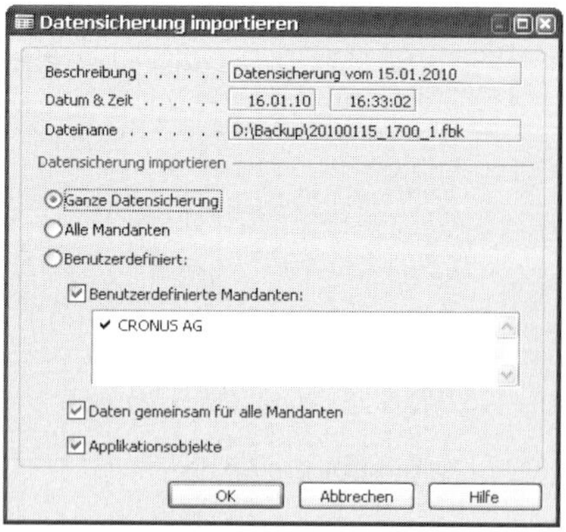
6	Mit [OK] wird die Datenrücksicherung gestartet.	

<table>
<tr><td>7</td><td>Der Fortschritt der Einlesung der Datensicherung wird mit dem nebenstehenden Formular angezeigt.

Darin werden im oberen Teil Informationen zur Datensicherungsdatei angezeigt.

Im unteren Teil ist ersichtlich, welcher Mandant und welches Objekt der Datenbank gerade importiert wird.</td><td>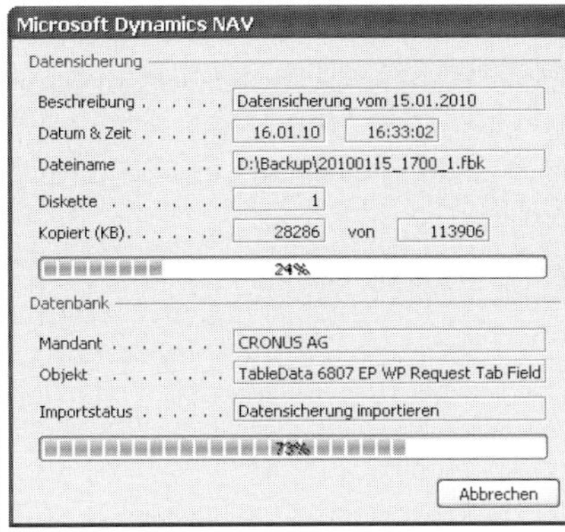
</td></tr>
<tr><td>H</td><td colspan="2">HINWEIS: Nach dem Einlesen der Objekte aus der Datensicherung werden die Schlüssel neu erstellt. Je nach Größe der Datenbank und Komplexität der Schlüssel kann dies mit einem größeren Zeitaufwand verbunden sein.</td></tr>
<tr><td>8</td><td>Die Meldung ist mit OK zu bestätigen.</td><td>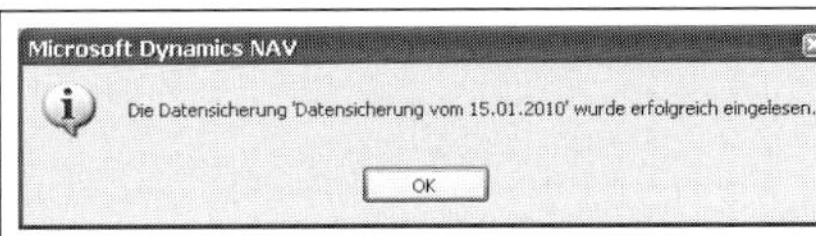
</td></tr>
<tr><td>9</td><td>Datei / Mandant / Öffnen...
oder Strg + O

bzw. F12 zum Öffnen des Hauptmenüs</td><td>Jetzt kann der entsprechende Mandant geöffnet werden. Die Auswahl ist mit OK zu bestätigen.</td></tr>
<tr><td>H</td><td colspan="2">HINWEIS: Die Datensicherung einer Microsoft Dynamics NAV Datenbank verfügt nach dem Rücklesen und vor dem ersten Schließen der Datenbank nicht über den Zugriffsschutz des Benutzer- und Kennwortsystems.

Wenn bereits Benutzer eingerichtet sind, ist die Datenbank nach der Rücksicherung unbedingt zu schließen und wieder neu zu öffnen, um den Schutz zu gewährleisten.

Sind noch keine Nutzer angelegt, sollte vor dem ersten Schließen ein Benutzer SUPER mit allen Rechten angelegt werden. Die Datenbank ist danach zu schließen und kann wieder geöffnet werden.</td></tr>
<tr><td>H</td><td colspan="2">HINWEIS: Erst wenn die Datensicherung der Datenbank ohne Fehler in die neue Datenbank eingelesen werden konnte, ist gewährleistet, dass die Datensicherung zu einem späteren Zeitpunkt wieder verwendet werden kann.</td></tr>
</table>

7.1.4 Prüfen der Datenbank

Microsoft Dynamics NAV verfügt über einen eingebauten Test der Datenbank, bei dem die Datenbank auf die Konsistenz der Daten und mögliche Beschädigungen hin untersucht wird. Dieser Test sollte regelmäßig durchgeführt werden.

Schritt	Aktion	Bemerkung
1	Öffnen der Datenbank, die geprüft werden soll.	
2	*Datei / Datenbank / Prüfen...*	Hier wird ein Formular geöffnet, in dem der Umfang der Prüfung festgelegt werden kann.
H	**HINWEIS:** Das Prüfen der Datenbank sollte immer auf einer lokalen Datenbank und nicht im Echt-System erfolgen, da es bei auftretenden Fehlern dazu kommen kann, dass sich die Datenbank anschließend nicht mehr öffnen lässt. Die festgestellten Fehler sollten dann sowohl in der lokalen als auch in der Echt-Datenbank beseitigt werden.	
3	Register Allgemein	
3-1	Auswählen der erforderlichen Option <Minimum>, <Normal>, <Maximum> oder <Benutzerdefiniert>	Je nachdem, welche der Optionen gewählt wird, setzt das System die entsprechenden Haken bei den Prüfmöglichkeiten. Bei der Option <Benutzerdefiniert> kann individuell entschieden werden, welche Prüfung vorgenommen wird.
3-2	Feld „Primärschlüssel und Daten prüfen“	Es wird geprüft, ob: - Alle Datensätze in allen Tabellen gelesen werden können. - Der Inhalt der Felder mit dem Datentyp übereinstimmt. - Alle Datensätze in aufsteigender Reihenfolge nach dem Primärschlüssel sortiert werden können.
3-3	Feld „Sekundärschlüssel prüfen“	Es wird geprüft, ob: - Alle Datensätze in aufsteigender Reihenfolge nach den Sekundärschlüsseln sortiert werden können.
3-4	Feld „Beziehungen zwischen Primär- und Sekundärschlüsseln prüfen“	Es wird geprüft, ob: - Die Beziehungen zwischen Primär- und Sekundärschlüssel korrekt sind.

3-5	Feld „Speicherplatzzuordnung prüfen“	Es wird geprüft, ob: - Der Speicherplatz in der Datenbank verfügbar oder von einem Sortierschlüssel belegt ist.
3-6	Feld „BLOBs“ prüfen	Es wird geprüft, ob: - Alle BLOB-Felder, z.B. Bilder, gelesen werden können.
3-7	Feld „Feldbeziehungen zwischen Tabellen prüfen“	Es wird geprüft, ob: - bei den Feldern, die eine Beziehung zu einer anderen Tabelle haben, eine Beziehung zu dem entsprechenden Datensatz hergestellt werden kann. - Es werden dabei auch die Druckerzuordnungen anhand des aktuellen Arbeitsplatzes geprüft.

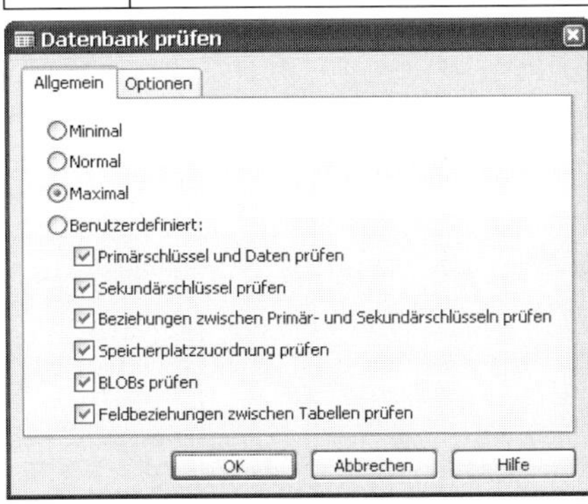

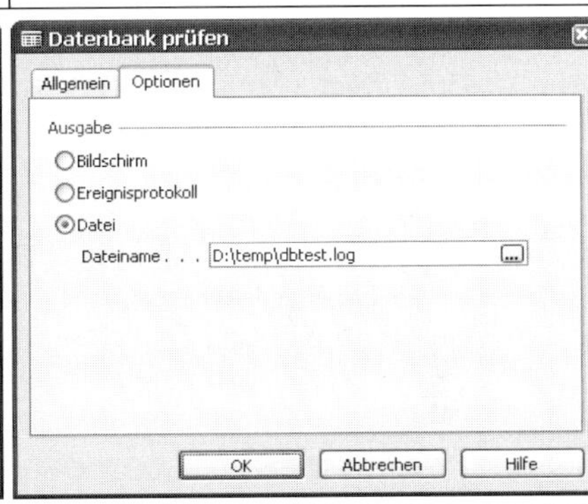

4	Register Optionen	
4-1	<Bildschirm>	Diese Option bewirkt, dass Microsoft Dynamics NAV die Prüfung bei einem Fehler unterbricht, bis die Fehlermeldung bestätigt wurde. Bei einer Vielzahl von Fehlern, kann dies sehr zeitaufwendig und ineffektiv sein.
4-2	<Ereignisprotokoll>	Bei dieser Option wird die Prüfung bei einem Fehler nicht unterbrochen, sondern die Fehlermeldung wird in das Ereignisprotokoll des Betriebssystems geschrieben. Nach Abschluss der Prüfung kann dieses dann ausgewertet werden.

4-3	<Datei> Feld „Dateiname“	Bei der Auswahl dieser Option wird die Prüfung der Datenbank ebenfalls nicht unterbrochen. Die Fehlermeldungen werden in die Datei geschrieben, die im Feld „Dateiname“ angegeben wurde. Nach Abschluss der Prüfung kann diese dann ausgewertet werden.
4-4	Mit OK wird der Prüflauf gestartet.	
5	Während der Prüfung zeigt ein Fortschrittsfenster den Status der Prüfung an.	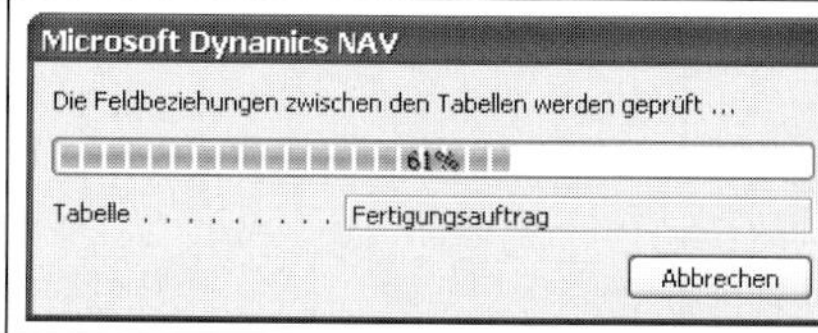
5-1a	Nach erfolgter Prüfung wird angezeigt, ob die Prüfung erfolgreich war oder ob Fehler aufgetreten sind.	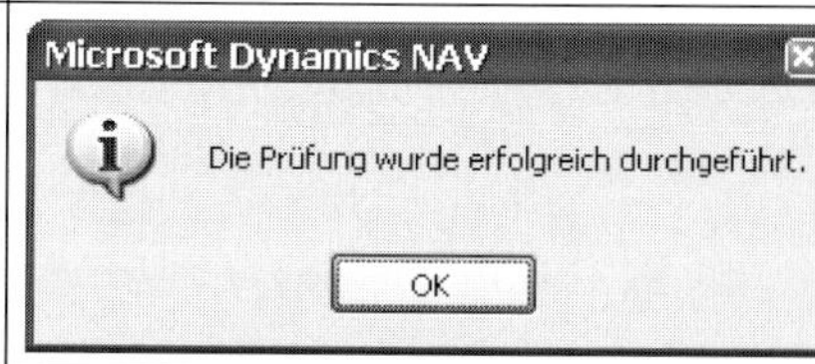
5-1b	Wurde die Prüfung mit Fehlern und Warnungen abgeschlossen, können nun im Ereignisprotokoll oder in der angegebenen Datei die Fehlermeldungen eingesehen werden.	
5-2b	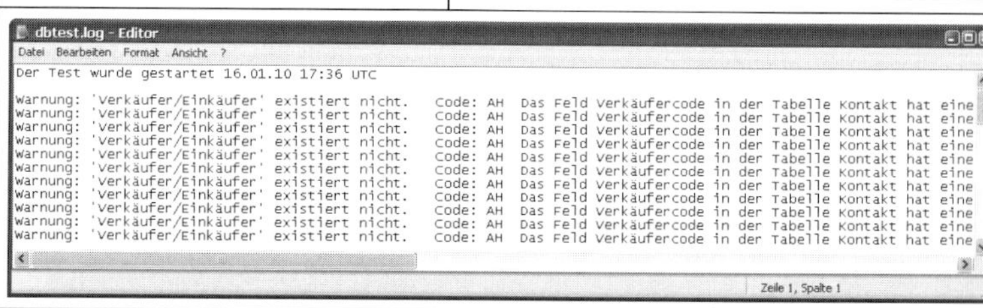	
H	**HINWEIS:** Da bei der Datenbankprüfung jeder einzelne Datensatz der Datenbank geprüft wird, kann ein fehlender Datensatz in einer Basistabelle, z.B. in der Tabelle „Verkäufer/Einkäufer“, dazu führen, dass dieser Fehler mehrfach aufgelistet wird, weil der fehlende Eintrag bei vielen Transaktionen, z.B. Angeboten, Aufträgen, Rechnungen, Bestellungen, …, bereits genutzt wurde.	
5-3	OK	Die Prüfung der Datenbank ist beendet.

7.1.5 Erweitern der Datenbank

Die Datenbank benötigt intern freien Platz, um einerseits das Versionsprinzip aufrecht zu erhalten und andererseits Daten mit hoher Geschwindigkeit zwischenpuffern zu können.

Schritt	Aktion	Bemerkung
1	Öffnen der Datenbank, die erweitert werden soll.	
2	*Datei / Datenbank / Erweitern…*	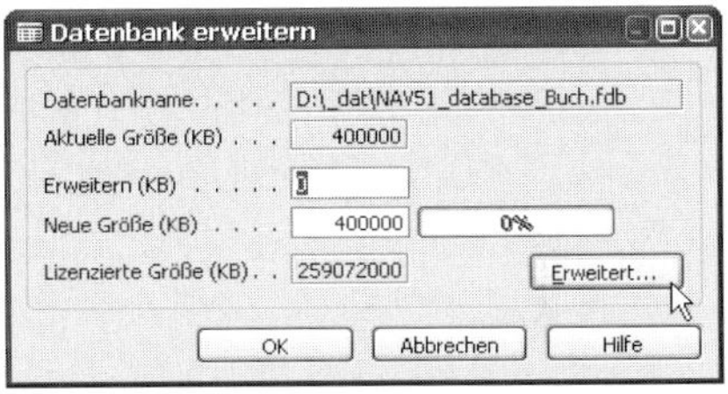
2-1	Feld „Datenbankname“	Hier ist der physikalische Pfad der Datenbankdatei eingetragen. Er kann nicht geändert werden.
2-2	Feld „Aktuelle Größe (KB)“	Die momentane Größe der Datenbank wird in diesem Feld angegeben.
2-3	Feld „Erweitern (KB)“	In diesem Feld kann der Wert eingegeben werden, um den die Datenbank erweitert werden soll. Nach der Änderung wird der Wert im Feld „Neue Größe (KB)“ geändert.
2-4	Feld „Neue Größe (KB)“	Anstelle einer Eingabe im Feld „Erweitern (KB)“ kann in diesem Feld die neue Größe der Datenbank eingegeben werden. Der Wert im Feld „Erweitern (KB)“ wird entsprechend angepasst.
2-5	Erweitert…	Besteht die Datenbank aus mehreren Datenbankteilen, muss die Erweiterung in dem Fenster „Datenbank erweitern (erweitert)“ vorgenommen werden.
H	**HINWEIS:** Bei der Arbeit mit mehreren Datenbankteilen sollte beachtet werden, dass beim Aufsetzen der Datenbank alle zu diesem Zeitpunkt geplanten Datenbankdateien angelegt werden – auch wenn dies aufgrund der Auslastung noch nicht notwendig wäre.	

2-5-1	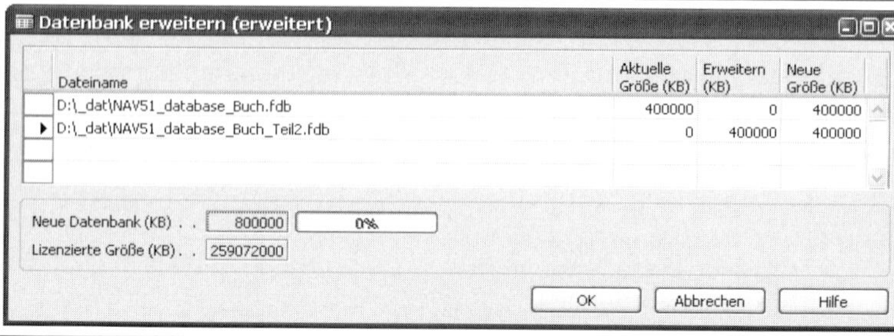	
2-5-2	Spalten „Erweitern (KB)“ und „Neue Größe (KB)“	Mit diesen beiden Spalten kann die Erweiterung der Datenbank vorgenommen werden. Die einzelnen Datenbankdateien der Datenbankteile sollten gleich groß sein und demnach auch um die gleiche Größe erweitert werden.
2-5-3	OK	Die Erweiterung aller Datenbankteile wird vorgenommen.
2-6	OK	Die Datenbank wird um die eingegebene Größe erweitert.
3	*Datei / Datenbank / Information…*	Die Datenbankinformationen geben Aufschluss über die Größe, den Füllgrad und den Speicherort sowie die angemeldeten Benutzer der Datenbank.
3-1	Feld „Datenbank belegt (KB)“	In diesem Feld wird die momentane Auslastung der Datenbank angezeigt.
H	**HINWEIS:** Die Weiterentwicklung der C/SIDE-Datenbank hat mit der Version 5.0 eine Änderung gebracht. Während früher ein Füllgrad von 65 % bis 85 % für die beste Performance sorgte, sichert ab Version 5.0 ein Füllgrad von 40 % bis 60 % die höchste Performance. Ein Füllgrad **über 80 %** ist zu **vermeiden**. Ab einem Füllgrad von **90% muss** die Datenbank zwingend **erweitert werden**, da sonst riskiert wird, dass einzelne Prozesse nicht mehr durchgeführt werden können.	
3-2	**ESC**	Zurück zum Hauptmenü.

7.2 Objekte

Sollen nur einzelne Objekte (Tabellen, Formulare, ...) einer Datenbank gesichert werden, ist es nicht notwendig, dies über eine komplette Datensicherung zu realisieren. Für solche Fälle können einzelne Objekte exportiert und anschließend wieder importiert werden.

7.2.1 Exportieren von Objekten aus einer Datenbank

Um einzelne Objekte aus einer Datenbank exportieren zu können, müssen nachfolgende Schritte abgearbeitet werden.

Schritt	Aktion	Bemerkung
1	*Extras / Object Designer*	Dieser Menüpunkt ist nur aktiv, wenn der Anwender die Rechte dafür hat.
2	All	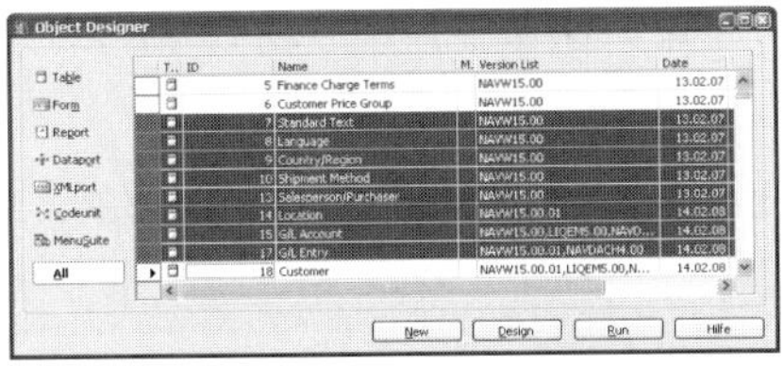
3	Zum Auslesen von Objekten müssen zunächst die gewünschten Objekte markiert werden.	
4	*Datei / Export...*	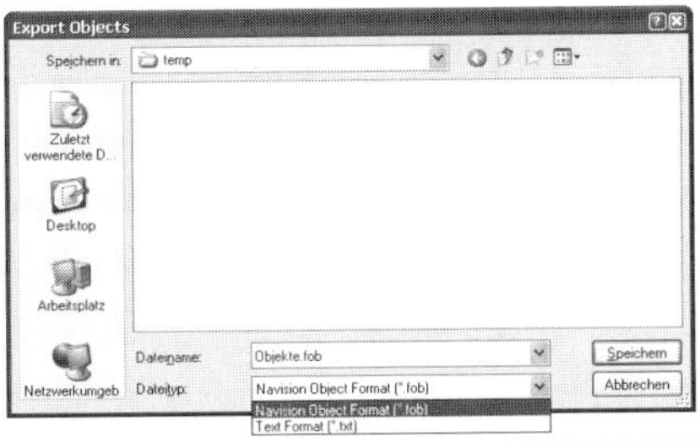
4-1	Im Feld „Speichern in:“ kann der gewünschte Pfad ausgewählt werden.	
4-2	Der Dateiname kann in das Feld „Dateiname“ manuell eingetragen werden.	
4-3	Im Feld „Dateityp“ kann zwischen zwei verschiedenen Formaten gewählt werden: <Navision Object Format (*.fob)> wird in der Regel verwendet. Es ist das eigene Objektformat (*.fob-**F**inancials **Ob**jects) von Microsoft Dynamics NAV, z.B. Objekte.fob. <Text Format (*.txt)> Dabei wird eine ASCII-Datei erzeugt, die eine Beschreibung der Objekte enthält, z.B. Test.txt.	
5	Mit Speichern wird der Export der Objekte gestartet.	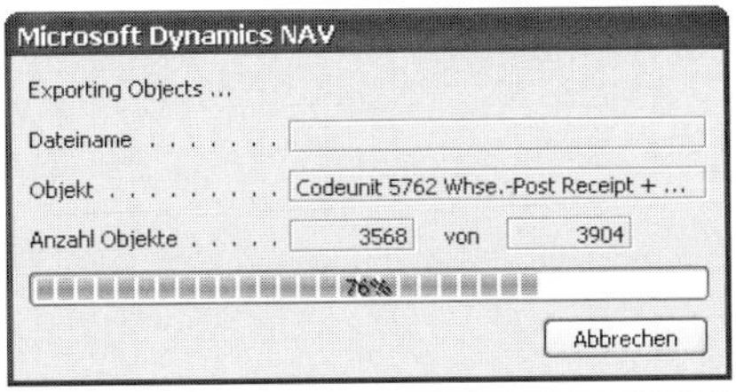
6	Der Status des Exports wird im nebenstehenden Formular angezeigt.	
7	2 x ESC	

7.2.2 Importieren von Objekten in eine Datenbank

Hier wird beschrieben, welche Schritte notwendig sind, um einzelne Objekte in eine Datenbank zu importieren.

<table>
<tr><th>Schritt</th><th>Aktion</th><th>Bemerkung</th></tr>
<tr><td>1</td><td>Extras / Object Designer</td><td>Dieser Menüpunkt ist nur aktiv, wenn der Anwender die Rechte dafür hat.</td></tr>
<tr><td>2</td><td>Datei / Import…</td><td></td></tr>
<tr><td>2-1</td><td>Auswählen der *.fob-Datei, die in die Datenbank eingelesen werden soll.</td><td></td></tr>
<tr><td>2-2</td><td>Mit [Öffnen] wird der Import der Objekte gestartet.</td><td>Die Objekte werden vor dem eigentlichen Import auf Konflikte geprüft. Das Ergebnis wird in einer entsprechenden Meldung mitgeteilt.</td></tr>
<tr><td colspan="3">⇒ Treten keine Konflikte auf, weiter mit Schritt 3
⇒ Treten Konflikte auf, weiter mit Schritt 5</td></tr>
<tr><td rowspan="2">3</td><td>Werden keine Konflikte zwischen den bereits existierenden Objekten und den einzulesenden Objekten festgestellt, erscheint die folgende Meldung.</td><td>Diese kann mit [Ja] bestätigt werden, wenn der Inhalt der Objekte klar ist und es keine Unsicherheiten gibt. Ein Abbruch ist anschließend nicht mehr möglich.</td></tr>
<tr><td colspan="2">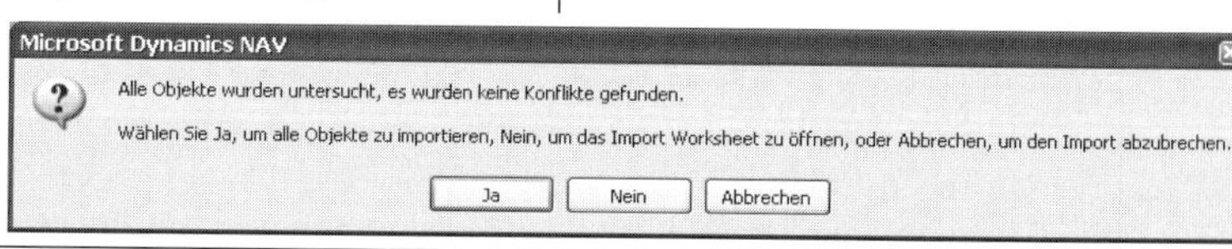
</td></tr>
<tr><td>H</td><td colspan="2">HINWEIS: Um sicherzustellen, welche Objekte und mit welchen Optionen die Objekte eingelesen werden, sollte der Dialog (Schritt 3) mit [Nein] fortgesetzt werden, um in das Import Worksheet zu gelangen und so noch Einfluss nehmen zu können.</td></tr>
<tr><td>4</td><td>Die Ansicht Import Objects ist mit [OK] zu bestätigen.</td><td>
</td></tr>
</table>

5	In Abhängigkeit der neuen Objekte in der Objektdatei und der vorhandenen Objekte in der Datenbank kann die Prüfung ergeben, dass von einem oder mehreren Objekten unterschiedliche Versionen vorliegen.	Treten solche Konflikte auf erscheint die folgende Meldung. Sollen die Objekte dennoch importiert werden, dann ist die Auswahl mit OK zu bestätigen.

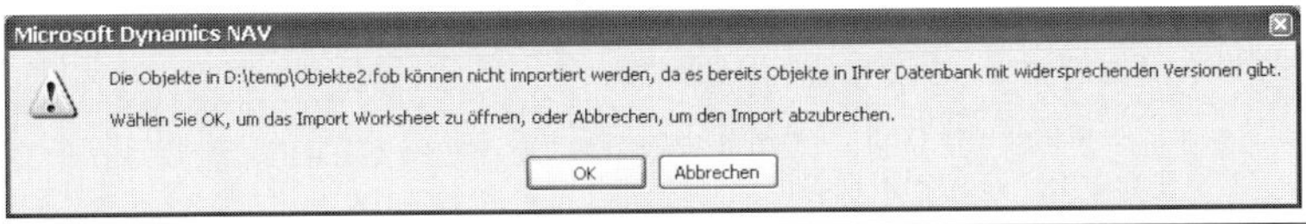

6	OK	Das Import Worksheet wird geöffnet. In dieser Übersicht kann Einfluss darauf genommen werden, welche Objekte in die Datenbank übernommen bzw. welche Objekte beibehalten werden sollen.

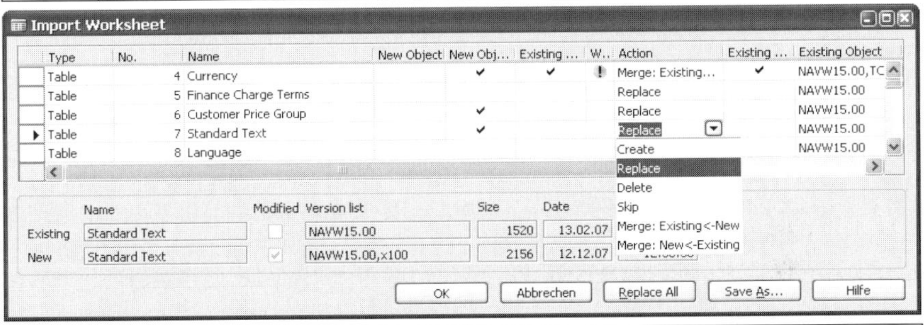

6-1	Konflikte zwischen Objekten sind in der Spalte „Warnung“ durch ! gekennzeichnet	
6-2	Spalte „Action“	In dieser Spalte kann eingestellt werden, wie mit dem Objekt zu verfahren ist. Die wesentlichen Optionen sind hierbei:
	<Create> bedeutet Erzeugen, das neue Objekt wird in die Datenbank eingefügt. <Replace> bedeutet Ersetzen, die bestehende Version wird durch die neue ersetzt. <Delete> bedeutet Löschen, das bestehende Objekt wird gelöscht und kein neues erstellt. Nur gültig, wenn die neue Objektgröße 0 ist. <Skip> bedeutet Überspringen, die bestehende Version wird beibehalten.	

	<Merge: …> bedeutet Verschmelzen, bei Tabellen gibt es darüber hinaus noch zwei Merge-Funktionen. Von der Verwendung dieser Funktionen sollte dringend Abstand genommen werden, da nicht alle Tabellendaten zusammengeführt werden können. Sind tatsächlich in beiden Objekten sich widersprechende Änderungen enthalten, sollten diese manuell über den Tabellen-Designer zusammengeführt werden.	
6-3	Im unteren Teil des Formulars werden die Eigenschaften der Dateien dargestellt, die im oberen Teil ausgewählt sind.	
6-4	Replace All und OK	Nach der Funktion Replace All darf bei allen Objekten nur noch die Option <Replace> bzw. <Create> eingetragen sein. Nur dann ist sichergestellt, dass die neuen Objekte des Updates korrekt in die Datenbank eingefügt werden.
7	OK	Das abschließende Formular Import Completed zeigt, wie viele Objekte mit den jeweiligen Optionen in die Datenbank übernommen wurden.
H	**HINWEIS:** Die geänderten Objekte stehen den Anwendern erst nach einer Neuanmeldung im System zur Verfügung, da die alten Objekte noch im Object Cash gespeichert sind.	
H	**HINWEIS:** Weiterhin ist zu beachten, dass verschiedene benutzerspezifische Einstellungen in der „.zup"-Datei gespeichert werden, z.B. Fenstergröße und -position, die angezeigten Spalten in Formularen, die Spaltenbreite sowie die zuletzt verwendeten Parameter beim Aufruf von Berichten. Diese Einstellungen werden beim Importieren von Objekten für die importierten Objekte gelöscht, so dass die Anwender die oben beschriebene Einstellung der eingelesenen Objekte erneut vornehmen müssen.	

7.3 Benutzer

Während die Lizenzdatei die grundsätzlichen Zugriffsrechte auf die gekauften Module frei gibt, werden durch die Benutzerrechte die Zugriffsrechte der einzelnen Anwender definiert.

Zur Steuerung der Benutzerrechte stehen in Microsoft Dynamics NAV Benutzer, Rollen sowie Zugriffsrechte zur Verfügung. Dabei werden in den Rollen Zugriffsrechte zusammengefasst, die z.B. für die Durchführung eines bestimmten Prozesses erforderlich sind. Die Rollen werden dann den Benutzern zugeordnet.

7.3.1 Einrichten von Benutzern und Ändern des Benutzerkennworts von bestehenden Benutzern

Für jede Person, die in Microsoft Dynamics NAV arbeiten soll, ist ein Benutzer einzurichten. Der Zugang des Benutzers ist über ein Kennwort zu schützen.

Schritt	Aktion	Bemerkung
1	*Extras / Zugriffsrechte / Datenbank Anmeldungen*	In dieser Übersicht werden alle Benutzer angezeigt, die Zugriff auf die Microsoft Dynamics NAV - Datenbank haben.
1-1	Feld „Benutzer-ID“	Zum Anlegen eines neuen Benutzers ist hier **F3** zu drücken und anschließend eine ID anzugeben, z.B. WICHTIG.
1-2	Feld „Name“	In dieses Feld kann der vollständige Name des neuen Benutzers einge-tragen werden, z.B. Willi Wichtig.
1-3	Feld „Kennwort“	Hier wird ein Kennwort für den Benutzer eingegeben. Der Benutzer sollte sein Kennwort bei der ersten Anmeldung in Microsoft Dynamics NAV ändern (über *Extras / Zugriffs-rechte / Kennwort…* siehe Schritt 2) Das Kennwort wird immer mit 10 Sternchen (**********) angezeigt, unabhängig von der Länge des Kennworts.
1-4	Feld „Ablaufdatum“	Das eingegebene Datum bewirkt, dass der entsprechende Benutzer ab diesem Datum keinen Zugriff mehr auf die Datenbank hat. Die Angabe ist nicht zwingend erforderlich.

1-5	ESC	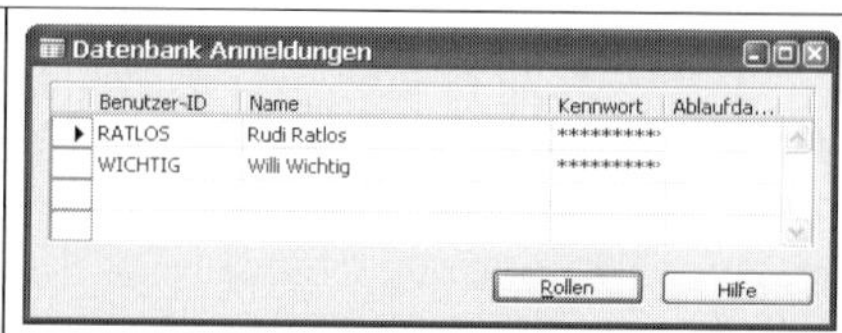
1-6	Nachdem ein Benutzer in der Datenbank eingerichtet worden ist, erfolgt ab dem nächsten Öffnen der Datenbank immer erst eine Abfrage nach der Benutzer-ID und dem Kennwort.	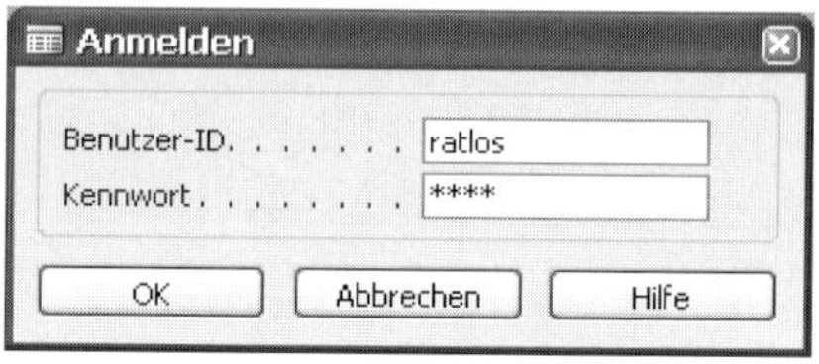
2	*Extras / Zugriffsrechte / Kennwort…*	Jeder Benutzer kann über diesen Menüpunkt sein Kennwort ändern.
2-1	Felder „Benutzer-ID“ und „Benutzername“	Der Inhalt dieser Felder kann vom Benutzer nicht geändert werden.
2-2	Feld „Aktuelles Kennwort“	Hier ist das aktuelle (alte) Kennwort einzugeben.
2-3	In das Feld „Neues Kennwort“ ist dieses einzugeben, und im Feld „Kennwort bestätigen“ ist die Eingabe zu wiederholen.	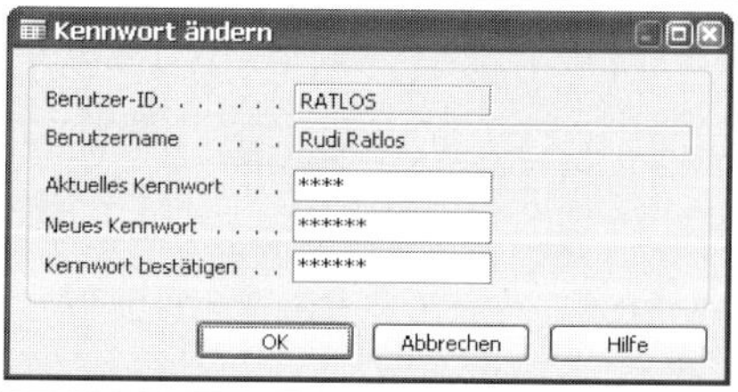
2-4	Die Kennwortänderung ist mit OK zu bestätigen.	Ab der nächsten Anmeldung am System wird das neue Kennwort abgefragt.

7.3.2 Zugriffsrechte für Superuser

Jede Datenbank muss mindestens einen Benutzer vom Typ Superuser haben. Dieser Benutzer erhält eine universelle Berechtigung für die gesamte Anwendung. Diese Benutzer-ID braucht keiner realen Person zu entsprechen, es kann sich hier um einen fiktiven Benutzer handeln, dessen Name und Kennwort nur einem ausgewählten Personenkreis bekannt ist, z.B. nur dem Systemverwalter und der Geschäftsleitung.

Schritt	Aktion	Bemerkung
1	*Extras / Zugriffsrechte / Datenbank Anmeldungen*	Zuerst ist ein Benutzer ADMIN nach dem Ablaufschema 7.3.1 anzulegen. Dieser sollte kein Ablaufdatum erhalten.
2	**ESC**	Schließen der Datenbankanmeldungen. Damit wird der Benutzer angelegt.
3	*Extras / Zugriffsrechte / Datenbank Anmeldungen*	Cursor auf dem Benutzer ADMIN positionieren.
3-1	Rollen	Dieser Button führt in die Rollenübersicht, in der alle Rollen angezeigt werden, die dem Benutzer zugeordnet wurden.
3-2	Feld „Rollen-ID“	Mit **F6** ist in die Übersicht aller existierenden Rollen im System zu verzweigen.
3-2-1	Um die Zugriffsrechte für die Rolle (Gruppe) SUPER anzuzeigen, ist der Cursor auf der Rollen-ID SUPER zu positionieren.	Wurde die Datenbank neu erstellt und ist sie nicht aus der Standarddatenbank (CRONUS AG) hervorgegangen, existiert nur die Rolle SUPER.
3-2-2	Rolle ▼ / *Zugriffsrechte*	Hier werden alle Zugriffsrechte der Rolle SUPER angezeigt.
4	Zugriffsrechte für SUPER	
4-1	Spalte „Objektart“	In Microsoft Dynamics NAV gibt es 9 Objektarten, auf die Zugriffsrechte vergeben werden können: <Table Data>, <Table>, <Form>, <Report>, <Dataport>, <Codeunit>, <XMLport>, <MenuSuite> und <System>.

4-2	Spalte „Objekt-ID“	Hier wird entweder die Objekt-ID oder, wenn die Berechtigung für alle Objekte des Objekttyps gilt, 0 (Null) eingegeben.

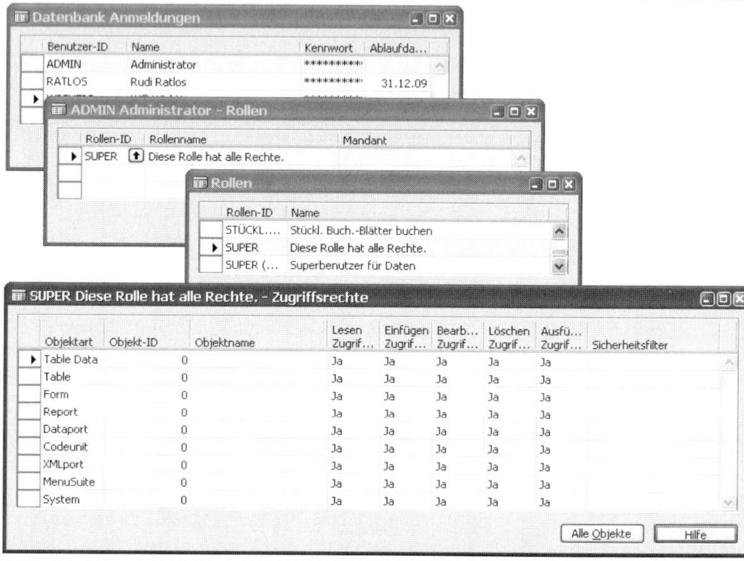

4-3	Spalte „Objektname“	Wurde in „Objekt-ID“ keine 0 (Null) eingegeben, wird in diese Spalte automatisch die Beschreibung des Objekts mit der Objekt-ID übernommen.
4-4	Spalten „Lesen Zugriffsrecht“, „Einfügen Zugriffsrecht“, „Bearbeiten Zugriffsrecht“, „Löschen Zugriffsrecht“ und „Ausführen Zugriffsrecht“	In diesen Spalten werden die Zugriffsrechte gesetzt. Dafür stehen 3 Optionen pro Recht zur Verfügung: <leer>, die Berechtigung ist nicht gegeben, <Ja>, die Berechtigung ist direkt gegeben, <Indirekt>, die Berechtigung wird indirekt gegeben. Das bedeutet, dass das Recht nur gilt, wenn es zusammen mit einem anderen Objekt verwendet wird.
4-5	Spalte „Sicherheitsfilter“	In diese Spalte kann zusätzlich ein Tabellenfilter eingegeben werden, der den Zugriff auf Daten begrenzt. (Bei SUPER nicht möglich.)

4-6	Alle Objekte	Über diesen Button können alle Objekte und die Zugriffsrechte für jedes Objekt anzeigt werden.
4-7	**ESC**	Die Frage: „Wollen Sie die Änderungen speichern?“ ist mit Nein zu beantworten.
4-8	**ESC**	Die Anzeige der detaillierten Zugriffsrechte schließen.
4-9	OK	Der Datenbankanmeldung ADMIN ist die Rolle SUPER mit OK zuzuordnen.
4-10	Zeile verlassen und 2 x **ESC**	Zurück zum Hauptmenü.
H	**HINWEIS:** Der Benutzer dem die Rolle SUPER zugewiesen wird, hat uneingeschränkte Benutzerrechte. Eingeschränkt wird er nur durch die Lizenzdatei.	
H	**HINWEIS:** Das System prüft beim Zuweisen der Rollen zu den Benutzern ab, ob schon ein Benutzer SUPER-Rechte hat. Ist dies nicht der Fall, erscheint eine Warnung: 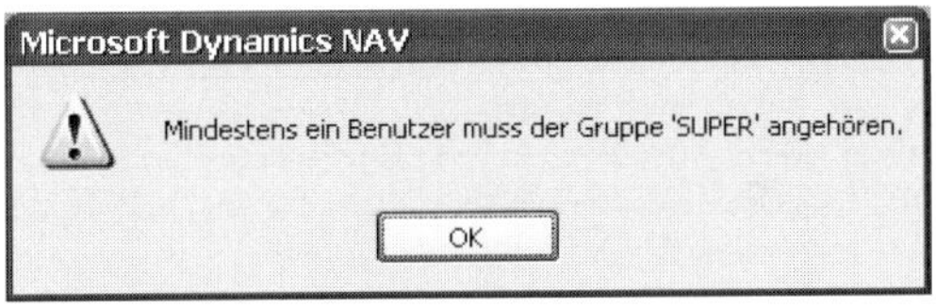 Diese Prüfung erfolgt auch beim Löschen von Rollen bei den Benutzern. Allerdings wird in diese Prüfung das „Ablaufdatum“ nicht mit einbezogen.	

7.3.3 Einrichten und Bearbeiten der Rollen

Um Benutzern Zugriffsrechte zuzuweisen, kann unter Umständen auf mitgelieferte Standardberechtigungsgruppen zurückgegriffen werden. Diese Gruppen können verändert werden. Gegebenenfalls ist das Anlegen neuer Rollen erforderlich.

Schritt	Aktion	Bemerkung
1	*Extras / Zugriffsrechte / Rollen*	Hier wird eine Übersicht aller Sicherheitsrollen angezeigt, die in der Datenbank vorhanden sind.
	⇒ Um eine neue Rolle anzulegen, weiter mit Schritt 2 ⇒ Um eine bestehende Rolle zu bearbeiten, weiter mit Schritt 3	
2	Neue Rolle erstellen	
2-1	Mit **F3** kann eine neue Rolle angelegt werden.	
2-2	Spalte „Rollen-ID“	Hier wird der Code der neuen Rolle eingegeben. Er darf maximal 20 Zeichen lang sein.
2-3	Spalte „Name“	In dieser Spalte kann dann die nähere Erläuterung des Codes erfolgen.
2-4	Durch das Bestätigen mit **Enter** oder das Klicken in die nächste Zeile wird die neue Rolle angenommen.	
3	Rolle bearbeiten	
3-1	Cursor in der Zeile positionieren, in der die zu bearbeitende Rolle steht.	
3-2	Rolle ▼ / *Zugriffsrechte*	Öffnen der Zugriffsrechte der ausgewählten Sicherheitsrolle.
3-3	Mit **F3** wird ein neues Zugriffsrecht für ein Objekt angelegt.	Sind bereits Zugriffsrechte in der Rolle vorhanden, können neue angelegt bzw. bestehende bearbeitet werden.
4	Den Cursor in der Zeile positionieren, von der die Zugriffsrechte bearbeitet werden sollen.	Bei neu angelegten Rollen, die noch keine Zugriffsrechte besitzen, steht der Cursor in Zeile 1.

4-1	Spalte „Objektart“	In Microsoft Dynamics NAV gibt es 9 Objektarten, auf die Rechte vergeben werden können: <Table Data>, <Table>, <Form>, <Report>, <Dataport>, <Codeunit>, <XMLport>, <MenuSuite> und <System>. Eine dieser Arten ist mit **F6** und OK auszuwählen.
4-2	Spalte „Objekt-ID“	Hier kann mit **F6** in die Objektübersicht verzweigt, ein Objekt ausgewählt und mit OK übernommen werden. Sollen alle Objekte der Art gelten, ist 0 (Null) einzutragen.
4-3	Spalte „Objektname“	In diese Spalte wird automatisch der Name des ausgewählten Objekts übernommen, wenn die Objekt-ID nicht 0 (Null) ist.
H	**HINWEIS:** Um die Verwaltung der Zugriffsrechte nicht zu komplex zu gestalten, werden in den Rollen des Standard-Systems Zugriffsrechte auf alle Formulare, Berichte, Schnittstellen und Funktionen gegeben und lediglich die Zugriffsrechte auf die Tabellendaten eingeschränkt. Individuell können jedoch auch Zugriffsrechte für Formulare, Berichte usw. explizit zugewiesen werden.	
4-4	Spalten „Lesen Zugriffsrecht“, „Einfügen Zugriffsrecht“, „Bearbeiten Zugriffsrecht“, „Löschen Zugriffsrecht“ und „Ausführen Zugriffsrecht“	In diesen Spalten können mit **F6** und OK die Zugriffsrechte gesetzt werden. Dafür stehen 3 Optionen pro Recht zur Verfügung: <leer> die Berechtigung ist nicht gegeben, <Ja> die Berechtigung ist direkt gegeben, <Indirekt> die Berechtigung wird indirekt gegeben. Das bedeutet, dass das Recht nur gilt, wenn es zusammen mit einem anderen Objekt verwendet wird.
4-5	Spalte „Sicherheitsfilter“	Wurde als Objektart <Tabellendaten> gewählt und ist die Objekt-ID nicht 0 (Null), kann hier mit **F6** der Tabellenfilter aufgerufen werden. Mit ihm können zusätzliche Filter für die Tabelle eingegeben werden, um den Zugriff auf bestimmte Daten zu begrenzen.

4-6	Schritt 4 ist so lange zu wiederholen, bis die gewünschten Zugriffsrechte für diese Rolle definiert sind.

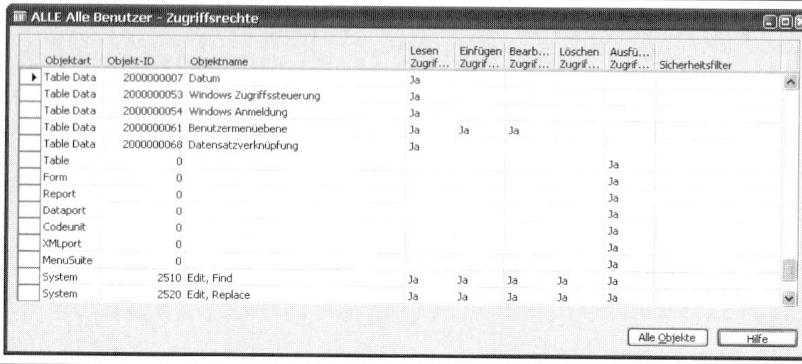

ALLE Alle Benutzer - Zugriffsrechte

Objektart	Objekt-ID	Objektname	Lesen Zugrif...	Einfügen Zugrif...	Bearb... Zugrif...	Löschen Zugrif...	Ausfü... Zugrif...	Sicherheitsfilter
Table Data	2000000007	Datum	Ja					
Table Data	2000000053	Windows Zugriffssteuerung	Ja					
Table Data	2000000054	Windows Anmeldung	Ja					
Table Data	2000000061	Benutzermenüebene	Ja	Ja	Ja			
Table Data	2000000068	Datensatzverknüpfung	Ja					
Table	0						Ja	
Form	0						Ja	
Report	0						Ja	
Dataport	0						Ja	
Codeunit	0						Ja	
XMLport	0						Ja	
MenuSuite	0						Ja	
System	2510	Edit, Find	Ja	Ja	Ja	Ja	Ja	
System	2520	Edit, Replace	Ja	Ja	Ja	Ja	Ja	

Alle Objekte | Hilfe

5	2 x **ESC**	Zurück zum Hauptmenü.
H	**HINWEIS:** Jedem Benutzer (außer SUPER) muss die Rolle ALLE zugewiesen werden. Über diese Zugriffsrechte wird der Zugriff auf grundlegende (jedoch nicht auf vertrauliche) Tabellen und Funktionen gewährt. Die Zugriffsrechte, die der Nutzer hierüber erhält, können nur in Verbindung mit ihren sonstigen Zugriffsrechten genutzt werden.	

In der nachfolgenden Tabelle sind die Einstellungen abgebildet, die für die Einrichtung der Rolle ALLE vorzunehmen sind, falls sie noch nicht besteht.

Zugriffsrechte der Rolle ALLE

Objektart	Objekt-ID	Objektname	Lesen Zugriffsrecht	Einfügen Zugriffsrecht	Bearbeiten Zugriffsrecht	Löschen Zugriffsrecht	Ausführen Zugriffsrecht
Table Data	7	Standardtext	Ja				
Table Data	50	Buchhaltungsperiode	Ja				
Table Data	51	Zeitprotokoll	Indirekt	Indirekt	Indirekt		
Table Data	78	Druckerauswahl	Ja				
Table Data	79	Firmendaten	Ja				
Table Data	91	Benutzer Einrichtung	Ja				
Table Data	98	Finanzbuchhaltung Einrichtung	Ja				
Table Data	140	Lizenzvertrag	Ja		Ja		
Table Data	225	PLZ-Code	Ja				
Table Data	230	Herkunftscode	Ja				
Table Data	242	Herkunftscode Einrichtung	Ja				
Table Data	265	Belegeintrag	Ja	Ja	Ja	Ja	
Table Data	269	Sachkonto-Saldenabstimmung	Ja	Ja	Ja	Ja	
Table Data	279	Textbausteinkopf	Ja				
Table Data	308	Nummernserie	Ja		Indirekt		
Table Data	309	Nr.-Serienzeile	Ja		Indirekt		

Objektart	Objekt-ID	Objektname	Lesen Zugriffsrecht	Einfügen Zugriffsrecht	Bearbeiten Zugriffsrecht	Löschen Zugriffsrecht	Ausführen Zugriffsrecht
Table Data	310	Nr.-Serienverbindung	Ja		Indirekt		
Table Data	311	Debitoren & Verkauf Einr.	Ja				
Table Data	312	Kreditoren & Einkauf Einr.	Ja				
Table Data	313	Lager Einrichtung	Ja				
Table Data	314	Ressourcen Einr.	Ja				
Table Data	315	Projekt Einrichtung	Ja				
Table Data	340	Debitorenrabattgruppe	Ja				
Table Data	341	Artikelrabattgruppe	Ja				
Table Data	348	Dimension	Ja				
Table Data	349	Dimensionswert	Ja				
Table Data	360	Dimensionspuffer	Ja				
Table Data	367	Dimensionscodepuffer	Ja				
Table Data	368	Dimensionsauswahlpuffer	Ja				
Table Data	369	Ausgewählte Dimension	Ja	Ja	Ja	Ja	
Table Data	378	Berichtslistenübersetzung	Ja	Ja	Ja	Ja	
Table Data	388	Dimensionsübersetzung	Ja				
Table Data	390	Verfügbarkeit bis Datum	Ja	Indirekt	Indirekt	Indirekt	
Table Data	402	Änderungsprotokoll Einrichtung	Indirekt				
Table Data	403	Änd.-Protokoll Einr. (Tabelle)	Indirekt				
Table Data	404	Änd.-Protokoll Einr. (Feld)	Indirekt				
Table Data	405	Änderungsprotokollposten	Indirekt	Indirekt			
Table Data	409	SMTP-Mail-Einrichtung	Indirekt				
Table Data	452	Genehmigungseinrichtung	Ja				
Table Data	464	Genehmigungsvorlagen	Ja				
Table Data	470	Projektwarteschlange Einrichtung	Ja				
Table Data	471	Projektwarteschlange in Verarbeitung	Ja				
Table Data	472	Warteschlangenposten	Ja				
Table Data	473	Antwort von Projektwarteschlange	Ja				
Table Data	474	Projektwarteschlangen-Protokolleintrag	Ja				
Table Data	800	Online Map-Einrichtung	Ja				
Table Data	801	Online Map-Parametereinrichtung	Ja				
Table Data	1015	Projektpostennr.	Ja	Ja	Ja	Ja	
Table Data	1017	Projektpuffer	Ja	Ja	Ja	Ja	
Table Data	1018	WIP-Projektpuffer	Ja	Ja	Ja	Ja	
Table Data	1019	Projektabweichungspuffer	Ja	Ja	Ja	Ja	
Table Data	5054	Kontakt Geschäftsbeziehung	Ja				
Table Data	5065	Aktivitätenprotokollposten	Indirekt				
Table Data	5079	Marketing & Vertrieb Einr.	Ja				

Objektart	Objekt-ID	Objektname	Lesen Zugriffsrecht	Einfügen Zugriffsrecht	Bearbeiten Zugriffsrecht	Löschen Zugriffsrecht	Ausführen Zugriffsrecht
Table Data	5080	Aufgabe	Indirekt				
Table Data	5092	Verkaufschance	Indirekt				
Table Data	5093	Verkaufschancenposten	Indirekt				
Table Data	5112	E-Mail-Protok. Semaphore	Ja				
Table Data	5113	Suchergebnis	Ja	Ja	Ja	Ja	
Table Data	5114	Sucheausschlusszeichen	Ja	Ja	Ja	Ja	
Table Data	5115	Suche Detail	Ja	Ja	Ja	Ja	
Table Data	5116	Suchergebnis Detail	Ja	Ja	Ja	Ja	
Table Data	5117	Suchbegriff	Ja	Ja	Ja	Ja	
Table Data	5118	Suchbegriff Detail	Ja	Ja	Ja	Ja	
Table Data	5122	Aktivitätenvorlage Einrichtung	Ja				
Table Data	5218	Personalwesen Einrichtung	Ja				
Table Data	5603	Anlagen Einrichtung	Ja				
Table Data	5611	AfA-Buch	Ja				
Table Data	5644	Anlagenbuchungsart	Ja	Ja	Ja	Ja	
Table Data	5645	Anlagendatumsart	Ja	Ja	Ja	Ja	
Table Data	5647	Anlagenmatrixbuchungsart	Ja	Ja	Ja	Ja	
Table Data	5719	Katalogartikel Einrichtung	Ja				
Table Data	5769	Logistik Einrichtung	Ja				
Table Data	6507	Artikelpostenverbindung	Ja	Indirekt	Indirekt	Indirekt	
Table Data	6508	Wertpostenverbindung	Ja	Indirekt	Indirekt	Indirekt	
Table Data	6509	Logistik Art.-Postenverbindung	Ja	Indirekt	Indirekt	Indirekt	
Table Data	6550	Logistik Artikelverfolg.-Zeile	Ja	Indirekt	Indirekt	Indirekt	
Table Data	6670	Reklamationsbezogener Beleg	Ja	Indirekt	Indirekt	Indirekt	
Table Data	6800	Employee Portal Einrichtung	Ja	Ja			
Table Data	6870	EP Application Server Einrichtung	Ja	Ja			
Table Data	7600	Basiskalender	Ja				
Table Data	7601	Basiskalenderänderung	Ja				
Table Data	7602	Spezifische Kalenderänderung	Ja				
Table Data	7603	Spezifische Kalenderposten	Ja				
Table Data	7604	Basiskalenderverwendung	Ja	Indirekt	Indirekt	Indirekt	
Table Data	8725	Setup für mobile Verkäufe	Ja				
Table Data	9801	Speichereigenschaft	Ja				
Table Data	99000765	Produktion Einrichtung	Ja	Indirekt	Indirekt	Indirekt	
Table Data	99000799	Bedarfsverursacherposten	Ja	Indirekt	Indirekt	Indirekt	
Table Data	99000832	Artikelverfügbarkeitszeile	Ja	Indirekt	Indirekt	Indirekt	
Table Data	99000846	Planungspuffer	Ja	Indirekt	Indirekt	Indirekt	
Table Data	99000849	Ereignismeldungsposten	Ja	Indirekt	Indirekt	Indirekt	
Table Data	99000850	Planungszuweisung	Ja	Ja	Ja	Ja	

Objektart	Objekt-ID	Objektname	Lesen Zugriffsrecht	Einfügen Zugriffsrecht	Bearbeiten Zugriffsrecht	Löschen Zugriffsrecht	Ausführen Zugriffsrecht
Table Data	99000875	Lieferterminzusagen Einr.	Ja				
Table Data	2000000001	Object	Ja				
Table Data	2000000002	Benutzer	Ja				
Table Data	2000000003	Mitglied von	Ja				
Table Data	2000000005	Zugriffsrecht	Ja				
Table Data	2000000006	Mandant	Ja				
Table Data	2000000007	Datum	Ja				
Table Data	2000000053	Windows Zugriffssteuerung	Ja				
Table Data	2000000054	Windows Anmeldung	Ja				
Table Data	2000000061	Benutzermenüebene	Ja	Ja	Ja		
Table Data	2000000068	Datensatzverknüpfung	Ja				
Table	0						Ja
Form	0						Ja
Report	0						Ja
Dataport	0						Ja
Codeunit	0						Ja
XMLport	0						Ja
MenuSuite	0						Ja
System	2510	Edit, Find	Ja	Ja	Ja	Ja	Ja
System	2520	Edit, Replace	Ja	Ja	Ja	Ja	Ja
System	3220	View, Table Filter	Ja	Ja	Ja	Ja	Ja
System	3230	View, FlowFilter	Ja	Ja	Ja	Ja	Ja
System	3410	View, Sort	Ja	Ja	Ja	Ja	Ja
System	3510	View, Design	Ja	Ja	Ja	Ja	Ja
System	5830	Tools, Security, Password	Ja	Ja	Ja	Ja	Ja

7.3.4 Zuweisen von Rollen zu Benutzern und Übersicht der mit den Rollen verknüpften Benutzer

Nachdem durch die Einstellung des Benutzers SUPER die Zugriffskontrolle aktiviert wurde, haben alle anderen Benutzer zunächst keinerlei Zugriffsrechte mehr. Diese müssen den einzelnen Benutzern durch die Zuordnung von Rollen zugewiesen werden.

Um den Zugriff auf die Applikation und das Hauptmenü zu ermöglichen, ist den Benutzern die Rolle ALLE zuzuordnen. Die Zugriffsrechte, die hierüber vergeben werden, können nur in Verbindung mit den anderen Zugriffsrechten genutzt werden.

Schritt	Aktion	Bemerkung
1	*Extras / Zugriffsrechte / Datenbank Anmeldungen*	Es wird eine Übersicht über alle eingerichteten Benutzer dieses Systems angezeigt.
2	Der Cursor ist auf dem User zu positionieren, für den die Zugriffsrechte gesetzt werden sollen.	
3	Rollen	Es öffnet sich das Formular Rollen, in dem nun die bereits angelegten Rollen zugeteilt werden können.
3-1	Spalte „Rollen-ID“	Hier kann mit F6 in die Rollen verzweigt werden, eine Rolle markiert, z.B. ALLE, und diese mit OK zu den Benutzer-Rollen hinzugefügt werden.

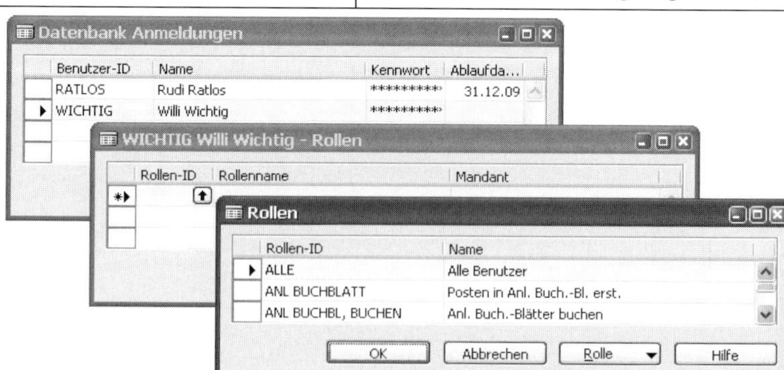

Schritt	Aktion	Bemerkung
3-2	Spalte „Rollenname“	Nach dem Verlassen der Spalte „Rollen-ID“ wird hier automatisch der Name der Rolle eingefügt.

3-3	Spalte „Mandant“	Hier kann das Recht auf Mandanten beschränkt werden. Gilt die Zuordnung für alle Mandanten, bleibt das Feld leer. Soll auf einen Mandanten eingeschränkt werden, wird mit **F6** und OK der Mandant ausgewählt. Soll die Zuordnung für mehrere Mandanten aber nicht für alle gelten, so müssen mehrere Zeilen mit der gleichen Gruppe für unterschiedliche Mandanten angelegt werden.
H	**HINWEIS:** Der Rolle ALLE darf generell kein Mandant zugeordnet werden.	
4	2 x **ESC**	Zurück zum Hauptmenü.
5	*Extras / Zugriffsrechte / Rollen*	Dieses Menü bietet einen Überblick über die mit einer Rolle verknüpften Benutzer.
6	Den Cursor in die Rolle positionieren, für die die Benutzer angezeigt werden sollen.	z.B. ALLE
7	Rolle ▼ / *Datenbank Anmeldungen*	Hier werden alle Benutzer angezeigt, die für diese Gruppe eingetragen sind.
7-1	Spalte „Benutzer-ID“	Um weitere Benutzer hinzuzufügen, kann in dieser Spalte mit **F6** die Benutzerübersicht aufgerufen, der Benutzer ausgewählt und mit OK zur Rolle hinzugefügt werden.
7-2	Spalte „Benutzername“	Hier wird nach Verlassen der Spalte „Benutzer ID“ automatisch der Benutzername eingetragen.
7-3	Spalte „Mandant“	Soll die Zuordnung auf einen Mandanten beschränkt werden, so ist dieser mit **F6** und OK einzufügen. Diese Änderung muss beim Verlassen des Datensatzes bestätigt werden.
8	Zeile verlassen und 2 x **ESC**	Zurück zum Hauptmenü.

Kapitel 8 - Allgemeine Einrichtungen und Funktionen

In diesem Kapitel werden spezifische Funktionen von Microsoft Dynamics NAV, wie die Anwendung von Filtern, erläutert. Weiterhin wird auf Funktionen eingegangen, die in allen Modulen integriert sind. Dazu gehören z.B. die Textbausteine.

8.1 Filtern von Datensätzen

Durch das Setzen von Filtern kann die Anzahl der zu betrachtenden Datensätze eingegrenzt werden und dadurch das Auffinden eines bestimmten Datensatzes deutlich schneller erfolgen.

8.1.1 Feldfilter / Tabellenfilter

Feldfilter und Tabellenfilter sind von der Funktionsweise gleich. Es handelt sich dabei nur um unterschiedliche Eingabeformen. Als Beispiel sollen alle Debitoren aus Spanien betrachtet werden.

<table>
<tr><th>Schritt</th><th>Aktion</th><th>Bemerkung</th></tr>
<tr><td>1</td><td>Verkauf & Marketing / Auftragsabwicklung / Debitoren</td><td>Öffnen der Debitorenkarte im Modul Verkauf & Marketing</td></tr>
<tr><td>2</td><td>Debitor ▼ / Übersicht</td><td>In der Übersicht ist die Funktionsweise des Filters besser zu erkennen.</td></tr>
<tr><td>3</td><td colspan="2">FELDFILTER</td></tr>
<tr><td>3-1</td><td>Cursor in der Spalte „Länder-/ Regionscode“ positionieren.
(Die Spalte ist über Ansicht / Spalte anzeigen… zu holen)</td><td>Da für den Ländercode der Filter gesetzt wird, ist der Cursor hier zu positionieren.</td></tr>
<tr><td>3-2</td><td>F7 oder
den Button  anklicken.</td><td>
</td></tr>
<tr><td>3-3</td><td>Feld „Filter“</td><td>Hier ist der Wert voreingetragen, der als Wert in dem Feld stand, als der Filter aufgerufen wurde. Mit F6 und OK kann ein anderer Ländercode aus der Länderübersicht ausgewählt werden. Sollen mehrere Länder ausgewählt werden, so ist eine Zeichenfolge analog denen im Punkt 8.3.1 zu wählen.</td></tr>
</table>

4	TABELLENFILTER	
4-1	**Strg** + **F7** oder den Button anklicken	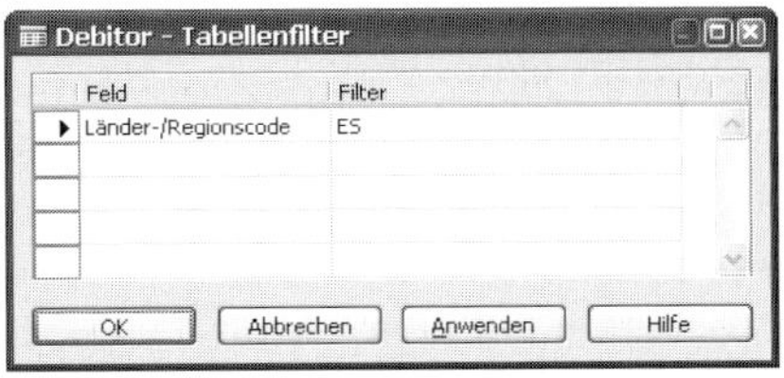
4-2	Spalte „Feld“	Es ist bereits eine Zeile für das Feld angelegt, in der sich der Cursor befand, als der Filter aufgerufen wurde. Wurden schon andere Filter definiert, so werden diese angezeigt. Um einen neuen Filter auf ein neues Feld zu definieren, ist mit **F6** in die Feldliste zu verzweigen, das gewünschte Feld auszuwählen und mit OK zu übernehmen.
4-3	Spalte „Filter“	In dieser Spalte werden die Filter-bedingungen eingegeben. Mit **F6** kann in die jeweilige Übersicht verzweigt werden, der gewünschte Wert markiert und mit OK übernommen werden. Sollen mehrere Werte ausgewählt werden, ist eine Zeichenfolge analog denen im Punkt 8.3.1 einzugeben.
5	OK oder Anwenden	Bei OK wird der Filter angewendet und das Filterfenster geschlossen. Bei Anwenden wird der Filter ebenfalls angewendet aber das Filterfenster bleibt geöffnet.
H	**HINWEIS:** Feldfilter können gleichzeitig nur auf ein Kriterium bzw. Feld gesetzt werden. Bei Tabellenfiltern können gleich mehrere Felder angesprochen werden. Feldfilter können nur auf die Spalten angewendet werden, die in das Formular eingeblendet werden können oder bereits sichtbar sind.	
6	*Ansicht / Alle anzeigen* oder den Button anklicken.	Über diese Eingabe werden alle Datensätze wieder angezeigt, der Filter wird aufgelöst.
7	2 x **ESC**	Zurück zum Hauptmenü.

8.1.2 FlowFilter

Während Tabellenfilter Auswirkungen auf die Anzahl der angezeigten Datensätze haben, wirken FlowFilter auf die Werte der FlowFields der Tabelle. Ein FlowField wird auf Basis von Einzelwerten zur Laufzeit berechnet. Ein FlowFilter grenzt auf die Datensätze ein, die zur Berechnung herangezogen werden sollen.

Schritt	Aktion	Bemerkung
1	*Finanzmanagement / Finanzbuchhaltung / Kontenplan*	Als Beispiel wird hier das Konto 1005 (Kasse) näher betrachtet.
2	**Groß** + **F7** oder den Button anklicken.	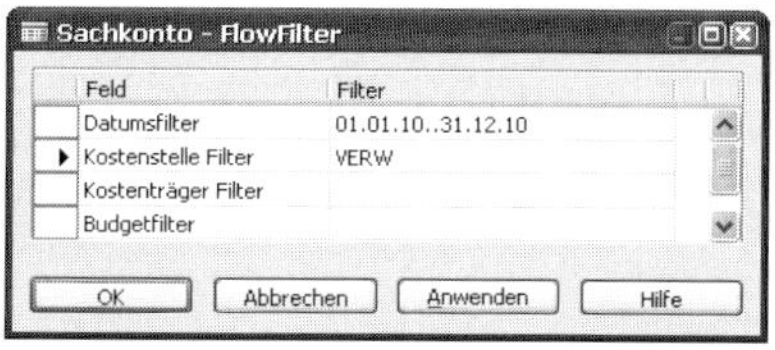
2-1	Spalte „Feld“	Es sind bereits Zeilen für mögliche Filtereingaben angelegt. Um einen Filter auf ein weiteres Feld zu definieren, ist Schritt 4-2 aus Punkt 8.1.1 abzuarbeiten.
2-2	Spalte „Filter“	In dieser Spalte werden die erforderlichen Filter eingegeben. Mit **F6** kann in die jeweilige Übersicht verzweigt, der gewünschte Wert markiert und mit OK übernommen werden. Sollen mehrere Werte ausgewählt werden, ist eine Zeichenfolge analog denen im Punkt 8.3.1 einzugeben.
3	OK oder Anwenden	Bei OK wird der Filter angewendet und das Filterfenster wird geschlossen. Bei Anwenden wird der Filter ebenfalls angewendet aber das Filterfenster bleibt geöffnet.
H	**HINWEIS:** Um FlowFilter aufzulösen, sind die Filterkriterien im Filterfenster zu löschen und mit OK zu bestätigen.	
H	**HINWEIS:** Nicht alle FlowFields werden von allen FlowFiltern beeinflusst. Welche FlowFilter sich auf den angezeigten Wert auswirken, kann in der Definition des Feldes mit dem Tabellen-Designer überprüft werden. Generell gilt, dass Saldo-Felder („Debitorensaldo“, „Sachkontensaldo“) nicht von Datumsfiltern beeinflusst werden.	

8.2 Suchen und Sortieren

Zum schnellen Finden von Informationen bietet Microsoft Dynamics NAV eine spezielle Suchfunktion.

8.2.1 Suchen von Datensätzen

Die Suchfunktion ist in allen Modulen von Microsoft Dynamics NAV gleich.

Schritt	Aktion	Bemerkung
1	*Finanzmanagement / Finanzbuchhaltung / Kontenplan*	Als Beispiel soll das Konto Kasse gesucht werden, um die Kontonr. zu erfahren.
2	Der Cursor ist in der Spalte „Name“ zu positionieren.	Microsoft Dynamics NAV sucht grundsätzlich in dem Feld des letzten Aufrufs der Suchfunktion.
3	**Strg** + **F** oder den Button  anklicken.	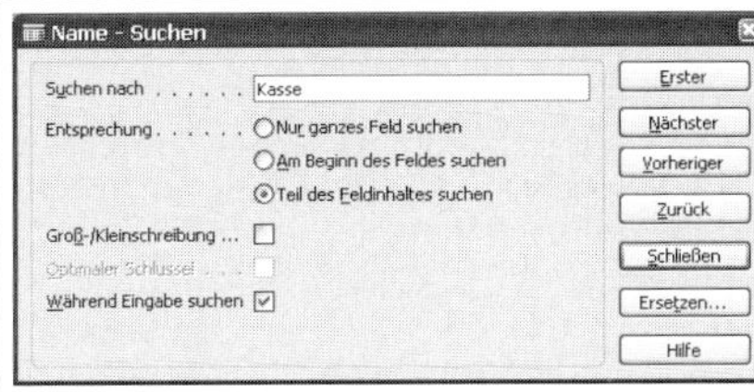
3-1	Feld „Suchen nach“	Hier ist der gewünschte Begriff einzugeben, z.B. Kasse.
3-2	Feld „Entsprechung“	Mit der Auswahl einer der Optionen <Nur ganzes Feld suchen>, <Am Beginn des Feldes suchen> oder <Teil des Feldinhaltes suchen> wird festgelegt, wo das System den eingegeben Suchbegriff im Feld suchen soll.
3-3	Feld „Groß-/Kleinschreibung beachten“	Mit einem Haken in diesem Feld wird festgelegt, ob die Groß-/Kleinschreibung bei der Suche beachtet wird.
3-4	Feld „Optimaler Schlüssel“	Ist das Feld in dem gesucht wird Bestandteil eines Schlüssels, ist diese Option aktivierbar. Das Feld ist in der Sortierreihenfolge enthalten. Wird hier ein Haken gesetzt, beschleunigt das den Suchvorgang. Er sollte im Zweifelsfall immer aktiviert werden.

3-5	Feld „Während Eingabe suchen“	Ein Haken in diesem Feld bewirkt, dass schon während der Eingabe im Feld „Suchbegriff“ gesucht wird, nicht erst nach Betätigung des Buttons.
4	Erster, Nächster, Vorheriger, Zurück	Durch Anklicken eines dieser Formularbuttons wird die Suche begonnen. Dabei wird der Erste Datensatz, der Nächste oder der Vorherige Datensatz der Tabelle, der den gewünschten Suchkriterien entspricht, gesucht. Der Cursor wird in dem gefundenen Datensatz positioniert.
5	**ESC** oder Schließen	Schließen des Suchen-Formulars.
H	**HINWEIS:** In nicht editierbaren Feldern wird die Suchfunktion automatisch gestartet, sobald mit einer Eingabe begonnen wird.	
H	**HINWEIS:** Bei Tabellen mit vielen Datensätzen kann das Suchen in Feldern, die nicht Bestandteil eines Schlüssels sind, zu Geschwindigkeitseinbußen des Gesamtsystems führen.	
H	**HINWEIS:** Um sicherzustellen, dass alle Datensätze mit Kasse gefunden werden, ist nachfolgende Kombination einzugeben: **@** * **Kasse** * **@** ignoriert Gross- bzw. Klein-schreibung * berücksichtigt alle Zeichen vor Beginn des Suchwortes * berücksichtigt alle Zeichen nach dem Suchwort	

8.2.2 Sortieren von Datensätzen

Die Datensätze in Microsoft Dynamics NAV können in unterschiedlicher Reihenfolge sortiert werden. Dabei ist die Sortierung nicht beliebig, sondern auf die in der Datenbank angelegten Schlüssel begrenzt.

Schritt	Aktion	Bemerkung
1	*Verkauf & Marketing / Auftragsabwicklung / Debitoren*	Als Beispiel sollen die Debitoren anders sortiert werden.
2	[Debitor ▼] / *Übersicht*	In der Übersicht ist die Funktionsweise der Sortierung besser zu erkennen.
3	[**Groß**] + [**F8**] oder den Button anklicken.	
3-1	Feld „Schlüssel“	Hier ist die Sortierung der Debitoren auszuwählen. Standardmäßig sind sie nach der Nr. sortiert.
3-2	Feld „Reihenfolge“	Hier stehen die Optionen <Aufsteigend> und <Absteigend> zur Verfügung. Die gewünschte Sortierreihenfolge ist anzugeben.
3-3	[OK] oder [Anwenden]	Bei OK wird der Filter angewendet und das Filterfenster geschlossen. Bei Anwenden wird der Filter ebenfalls angewendet aber das Filterfenster bleibt geöffnet.

8.3 Zeichenfolgen zum erleichterten Suchen und Filtern

Zur Verdeutlichung der Eingabe und Funktionsweise von Filtern sind im Folgenden Beispiele für Filterkriterien aufgeführt.

8.3.1 Eingeben von Filterkriterien

Für die Eingabe von Filterkriterien sind folgende Zeichen in Ergänzung zur eigentlichen Zeichenkette zugelassen:

Zeichen	**Bedeutung**	**Beispiel / Erläuterung**
Ohne	Ist gleich	377 Nummer 377
*	Beliebig viele Zeichen (oder auch keines)	*Co* *Co Co* Texte, die die Zeichenfolge "Co" enthalten. Texte, die mit der Zeichenfolge "Co" enden. Texte, die mit der Zeichenfolge "Co" beginnen.
@ AltGr + Q	Groß/Klein-Schreibung ignorieren	@Kostenstelle Texte wie KOSTENSTELLE, kostenstelle oder Kostenstelle
?	Unbekannter Buchstabe	Hans?n Texte, wie z.B. Hansen oder Hanson.
..	Intervall	1100 .. 2100 Datensätze von Nummer 1100 bis 2100
&	Und	<2000&>1000 Datensätze mit Nummern, die kleiner als 2000 und größer als 1000 sind. Das Zeichen & kann niemals alleine verwendet werden, da kein Datensatz zwei Nummern aufweist.
| AltGr + <	Entweder/oder	1200|1300 Datensätze mit der Nummer 1200 oder 1300. Sind beide vorhanden, werden beide angezeigt
<	Kleiner als	<1200 Datensatznummern kleiner als 1200
<=	Kleiner/gleich	<=1200 Datensatznummern kleiner oder gleich 1200

<table>
<tr><th>Zeichen</th><th>Bedeutung</th><th>Beispiel / Erläuterung</th></tr>
<tr><td>></td><td>Größer als</td><td>>1200
Datensatznummern über 1200</td></tr>
<tr><td>>=</td><td>Größer/gleich</td><td>>=1200
Datensatznummern ab einschließlich 1200 aufwärts</td></tr>
<tr><td><></td><td>Ungleich</td><td><>0
Alle Datensätze außer der Nummer Null</td></tr>
<tr><td>‘ ‘</td><td>Leere Zeichenkette</td><td></td></tr>
<tr><td>0</td><td>Null</td><td></td></tr>
<tr><td>( )</td><td>Klammerberechnung</td><td>30|(>=10&<=20)
Angaben mit der Zahl 30 oder mit einer Zahl zwischen 10 bis 20 (Ergebnis der Berechnung innerhalb des Klammerausdrucks)</td></tr>
<tr><td colspan="3">Die verschiedenen Filterangaben können auch miteinander kombiniert werden:</td></tr>
<tr><td>| ..</td><td colspan="2">5999|8100 .. 8490
Alle Datensätze mit der Nummer 5999 oder zwischen 8100 bis 8490</td></tr>
<tr><td>.. | ..</td><td colspan="2">..1299|1400..
Alle Datensätze mit Nummern kleiner bzw. gleich 1299 oder mit Nummern größer bzw. gleich 1400, d.h. alle Datensatznummern außer 1300 bis 1399</td></tr>
<tr><td>> & <</td><td colspan="2">>50&<100
Alle Datensätze mit Nummern größer als 50 und kleiner als 100, d.h. mit Nummern zwischen 51 und 99</td></tr>
<tr><td>* &</td><td colspan="2">*C*&*D*
Texte, die sowohl den Buchstaben C als auch D enthalten</td></tr>
<tr><td>@ * ?</td><td colspan="2">@*pr?*
Texte mit der Zeichenfolge pr., PR., Pr., Preis... (es muss die Zeichenfolge PR, pR, pr oder Pr gefolgt von mindestens einem, jedoch beliebig vielen weiteren Zeichen mit willkürlicher Groß-/ Kleinschreibung vorhanden sein)</td></tr>
</table>

8.3.2 Eingeben von Datumsformeln

Für die Berechnungszeiträume mit Datumsformeln, z.B. im Feld „Fälligkeitsformel" der Zahlungsbedingungen, können die folgenden Abkürzungen verwendet werden:

Zeichen	Bedeutung	Beispiel / Erläuterung
h	das aktuelle Tagesdatum	h Datum z.B.: 20.07.2010
a	Arbeitsdatum	a Datum z.B.: 30.07.2010
j	aktuelles Geschäftsjahr	j3 Das 3. angelegte Geschäftsjahr im System (01.01.08..31.12.08)
p	aktuelle Buchungsperiode (meist ein Monat)	p-1 Die vorherige Buchhaltungsperiode zur aktuellen (01.02.10..28.02.10)
m mo..	Montag	m Montag der aktuellen Woche bezogen auf das Arbeitsdatum (15.03.2010) f25 Freitag der 25. Kalenderwoche (25.06.2010) do2596 Donnerstag der 25. Kalenderwoche des Jahres 1996 (20.06.1996)
d di..	Dienstag	
mi mi..	Mittwoch	
do do..	Donnerstag	
f fr..	Freitag	
s sa..	Samstag	
so so..	Sonntag	
11	11. Tag	11 11. Tag des aktuellen Monats und des aktuellen Jahres bezogen auf das Arbeitsdatum (11.07.2010)
115	11. Tag 5. Monat	115 11. Tag des 5. Monats des aktuellen Jahres bezogen auf das Arbeitsdatum (11.05.2010)
110510	11. Tag 5. Monat Jahr 2010	110510 Eingegebenes Datum (11.05.2010)

8.4 Allgemeine Einrichtungen

In diesem Abschnitt wird beschrieben, wie Textbausteine erfasst werden können. Es werden Nummernserien erzeugt und Verbindungen innerhalb der Nummernserien hergestellt. Die Funktion “Beleg kopieren...“ wird am Beispiel einer Einkaufsanfrage erläutert.

8.4.1 Arbeiten mit Textbausteinen

Um Texte nicht bei jedem Auftrag, Angebot, Anfrage, ... erneut erfassen zu müssen, bietet Microsoft Dynamics NAV die Möglichkeit der Textbausteine. Sie können verschiedenen Stammdaten und Standardtexten zugeordnet werden.

Schritt	Aktion	Bemerkung
1	Die Textbausteine sind über folgende Menüpunkte zu erreichen: *Lager / Planung & Ausführung / Artikel* Artikel ▼ / *Textbausteine* *Ressourcenplanung / Ressourcen* Ressource ▼ / *Textbausteine* *Finanzmanagement / Finanzbuchhaltung / Kontenplan* Konto ▼ / *Textbausteine* *Verwaltung / Anwendung Einrichtung / Finanzmanagement / Allgemein / Standardtextcodes* Text ▼ / *Textbausteine*	
2	Die Textbausteine können nach unterschiedlichen Sprachen sowie Gültigkeitszeiten differenziert werden. In den Registern Verkauf, Einkauf und Service kann eingestellt werden, in welchen Belegen (Angebot, Anfrage, Auftrag, Bestellung usw.) sie verwendet werden sollen.	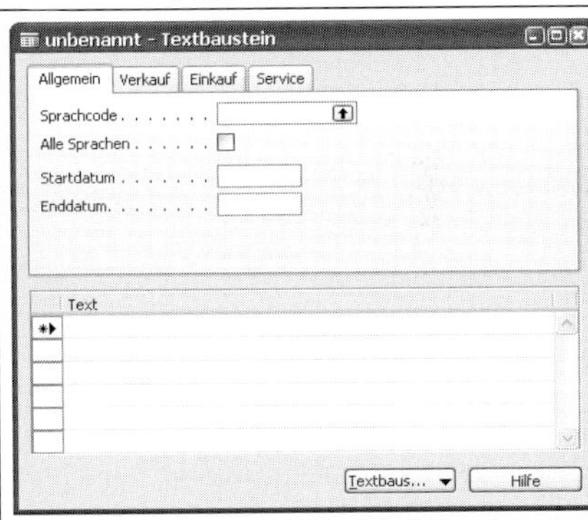
3	Register Allgemein	
3-1	Feld „Sprachcode“	Mit **F6** können die Sprachen aufgerufen werden. Dort ist ein Sprachcode auszuwählen und mit OK zu übernehmen. Für Deutschland bleibt das Feld **leer**.
	Soll ein zweiter Textbaustein in einer anderen Sprache angelegt werden, ist ein neuer Datensatz mit **F3** anzulegen. Im Feld „Sprachcode“ ist diesem mit **F6** und OK eine neue Sprache zuzuordnen.	

H	**HINWEIS:** Es kann für jede Sprache ein eigener Textbaustein erstellt werden. In Abhängigkeit vom Ländercode beim Kontakt, Debitor oder Kreditor, wird der entsprechende Textbaustein automatisch gewählt.	
3-2	Feld „Alle Sprachen“	Ist hier ein Haken gesetzt, wird der Text für alle Sprachcodes verwendet. Die Eingaben im Feld „Sprachcode“ werden damit nicht berücksichtigt.
H	**HINWEIS:** Es sollte entweder das Feld „Sprachcode“ oder das Feld „Alle Sprachen“ gefüllt sein. Sind beide Felder leer, wird der Textbaustein nicht eingefügt, wenn Sprachcodes genutzt werden.	
3-3	Feld „Startdatum“	Das hier angegebene Datum bestimmt, ab wann der Text bei den Stammdaten oder dem Standardtext verwendet wird.
3-4	Feld „Enddatum“	Hier kann das Datum eingegeben werden, bis zu dem der Text gültig ist.
4	Register Verkauf, Einkauf und Service	
4-1	alle Felder	Wird in diesen Feldern ein Haken gesetzt, so ist der Text in den jeweiligen Verkaufs-, Einkaufs- und Servicebelegen verfügbar. Soll der Text nicht ausgegeben werden, ist der Haken zu entfernen.
5	Textbausteinzeilen	In den Zeilen kann der Text eingegeben werden. Pro Zeile stehen maximal 50 Zeichen zur Verfügung. Die Anzahl der Zeilen ist unbegrenzt.
6	**ESC**	Zurück zur jeweiligen Karte.
7	*Artikelkarte* Register Allgemein *Ressourcenkarte* Register Fakturierung *Sachkontokarte* Register Allgemein Feld „Automat. Textbaustein“	Hier kann durch Setzen eines Hakens bestimmt werden, dass für den entsprechenden Stammdatensatz der Textbaustein automatisch in den Belegen eingefügt wird. Ist kein Haken gesetzt, kann der Textbaustein in dem jeweiligen Beleg über Funktion ▼ /*Textbausteine einfügen* geholt werden.
H	**HINWEIS:** Bei Standardtextcodes werden die Textbausteine immer automatisch eingefügt.	
8	**ESC**	Zurück zum Hauptmenü.

8.4.2 Anlegen einer neuen Nummernserie

Nummernserien können in allen Modulen von Microsoft Dynamics NAV hinterlegt werden. Durch sie wird eine lückenlose Belegfolge unterstützt.

Schritt	Aktion	Bemerkung
1	*Finanzmanagement / Einrichtung / Nummernserie*	Öffnen des Fensters Nummernserie.
2	F3	Erzeugen eines neuen Datensatzes.
2-1	Spalte „Code“	In der Spalte wird der Name der neuen Nummernserie eingetragen, z.B. DOC für Dokumente.
2-2	Spalte „Beschreibung“	In dieser Spalte folgt die Erläuterung.
3	Serien ▼ / *Zeilen*	Hier kann die Nummernserie näher spezifiziert werden.
3-1	Spalte „Startdatum“	Es ist das Datum einzugeben, ab dem die Nummern verwendet werden sollen. Ist kein Datum hinterlegt, gibt es keine zeitliche Begrenzung.
H	**HINWEIS:** Dieses Feld kann verwendet werden, wenn für jede Periode neue Nummern zu vergeben sind. Hierzu muss für jede Periode eine Zeile eingerichtet werden, die die einzelnen Nummern definiert.	
3-2	Spalten „Startnr.“ und „Endnr.“	Im Feld „Startnr.“ kann die erste und im Feld „Endnr.“ die letzte Nummer der Serie angegeben werden. Dabei sind bis zu 20 Zeichen, Ziffern und Buchstaben möglich. Die „Endnr.“ ist nicht unbedingt erforderlich. Die „Startnr.“ muss eine Ziffer enthalten.
3-3	Spalten „Letztes Datum verwendet“ und „Letzte Nr. verwendet“	Das Feld „Letztes Datum verwendet“ zeigt das Datum, an dem die Nummer der Serie zuletzt vergeben wurde. Das Feld „Letzte Nr. verwendet“ enthält die zuletzt vergebene Nummer der Serie. Die Anwendung aktualisiert den Inhalt dieser Felder automatisch bei jeder neuen Nummernvergabe.
3-4	Spalte „Warnungsnr.“	In dieser Spalte kann festlegt werden, bei welcher Nummer das System eine Warnung ausgeben soll, die auf das Auslaufen der Serie hinweist.

3-5	Spalte „Erhöhung um Nr."	Hier können die Abstände festgelegt werden, in denen die Nummern der Serie vergeben werden sollen. Der kleinste Wert ist Eins. Mit diesem Wert wird die Spalte vorbelegt, kann aber geändert werden.
3-6	Spalte „Offen"	Ist in dieser Spalte ein Haken gesetzt, können aus der Nummernserie noch Nummern vergeben werden. Der Haken wird automatisch entfernt, sobald die Werte der Spalten "Letzte Nr. verwendet" und "Endnr." gleich sind.

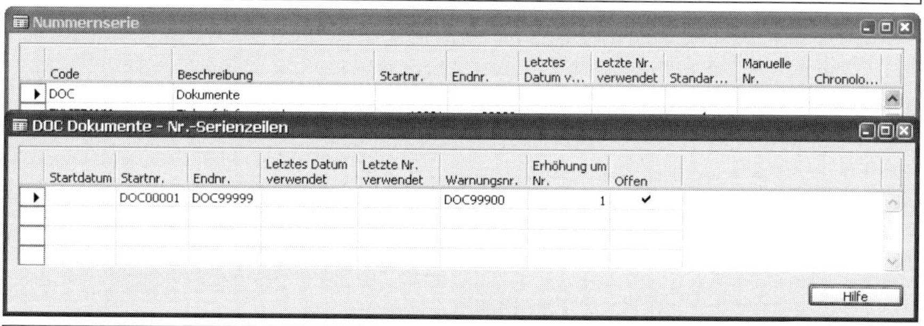

3-7	**ESC**	Zurück zu den Nummernserien.
4	Beim Schließen des Fensters Serienzeilen werden die Werte in das Formular Nummernserie in die entsprechenden Felder übertragen.	
4-1	Spalte „Standardnr."	Wird in diese Spalte ein Haken gesetzt, verwendet die Anwendung die Nummernserie zur automatisierten Nummernvergabe.
4-2	Spalte „Manuelle Nr."	Wenn in dieser Spalte ein Haken gesetzt ist, erfolgt die Nummernvergabe manuell.
4-3	Spalte „Chronologisch"	Hier kann festgelegt werden, ob die Anwendung die chronologische Nummernvergabe überprüft.
H	**HINWEIS:** Wird z.B. für die Rechnungseingangsnummern der Haken „Chronologisch" gesetzt, so sind die Eingangsrechnungen zeitlich in der richtigen Reihenfolge zu buchen. Sind diese auf unterschiedlichen Buch.-Blättern verteilt, muss demnach zwischen den Buch.-Blättern gewechselt werden, um die jeweils nächste Rechnung zu buchen. Erfolgt dies nicht, können nachträglich keine Eingangsrechnungen mehr mit der Nummernserie gebucht werden, deren Buchungsdatum vor dem der zuletzt gebuchten liegt.	

5	Serien ▼ / *Verbindungen*	
5-1	Sollen für eine Stammdatenart bzw. Belegart alternativ mehrere Nummernserien verwendet werden, so können diese einzeln angelegt und anschließend miteinander verbunden werden. Hierzu sind einer bestehenden Nummernserie, z.B. DOC, weitere Nummernserien, z.B. DOC2, DOC3, ... über diesen Punkt zuzuordnen.	
5-2	Spalte „Seriencode“	In dieser Spalte erfolgt die Zuordnung zum gemeinsamen Nummernseriencode. Mit **F6** und OK ist die zusätzliche Nummernserie auszuwählen, z.B. DOC2.
5-3	Spalte „Serienbeschreibung“	Diese Spalte wird aktualisiert, sobald die Spalte „Seriencode“ verlassen wird.
5-4	Sind dem gemeinsamen Nummernseriencode weitere Nummernserien zuzuordnen, sind die Schritte 5-2 und 5-3 zu wiederholen.	
5-5	2 x **ESC**	Zurück zum Hauptmenü.
H	**HINWEIS:** In der Einrichtung wird dann die Nummernserie hinterlegt, an der die Verbindungen definiert wurden.	
	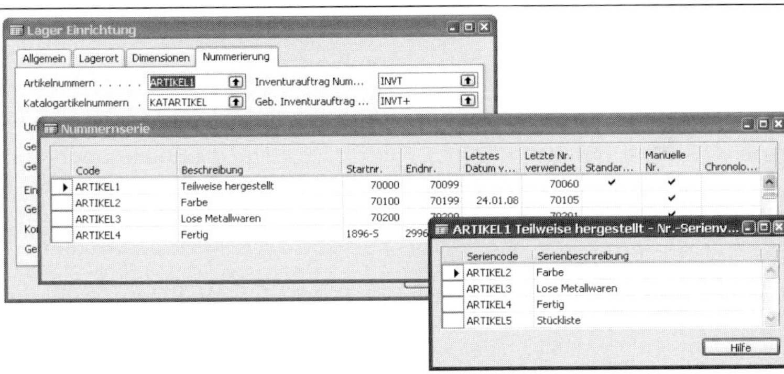	
AUSWIRKUNGEN		
6	*Lager / Planung & Ausführung / Artikel*	Beispielhaft am Artikel
6-1	Beim Anlegen eines neuen Datensatzes mit **F3** kann dann durch das Öffnen des Assist-Buttons oder mit der Funktionstaste **F6** im Feld „Nr.“ zwischen den möglichen Nummernserien gewählt werden.	
6-2	**ESC**	Zurück zum Hauptmenü.

8.4.3 Kopieren von Belegen

Belege können im Verkaufs- und Einkaufsmodul kopiert werden. Soll z.B. eine gebuchte Verkaufsrechnung storniert werden, so ist dies über eine Verkaufsgutschrift zu realisieren. Um Fehlerquellen beim Erfassen dieser Gutschrift zu minimieren, kann mit der Funktion *Beleg kopieren…* gearbeitet werden.

Schritt	Aktion	Bemerkung
1	*Verkauf & Marketing / Auftragsabwicklung / Gutschriften*	Den Cursor im Gutschriftskopf im Feld „Nr." positionieren.
2	Mit **F3** ist eine neue Verkaufsgutschrift zu erstellen.	Wurde eine Nummernserie hinterlegt, erscheint beim Verlassen des Feldes „Nr." automatisch eine Nummer. Ansonsten ist manuell eine Nummer zu vergeben.
3	Funktion ▼ / *Beleg kopieren…*	
	Register Optionen	
3-1	Feld „Belegart"	Hier kann mit **F6** und **Enter** zwischen erfassten und gebuchten Belegen gewählt werden, z.B. Geb. Rechnung.
3-2	Feld „Belegnr."	Je nach Wahl kann mit **F6** im Feld „Belegnr." die dazugehörige Übersicht aufgerufen werden. Der zu kopierende Beleg ist auszuwählen und mit OK zu übernehmen.
3-3	Felder „Belegnr. Häufigkeit", „Versionsnr."	Diese beiden Felder werden nur als Informationsfelder gefüllt, wenn ein archivierter Beleg kopiert werden soll.
3-4	Die Felder „Verk. an Deb.-Nr." und „Verk. an Name" werden aktualisiert	Die Angaben werden von dem zu kopierenden Beleg übernommen und können nicht verändert werden.
3-5	Feld „Inklusive Kopf"	Hier ist ein Haken zu setzen, wenn der Kopf und die Zeilen aus dem ausgewählten Beleg übernommen werden sollen. Sollen nur die Zeilen übernommen werden, ist kein Haken zu setzen.

3-6	Feld „Zeilen neu berechnen“ Wird in diesem Feld der Haken gesetzt, fügt die Stapelverarbeitung die Zeilen aus dem zu kopierenden Beleg in den neuen Beleg ein, behält die Artikelnummern und die Artikelmengen bei, berechnet jedoch die Beträge in den Zeilen auf der Basis der Debitoreninformationen des Belegkopfes neu. Dabei muss der Belegkopf ausgefüllt sein, d.h. im Feld „Verk. an Deb.-Nr.“ ist zuvor mit **F6** und OK der entsprechende Debitor auszuwählen, um z.B. hinterlegte Rabatte korrekt auszuweisen.	
3-7	Die Eingaben sind mit OK zu bestätigen.	
4	Der Beleg wurde in die neue Gutschrift kopiert und kann jetzt bearbeitet werden.	
4-1	Felder „Buchungsdatum“, „Belegdatum“ und „Warenausg.-Datum“	Diese Datumsangaben sind zu aktualisieren, da die enthaltenen Datumsangaben ebenfalls aus dem kopierten Beleg übernommen wurden.
4-2	Feld „Zlg.-Bedingungscode“	Der Wert des Feldes „Zlg.-Bedingungscode“ wurde nicht übernommen und bleibt leer.
4-3	Register Ausgleich Feld „Ausgleich mit Belegart“ Feld „Ausgleich mit Belegnr.“	Soll durch die Gutschrift eine gebuchte Rechnung ausgeglichen werden, so werden im Register Ausgleich die Felder „Ausgleich mit Belegart“ und „Ausgleich mit Belegnr.“ mit gefüllt.
4-4	Feld „Storno“	Soll eine Stornobuchung erzeugt werden, ist über den Designer das Feld „Storno“ einzufügen und in diesem Feld ein Haken zu setzen.
4-5	Die Gutschrift kann jetzt entsprechend den im Ablaufschema 3.2.6 beschriebenen Arbeitsschritten weiter bearbeitet werden.	
5	**ESC**	Zurück zum Hauptmenü.

<table>
<tr><td></td><td>Diese Kopierfunktion steht in den offenen Einkaufs-, Verkaufs- und Servicebelegen zur Verfügung
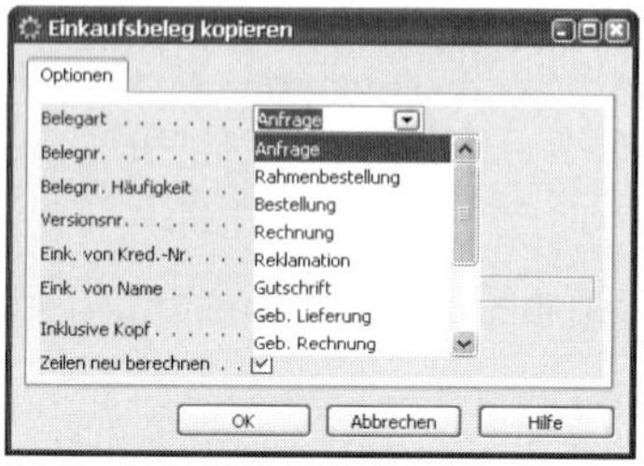

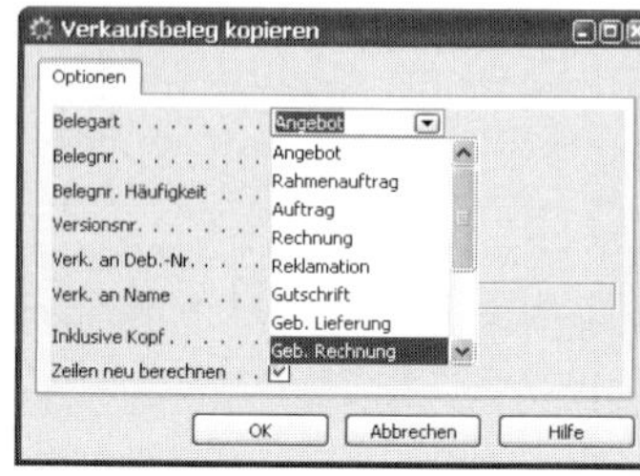
</td></tr>
<tr><td>H</td><td>HINWEIS: Es sollten keine teilgelieferten Belege kopiert werden.

Bei der Erstellung einer Gutschrift im Verkauf ist zu beachten, dass das System eine Gutschrift lagerwertseitig wie einen Wareneinkauf behandelt. Deshalb muss in jeder Gutschriftszeile die Spalte „Einstandspreis (MW)“ geprüft und ggf. mit dem korrekten Wert überschrieben werden.</td></tr>
</table>

8.5 Links und Verknüpfungen auf Formulare und Berichte

In diesem Abschnitt wird gezeigt, wie in Microsoft Dynamics NAV Verknüpfungen auf dem Desktop erstellt, Links auf Formulare und Berichte und Berichte im HTML-Format per E-Mail versandt werden. Außerdem wird beschrieben wie die Shortcuts im Hauptmenü angepasst werden.

8.5.1 Erzeugen von Verknüpfungen auf dem Desktop

Microsoft Dynamics NAV ermöglicht es, eine Verknüpfung zu einem Formular oder einem Bericht auf dem Desktop zu erzeugen. Das wird am Beispiel des Berichtes Rohbilanz der Finanzbuchhaltung gezeigt.

Schritt	Aktion	Bemerkung
1	*Finanzmanagement / Finanzbuchhaltung / Berichte / Finanzauswertung / …*	
1-1	Den erforderlichen Bericht auswählen.	In diesem Beispiel den Bericht Rohbilanz.
1-2	Register Sachkonto Register Optionen	Im nun geöffneten Formular können in den Registern Filter gesetzt werden, um nur die relevanten Daten anzuzeigen.
2	*Datei / Senden / Verknüpfung auf dem Desktop*	Auf dem Desktop wird eine Verknüpfung zu diesem Bericht inkl. der gesetzten Filter erstellt.
2-1	2 x **ESC**	Zurück zum Hauptmenü.
2-2	**Alt** + **F4**	Microsoft Dynamics NAV schließen.
AUSWIRKUNG		
3	Den Desktop öffnen. Hier ist nun die erstellte Verknüpfung sichtbar. *Rechte Maustaste / Eigenschaften*	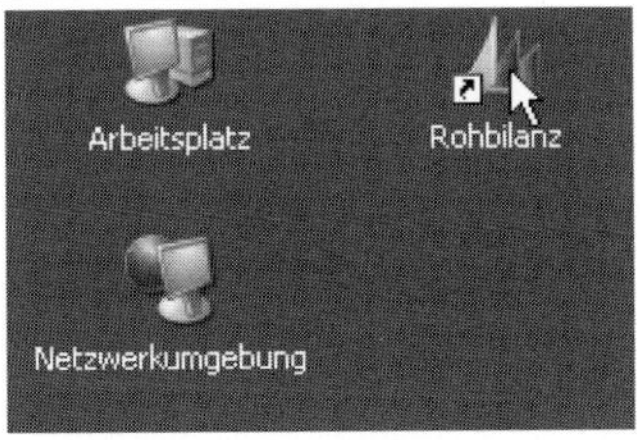
3-1	Register Allgemein	Der Verknüpfung wurde der Name des Berichtes gegeben.

3-2	Register Webdokument Feld „URL“	In diesem Feld wurde folgender Link eingetragen: navision://client/run?database=d:%5C_dat%5Cnav51_database_buch.fdb%26company=CRONUS%20AG%26target=Report%206%26view=SORTING(Field1)%20WHERE(Field28=1(01.12.08..31.12.08))%26requestform=Ja%26servertype=NAVISION
H	**HINWEIS:** In diesem Link verbirgt sich die aufzurufende Datenbank, das aufzurufende Objekt und ebenfalls die hinterlegten Filter.	
3-3	OK	Schließen der Eigenschaften der Verknüpfung.
4	Doppelklick auf die Verknüpfung	Microsoft Dynamics NAV wird geöffnet. Nach der ordnungsgemäßen Anmeldung an der Datenbank wird der Bericht Rohbilanz aufgerufen. Die gesetzten Filter sind eingetragen.
4-1	Drucken... oder Seitenansicht	Der Bericht kann jetzt normal weiter bearbeitet werden.
4-2	2 x **ESC**	Zurück zum Hauptmenü.

8.5.2 Versenden eines Berichtes per E-Mail

In Microsoft Dynamics NAV ist es möglich, einen Bericht per E-Mail im HTML-Format zu versenden. Diese Funktion ist mit dem E-Mail-System verbunden.

Schritt	Aktion	Bemerkung
1	*Verkauf & Marketing / Verkauf / Berichte / Debitoren / Top 10 Liste*	Als Beispiel soll hier der Bericht „Debitor - Top 10 Liste“ per E-Mail versendet werden.
1-1	Register Debitor Register Optionen	Im nun geöffneten Formular können in den Registern wie gewohnt Filter gesetzt werden, um nur die relevanten Daten auszuwerten.
1-2	Seitenansicht	Öffnen der Seitenansicht des Berichtes, um das Ergebnis zuvor anzuzeigen. Dieser Punkt ist nicht zwingend notwendig.
2	*Datei / Senden / Bericht durch E-Mail…*	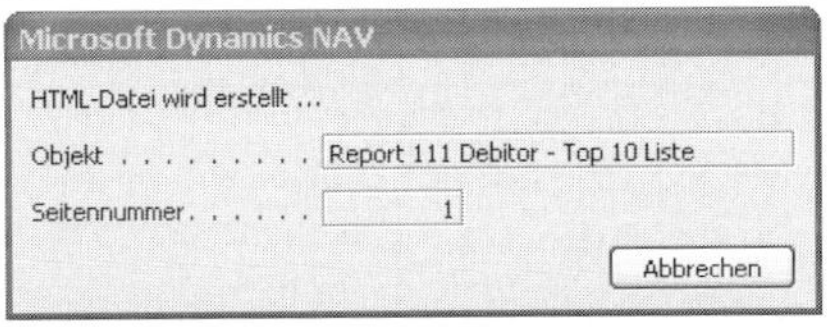
2-1	In dem installierten E-Mail-Programm wird eine neue Nachricht geöffnet, in die als Anhang bereits die erstellte HTML-Datei (*.HTM) eingefügt wurde.	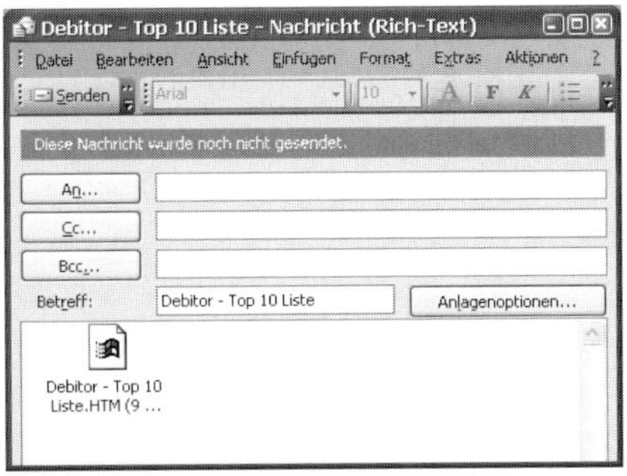
2-2	Die Felder der E-Mail-Nachricht sind zu vervollständigen.	
H	**HINWEIS:** Je nach Einstellung des E-Mail-Formates (<Rich-Text>, <HTML>, …) im E-Mail-Programm wird der Bericht als Anhang oder direkt als E-Mail-Text ohne Anhang eingefügt.	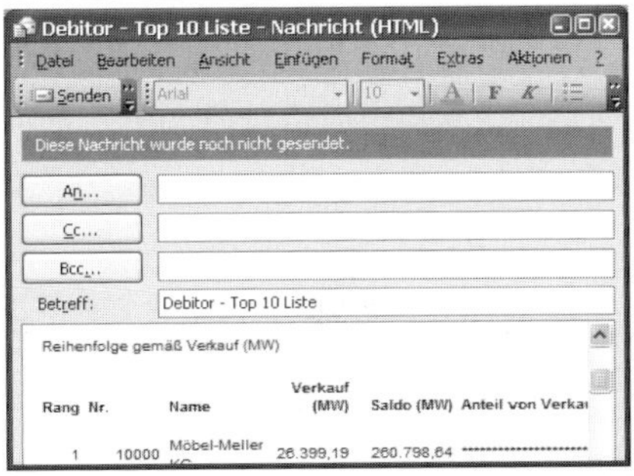

2-3	Senden	Die Nachricht ist zu senden. Anschließend wird Microsoft Dynamics NAV wieder aktiviert.
2-4	ESC	Wurde das Senden aus der Seitenansicht gestartet, muss diese anschließend geschlossen werden. Wurde die Seitenansicht nicht genutzt, ist das Hauptmenü wieder aktiv.
AUSWIRKUNG		
3	Öffnen der E-Mail Nachricht	
3-1	Beim Öffnen des Anhangs wird der Nutzer gefragt, wie mit dem Anhang verfahren werden soll.	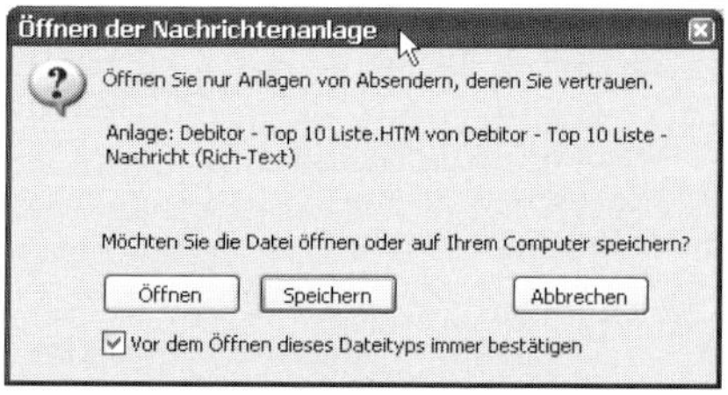
3-2	Speichern	Diese Option ist auszuwählen, um den Bericht vor dem Öffnen auf der Festplatte zu speichern.
3-3	Im Feld „Speichern in“ ist der Pfad einzustellen, in dem die Datei gespeichert werden soll.	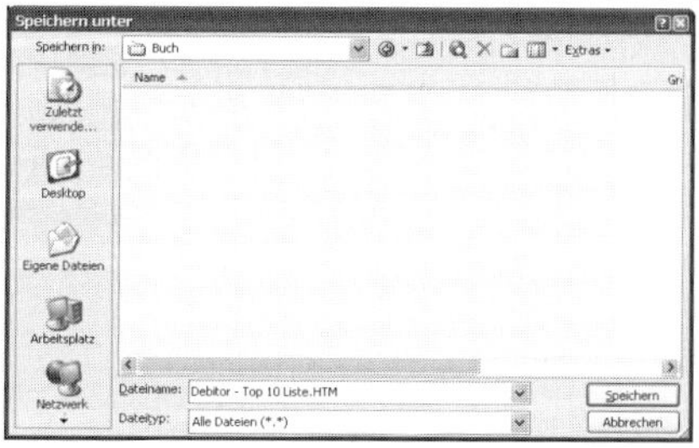
3-4	Im Feld „Dateiname“ ist der Name des Berichtes voreingestellt. Er kann geändert werden. Die Dateierweiterung, hier *.htm, ist nicht zu ändern.	
3-5	Speichern	
3-6	Die gespeicherte Datei ist im Windows Explorer mit einem Doppelklick zu öffnen.	
3-7	Die Datei wird mit dem installierten Internetbrowser geöffnet und kann anschließend ausgewertet werden.	
3-8	Alt + F4	Schließen des Browsers.

8.5.3 Export nach Microsoft Excel und Microsoft Word

Microsoft Dynamics NAV arbeitet mühelos mit anderen Microsoft-Lösungen zusammen: Auf Knopfdruck und ohne Copy & Paste können Daten aus Dynamics NAV nach MS Word und MS Excel übergeben werden.

Voraussetzung für die Nutzung dieser Funktionalität ist, dass die eingesetzten Office-Versionen XML-fähig sind, d.h. die Dateien aus diesem Programm müssen als XML-Datei gespeichert werden können.

Schritt	Aktion	Bemerkung
1	*Lager / Planung & Ausführung / Artikel* F5	Um mit dieser Funktion als Beispiel die Artikelübersicht in Microsoft Excel darzustellen, ist diese wie gewohnt aufzurufen.
1-1	*Datei / Senden / Formular nach Microsoft Excel* oder Strg + E oder	Über diesen Aufruf wird die Artikelübersicht nach Excel exportiert und Excel in den Vordergrund gebracht.

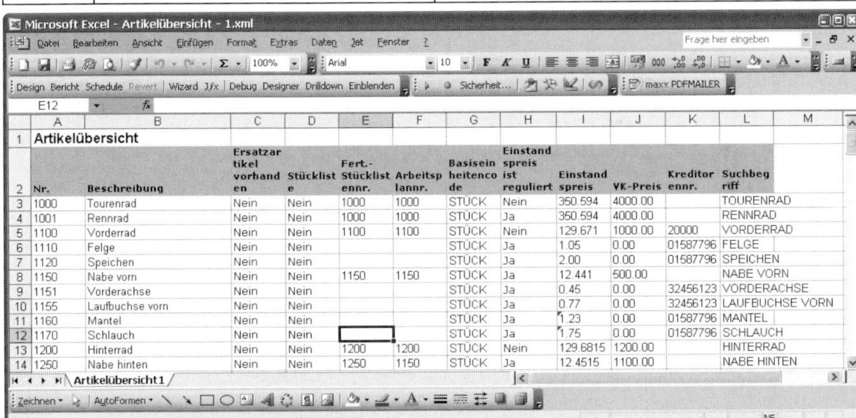

Nr.	Beschreibung	Ersatzartikel vorhanden	Stückliste	Fert.-Stücklistennr.	Arbeitsplannr.	Basiseinheitencode	Einstandspreis ist reguliert	Einstandspreis	VK-Preis	Kreditorennr.	Suchbegriff
1000	Tourenrad	Nein	Nein	1000	1000	STÜCK	Nein	350.594	4000.00		TOURENRAD
1001	Rennrad	Nein	Nein	1000	1000	STÜCK	Ja	350.594	4000.00		RENNRAD
1100	Vorderrad	Nein	Nein	1100	1100	STÜCK	Nein	129.671	1000.00	20000	VORDERRAD
1110	Felge	Nein	Nein			STÜCK	Ja	1.05	0.00	01587796	FELGE
1120	Speichen	Nein	Nein			STÜCK	Ja	2.00	0.00	01587796	SPEICHEN
1150	Nabe vorn	Nein	Nein	1150	1150	STÜCK	Ja	12.441	500.00		NABE VORN
1151	Vorderachse	Nein	Nein			STÜCK	Ja	0.45	0.00	32456123	VORDERACHSE
1155	Laufbuchse vorn	Nein	Nein			STÜCK	Ja	0.77	0.00	32456123	LAUFBUCHSE VORN
1160	Mantel	Nein	Nein			STÜCK	Ja	1.23	0.00	01587796	MANTEL
1170	Schlauch	Nein	Nein			STÜCK	Ja	1.75	0.00	01587796	SCHLAUCH
1200	Hinterrad	Nein	Nein	1200	1200	STÜCK	Nein	129.6815	1200.00		HINTERRAD
1250	Nabe hinten	Nein	Nein	1250	1150	STÜCK	Ja	12.4515	1100.00		NABE HINTEN

H	**HINWEIS:** Basis des Exportes sowohl nach Excel als auch nach Word sind *.xslt-Vorlagen, die im Client-Installationsverzeichnis von Microsoft Dynamics NAV im Ordner Stylesheets gespeichert sind. Durch versierte Anwender können diese Vorlagen bearbeitet werden.	
2	*Verwaltung / IT-Verwaltung / Allgemeine Einrichtung / Formatvorlagen verwalten*	In diesem Formular können die Vorlagen (*.xslt-Dateien) für die Formulare eingerichtet werden, aus denen Daten in ein anderes Programm exportiert werden sollen.

8.6 Individuelle Shortcuts im Hauptmenü

Eine Möglichkeit, um das Hauptmenü benutzerspezifisch und individuell einzurichten und damit ein optimal an die eigenen Arbeitsabläufe angepasstes Menü zu gestalten, ist das Einrichten des Hauptmenüpunktes Shortcuts. Die Shortcuts ermöglichen einen schnellen Zugriff auf ausgewählte Menüpunkte, Funktionen und Daten.

8.6.1 Shortcuts zu Menüpunkten und Menügruppen

In den Shortcuts können Menügruppen, Menüpunkte und einzelne Datensätze aus verschiedenen Bereichen von Microsoft Dynamics NAV sowie externe Dateien und Webseiten hinterlegt werden.

In diesem Beispiel wird ein neuer Ordner erstellt und dort ein Verweis zu den Artikeln eingefügt.

Schritt	Aktion	Bemerkung
1	**Strg** + **0** (null)	Öffnen der Shortcuts im Hauptmenü.
1-1	Im weißen Bereich: *rechte Maustaste / Gruppe erstellen* oder **Strg** + **Einfg**	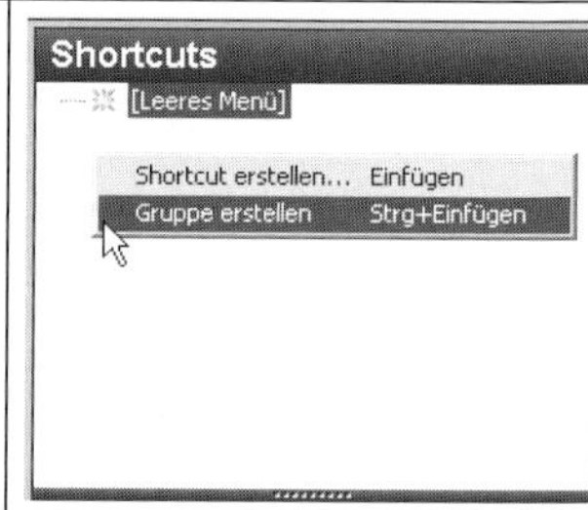
1-2	Der neuen Gruppe ist ein Name zu geben.	z.B. Lager & Artikel
2	*Einkauf / Planung / Artikel*	Es ist nun der Menüpunkt im Hauptmenü zu aktivieren, der in die Shortcuts gelegt werden soll.
2-1	*rechte Maustaste / An Shortcuts senden* oder **Strg** + **Alt** + **S**	
3	**Strg** + **0** (null)	In den Shortcuts wurde auf der obersten Ebene der Aufruf für die Artikel eingefügt.

3-1	Cursor auf dem neu eingefügten Menüpunkt positionieren.	Um den Artikel-Aufruf nun in die Gruppe einzufügen, ist mit Ausschneiden und Einfügen zu arbeiten.
3-2	*rechte Maustaste / Ausschneiden* oder **Strg** + **X**	Die Grafik des Menüpunktes wird jetzt nur noch schemenhaft dargestellt.
3-3	Der Cursor ist nun in die Gruppe an die Position zu bewegen, an der der Aufruf eingefügt werden soll. *rechte Maustaste / Einfügen* oder **Strg** + **V**	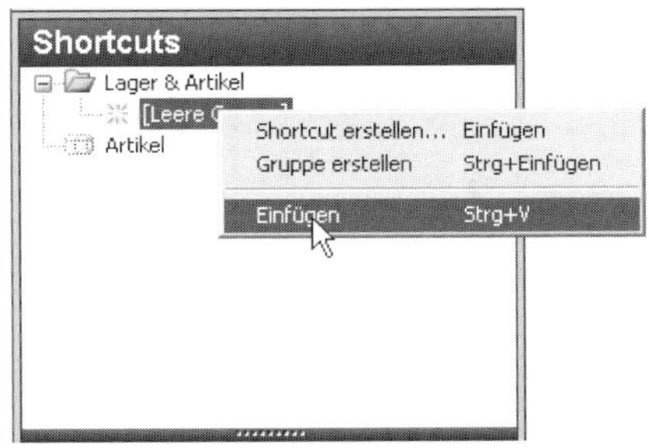
3-4	Im Ergebnis wird der Aufruf in die neue Gruppe eingefügt.	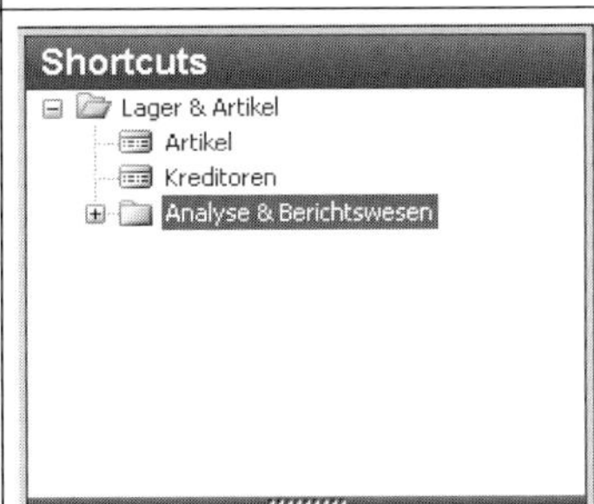
H	**HINWEIS:** Über diese Verfahrensweise können nicht nur einzelne Menüpunkte in die Shortcuts eingefügt werden, sondern ebenfalls ganze Gruppen, wie hier die Gruppe *Analyse & Berichtswesen* aus dem *Hauptmenü / Verkauf & Marketing.*	

8.6.2 Shortcuts zu einzelnen Datensätzen

Shortcuts können nicht nur zu Formularen und Berichten erstellt werden, sie können auch zu speziellen Datensätzen und Berichten mit konkreten Filtereinstellungen erzeugt werden.

Schritt	Aktion	Bemerkung
1	*Verkauf & Marketing / Auftragsabwicklung / Debitoren*	Es wird als Beispiel ein Verweis zum Debitor „Spotsmeyer's Furnishings“ erstellt. Dieser Debitor ist in der Debitorenkarte zu öffnen.
1-1	*Datei / Senden / Link zu Shortcuts* oder **Strg** + **Alt** + **S**	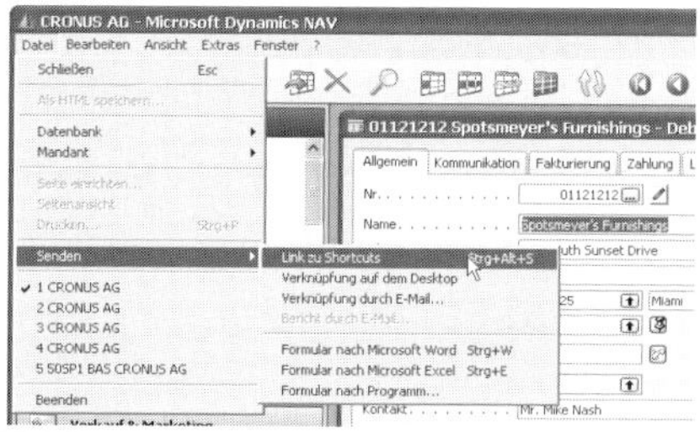
H	**HINWEIS:** Wurden in der Debitorenkarte zuvor Filter gesetzt, werden diese mit in den Link übernommen.	
2	**Strg** + **0** (null)	In den Shortcuts wurde auf der obersten Ebene der Aufruf für diesen Debitor eingefügt.
2-1	Mit diesem Eintrag kann jetzt analog zum Vorgehen im Ablaufschema 8.6.1 ab Punkt 3 vorgegangen werden. Über **F2** kann der Menüpunkt außerdem umbenannt werden, sodass eine Individualität gegeben ist.	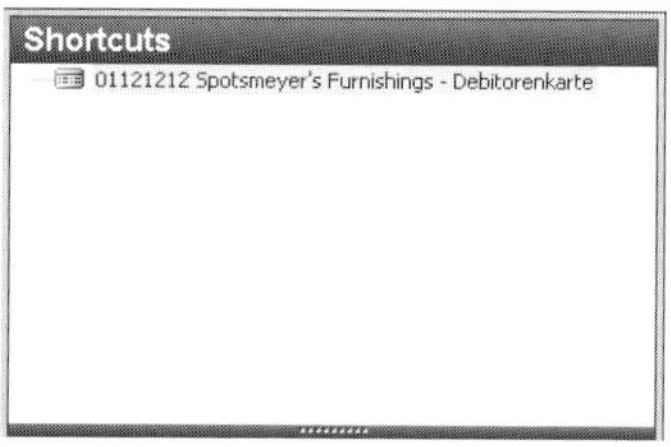
H	**HINWEIS:** Über den gleichen Weg lassen sich ebenfalls Berichte (Reports) mit den bereits eingestellten Filtern für die Auswertung in die Shortcuts legen.	

8.6.3 Shortcuts zu externen Dateien

Im Bereich der Shortcuts ist es ebenfalls möglich Verbindungen zu Dateien außerhalb von Microsoft Dynamics NAV, wie z.B. zu Excel-Dateien, zu erzeugen.

Schritt	Aktion	Bemerkung
1	**Strg** + **0** (null)	Öffnen der Shortcuts im Hauptmenü.
1-1	Im weißen Bereich: *rechte Maustaste / Shortcut erstellen…* oder **Einfg**	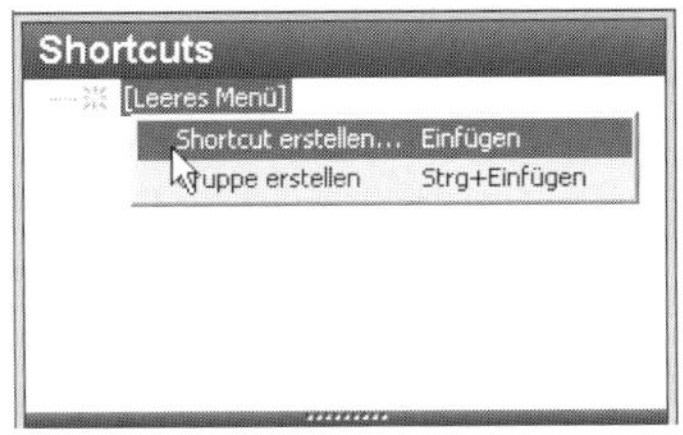
1-2	Feld „Öffnen“	In diesem Feld ist mit **F6** oder über den Assist-Button die Datei auszuwählen, die aufgerufen werden soll, z.B. eine Preisliste.
1-3	Feld „Caption“	In dieses Feld ist die Beschreibung der Verknüpfung einzugeben. Mit diesem Namen wird die Verknüpfung in die Shortcuts eingefügt, z.B. aktuelle Preisliste.
1-4	OK	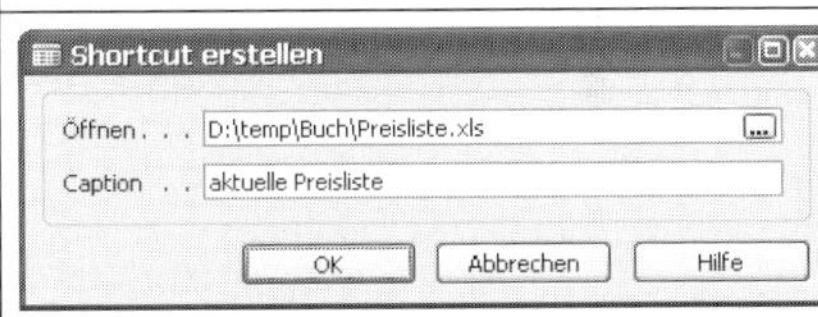
2	**Strg** + **0** (null)	In den Shortcuts wurde auf der obersten Ebene der Aufruf für diese Datei eingefügt.
2-1	Mit diesem Eintrag kann jetzt analog zum Vorgehen im Ablaufschema 8.6.1 ab Punkt 3 vorgegangen werden.	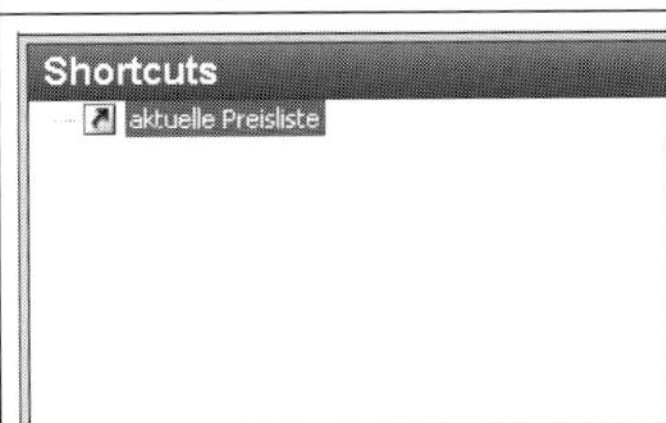
H	**HINWEIS:** Über dieses Verfahren können alle Dateien (Dateitypen) eingefügt werden, die im System verfügbar sind.	

8.7 Funktionstasten und Dateitypen

Grundsätzlich können alle Funktionen und Fenster in Microsoft Dynamics NAV auch mit der Tastatur aufgerufen werden. Wird dies geübt und konsequent praktiziert, so wird man feststellen, dass so wesentlich schneller gearbeitet werden kann als bei Verwendung der Maus.

8.7.1 Funktionstasten

Tasten-kombination	**Erläuterung**
F1	Anfordern der Hilfe in Microsoft Dynamics NAV. Wird die Taste F1 gedrückt, so wird zu dem entsprechenden Feld, in dem sich der Cursor gerade befindet, die Hilfe angezeigt. Ist das nicht möglich, so wird die Hilfe zu der entsprechenden Tabelle angezeigt.
Alt + F1	Anzeigen und Ausblenden des Hauptmenüs (Navigationsbereichs).
AltGr + F1	Übersicht der Funktionstasten. Mit dieser Tastenkombination wird eine Übersicht geöffnet, in der die Funktionen der Funktionstasten dargestellt werden, die im aktuell aufgerufenen Formular möglich sind. Beim Drücken der Tasten Groß oder Strg werden die im Zusammenhang mit diesen Tasten möglichen Befehle angezeigt.
Strg + F1	Setzen und Löschen der Satzmarke auf einem Datensatz. Die Verwendung der Satzmarke ist vor allem dann sinnvoll, wenn eine Vielzahl von Datensätzen selektiert und auf die markierten Datensätze abgegrenzt werden soll.
F2	Einfügemarke setzen. Beim Wechsel in ein Feld mit Hilfe der Tastatur wird der Inhalt automatisch markiert. Jede Eingabe in diesem Zustand überschreibt den kompletten Inhalt des Feldes. Soll nur eine kleine Korrektur vorgenommen werden, kann mit der Funktionstaste F2 der Cursor am Beginn des Feldes und bei nochmaliger Betätigung am Ende des Feldes positioniert werden.

Tasten-kombination	Erläuterung
F2	Werte neu holen. Mit der Eingabe eines Wertes in ein Feld wird in Microsoft Dynamics NAV ggf. der Quellcode durchlaufen, um andere Felder zu ändern, die Eingabe zu prüfen oder weitere Befehle auszuführen. Mit Betätigung der Funktionstaste **F2** + **Enter** wird dieser Quellcode erneut durchlaufen, als wäre der Wert neu eingegeben worden.
F2	Felder editierbar machen. Einige Felder in bestimmten Tabellen können erst nach Betätigung der Funktionstaste **F2** editiert werden. Hierbei handelt es sich z.B. um das Feld „Fälligkeitsdatum“ in den Debitorenposten. Damit wird sichergestellt, dass eine Änderung der Werte in diesen Feldern nicht versehentlich erfolgen kann, sondern die Änderung bewusst herbeigeführt wurde.
F3	Anlegen eines neuen Datensatzes. Egal in welchem Formular gerade gearbeitet wird, mit der Taste **F3** wird dort ein neuer Datensatz angelegt. Voraussetzung dafür ist, dass die Rechte dazu vorhanden sind.
F4	Löschen eines Datensatzes. Egal in welchem Formular gerade gearbeitet wird, mit der Taste **F4** kann der aktuelle Datensatz gelöscht werden. Voraussetzung dafür ist, dass die entsprechenden Rechte dazu vorhanden sind.
F5	Öffnen des Übersichtsformulars. Ist die aktuelle Position des Cursors in einem Kartenformular oder im Kopfbereich eines Beleges, so wird mit dieser Taste das entsprechende Übersichtsformular aufgerufen.
Groß + F5	Öffnen eines Kartenformulars. Ist die aktuelle Position des Cursors in einem Übersichtsformular, so wird mit dieser Tastenkombination das entsprechende Kartenformular der aktuellen Zeile aufgerufen.

Tasten-kombination	Erläuterung
F6	Öffnen der Eingabehilfen. Hat eine Textbox am rechten Rand eine Schaltfläche, wie einen Assist-Button, einen Lookup-Button, einen Drilldown-Button oder einen Options-Button so kann mit F6 die Auswahl zur Eingabehilfe geöffnet werden.
F7	Feldfilter setzen. Am schnellsten lässt sich ein Filter auf eine Tabelle setzen, wenn der Cursor in dem Feld mit dem zu filternden Kriterium positioniert wird, z.B. im Feld „Ländercode“ eines spanischen Debitors. Der Filter wird dann mit F7 und ENTER gesetzt.
Strg + F7	Tabellenfilter setzen. Um auf mehrere Felder gleichzeitig einen Filter zu setzen bzw. um sich alle zur Zeit gesetzten Filter einer Tabelle anzeigen zu lassen, kann der Tabellenfilter mit Strg + F7 aufgerufen werden.
Groß + F7	FlowFilter setzen und entfernen. Ein FlowField wird auf Basis von Einzelwerten zur Laufzeit berechnet. Ein FlowFilter schränkt die Datensätze ein, die zur Berechnung herangezogen werden. Wird z.B. im Sachkonto ein Datumsfilter auf das Jahr 2010 gesetzt, so wird in dem Feld „Bewegung“ der Wert aller Buchungen angezeigt, die im Jahr 2010 stattfanden.
Groß + Strg + F7	Auflösen von Tabellen- und Feldfiltern. Mit dieser Tastenkombination können alle aktuell gesetzten Tabellen- und Feldfilter wieder aufgehoben werden, so dass alle verfügbaren Datensätze angezeigt werden.
F8	Zeilen kopieren. Mit der Taste F8 kann in Tabellenfenstern der Wert aus der aktuellen Spalte der darüber liegenden Zeile in die Spalte der aktuellen Zeile kopiert werden.

Tasten-kombination	Erläuterung
Strg + F8	Zoom. In den Formularen von Microsoft Dynamics NAV werden nur die Felder zur Anzeige gebracht, die für die aktuelle Bearbeitung benötigt werden. Mit der Tastenkombination Strg + F8 werden alle Felder mit ihrer exakten Feldbezeichnung und dem Wert des aktuellen Datensatzes ausgegeben. Der Zoom kann nur aufgerufen werden, wenn die Benutzerrechte dafür zugewiesen wurden.
F9	Statistik / Setzen der Ausgleichs-ID. Für alle Stammdaten und Belege, bietet Microsoft Dynamics NAV die Statistik-Funktion, die mit F9 aufgerufen werden kann. Hier werden nützliche Informationen, wie Umsätze und Deckungsbeiträge übersichtlich dargestellt. In den Fibu Buch.-Blättern und beim nachträglichen Ausgleich offener Debitoren- bzw. Kreditorenposten kann mit F9 die Ausgleichs-ID gesetzt werden.
F11	Ausführen der Buchungen. Mit dem Buchen der erfassten Daten werden mithilfe der Buchungsfunktion Posten erzeugt. Einmal erstellte Posten lassen sich nicht mehr verändern oder löschen. War eine Buchung versehentlich falsch, so muss diese storniert und erneut gebucht werden. Das Buchen wird durch die Taste F11 ausgelöst.
Groß + F11	Ausführen der Buchung und Drucken. Nach dem erfolgreichen Buchungsvorgang wird anschließend ohne weitere Nachfrage bzw. Eingabe der entsprechende Ausdruck oder Beleg erstellt und auf dem Drucker ausgegeben.
F12	Ist ein Formular aktiv, so kann mit der Taste F12 das Hauptmenü für die weitere Navigation aktiviert werden.
Strg + F	Starten der Suchfunktion. Mit dieser Tastenkombination wird die Suchfunktion gestartet. Dabei wird grundsätzlich in dem Feld gesucht, in dem sich der Cursor beim Aufruf der Suchfunktion befindet. Entsprechend der ausgewählten Optionen werden die Datensätze nach den eingegebenen Kriterien durchsucht.

Tasten-kombination	Erläuterung
Strg + **Pos1**	Gehe zum ersten Datensatz. Mit der Tastatur kann mit dieser Tastenkombination zum ersten Datensatz navigiert werden.
Strg + **Ende**	Gehe zum letzten Datensatz. Analog zur oben dargestellten Tastenkombination kann mit dieser der letzte Datensatz der Tabelle aufgerufen werden.
Bild↑ **Bild↓**	Gehe zum nächsten / vorherigen Datensatz. Mit diesen Tasten kann in Kartenformularen zwischen den Datensätzen geblättert werden. Dabei ist immer darauf zu achten, wo sich der Cursor gerade befindet. In Tabellenformularen wird mit diesen Tasten seitenweise geblättert.
Strg + **Bild↑** **Strg** + **Bild↓**	Gehe zum nächsten / vorherigen Register im Kartenformular. Beim Blättern mit der Tastatur zwischen den Registern eines Kartenformulars sind diese Tastenkombinationen zu nutzen.
Strg + **↑**	Springe aus den Zeilen wieder in den Kopf. Beim Arbeiten mit der Tastatur kann mit der Cursor-Taste „Nach-Unten" aus dem Kopfbereich, z.B. beim VK-Angebot, in den Zeilenbereich gesprungen werden. Allerdings führt die Cursor-Taste „Nach-Oben" nicht wieder in den Kopfbereich zurück. An dieser Stelle hilft die **Strg**-Taste.
Strg + **↓**	Gehe aus den Zeilen zu den Schaltflächen. Ist der Cursor im Zeilenbereich positioniert, z.B. bei den VK-Aufträgen, führt diese Tastenkombination zu den Buttons am unteren Rand des Formulars. Das ist besonders dann hilfreich, wenn der Button keinen unterstrichenen Buchstaben besitzt.
Alt + unter-strichener Buchstabe	Schnellauswahl der Menü- bzw. Command-Buttons. Ist in Menüs bzw. Schaltflächen ein Buchstabe unterstrichen, kann dieses Menü durch Drücken der **Alt**- und anschließend der unterstrichenen Buchstabentaste geöffnet werden.

Tasten-kombination	Erläuterung
Strg + ↹	Zwischen geöffneten Fenstern blättern. Wie in den meisten Windows-Anwendungen können auch in Microsoft Dynamics NAV mehrere Fenster gleichzeitig geöffnet werden. Über diese Tastenkombination kann das nächste Formular aktiviert werden.
Alt + D + 1	Zuletzt geöffnete Datenbank / geöffneten Mandanten öffnen. Diese Tastenkombination schließt die aktuelle Datenbank und öffnet die zuletzt genutzte Datenbank wieder. Damit kann ein schneller Wechsel zwischen User-Anmeldungen in der Datenbank vorgenommen werden.
Strg + O	Mandant wechseln / öffnen. Mit dieser Tastenkombination kann zwischen den Mandanten in der geöffneten Datenbank gewechselt werden.

Formular zur Übersicht der Funktionstasten, das über AltGr + F1 aufgerufen werden kann. Aus diesem Formular heraus kann auch die entsprechende Funktion ausgeführt werden.

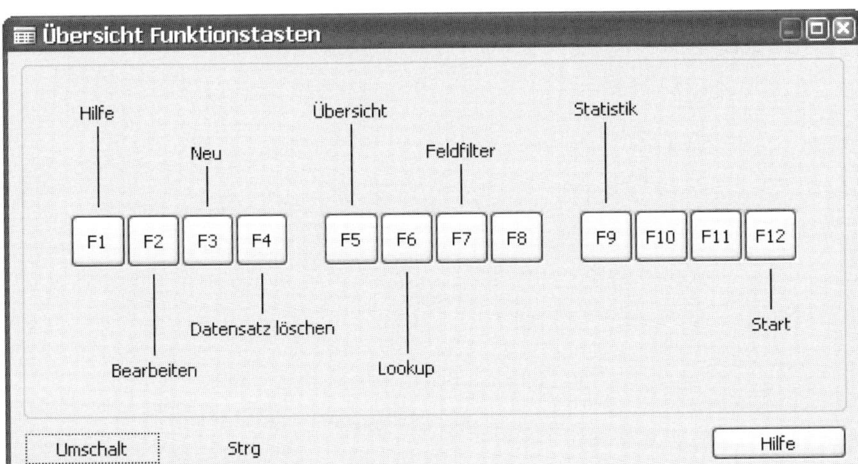

Die nächste Seite ist eine Kopiervorlage, um eine Tastaturschablone für die Funktionstasten zu erstellen.

								- Teil 2 ankleben -
Strg + Taste	Satzmarke ein / aus	Designer						Tabellen-filter
Groß + Taste	Direkthilfe	Assist Edit				Karte		FlowFilter
Taste	Hilfe	Editieren Werte neu	Datensatz anlegen	Datensatz löschen		Übersicht	Assist Edit	Feldfilter
	F1	F2	F3	F4		F5	F6	F7

Teil 1

Zoom				Freigeben	Arbeits-bereich
Sortieren			Kontextm. öffnen	Buchen & Drucken	
Zeilen kopieren		Statistik / Ausgleichs-ID		Buchen	Hauptmenü
F8		F9	F10	F11	F12

Teil 2

8.7.2 Tastenkombinationen für den Navigationsbereich

In der folgenden Aufstellung werden die Tastenkombinationen, die im Zusammenhang mit dem Navigationsbereich stehen, übersichtlich in einer Tabelle zusammengefasst. Dabei werden globale und lokale Tastenkombinationen unterschieden. Globale Tastenkombinationen sind unabhängig vom aktiven Bereich von Microsoft Dynamics NAV. Die lokalen Tastenkombinationen sind nur verfügbar, wenn der Navigationsbereich aktiv ist.

Ausgewählte globale Tastenkombinationen

Tasten-kombination	**Erläuterung**
F12	Navigationsbereich aktivieren. Ist ein Formular aktiv, so kann mit der Taste F12 das Hauptmenü für die weitere Navigation aktiviert werden.
Strg + F12	Arbeitsbereich aktivieren. Ist der Navigationsbereich aktiv, so kann mit dieser Tastenkombination der Arbeitsbereich wieder aktiviert werden.
Alt + F1	Navigationsbereich ein-/ ausschalten. Zur Vergrößerung des Arbeitsbereichs kann mit dieser Tastenkombination der Navigationsbereich aus- bzw. wieder eingeblendet werden.
Strg + 0	Direktes Aufrufen der Shortcuts. Die Shortcuts können immer mit der Tastenkombination Strg + 0 aktiviert werden, egal an welcher Stelle das Menü in der Navigationsleiste angeordnet wurde.
Strg + 1 … Strg + 9	Direktes Aufrufen der Hauptmenüpunkte. Über diese Tastenkombinationen können die ersten 9 Hauptmenüpunkte direkt aufgerufen werden. Diese Tasten sind unabhängig von der Reihenfolge der Hauptmenüpunkte.
Alt Gr + ↓ Alt Gr + ↑	Blättern zwischen den Hauptmenüpunkten. Werden mehr als 9 Hauptmenüpunkte angezeigt, kann ebenfalls mit den Tastenkombinationen AltGr + ↑ bzw. ↓ zwischen den einzelnen Bereichen gewechselt werden.

Ausgewählte lokale Tastenkombinationen

Tasten-kombination	Erläuterung
Pos1	Ersten Eintrag in der Hauptmenügruppe aktivieren. Um zum ersten Eintrag innerhalb der geöffneten Hauptmenügruppe zu gelangen, kann diese Taste genutzt werden.
Ende	Letzten Eintrag in der Hauptmenügruppe aktivieren. Analog zur vorherigen Taste, kann diese Taste dazu genutzt werden, um schnell zum letzten Eintrag innerhalb des geöffneten Hauptmenüs zu gelangen.
↓ bzw. ↑	Nächsten / vorhergehenden Eintrag auswählen. Mit diesen beiden Tasten ist die schrittweise Navigation zwischen den Menüpunkten mit der Tastatur möglich.
→ bzw. ←	Menügruppe auf- / zuklappen. Mithilfe der Cursortasten nach rechts bzw. links werden einzelne Menügruppen geöffnet bzw. geschlossen.
Strg + Groß + ↑ Strg + Groß + ↓	Verschieben einzelner Menüpunkte. Soll der aktive Menüpunkt innerhalb der Hauptmenügruppe verschoben werden, so können diese Tastenkombinationen dazu verwendet werden, um diesen Punkt schrittweise nach oben bzw. nach unten zu verschieben.
F2	Menüpunkt umbenennen (**nur Shortcuts**). In der Hauptmenügruppe der Shortcuts können die einzelnen Menüeinträge mit F2 umbenannt werden.
Entf bzw. Einf	Menüpunkt löschen bzw. neu erstellen (**nur Shortcuts**). Nur in den Shortcuts können mit diesen beiden Tasten neue Menüpunkte erstellt bzw. vorhandene gelöscht werden.
Strg + Einf	Menügruppe erstellen (**nur Shortcuts**). Wird die Strg-Taste zum Einfügen mit verwendet, wird eine neue Menügruppe erstellt. Diese Tastenkombination steht nur in den Shortcuts zu Verfügung.

8.7.3 Dateitypen für Microsoft Dynamics NAV

Im Folgenden werden die unterschiedlichen Dateitypen und deren Bedeutung für Microsoft Dynamics NAV näher erläutert:

Erw.	**Aktion**	**Bemerkung**
*.exe	Programmdatei	Diese Datei ist das eigentliche Programm Microsoft Dynamics NAV. Auf diese Datei wird die Verknüpfung erstellt.
*.flf	Lizenzdatei (**f**inancials **l**icense **f**ile)	Mit der Installation von Microsoft Dynamics NAV werden alle Module und Funktionen in der Datenbank implementiert. Um diese verwenden zu können, müssen sie zuvor durch den Erwerb der entsprechenden Lizenz „freigeschaltet" werden. Diese Lizenz wird in der fin.flf – Datei gespeichert.
*.zup	Benutzerspezifische Einstellungen (setup)	Alle benutzerspezifischen Einstellungen, wie Fenstergröße, Filter, Spaltenbreite oder eingeblendete Spalten, werden in dieser Datei gespeichert.
*.fbk	Datensicherungsdatei (**f**inancials **b**ac**k**up)	Eine komplette Datensicherung enthält alle Daten und Objekte der Datenbank.
*.fdb	Datenbankdatei (**f**inancials **d**ata**b**ase)	Alle Tabellen sowie der Quellcode für die einzelnen Fenster, Berichte und Funktionen werden in der Microsoft Dynamics NAV Datenbank meist in einer einzigen Datei abgespeichert. (Es sind auch mehrere Datenbankteile möglich.)
*.fob	Objektdatei (**f**inancials **ob**jects)	Zum Exportieren bzw. Importieren von Objekten in eine Datenbank stehen zwei verschiedene Formate, in denen die Objekte gespeichert werden, zur Verfügung. In der Regel wird das Microsoft Dynamics NAV eigene Objektformat („.fob" **F**inancials **Ob**jects") verwendet.
*.hh *.chm	Dateien für die Online-Hilfe	Mit diesen Dateien wird die Online-Hilfe für Microsoft Dynamics NAV gesteuert. Sie enthalten die Linkeinträge und die entsprechenden Erläuterungen, die dann als Hilfe angezeigt werden.

Stichwortverzeichnis